KB093833

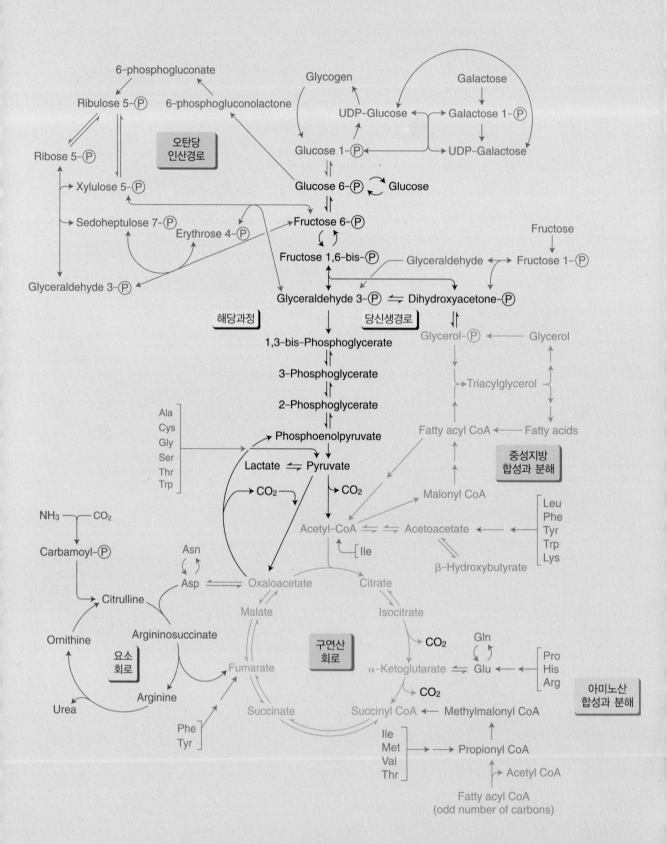

2판 꼭 알아야 할
생화학

Essential BIOCHEMISTRY

2판 꼭 알아야 할

생화학

이주희 · 이홍미 · 한성림 · 김혜경 · 박경애 · 김영호 지음

교문사

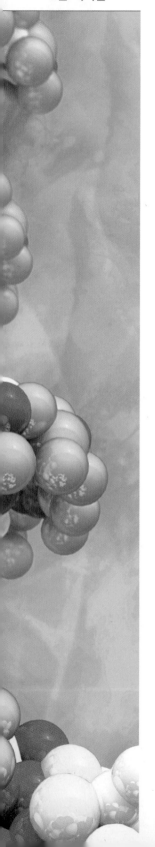

생화학은 생물현상을 화학으로 이해하고 연구하는 학문으로서 이를 공부하기 위해서는 분자생물학을 포함한 생물학, 분석화학, 유기화학, 물리화학 등 여러 분야의 이해가 필요하다. 따라서 생화학은 생물학과 화학에서 주요 영역을 차지하고 있다.

그 밖의 건강관련 학문을 공부하기 위해서도 생화학은 필요하지만, 사람의 건강을 다루는 학문분야에서는 화학이나 생물학에서 다루는 생화학의 범위와 깊이를 필요로 하지 않는 부분도 있다. 즉, 식품학, 영양학, 임상영양학 및 간호학 등의 기초를 다지기 위해서는 탄수화물, 지질 및 단백질의 대사부분이 매우 자세히 학습되어야 하는 반면, 급속하게 발전하고 있는 분자생물학 분야의 최신 정보는 그 기본만 이해하여도 충분할 것이다. 최근 이러한 요구를 만족하는 생화학 교재가 없었으며, 단순히 번역된 원서 내용으로는 충분하지 못하고 있었다. 이에 저자들은 주로 식품영양학과에서 십년 이상 생화학을 강의한 경험을 바탕으로 식품영양학뿐 아니라 인체의 건강과 관련된 학과에서도 필요한 생화학 교재《대사를 중심으로 한 생화학》을 집필하여 2010년에 출간한 바 있다. 그러나 학과 특성상 생화학을 한 학기에 모두 망라해야 하는 경우를 감안하여, 보다 개괄적인 내용으로 구성한《꼭 알아야 할 생화학》을 발간하게 되었다.

일반 생화학 교재와 비교하면, 이 책의 구성은 단편적인 지식을 암기하기보다는 생화학 기초 원리를 이해하게 하고, 그 원리가 인체 내에서 조화롭게 통합적으로 조절되는 과정을 이해시켜 학생들이 생화학에 흥미를 가질 수 있도록 하는 데 가장 역점을 두었다. 또한 화학이나 생물학 기초가 부족한 학생이라도 생화학에 친근감을 느낄 수 있도록 전문 용어의 해설을 첨부하였을 뿐만 아니라, 더 깊이 알고자 하는 학생들이 다른 생화학 책이나 원서를 찾아보기 쉽도록 영문 용어를 함께 기재하였다.

초판에 대한 많은 교수님들과 학생들의 높은 관심과 격려에 힘입어, 저자들이 본 교재로 직접 강의를 하면서 발견한 미흡함을 개선하고 이해를 높일 수 있도록 내용을 보강하여 2017년 8월에 개정판을 내놓게 되었다. 그 동안 초판을 교재로 사용해 주신 여러 교수님들과 학생들에게 감사의 마음을 전해드리며, 초판에서 개정판에 이르기까지 본문의 수정과 교정, 그리고 새로이 그림을 수정하고 첨가하는 데 수고를 아끼지 않으신 교문사 편집부 여러분께도 심심한 감사를 드린다.

2017년 8월

저자 일동

차례

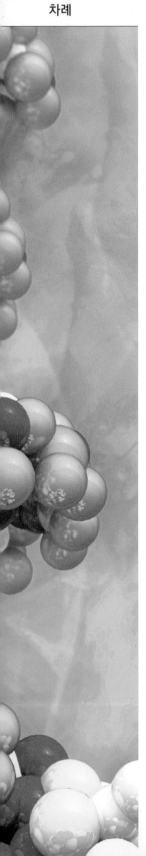

2판 머리말 4

아미노산, 펩티드 및 단백질　CHAPTER 4

효소　CHAPTER 5

8

세포

CHAPTER 1
세포

모든 생물은 세포라는 구조적·기능적 단위에 의한 생명현상에 의해 존재하며 세포는 원핵세포와 진핵세포의 두 종류로 구분된다. 두 종류의 세포 모두 유전물질로 DNA를 가지며 선택적 투과성을 갖는 세포막에 의해 외부 환경과 분리된 공통점을 가지지만 특징적인 차이점을 나타낸다. 원핵세포는 명확한 구조의 핵이 없는 반면 진핵세포는 핵막으로 둘러싸인 핵과 특정 기능을 갖는 여러 세포소기관을 갖는다. 따라서 진핵세포는 구획화된 구조에 의해 효율적으로 화학반응이 진행되며 복잡한 형태적·기능적 특징을 갖는 다세포생물로 발전된다.

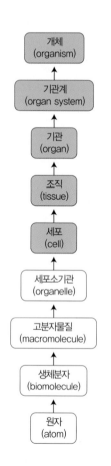

1. 세포: 생물체의 구조적 · 기능적 단위

지구상에는 수백만에서 수천만에 달하는 많은 종류의 다양한 생물체가 존재한다. 그러나 이런 다양성에도 불구하고 모든 생물체는 다음과 같은 공통적인 생명현상을 가진다.

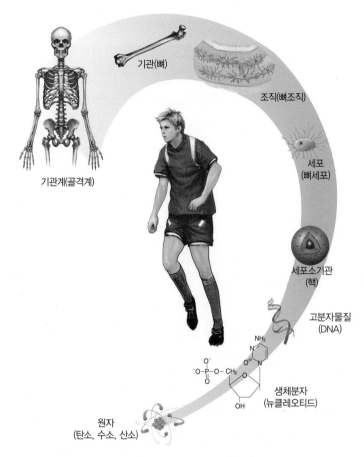

기관(뼈)

조직(뼈조직)

세포
(뼈세포)

기관계(골격계)

세포소기관
(핵)

고분자물질
(DNA)

생체분자
(뉴클레오티드)

원자
(탄소, 수소, 산소)

그림 1-1 생물의 구조적 계층단계

- 거의 유사한 생체분자로 이루어지며 화학적·물리학적 법칙을 따른다.
- 자기복제와 생식을 통해 번식한다.
- 생명유지를 위해 환경에서 에너지를 얻고 이를 이용하는 능력을 가진다.
- 외부 자극에 대해 적응하고 진화한다.

1) 세포: 생명의 궁극적 단위

모든 생물은 하나 이상의 세포로 구성되고 인간과 같이 복잡한 생물은 여러 세포가 모여 기능적으로 분화된 조직, 기관, 기관계의 계층적인 구성체계를 이룬다(그림 1-1). 또한 세포는 단백질, 핵산, 다당류 같은 매우 큰 고분자 물질(macromolecule)이 모인 집합체이고, 고분자 물질은 구성단위(subunit)인 아미노산, 뉴클레오티드, 단당류 같은 작은 생체분자(biomolecule)가 수백, 수천 개 모여 이루어진 중합체(polymer)이며 생체분자는 탄소, 수소, 산소, 질소, 황 등의 기본 원자로 구성된다.

　그러나 세포는 각 구성 성분으로 나누면 생명을 유지하는 기능이 사라지므로 세포는 생명의 궁극적 단위라고 할 수 있다. 생명현상은 궁극적으로 생체분자를 이루는 화학분자들의 반응결과의 산물이고 세포는 단순한 화학물질들의 집합이 아니라 모든 생명체의 구조적·기능적 단위로서 작용한다.

2) 세포의 공통점

세포는 그 자체가 모양, 크기, 기능이 매우 다른 다양성을 갖는다. 사람은 약 200여 종의 세포를 갖고 있으므로 전문화된 기능을 수행할 수 있다. 이러한 세포의 다양성에도 불구하고 모든 세포는 공통점을 가진다.

• 환경과 분리시켜 주는 원형질막으로 둘러싸여 있다.
• 유사한 유전물질을 가진다.
• 세포질 내에서 일어나는 대사에 의해 생명이 유지된다.

(1) 원형질막

원형질막(plasma membrane)은 세포를 주변환경과 분리시켜 물리적으로 세포내외를 구분하여 경계를 짓는 막으로 특징적 구조와 다양한 기능을 가진다.

　유동적이고 비교적 안정된 판 모양으로 단백질과 인지질 이중층으로 이루어진 기본구조를 가지며 콜레스테롤, 탄수화물이 부가적으로 존재한다(그림 1-2).
• **인지질 이중층**　　친수성(hydrophilic)인 머리 부분과 소수성(hydrophobic)인 두 개의 지방산 사슬꼬리로 구성되어 막의 기본 골격을 형성한다.

친수성　양전하, 음전하를 갖거나 전자와 친화도가 큰 산소, 질소, 황을 많이 가지고 있는 분자로 물에 쉽게 녹는 성질을 말함

소수성　탄화수소 사슬처럼 전자와 친화도가 큰 원자가 거의 없어서 물에 녹지 않는 성질을 말함

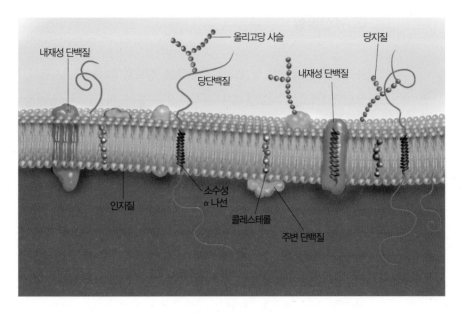

그림 1-2 세포막의 구조

- **단백질**　세포에 필요한 물질의 수송 및 신호전달 등의 기능적인 역할을 담당하며, 인지질 이중층에 걸쳐 뻗어 있는 내재성 단백질(integral protein)로 존재하거나 세포막에 간접적으로 부착된 주변단백질(peripheral protein)의 형태를 갖는다.
- 상당한 양의 탄수화물이 세포막의 외부에 존재하여 다른 세포와의 상호작용을 유도하거나, 바이러스 등의 미생물과 결합하여 감염이나 독소반응 같은 생물학적 현상을 일으킨다.

원형질막은 단순한 경계가 아니며 생명활동에 필수적인 여러 기능을 한다.
- **소수성의 선택적인 장벽**　소수성인 지질 이중층의 막은 전하를 띠거나 극성인 물질, 무기이온의 세포 내외의 출입을 막는 장벽으로 작용한다.
- **물질 수송**　원형질막에 존재하는 운반단백질(transport protein)은 세포에 필요한 분자나 이온을 운반한다. 물질 수송은 세포막을 가로질러 양방향으로 일어날 수 있는데, 세포에 유용한 물질은 세포 안으로 유입되고 그렇지 않은 것은 밖으로 배출된다.
- **신호전달**　세포막에 존재하는 수용체단백질(receptor protein)은 세포 외부에서 전달된 신호(signal)를 받아서 세포 내로 전달하는 기능을 한다. 이 과정에서 막에 존재하는 효소(enzyme)들이 신호전달에 함께 참여하여 세포 내 반응을 개시한다.

(2) 유전물질

유전물질은 세포의 설계도에 해당하는 정보로 DNA 염기서열의 형태로 저장된다. 세포는 세포분열과 생식과정을 통해 번식한다. 유전정보를 복제(replication)하여 세포분열에 사용하거나 생식세포를 만든다. 또한 필요할 때 유전정보를 전사(transcription)하여 단백질이나 RNA로 발현시킨다.

(3) 세포질

효소 생체 내 반응을 매개하는 생물학적 촉매

조효소 효소가 매개하는 반응에 필요한 물질

세포질(cytoplasm)은 원형질막에 의해 둘러싸인 세포 내 공간으로 대사가 진행된다. 세포의 수용성 부분인 사이토졸(cytosol)과 특수한 기능을 갖는 여러 입자 및 세포소기관들로 이루어진다. 세포질은 대사 반응에 필요한 효소와 조효소(coenzyme), 많은 대사물들이 고농도로 존재한다.

2. 세포의 종류

prokaryote pro(before) + karyon (nucleus) '핵 이전에'의 의미로 '핵이 없다'는 뜻

eukaryote eu(true) + karyon(nucleus) '진짜 핵'이라는 뜻

세포는 모두 DNA를 유전물질로 가지며 리보좀에 의해 단백질을 합성하나 원핵세포(prokaryotic cell)와 진핵세포(eukaryotic cell)의 두 가지 형태로 구분된다. 원핵세포의 DNA는 핵이 없이 한 지역에 집중되어 존재하는 반면 진핵생물의 DNA는 이중막에 의해 둘러싸인 핵 내에 존재하고 비교적 크고 복잡한 구조를 갖는다. 원핵세포로 구성된 원핵생물과 진핵세포로 구성된 진핵생물의 특징을 비교하여 표 1-1에 제시하였다.

표 1-1 원핵생물과 진핵생물의 비교

구 분			원핵생물	진핵생물
공통점	세포막(원형질막)		있음(원핵생물은 원형질막이 유일한 막)	
	유전물질		DNA	
	대사		리보좀이 있고 대사를 할 수 있는 능력을 가짐	
차이점	세포 소기관 유무	핵	없음	있음
		미토콘드리아	없음	있음
		소포체	없음	있음
		골지체	없음	있음
		리소좀	없음	있음
		엽록체	없음(광합성은 색소체에서)	녹색식물에 있음
		세포골격	없음	있음
	세포 크기		작음(1~2 μm)	큼(5~100 μm)
	염색체 수		1개	2개 이상
	다세포성		없음	있음(협동성과 전문성을 가짐)
	세포벽		있음	식물세포에만 있음

1) 원핵세포

지구상에 존재하는 대부분의 생물은 원핵생물로 크기가 작고 매우 다양하다.

원핵세포의 유전물질은 DNA가 환상(circular)인 하나의 분자상태인데, 핵양체(nucleoid)라는 뭉쳐진 코일형태로 세포질과 막에 의해 분리되지 않은 채 존재한다.

대부분의 원핵세포는 원형질막 바깥쪽에 단단한 물질로 이루어진 세포벽(cell wall)으로 둘러싸여 있다. 세포벽은 다당류와 펩타이드의 중합체인 펩티도글리칸(peptidoglycan)이라는 단단한 물질로 이루어져 원핵생물의 모양을 유지하고 기계적 손상으로부터 보호하는 역할을 한다. 매우 다양한 종류의 원핵생물은 그람염색법(Gram stain)에 의해 두 종류로 분류되는데 세포벽의 두께와 화학적 성분에 따라 결정된다.

- **그람양성균(Gram positive)**　크리스탈 바이올렛(crystal violet) 염료를 보유하여 보라색을 나타내는 세포로 두꺼운 펩티도글리칸으로 이루어진 세포벽에 염색약이 보유되기 때문으로 보인다.
- **그람음성균(Gram negative)**　알코올로 탈색시킨 후 사프라닌 염색약(Safranin O)으로 염색하면 빨간색을 나타내는 세포로 세포벽이 얇은 펩티도글리칸 층과 그 바깥쪽의 또 다른 복잡한 지질층으로 이루어진다.

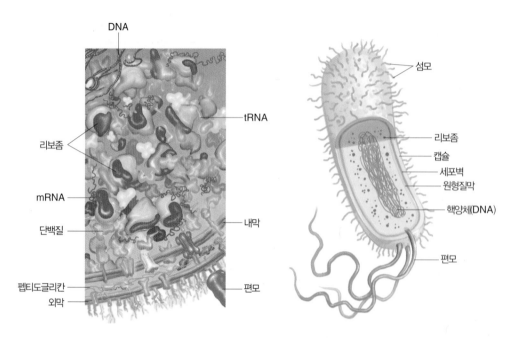

그림 1-3 일반적인 원핵세포의 구조

　또한 병원성 박테리아는 세포벽 바깥쪽으로 캡슐층이 있어서 숙주의 항체에 의한 포식작용을 억제한다. 원핵생물 종류에 따라 운동성을 주는 편모(flagella)나 세포의 인식과 부착에 관계된 비운동성의 짧은 섬모(pili)를 갖기도 한다(그림 1-3).

2) 진핵세포

원핵세포와 구분되는 진핵세포의 특징은 핵과 세포소기관을 가지며 매우 효율적으로 정교한 대사를 한다는 점이다. 명확한 구조를 갖는 핵의 유무가 원핵생물과 진핵생물을 구분하는 가장 중요한 차이이지만, 진핵세포는 핵 이외에도 막으로 둘러싸인 여러 소기관을 갖는다. 세포 내 소기관들은 개별적인 특정 기능을 가지며 막에 의해 구획화되어 있으므로 매우 효율적으로 작용한다. 핵(nucleus), 미토콘드리아(mitochondria), 소포체(endoplasmic reticulum), 골지체(Golgi apparatus), 리소좀(lysosome)이 모든 진핵세포에서 발견되는 세포소기관이다.

　대부분의 진핵세포들이 유사한 구조적 특징을 가지지만 동물세포와 식물세포는 명백한 차이점이 있다(그림 1-4). 식물세포는 박테리아처럼 세포벽을 가지며 특징적으로 액포와 광합성을 하는 엽록체

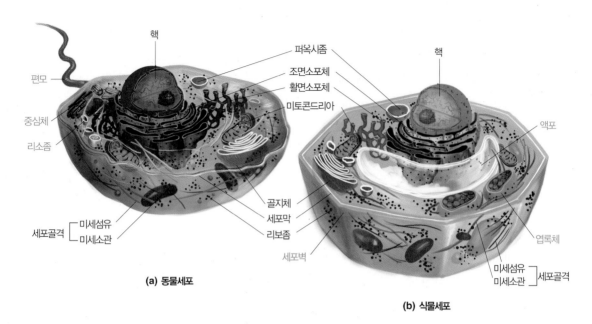

(a) 동물세포

(b) 식물세포

그림 **1-4** 진핵세포의 구조

가 있는 반면, 동물세포는 세포벽, 엽록체가 없고 액포 대신 리소좀을 가진다.

진핵세포 성분의 구조와 기능에 대해 살펴보기로 하자.

(1) 핵

핵(nucleus)은 세포의 유전정보를 가지며 세포의 단백질 합성을 통제함으로써 모든 세포 대사활동에 매우 중요한 영향을 주므로 가장 중요한 세포소기관이라 할 수 있다.

핵은 이중의 핵막으로 둘러싸인 핵질을 가지며 특징적으로 염색되는 인을 갖고 있다(그림 1-5).

- **핵질(nucleoplasm)**   유전물질인 DNA와 히스톤(histone) 단백질이 복합체를 이룬 염색질 섬유(chromatin fiber)가 망상조직을 형성한다. 세포분열이 일어나려면 먼저 세포의 유전

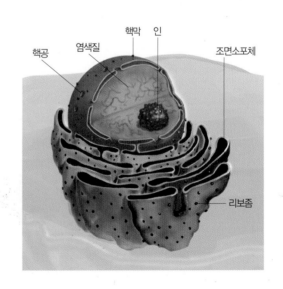

그림 **1-5** 진핵세포의 핵

체가 복제되어 한 쌍의 DNA 복사본이 만들어지고, 분열기에 이르면 긴 염색질 섬유가 접혀서 광학 현미경으로도 보일 정도의 두껍게 뭉친 염색체(chromosome)가 만들어진다.

- **핵막**(nuclear envelope)   두 층의 막으로 이루어지며 외부 핵막은 조면소포체와 연결된다. 핵막에는 두 층의 막이 융합된 핵공(nuclear pore)이 있어 핵 내외로 물질이 출입하는 통로역할을 한다.
- **인**(nucleolus)   리보좀의 성분인 rRNA의 합성장소로 고농도의 rRNA 때문에 염색하면 핵의 나머지 부분과 다르게 보인다.

(2) 미토콘드리아

미토콘드리아(mitochondria)는 산소를 이용하여 세포에 필요한 에너지를 합성하는 발전소의 역할을 한다. 진핵생물에서 대부분의 에너지는 미토콘드리아에서 일어나는 호기성 호흡에 의해 발생된다.

미토콘드리아는 핵처럼 이중막을 갖고 있는데, 외막은 그 표면이 상당히 편평하지만 내막은 크리스타(cristae)라고 하는 주름이 많은 구조를 갖고 있다. 외막과 내막에 의해 미토콘드리아는 막사이공간(intermembrane space)과 기질(matrix)의 독립된 공간이 형성된다(그림 1-6).

- **외막**   비교적 큰 구멍이 많아서 대부분의 분자가 출입할 수 있다.
- **내막**   분자와 이온들이 침투할 수 없으므로 수송단백질에 의해 필요한 성분이 운반된다. 또한 에너지 생산에 관계된 대부분의 효소가 내막에 존재한다.
- **기질**   대사와 관련된 효소들이 있으며, 핵에 있는 DNA와는 별도로 환상의 DNA 분자와 단백질 합성에 필요한 리보좀이 있어서 독립적으로 분열할 수 있다.

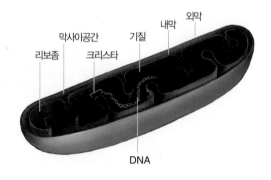

그림 1-6 미토콘드리아의 구조

(3) 엽록체

엽록체(chloroplast)는 광합성을 하는 녹색식물과 조류에서 발견되며 빛에너지를 이용하여 생물의 에너지원인 포도당과 같은 유기물을 합성한다.

미토콘드리아와 마찬가지로 이중막으로 둘러싸여 있고, 외막은 투과성이 크나 내막은 다양한 운반체를 이용하여 물질통과를 조절한다.

(4) 소포체

소포체(Endoplasmic Reticulum, ER)는 세포 전체에 걸친 크고 납작한 형태의 막으로 전체 세포막의 1/2 이상을 차지한다. 원래 단일막이지만 소포체막이 반복적으로 접히고 이어져 있어서 이중막처럼 보인다. 소포체는 그 표면에 리보좀이 존재하는지에 따라 조면소포체와 활면소포체의 두 형태가 있다(그림 1-7).

- **조면소포체(rough endoplasmic reticulum, RER)**   리보좀이 소포체막에 결합되어 표면이 거칠게 보인다. 리보좀이 단백질을 합성하므로 조면소포체는 세포가 분비하는 단백질과 막단백질을 합성한다. 만들어진 분비단백질은 운반소포(transport vesicle) 속에 들어가 소포체에서 떨어져 나와

조면소포체(RER) 리보좀이 결합된 소포체

활면소포체(SER) 리보좀이 없는 소포체

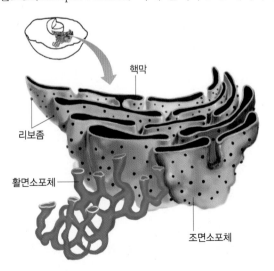

핵막

리보좀

활면소포체

조면소포체

그림 1-7 소포체의 구조

골지체로 이동한다.

- **활면소포체(smooth endoplasmic reticulum, SER)**   리보좀이 부착되어 있지 않으며 주로 지방산, 인지질, 스테로이드 등의 지질 합성 및 약물대사와 관련된 역할을 한다. 또한 칼슘이온을 저장할 수 있어 근육조직의 수축이완과정에 중요한 역할을 한다.

(5) 리보좀

리보좀(ribosome)은 원핵세포와 진핵세포 모두에 존재하고 단백질 합성장소로 작용한다.

막으로 둘러싸여 있지 않으므로 엄밀한 의미에서는 세포소기관에 포함되지 않는다. 흔히 조면소포체에 결합된 형태로 존재하나 세포질에 유리된 상태로도 발견된다. 리보좀은 크고 작은 두 개의 소단위로 구성되고, 각 소단위는 rRNA와 단백질의 복합체이다(그림 1-8). 원핵세포와 진핵세포의 리보좀은 모양이 유사하나, 진핵세포의 리보좀이 더 크고 복잡하다.

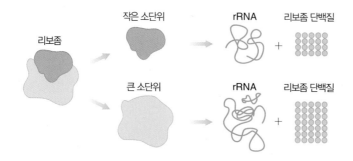

그림 1-8 리보좀의 구조

(6) 골지체

골지체(Golgi apparatus)는 세포에서 합성한 물질을 가공, 포장하여 다른 세포소기관이나 세포 외로 분비한다. 크고 납작한 주머니가 연결된 모양으로 소포체와 분리되어 있지만 흔히 활면소포체 근처에 존재한다.

- 소포체에서 합성된 단백질, 지질 성분들은 막으로 둘러싸인 운반소포 형태로 골지체에 융합하고 연속된 주머니 형태의 골지체를 지나는 동안 효소작용에 의해 화학 성분을 변형시키거나 농축하는 가공(processing)과정을 거쳐 목적지의 정보를 갖도록 표적화(targeting)된다.

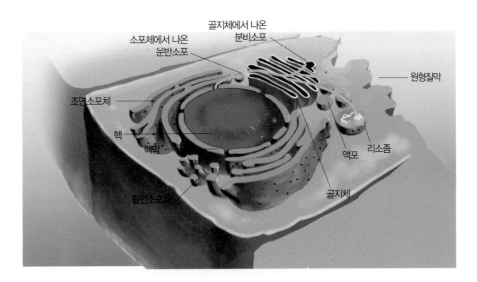

그림 1-9 세포외유출 과정

- 호르몬이나 소화효소와 같이 세포 외로 분비되어야 하는 물질들은 세포질 내에 작은 주머니 형태의 분비소포로 머물러 있다가 자극을 받으면 원형질 막으로 이동해 막 융합이 일어나고 내용물만 세포 외로 방출된다(세포외 유출, 그림 1-9).

(7) 리소좀

리소좀(lysosome)은 동물세포에 존재하는 구형의 단일막 구조물로 가수분해 효소를 갖는다. 리소좀 내 효소는 주로 세포 밖에서 들어온 물질들을 분해하 나, 손상된 세포나 수명을 다한 낡고 오래된 세포 성분을 분해하기도 한다.

- 세포 밖에서 세포내이입작용(endocytosis)(그림 1-10)에 의해 공격 대상 물 질이 들어오면 리소좀 전구물질인 엔도좀(endosome)이 형성되고 골지체 로부터 가수분해효소를 전달받아 리소좀을 형성하면서 분해가 시작된다.
- 가수분해효소는 평상시에는 세포막에 의해 격리되어 세포 내 분해작용을 하지 않는다. 그러나 류머티스 관절염이나 통풍과 같은 질병상태에서는 백 혈구가 리소좀 효소를 방출시켜 염증과 조직파괴를 심하게 할 수 있다.

세포외유출작용(exocytosis)
exo(바깥) + cytosis(세포)

세포내이입작용
(endocytosis)
endo(안쪽) + cytosis(세포)

세포외유출과정
→ 소포체 내에서 분비물질 합성
→ 운반소포(transport vesicle) 형태로 골지체와 융합
→ 골지체에서 가공, 포장, 표 적화
→ 분비소포(secretory vesicle) 형성
→ 분비소포와 원형질막의 융합
→ 세포막이 파열되며 내용물 이 세포 외로 방출

엔도좀 세포내이입에 의한 물질수송 과정에서 만들어지 는 막으로 둘러싸인 세포 내 주머니. 세포 내에서 목적에 맞게 물질이 분류될 수 있는 환경을 제공함

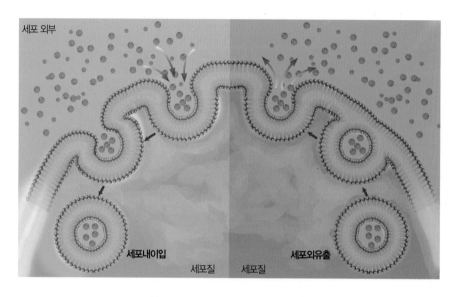

세포 외부

세포내이입   세포외유출
세포질   세포질

그림 1-10 세포내이입과 세포외유출의 비교

(8) 퍼옥시좀

세포는 대사과정에서 산소분자에 의해 과산화물들이 만들어지는데, 세포에
독성을 나타내므로 생성되는 즉시 파괴되어야 한다. 퍼옥시좀(peroxisome)
은 과산화물(peroxide)을 만들고 분해하는 능력을 가진 단일막 구조물이다.

과산화물 분자 내에 과산화
결합인 -O-O- 기를 갖는 물
질로 불안정하여 반응성이 큼

• 각 생물체마다 갖고 있는 과산화물 분해 효소 성분이 달라서 퍼옥시좀은
  다양한 효소를 가지고 있는데, 그 중 과산화수소 분해효소(catalase)는 과
  산화수소(H_2O_2)를 물과 산소로 전환시키는 반응을 촉매한다.

$$2H_2O_2 \longrightarrow O_2 + 2H_2O$$

(9) 액 포

액포(vacuole)는 식물세포에서 독특하게 보이는 기관으로, 동물세포의 리소좀
처럼 세포 내 소화를 담당하는 효소를 가지고 있어 물질을 분해할 수 있다.
　단일막으로 둘러싸인 내부에 물과 여러 화학물질들을 포함하며 식물세포
의 나이가 먹어감에 따라 그 숫자와 크기가 증가된다.

(10) 세포골격

세포골격(cytoskeleton)은 진핵세포의 세포질 내에 세포소기관이 항상 제자리에 자리잡도록 하는 구조적 역할과 물질의 이동틀 역할을 한다. 세포질에 미세섬유로 이루어진 망상구조로 퍼져 있고 모든 세포소기관들과 연결되어 조직화된 삼차원적 구조를 유지한다(그림 1-11).

- 세포골격은 결집과 해체가 계속적으로 이루어져, 세포분열과정에서 염색체 분배가 일어나도록 유도하고 세포분열이 일어난 후 세포소기관 구성에 필요한 입자들이 이동하는 틀이 되어 새로 만들어진 핵막에서 주변으로 소포체막이 확장된다.

(11) 세포외 기질

모든 세포는 원형질막으로 둘러싸인 독립적 개체를 이루지만 원형질막만으로 세포 밖 환경의 영향을 조절할 수 없기 때문에 대부분의 세포는 원형질막 주위로 보호막의 역할을 하는 물질이 있다.

- **식물세포**　동물세포와 달리 원형질막의 바깥쪽에 세포벽이 있다. 세포벽은 세포를 서로 결합시켜 견고한 구조를 이루게 함으로써 세포의 모양을 유지하고, 삼투압에 대해 저항력을 준다. 주요

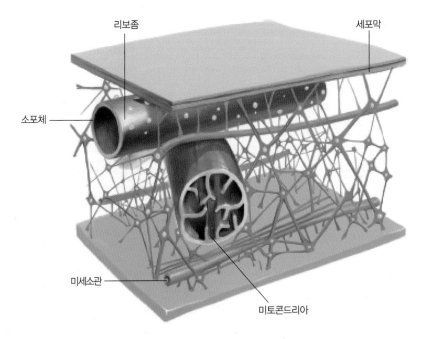

리보좀　　세포막

소포체

미세소관

미토콘드리아

그림 1-11 세포골격에 의한 망상구조를 갖는 세포

구성 성분은 셀룰로오스(cellulose)로 수십 개가 나란히 배열되어 결합된 섬유상으로 존재한다.

• **동물세포**   단단한 세포벽은 없으나 세포가 당단백질을 분비하여 점성이 많은 세포외기질(extracellular matrix)에 세포가 파묻혀 있다. 이것은 세포를 보호할뿐 아니라 서로 붙어 있도록 하여 세포가 조직 내에 고정될 수 있도록 한다. 또한 세포 사이 공간을 따라 대사 물질이 이동할 수 있어서 세포 간에 통합적 기능이 가능하다.

진핵세포 내의 세포소기관을 기능에 따라 분류하여 표 1-2에 정리하였다.

표 1-2 기능에 따라 분류한 진핵세포 소기관의 특징

일반적 기능	세포 소기관	특 징
물질의 합성	핵	세포의 유전정보를 가짐(대부분의 DNA, RNA 합성)
	리보좀	단백질 합성
	조면소포체	막단백질과 분비단백질의 합성
	활면소포체	지질 합성, 약물의 해독 및 대사, 칼슘이온의 일시 저장고
	골지체	소포체에서 합성된 물질의 가공, 포장 및 표적화
분 해	리소좀	이입된 물질과 손상된 세포 성분을 가수분해효소로 분해
	퍼옥시좀	과산화수소 분해
	액포	물질의 분해, 물과 화학물질의 저장
에너지 생성 및 전환	미토콘드리아	연료를 산화해 화학에너지(ATP)로 전환
	엽록체	광합성으로 빛에너지를 생물의 에너지원인 유기물로 전환
지지, 운동 및 연락	세포골격	세포 모양의 유지, 세포소기관 고정, 세포의 움직임
	세포외 기질(세포벽)	세포 모양의 유지와 보호, 조직 내에 세포의 고정과 결합
	세포접합부	동물 세포 간의 교신, 조직 내에 세포의 고정과 결합

>>>>>>> CHAPTER

2

물

물

표 2-1 신체 내 물의 함유량	
기 관	물의 함유량(%)
근육	79
심장	83
간	71
신장	81
뇌	77

많은 과학자들은 생명체가 바다에서 유래하였으며, 진화적 발달의 초기 단계에는 모든 생물체가 물 속에서 살았다고 생각한다. 물은 모든 생명체의 생명현상에 꼭 필요하며, 세포의 주성분으로 약 70~85%를 차지하고 있다(표 2-1). 물은 분자 구조로 인하여 그 독특한 성질을 갖고 있는데, 이러한 특성들이 생명체의 용매로 적합하며 생명체와 물이 밀접하게 연관되어 있음을 증명한다. 생명체 내에서의 물의 역할은 대사반응의 용매로서 작용하며, 세포가 일정한 온도와 pH를 유지하는 데 작용한다. 또한 소화작용에서 보듯이 여러 생화학 반응에서 직접 반응물로도 작용한다.

1. 물의 분자 구조

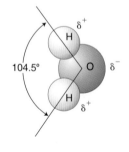

그림 **2-1** 물 분자

물(H_2O)은 한 개의 산소원자와 두 개의 수소원자가 결합된 형태이다. 이 두 원자의 배열은 H–O–H 형태이며 결합각은 104.5°로 구부러진 비직선인 기하학적 구조를 이루고 있다(그림 2-1).

1) 물의 극성 공유결합

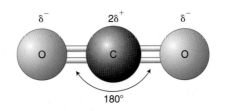

그림 2-2 이산화탄소 분자

분자 내에서 산소와 수소 사이의 결합은 이 두 원자가 서로 전자를 공유하는 공유결합이다. 이 공유결합은 산소의 전기음성도(electronegativity)가 수소보다 크므로 전자가 산소 쪽으로 치우치게 되어 산소는 약간의 음전하(δ^-)를 띠고 수소는 약간의 양전하(δ^+)를 띠는 극성(polar) 공유결합이다.

물 분자는 전체적으로 보면 전기적으로 중성이지만 구부러져 있는 기하학적 구조의 특징에 의하여 쌍극자 모멘트(dipole moment)를 띠게 된다(그림 2-1). 한편 이산화탄소(CO_2)는 C와 O 사이에서 물과 같이 극성 공유결합이 이루어져 있으나 물과 달리 분자(O=C=O)가 직선상으로 배치하고 있어 결합극성이 서로 상쇄되어 쌍극자 모멘트가 없다(그림 2-2). 한편, 메탄(CH_4)의 경우는 탄소와 수소가 공유결합을 하고 있으나 두 원자의 전기음성도 차이가 매우 적으므로 비극성 공유결합이다.

전기음성도 전자를 끌어당기는 힘

극성 전자의 분포가 비대칭적으로 분산되어 있는 현상

결합에너지 결합을 끊는 데 필요한 에너지

표 2-2 각 원소의 전기음성도

원 소	전기음성도
F(불소)	4.0
O(산소)	3.5
N(질소)	3.0
C(탄소)	2.5
H(수소)	2.1

2) 물의 수소결합

물 분자는 산소와 수소 사이의 극성 공유결합으로 인해 인접한 물 분자와 약하게 서로 잡아당기고 있다. 즉, 한 물 분자 안에서 음전하를 띠는 산소와 인접한 다른 물 분자의 양전하를 띠는 수소 사이에 서로 끌림이 있게 되는데, 이러한 결합을 수소결합(hydrogen bond)이라 한다(그림 2-3). 수소결합은 한 분자의 수소와 전기음성도가 수소보다 훨씬 큰 다른 분자의 O나 N 사이의 반대 전하 사이에 서로 잡아끄는 결합이다.

공유결합의 결합에너지는 60~120 kcal/mol인 데 비해, 대부분 수소결합의 결합에너지(bond energy)는 0.5~10 kcal/

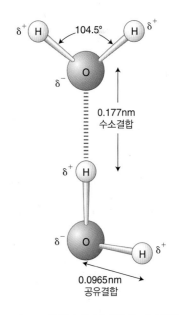

그림 2-3 물 분자 사이에 일어나는 수소결합

mol이므로 수소결합은 공유결합보다 훨씬 약하다. 그러나 대부분 비공유결합물 사이에서 일어나는 결합보다는 강하다.

　이러한 수소결합은 물 분자 사이에서만 일어나는 것은 아니다. 핵산, 단백질 등 다수의 생체분자는 그 분자 자신이나 물 또는 다른 분자와 수소결합을 할 수 있다(그림 2-4).

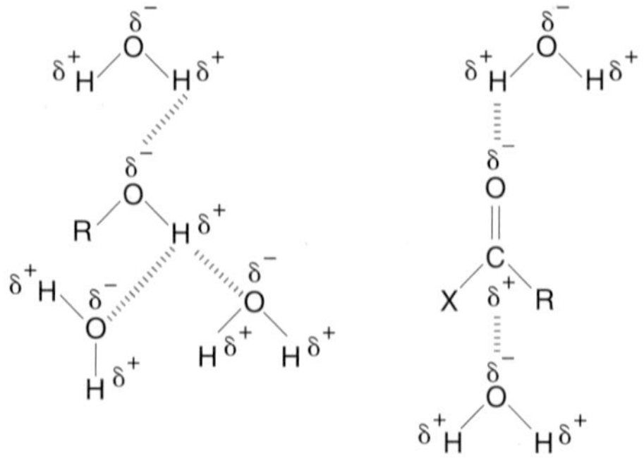

그림 2-4 물과 다른 생체분자 사이에 일어나는 수소결합

2. 물의 특성

1) 물의 일반적 특성

앞에서 설명했듯이 수소결합은 공유결합에 비해 약하다. 그러나 많은 분자들 사이에서 수소결합이 형성되어 물 분자 간의 서로 달라붙는 응집력으로 집합체를 이루게 되어 이 집합체를 분열시키는 데 많은 에너지가 필요하다. 즉, 한 분자의 물이 4개의 다른 물 분자와 수소결합으로 서로 강하게 결합되어 있으므로 물 분자끼리의 결합을 끊는 데 많은 에너지(열)가 필요하다(그림 2-5). 그러므로 물은 수소결합을 하기 때문에 분자량이 비슷한 다른 분자들보다 끓는점, 녹는점, 증발열 및 열용량이 높다

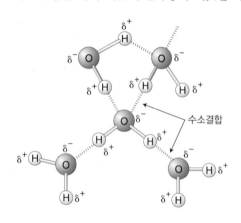

그림 2-5 물 분자 사이의 수소결합

(표 2-3). 물과 비슷한 분자량을 가진 물질은 상온에서 기체상태이다. 그러나 물은 증발열이 크고 끓는점이 높아 지구의 광범위한 온도에 걸쳐 액체상태로 존재하므로 생물체에서 중요한 용매가 될 수 있다. 또한 물의 증발열이 크기 때문에 여름철에 땀을 흘리면 일정하게 체온을 유지할 수 있다.

　물이 얼면 물 분자 사이의 수소결합이 가장 잘 이루어져 물 분자와 다른 4개의 물 분자 사이에 견고한 사면체 분자격자가 생기게 된다. 얼음이 녹으면서 격자

표 2-3 물과 비슷한 분자량을 갖는 물질의 특성

화합물	분자량	녹는점(℃)	끓는점(℃)	증발열 (kJ/mol)
CH_4	16.04	−182	−162	8.16
NH_3	17.03	−78	−33	23.26
H_2O	18.02	0	+100	40.71
H_2S	34.08	−86	−61	18.66

구조가 부분적으로 일그러지게 되지만 꽤 높은 온도까지 유지된다. 이 얼음 격자 구조는 안쪽에 공간이 있는 열린 구조를 이루므로 고체인 물이 액체의 물보다 비중이 낮다. 이러한 성질 또한 생물체에 중요하게 영향을 미치는데, 만약 고체인 얼음이 물보다 비중이 높다면 겨울에 호수나 강가의 얼음이 바닥에 쌓이게 되고 이는 햇빛 에너지에 의해 쉽게 녹지 않게 되므로 시간이 지날수록 쌓이게 되면서 액체인 물이 남지 않게 되어 생명체가 살기 어렵게 된다. 이와 같이 물은 수소결합을 하고 있는 특성으로 인해 생물체에 중요한 용매가 될 수 있다.

2) 물의 용매 성질

물은 생물체에서 이상적인 용매로 작용한다. 물의 용매로서의 작용은 녹아 있는 용질의 성질이 친수성, 소수성, 양쪽성이냐에 따라 다르다.

(1) 친수성 용질

물은 극성으로 인하여 Na^+, K^+, Cl^- 등 많은 이온화합물과 당, 아미노산, 핵산 등 다양한 극성화합물을 쉽게 용해시킬 수 있다. 물에 잘 녹는 극성화합물은 전기음성도가 큰 N이나 O를 가지는 알코올(alcohol), 아민(amine), 카르복실산(carboxylic acid) 등을 갖고 있는 유기물질이다. 이러한 극성화합물은 물과 쌍극자–쌍극자 상호작용, 즉 수소결합을 이루어 물에 잘 녹는다

친수성 그리스어로 hydro는 물을 지칭하고, philic은 좋아 하는 성질을 뜻하여, 물에 잘 녹는 성질을 말함

알코올 ROH로 수산기(−OH)를 갖는 물질

아민 NH_3 유도물질로서 하나 이상의 −H 대신에 알킬기로 치환한 것. 즉 RNH_2, R_1R_2NH, $R_1R_2R_3N$ 등을 지칭함

카르복실산 RCOOH로 카르복실기(−COOH)를 갖고 있는 물질

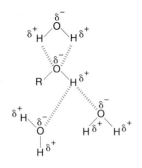

그림 2-6 알코올에 대한 물의 용매화

(그림 2-6). 또한 이온결합으로 이루어진 NaCl염은 물과 작용 시 이온-쌍극자 상호작용으로 Na^+, Cl^-의 주위를 극성인 물이 둘러싸게 되어 용매화 구형(solvation spheres)을 이룬다. 따라서 이온들이 수화되면서 그들 사이의 인력이 감소하며 이온들이 녹게 된다(그림 2-7).

그러므로 이온결합을 갖고 있는 유기분자와 극성기를 갖고 있는 많은 중성 유기분자들은 물에 잘 녹는다. 이와 같이 물에 잘 녹는 이온화합물이나 극성화합물은 친수성(hydrophilic, water-liking) 물질이라 불린다.

(2) 소수성 용질

소수성 그리스어로 hydro는 물을 지칭하며, phobic은 좋아하지 않는, 두려워하는 것을 의미

전기음성도가 서로 비슷한 탄소와 수소로만 구성되어 있는 헥산(C_6H_{14}), 벤젠(C_6H_6) 등 탄화수소는 비극성이다. 이러한 비극성 화합물은 물과 수소결합을 할 수 없으므로 물에 쉽게 용해되지 않으며, 또한 이온화합물이나 극성화합물을 용해시키지 못한다. 이와 같이 물에 녹지 않는 비극성 물질을 소수성(hydrophobic, water-hating) 물질이라 한다.

비극성 분자들은 물과 혼합시키면 작은 물방울로 뭉치게 되며 물 분자에 의해 둘러싸이는 클래스레이트(clathrate) 구조를 이루게 된다(그림 2-8).

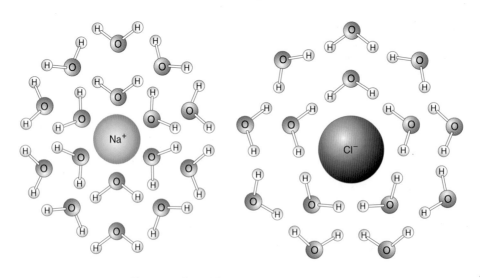

그림 2-7 Na^+와 Cl^- 이온 주위 물 분자의 용매화 구형 형성

(3) 양쪽성 용질

생체분자 중에는 극성 그룹과 비극성 그룹을 동시에 갖고 있어 이중적 특성을 띠는 양쪽성 성질(amphiphilic)을 갖는 물질이 있다. 가장 좋은 예는 긴사슬 지방산에 비누화를 시킨 지방산 금속염(RCOOK, RCOONa)이다. 많은 탄소와 수소를 갖고 있는 탄화수소 R기는 소수성 성질을 띠며, 카르복실산 COO^-의 음이온과 K^+나 Na^+의 양이온은 친수성을 띠게 된다.

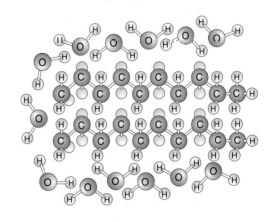

그림 **2-8** 탄화수소와 물 사이에 클래스레이트 구조

　물은 양쪽성 물질과 혼합되면 완전한 수용액을 형성하지 못하지만, 미셀(micelle)이라는 구조를 형성한다(그림 2-9). 양쪽성 물질인 비누화시킨 스테아르산나트륨(sodium stearate, $C_{17}H_{35}COONa$)에서 미셀 구조를 살펴보면, 극성으로 친수성을 띠는 소디움카르복실산 [–COO^- Na^+]은 '극성머리'라 불리며 이는 물과 접촉하고, 비극성으로 소수성을 띠는 탄화수소($C_{17}H_{35}$)는 '꼬리'라 불리며 이는 물과 접촉을 피하

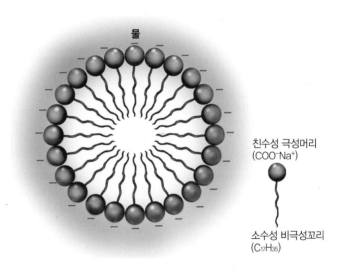

친수성 극성머리
(COO^-Na^+)

소수성 비극성꼬리
($C_{17}H_{35}$)

그림 **2-9** 스테아르산나트륨의 미셀 구조

표 2-4 여러 가지 친수성 · 소수성 물질

친수성 물질	소수성 물질
•이온성 물질(NaCl, KCl 등)	•비극성 공유결합 탄화수소(헥산, 벤젠)
•극성 공유결합 화합물	•중성지방
•알코올(에탄올 등)	•콜레스테롤
•케톤(아세톤 등)	
•당류	
•아미노산, 인산에스테르 등	

케톤(ketone)

O
‖
R–C–R′

에스테르(ester)

O
‖
R–C–O–R′

도록 내부로 향한다. 즉, 지방산의 소수성 부분이 미셀 구조의 중앙 부위로 들어가고, 이온화된 극성 부분은 물과 접촉하는 바깥으로 향하여 형성된다. 대개 기름 분자가 물과 섞이면 그러한 구조를 만든다. 그러므로 스테아르산나트륨은 미셀 구조를 가져서 비극성 성질은 기름에 녹을 수 있게 하고 친수성 성질은 물에 녹을 수 있게 한다.

3. 물의 이온화

물은 약전해질로서 아주 적은 양이지만 양성자(H^+)와 수산화(OH^-) 이온으로 해리된다.

$$H_2O \rightleftharpoons H^+ + OH^- \tag{식 2.1}$$

이때 생성되는 H^+ 이온은 즉시 물과 반응하여 H_3O^+(hydronium ion)을 형성한다. 그러므로 물은 H^+의 형태로 존재하지 않으며, 사실상 H_3O^+으로 존재하게 된다. 그러나 정확한 표현은 아니지만 편의상 H^+으로 사용한다. 이 같은 물의 해리반응, 즉 이온화 반응이 평형에 도달하면 질량작용법칙에 따라 일정한 평형상수(K_{eq})를 갖게 된다.

$$K_{eq} = \frac{[H^+][OH^-]}{[H_2O]} \tag{식 2.2}$$

질량작용법칙은 '화학 평형상태에서 생성물의 농도들의 곱을 반응물의 농도들의 곱으로 나눈 값이 일정한 상수, 즉 평형상수를 가진다'는 것이다(식 2.2). 25℃에서 순수한 물의 평형상수(K_{eq})는 일정한 상수 1.8×10^{-16} M이며 순수한 물의 농도, 즉 [H_2O]는 물 1 L 속에 있는 물의 g수를 물의 분자량 18 g/mol로 나눈 것으로, $\dfrac{1,000 \text{ g/L}}{18 \text{ g/mol}}$ = 55.5 M이 된다.

그러므로 식 2.2에 대입하여 상수끼리 모으면,

$$K_{eq} \times [H_2O] = 1.8 \times 10^{-16} \times 55.5 = 1.01 \times 10^{-14} (M^2) = [H^+][OH^-] = K_w \tag{식 2.3}$$

식 2.3의 새로운 상수를 물의 이온적(ion product of water, K_w)이라 한다.

이는 25℃에서 물의 이온적, 즉 [H^+]과 [OH^-]의 곱은 항상 1.01×10^{-14} 임을 의미한다. 물 한 분자가 해리하면 한 분자의 H^+와 한 분자의 OH^-가 생성되므로 [H^+]와 [OH^-]는 서로 같다.

$$x \cdot x = 1.01 \times 10^{-14} \ M^2 \qquad \therefore \ x = 1.0 \times 10^{-7} \ M$$

$$[H^+] = [OH^-] = 1.0 \times 10^{-7} \ M이 \ 된다.$$

따라서 25℃에서 순수한 물의 수소이온 농도, $[H^+]$는 1.0×10^{-7} M이다.

4. pH

수소이온은 생물체에서 가장 중요한 이온의 하나로 수소이온 농도에 따라 생체분자의 구조와 생화학 반응의 효율성은 달라진다. 그러나 물에서 수소이온 농도는 1.0×10^{-7} M로 매우 낮아 음의 지수 형태로 나타나므로 사용하기에 불편하다. 이를 좀더 표현하기 쉬운 방법을 고려하여 1909년에 소렌손 (Sörensen)이 pH라는 용어를 도입시켰다.

$$pH = -\log[H^+]$$

즉, 물의 경우 25℃에서 수소이온이 1.0×10^{-7} M이므로 pH$=-\log 1.0 \times 10^{-7} = 7.0$이 된다. 수소이온의 농도는 보통 $10^{0} \sim 10^{-14}$ M이며, 이에 따라 pH는 0~14까지 나타나게 된다. 따라서 pH 5의 용액은 pH 6의 용액보다 수소이온을 10배 더 가지고 있음을 의미한다. 실험실에서 pH는 중요하여 자주 측정되어야 하는데, 이는 pH 미터라는 유리 전극을 이용한 기계를 사용하게 된다.

$$pOH = -\log[OH^-]$$

pH의 정의와 같은 방법으로 $-\log[OH^-]$를 pOH로 정의하며, $[H^+][OH^-]$의 곱은 항상 1.0×10^{-14}이므로 모든 수용액에서 pH와 pOH의 합은 일정한 값을 이룬다. 즉, pH + pOH = 14이다.

연습문제

1. 위액은 보통 H^+의 농도가 1×10^{-2} M이다. 위액의 pH는 얼마인가?
2. 토마토주스의 pH를 측정하니 5였다. 토마토주스의 $[H^+]$ 농도는?

풀이   1. pH$=-\log[H^+]=-\log 1 \times 10^{-2} = 2$가 된다.
                  2. pH$=-\log[H^+]=5$이므로, $[H^+]=1 \times 10^{-5}$ M이다.

5. 산과 염기

1) 산과 염기의 정의

화학에서 산과 염기의 정의는 중요한데, 이에 대해 정의하는 방법이 여러 가지가 있으나 브뢴스테드 (Brönsted)에 의한 산과 염기의 정의가 널리 사용되고 있다.

- **브뢴스테드 산**   수소이온을 내줄 수 있는 물질(양성자 공여체, proton donor)

산

$HCl \longrightarrow H^+ + Cl^-$

$CH_3COOH \longrightarrow H^+ + CH_3COO^-$

$NH_4^+ \longrightarrow NH_3 + H^+$

- **브뢴스테드 염기**   수소이온을 받아들이는 물질(양성자 수용체, proton acceptor)

염기

$Cl^- + H^+ \longrightarrow HCl$

$CH_3COO^- + H^+ \longrightarrow CH_3COOH$

$NH_3^+ + H^+ \longrightarrow NH_4^+$

산은 일반적으로 HA로 표시할 수 있으며, 수용액에서 H^+와 A^-로 해리된다.

$$HA \rightleftharpoons H^+ + A^- \tag{식 2.4}$$

여기서 HA는 수소이온을 내주므로 산이며, A^-는 역반응에서 수소이온을 받아들이므로 염기가 된다. 이같이 HA와 A^-처럼 서로 짝지어진 특별한 관계에 있는 쌍을 짝산-짝염기라 부른다.

2) 산의 해리상수

산의 강도는 수소이온을 얼마나 내줄 수 있느냐의 정도로 측정되는데, 이를 나타내는 것이 산의 해리상수(K_a)이다. 산의 해리상수는 산의 해리반응에서 평형상수의 개념과 같다(식 2.5).

$$K_{eq} = \frac{[H^+][A^-]}{[HA]} = K_a \qquad \text{(식 2.5)}$$

한편, 염기의 해리반응에서 염기의 해리상수는 K_b로 표시한다. 산에 따라 K_a의 값은 매우 다른데, K_a 값이 클수록 H^+로 많이 해리됨을 나타낸다. 강산의 경우 K_a 값이 매우 크며, 약산의 경우 K_a 값은 아주 작은 값을 나타낸다. 예를 들어, HCl은 거의 100% 해리되어 K_a 값은 측정할 수 없을 정도로 크며, 약산인 아세트산(CH_3COOH)은 25℃에서 K_a 값이 1.76×10^{-5}으로 아주 작은 값을 나타낸다.

3) pK_a

생물체에 존재하는 산들은 대부분 약산들인데 약산들은 K_a가 음의 대수이어서 사용하기 불편하므로 수소이온 농도를 pH로 나타내는 것처럼 pK_a로 변형시켜 표현하여 사용하기도 한다.

$$pK_a = -\log K_a$$

그러므로 pK_a도 K_a와 마찬가지로 산도를 알 수 있는 척도가 된다. 대부분의 생물체에 존재하는 산들은 pK_a 값이 2~14이며 pK_a 값이 작을수록, 즉 K_a 값이 클수록 강산이다.

어떤 산들은 두 개 이상의 수소이온을 내줄 수 있는 다양성자산(polyprotonic acid)이다. 이러한 예는 탄산(carbonic acid), 인산(phosphoric acid), 시트르산(citric acid), 숙신산(succinic acid) 등이 있다(표 2-5). 다양성자산에 있는 각 수소이온들은 모두 각자의 pK_a 값을 가지며 단계적으로 수소이온을 방출한다. 이때 산성이 강한 순서에 따라 pK_a 값을 pK_{a1}, pK_{a2}, pK_{a3} 등으로 표시한다. 예를 들어, 인산(H_3PO_4)의 수소이온 방출과정은 다음과 같이 세 단계이다.

$$H_3PO_4 \underset{pK_{a1}=2.14}{\overset{H^+}{\rightleftharpoons}} H_2PO_4^- \underset{pK_{a2}=7.20}{\overset{H^+}{\rightleftharpoons}} HPO_4^{2-} \underset{pK_{a3}=12.4}{\overset{H^+}{\rightleftharpoons}} PO_4^{3-}$$

첫 번째 해리반응에서는 H_3PO_4가 산이 되고, $H_2PO_4^-$는 짝염기가 되며, 그 pK_{a1} 상수는 2.14이다. 두 번째 해리반응에서는 $H_2PO_4^-$가 산이 되고, HPO_4^{2-}는 짝염기가 되어 그 pK_{a2}는 7.20이다. 세 번째 해리반응에서는 HPO_4^{2-}가 산이 되고, PO_4^{3-}는 짝염기가 되며, 그 pK_{a3}는 12.4이다.

표 2-5 여러 유기산들의 pK_a

유기산	pK_{a1}	pK_{a2}	pK_{a3}
포름산(HCOOH)	3.75		
아세트산(CH_3COOH)	4.76		
피루브산($CH_3COCOOH$)	2.50		
젖산($CH_3CHOHCOOH$)	3.86		
말산($HOOCCH_2CHOHCOOH$)	3.40	5.26	
숙신산($HOOCCH_2CH_2COOH$)	4.18	5.56	
푸마르산($HOOCCH=CHCOOH$)	3.03	4.54	
탄산(HOCOOH)	6.37	10.26	
인산($HOPO(OH)_2$)	2.14	7.20	12.40
시트르산(구연산){$HOOCCH2C(OH)COOHCH_2COOH$}	3.09	4.75	5.41

연 습 문 제

1. 아세트산(CH_3COOH)의 해리반응을 쓰고, 무엇이 짝산이고 짝염기인가?
2. 25℃에서 아세트산(CH_3COOH)은 산의 해리상수(K_a)가 $1.76×10^{-5}$이다. 아세트산의 pK_a는?

풀이

1. $CH_3COOH \rightleftharpoons H^+ + CH_3COO^-$

   CH_3COOH와 CH_3COO^-는 짝산과 짝염기의 관계이다. CH_3COOH는 수소이온을 내주므로 짝산이며, CH_3COO^-는 역반응에서 수소이온을 받아들이므로 짝염기에 해당한다.

2. $pK_a=-logK_a$이므로 pK_a는 $-log1.76×10^{-5}$, 즉 $5-log1.76=4.76$이 된다.

6. 헨더슨-하셀발흐 방정식

헨더슨(Henderson)과 하셀발흐(Hasselbalch)는 약산의 해리반응에 산의 해리상수를 적용하고 이를 재배열하여 pH와의 관계를 방정식으로 표현하였다. pH와 pK_a 사이의 새로운 관계 방정식을 헨더슨-

하셀발흐(Henderson–Hasselbalch)식이라 하며, 일정한 pH에서 용액의 약산과 그 짝염기의 비율과 약산과 그 짝염기의 농도에 따른 용액의 pH를 아는 데 이용된다. 또한 완충용액을 만드는 데도 사용된다.

$$HA \rightleftharpoons H^+ + A^-$$

$$K_a = \frac{[H^+][A^-]}{[HA]}$$

이를 $[H^+]$에 대해 식을 변형하면, $\log[H^+] = \log K_a \frac{[HA]}{[A^-]}$

양변에 $\log$를 취하면,

$$\log[H^+] = \log K_a \frac{[HA]}{[A^-]} = \log K_a + \log\frac{[HA]}{[A^-]}$$

양변에 -1을 곱해 주면,

$$-\log[H^+] = -\log K_a - \log \frac{[HA]}{[A^-]}$$

$-\log[H^+] = $ pH이며, $-\log K_a = $ pK_a이므로

$$pH = pK_a - \log \frac{[HA]}{[A^-]}$$

$$pH = pK_a + \log \frac{[A^-]}{[HA]} \longrightarrow \text{헨더슨–하셀발흐 공식}$$

즉, $pK_a + \log \frac{[짝염기]}{[짝산]}$로 표현할 수 있다.

만약, 약산인 HA의 농도와 그 짝염기인 A^-의 농도가 같다면,

$$pH = pK_a + \log \frac{[A^-]}{[HA]} = pK_a + \log 1 = pK_a$$

즉, 같은 양의 약산과 그 짝염기가 있으면, 그때의 pH는 약산의 pK_a와 같아진다.

연 습 문 제

1. 무산소 운동을 하면 젖산(lactic acid : $CH_3CHOHCOOH$)이 근육에 축적된다. 이때 생체조직의 pH가 7.2라면 젖산이 어떤 형태로 존재하는가? (젖산의 pK_a = 3.86)

2. 만약 젖산의 10%가 산의 형태($CH_3CHOHCOOH$)로 존재하며, 90%가 이온 형태, 즉 염의 형태
   ($CH_3CHOHCOO^-$)로 존재한다면, 이때의 pH는 얼마인가?

3. 우리 몸의 pH인 7.4에서 푸마르산(fumaric acid: $HOOCCH=CHCOOH$)은 주로 어떤 형태로 존재할까? (pK_{a1} = 3.03, pK_{a2} = 4.54)

풀이

1. $$CH_3CHOHCOOH \rightleftharpoons CH_3CHOHCOO^- + H^+$$
    짝산   짝염기

    헨더슨–하셀발흐 방정식에 의해,

    $$pH = pK_a + \log \frac{[짝염기]}{[짝산]} = pK_a + \log \frac{[CH_3CHOHCOO^-]}{[CH_3CHOHCOOH]}$$

    $$7.2 = 3.86 + \log \frac{[CH_3CHOHCOO^-]}{[CH_3CHOHCOOH]}$$

    $$\frac{[CH_3CHOHCOO^-]}{[CH_3CHOHCOOH]} = 10^{3.34} = 2,188$$

    pH 7.2에서 $CH_3CHOHCOOH : CH_3CHOHCOO^-$ = 1 : 2,188 비율로 존재하게 된다.

    즉, 거의 대부분 $CH_3CHOHCOO^-$로 해리되어 젖산염 형태로 존재한다.

2. 헨더슨–하셀발흐 방정식에 의해 $pH = 3.86 + \log \frac{0.9}{0.1} = 3.86 + \log 9.0 = 4.81$

3. $$pH = pK_a + \log \frac{[짝염기]}{[짝산]}$$

    다가산인 푸마르산은 단계적으로 해리가 일어나므로 우선 1차 해리에 의해 얼마나 짝산과 짝염기가
    존재하는지 알아야 한다.

    $$7.4 = 3.03 + \log \frac{[HOOCCH=CHCOO^-]}{[HOOCCH=CHCOOH]}$$

    $$\log \frac{[HOOCCH=CHCOO^-]}{[HOOCCH=CHCOOH]} = 4.37$$

    $$\frac{[HOOCCH=CHCOO^-]}{[HOOCCH=CHCOOH]} = 10^{4.37} = 23,442$$

    그러므로 주로 짝염기인 $HOOCCH=CHCOO^-$로 존재하므로 다시 2차 해리가 얼마나 일어나는지를
    알아야 한다. 2차 해리에서는 $HOOCCH=CHCOO^-$가 짝산이며 더 해리된 $^-OOCCH=CHCOO^-$가 짝
    염기이다. 따라서,

    $$7.4 = 4.54 + \log \frac{[^-OOCCH=CHCOO^-]}{[HOOCCH=CHCOO^-]}$$

    $$\log \frac{[^-OOCCH=CHCOO^-]}{[HOOCCH=CHCOO^-]} = 2.86$$

    $$\frac{[^-OOCCH=CHCOO^-]}{[HOOCCH=CHCOO^-]} = 10^{2.86} = 724$$

    따라서, 대부분 푸마르산은 pH 7.4에서 2차 해리가 된 -2가 이온 ($^-OOCCH=CHCOO^-$)으로 존재한다.

7. 적정곡선과 pK_a 값

농도를 아는 용액을 사용하여 미지 용액의 농도를 결정하는 방법을 적정이라 한다. 산과 염기는 중화되어 물을 형성하는 중화반응을 하므로 정확한 농도를 아는 염기를 사용하여 미지의 산의 농도를 알 수 있다. 수용액 산의 시료에 염기를 조금씩 첨가하여 용액의 pH 변화를 pH 미터기로 관찰하여 그래프로 그려 적정곡선을 얻을 수 있다. 이 곡선은 중간에서 방향이 바뀌는 변곡점을 갖는데 이 변곡점이 산의 pK_a 값에 해당한다. 그러므로 이 적정곡선으로부터 산의 pK_a 값을 측정할 수 있으며 pK_a 값은 산의 특징적인

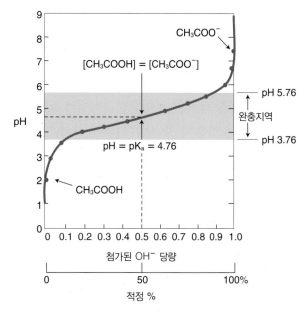

그림 **2-10** 아세트산의 적정곡선

성질이다. 예를 들어, 0.1N 아세트산(CH_3COOH) 100 mL를 0.1N 수산화나트륨(NaOH)으로 적정하여 실험데이터로 적정곡선을 그리면 그림 2-10과 같다.

적정 전의 아세트산은 25℃에서 해리상수가 1.76×10^{-5}인 약산이므로 거의 해리되지 않는다고 생각해도 무방하다. 이때 강염기인 NaOH를 첨가시키면,

$$CH_3COOH + NaOH \rightleftharpoons CH_3COONa + H_2O$$

이때 생성된 염인 CH_3COONa는 전부 해리된다.

$$CH_3COONa \longrightarrow CH_3COO^- + Na^+$$

그러므로 0.1N CH_3COOH 100 mL에 0.1 N NaOH 50 mL를 첨가하면 정확하게 본래의 산 절반이 CH_3COONa가 되고 이는 완전히 해리되어 CH_3COO^-로 나타나 짝산의 형태인 CH_3COOH의 농도와 그 짝염기의 형태인 CH_3COO^-의 농도가 같아진다. 이때의 pH가 pK_a 값이 된다. 이는 앞서 설명한 헨더슨-하셀발흐 방정식에서도 유도될 수 있다.

$$pH = pK_a + \log \frac{[CH_3COO^-]}{[CH_3COOH]}$$

$[CH_3COOH] = [CH_3COO^-]$이므로

$$pH = pK_a + \log 1$$

$$pH = pK_a$$

또한 아세트산의 적정곡선(그림 2-10)을 살펴보면 첨가한 알칼리 단위량당 pH 변화는 적정의 처음과 끝에서 가장 크고, 적정의 중간 지점에서 가장 작음을 알 수 있다. 따라서 동량의 CH_3COOH와 CH_3COONa가 있을 때, 즉 pK_a 지점에서 산이나 염기를 가해도 pH의 변화가 가장 적음을 나타낸다.

8. 완충용액

1) 완충용액의 정의

앞에서 보았듯이, 아세트산과 아세트산나트륨이 혼합된 용액은 산이나 알칼리를 첨가해도 pH의 변화가 적게 나타난다. 이를 완충작용이라 하며, 이러한 능력이 있는 용액을 완충용액(buffer solution)이라 한다.

모든 생물체는 pH의 조절이 중요하여 수소이온의 농도가 매우 좁은 범위 내에서 유지되도록 pH는 매우 정밀하게 조절된다. 사람의 정상 혈액은 7.4±0.05이며, pH가 조금만 변화해도 심각한 피해를 주거나 사망에 이를 수도 있다. 예를 들어, 당뇨나 기아상태가 되었을 때 pH가 7.35 아래로 떨어지는 현상을 산독증(acidosis)이라 한다. 이와 반대로 pH가 7.45 이상으로 오르면 알칼리혈증(alkalosis)이된다. 그러므로 생물체는 수소이온 농도가 일정하게 유지될 수 있도록 완충용액 시스템을 가지고 있다. 이러한 완충용액은 대부분 약산과 그 짝염기로 구성되어 있다.

연 습 문 제

아세트산과 아세트산나트륨으로 pH 5.24인 0.1 M 완충용액 1 L를 만들고자 한다. 만드는 방법은?

(아세트산 pK_a = 4.76이다.)

풀이　　　헨더슨–하셀발흐 방정식에 적용시켜, 짝산(CH_3COOH)과 짝염기(CH_3COO^-)의 비율을 구한다.

$$pH = pK_a + \log \frac{[A^-]}{[HA]}$$

$$5.24 = 4.76 + \log \frac{[CH_3COO^-]}{[CH_3COOH]}$$

$$\log \frac{[CH_3COO^-]}{[CH_3COOH]} = 0.48$$

$$\frac{[CH_3COO^-]}{[CH_3COOH]} = 10^{0.48} = 3.02$$

CH_3COOH의 농도와 CH_3COONa의 농도비가 1 : 3이어야 하며, 총 농도는 0.1 M이어야 하므로 CH_3COOH는 0.025 M, CH_3COONa는 0.075 M이 되어야 한다. CH_3COOH와 CH_3COONa의 분자량은 각각 60과 82이므로, CH_3COOH : 60×0.025=1.5(g), CH_3COONa : 82×0.075=6.15(g)을 물에 녹여 1 L가 되도록 한다.

2) 완충용액의 능력

완충용액의 능력은 두 가지 요소에 따라 달라진다. 하나는 완충용액의 농도, 즉 완충용액을 이루는 약산과 그 짝염기의 몰 농도의 합이며, 또 하나는 약산과 그 짝염기의 비율이다.

　완충용액의 능력은 약산과 그 짝염기의 몰 농도의 합이 클수록 크다. 따라서 완충용액의 농도는 약산과 그 짝염기 몰 농도의 합을 말한다. 즉, 아세트산(CH_3COOH) 0.05 M과 아세트산염(CH_3COONa) 0.3 M로 구성되었다면 이 완충용액의 농도는 0.8 M이다.

　그림 2–10의 아세트산의 적정곡선에서 보듯이 변곡점에 해당하는 pK_a에서, 즉 약산과 그 짝염기의 비율이 1:1일 때 완충능력이 가장 크다. 따라서 완충용액이 같은 농도라 하여도 완충능력은 서로 다른데 짝산과 짝염기의 비율이 1:1일 때 완충능력이 가장 크다. 그러므로 완충용액의 효과적인 완충범위는 각각 산의 pK_a에 따라 달라지는데 효과적인 완충범위는 p$K_a \pm 1$ 범위에서 이루어진다. 예를 들어, 아세트산과 아세트산염으로 이루어진 완충액의 경우 아세트산의 pK_a가 4.76이므로 pH

3.76~5.76의 범위에서 효과적인 완충용액으로 작용할 수 있다.

생화학 실험은 pH 조절이 엄격히 이루어지는 세포 내 자연적인 환경과 비슷하게 하기 위해 완충용액 내에서 실시한다. 즉, 자연적인 pH 범위 6~8 사이가 유지되도록 하는 완충용액을 사용해야 한다.

3) 혈액 및 세포내액의 완충용액

앞에서 설명하였듯이, 혈액 및 세포내액은 일정한 pH를 유지하기 위해 완충용액을 이루며, 탄산과 중탄산염(carbonic acid-bicarbonate conjugate pair), 인산과 그 짝염기, 아미노산, 단백질 등이 완충제로서 작용한다. 그러나 혈액과 세포내액은 완충용액을 이루는 주요 산과 짝염기가 조금 다르다.

(1) 세포내액의 완충용액

세포내액은 생물체의 pH와 가까운 pK_a를 갖는 인산이 주요 완충제 역할을 한다. 이때 인산은 두 번째 해리반응($pK_{a2}=7.20$)이 즉 산은 $H_2PO_4^-$이며 그 짝염기는 HPO_4^{2-}인 반응이 중요한 완충용액으로 작용한다.

(2) 혈액의 완충용액

혈액은 인산의 농도가 낮아 완충액을 이루는 약산과 짝염기의 역할이 낮아 탄산(carbonic acid)이 약산으로 작용하는 중요한 완충액을 이룬다. 탄산의 경우 H_2CO_3/HCO_3^- 쌍이 각각 약산과 짝염기로 작용한다.

탄산 H_2CO_3
중탄산 HCO_3^-

• 혈액에 산성물질이 첨가되면, 염기인 HCO_3^-가 작용하여

$$HCO_3^- + H^+ \longrightarrow H_2CO_3 로 중화시키며,$$

• 혈액에 염기성 물질이 첨가되면, 산인 H_2CO_3가 작용하여

$$H_2CO_3 + OH^- \longrightarrow HCO_3^- + H_2O 로 중화시킨다.$$

탄산의 첫 번째 이온화 상수는 6.37이므로 탄산–중탄산염은 효과적인 완충작용에 이르는 최대한계 범위 안에 겨우 들어가고 또한 HCO_3^-와 H_2CO_3의 비가 약 20:1로 효과적인 비율인 1:1과 크게 다르므로 완충작용의 효율성이 떨어질 수 있다. 그러나 혈액 내에서 완충능력은 폐에서 CO_2를 폐 밖으로 내보내거나, 또는 혈액으로 녹임으로써 인체의 중요한 완충작용을 한다. 즉, 혈액이 CO_2를 조직과 대기 사이에 서로 교환하게 한다.

폐에 있는 기체상태의 CO_2는 혈액에 녹으며 액체상태가 되어 평형을 이룬다.

$$CO_2(폐, 기체상태) \rightleftharpoons CO_2(혈액, 용액상태)$$

$$혈액\ 내\ CO_2(용액) + H_2O \underset{\substack{\text{탄산무수화효소}\\(carbonic\ anhydrase)}}{\rightleftharpoons} H_2CO_3(용액)$$

$$혈액\ 내\ H_2CO_3(용액) \rightleftharpoons H^+ + HCO_3^-\ (용액)$$

$$\therefore 총\ 작용은\ CO_2(기체) + H_2O \rightleftharpoons H^+ + HCO_3^-\ (용액)$$

혈액에 녹아 있는 CO_2는 대기 중의 CO_2와 평형을 이루게 되어 폐에서 기체상의 CO_2로 달아나거나 혹은 혈액 내로 녹아들어온다. 그러므로 CO_2를 매개체로 하여 H_2CO_3 – HCO_3^-의 완충능력이 나타나게 된다.

• 우리 몸에서 산이 증가하게 되면, 염기인 HCO_3^-가 작용하여 폐에서 CO_2를 날려 보내 pH를 증가시킨다.

$$H^+ + HCO_3^- \longrightarrow H_2CO_3 \longrightarrow CO_2(기체) + H_2O$$

• 우리 몸의 염기가 증가하게 되면(OH^-), CO_2가 혈액에 녹아들어가게 하여 산인 H_2CO_3를 생성시켜 H^+를 내놓아 OH^-를 중화시켜 pH를 감소시킨다.

$$CO_2(용액) + H_2O \longrightarrow H_2CO_3 \longrightarrow H^+ + HCO_3^-$$

결과적으로 체내 pH가 떨어지면 폐에서 기체로 CO_2를 호흡으로 내보내며, pH가 올라가면 CO_2를 혈액으로 녹아들어오게 한다. 그러므로 탄산–중탄산염의 완충제 역할은 녹아 있는 CO_2와 폐 속의 CO_2와의 평형을 통하여 H_2CO_3 농도를 조정함으로써 작용한다(그림 2-11). 혈액에서 탄산–중탄산염의 완충제 작용 외에 헤모글로빈도 완충제로서 작용한다.

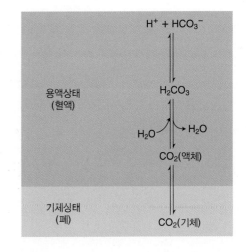

그림 2-11 탄산–중탄산염의 기체–액체상태 전환

>>>>>>> CHAPTER

3

생체에너지학

생체에너지학

생물체에서 세포는 동적인 구조를 하고 있다. 즉, 성장하고, 이동하며, 특정 물질들을 막사이로 이동시키고 있다. 이 모든 활동에는 에너지를 필요로 한다. 그러므로 생물체는 환경으로부터 에너지를 얻어야 하는데, 식물은 태양에너지를 이용하며, 동물은 그들이 먹는 식물이나 동물로부터 에너지를 얻는다. 이같이 생물체에서 에너지를 어떻게 얻으며 이용하는가에 대한 연구, 즉 에너지 전환에 대한 연구를 하는 것이 생체에너지학(bioenergetics)이다. 이러한 생체에너지학은 열역학의 한 분야로 열역학법칙을 따른다.

1. 열역학법칙

고립된 계 주위와 물질이나 에너지가 교환되지 않는 계

닫힌 계 주위와 에너지를 교환하나 물질은 교환되지 않는 계

열린 계 주위와 에너지, 물질 모두를 교환할 수 있는 계

열역학에서 우주(universe)는 계(system)와 주위(surrounding)로 구분된다. 계(system)라는 것은 우주에서 우리가 관심을 두고 있는 시험관, 하나의 세포 또는 온전한 생물체가 될 수 있으며, 주위(surrounding)란 우주에서 계를 제외한 모든 물질이 된다. 계는 상태에 따라 고립된 계(isolated system), 닫힌 계(closed system), 열린 계(open system)로 구분된다(그림 3-1). 생물

체는 자기 주위와 영양소, 노폐물 등의 물질을 교환하며, 또한 대사에서 나오는 열 등의 에너지를 교환하는 전형적인 열린 계를 형성한다.

1) 열역학 제1법칙

열역학 제1법칙은 에너지 보존의 법칙으로, 물리적·화학적 변화가 일어나도 우주의 총 에너지는 항상 일정하다는 이론이다. 즉, 에너지의 형태가 변하거나, 에너지가 한 지역에서 다른 지역으로 이동하더라도 총 에너지는 일정하여 에너지가 생성되거나 파괴되지 않는다는 것이다.

2) 열역학 제2법칙

열역학 제2법칙은 모든 자발적인 반응(spontaneous reaction)에서는 우주의 엔트로피(entropy, S)가 증가하는 방향으로 일어난다는 이론이다. 엔트로피란 무질서의 정도를 측정하는 상태함수이다. 그러므로 열역학 제2법칙에 따르면 모든 자발적인 반응은 엔트로피가 증가하는 방향으로 일어나므로 우주의 엔트로피 변화(ΔS)는 양(+)으로 표시된다. 열역학 제2법칙을 적용시킬 때 생물체를 하나의 계로 보면 열린 계이며, 영양소를 대사시킬 때 계 내부

엔트로피(S) 어떤 계 또는 주위에서 무질서와 무작위의 측정치로서, 조직화되고 질서가 잡힌 상태는 엔트로피가 낮고, 무질서한 정도가 높은 상태는 엔트로피가 높음

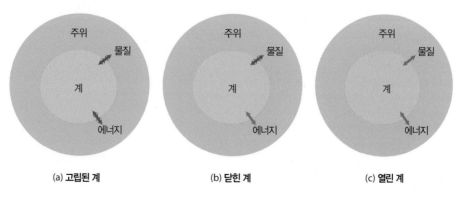

(a) 고립된 계   (b) 닫힌 계   (c) 열린 계

그림 3-1 여러 가지 계

의 엔트로피를 증가시키지 않으나 대신 주위로 CO_2나 H_2O와 열을 방출시켜 주위의 엔트로피를 증가시키게 된다. 그러므로 계와 주위를 합한 우주의 엔트로피는 증가하게 된다.

2. 자유에너지

1) 자유에너지의 정의

자유에너지(G) 반응으로부터 일을 할 수 있는 가용에너지의 척도

앞에서 설명한 바와 같이 열역학 제2법칙에 따르면, 자발적인 반응에서 우주의 엔트로피는 증가하나 이 우주 엔트로피를 측정하는 것은 불가능하므로 반응의 자발성을 예측하기가 어렵다. 그러므로 생물학이나 생화학에서는 반응의 자발성을 예측하기 위하여 엔탈피와 엔트로피를 고려한 상태함수인 자유에너지(Gibbs free energy, G)라는 새로운 에너지 척도를 사용하게 된다.

깁스(Josiah Gibbs)는 자유에너지를 반응으로부터 일을 할 수 있는 가용에너지의 척도로 정의하였는데, 이는 열 함량의 척도인 엔탈피(enthalpy, H)와 무질서의 척도인 엔트로피(S)로 표현될 수 있다.

$$G = H - TS \qquad T : 절대온도 \qquad\qquad (식\ 3.1)$$

그러므로 일정한 온도와 압력 하에서 자유에너지 변화(ΔG)는 다음과 같다.

$$\Delta G = \Delta H - T\Delta S \qquad\qquad (식\ 3.2)$$

자유에너지의 단위는 joule/mol 또는 cal/mol인데 1 joule/mol은 0.239 cal/mol이다.

2) 자유에너지 변화와 반응의 자발성

$\Delta G<0$이면, 자유에너지를 방출하는 자유에너지 감소반응(exergonic reaction)으로 반응은 자발적 이다.

$\Delta G=0$이면, 자유에너지의 변화가 없는 반응으로 평형상태이다.

$\Delta G>0$이면, 자유에너지 증가반응(endergonic reaction)으로 반응은 자발적으로는 일어나지 않으며 반응이 일어나려면 에너지가 요구된다.

　　자유에너지의 변화(ΔG)는 식 3.2로부터 엔탈피, 엔트로피 및 절대온도에 따라 달라지므로, 자발적으로 일어나는 반응의 경우 $\Delta G<0$이 되려면 어떤 반응에서는 엔탈피의 변화가 주도적인 영향을 미치며, 어떤 반응에서는 엔트로피가 좀 더 중요하게 영향을 주며 절대온도 또한 영향을 미치게 된다 (표 3-1).

- 엔탈피의 변화가 음($\Delta H<0$)이며 엔트로피의 변화가 양($\Delta S>0$)일 때, ΔG는 언제나 음이 되므로 모든 온도에서 반응이 자발적으로 일어나게 된다.
- 반대로 엔탈피의 변화가 양이며($\Delta H<0$) 엔트로피의 변화가 음이면($\Delta S<0$), ΔG는 항상 양이므로 모든 온도에서 비자발적인 반응이 된다.
- 위 두 경우 외에는 절대온도에 따라 자발적이거나, 비자발적 반응이 된다. 예를 들어 물 안에 얼음이 녹는 현상은 엔탈피가 증가하는, 즉 $\Delta H>0$이며, 무질서도가 증가하는 $\Delta S>0$이 되는 반응이므로, 높은 온도에서는 자발적으로 일어나, 즉 얼음이 물이 된다. 반면 낮은 온도에서는 얼음이 녹는 현상은 비자발적인 반응이고, 그 역반응인 물이 어는 현상이 자발적인 반응이다.

표 3-1 엔탈피, 엔트로피, 절대온도에 따른 반응의 자발성에 대한 영향

엔탈피(ΔH)	엔트로피(ΔS)	절대온도(T)	
		낮은 온도	높은 온도
+	+	$\Delta G > 0$: 비자발적	$\Delta G < 0$: 자발적
+	−	$\Delta G > 0$: 비자발적	$\Delta G > 0$: 비자발적
−	+	$\Delta G < 0$: 자발적	$\Delta G < 0$: 자발적
−	−	$\Delta G < 0$: 자발적	$\Delta G > 0$: 비자발적

여기서 우리가 혼동하지 말아야 할 것이 있다.

- ΔG는 반응의 자발성은 알 수 있으나, 반응의 속도와는 상관이 없다. 예를 들면, A반응의 ΔG가 −40 kJ/mol이며, B반응의 ΔG가 −10 kJ/mol이라면, A 반응이 B반응보다 쉽게 자발적으로 일어나지만 A반응의 속도가 B반응의 속도보다 빠르다는 의미는 아니다.

- 열린 계의 경우 계의 엔트로피(무질서도)가 감소할 수 있다. 예로 얼음이 어는 것은 무질서도가 높은 물이 무질서도가 낮은 얼음이 되므로 엔트로피가 감소하는 반응이다. 또한 생물체에서 포도당으로부터 거대분자인 글리코겐 합성이 일어나는 것도 엔트로피가 감소하는 반응이다. 이러한 경우 생물체, 즉 계의 엔트로피는 감소하지만 계를 둘러싸고 있는 주위의 엔트로피는 증가하여 계와 주위를 합한 우주의 엔트로피는 증가한다. 이러한 예는 우리가 음식을 먹고 분해하여 주위에 열을 내놓아 주위의 분자운동을 증가시켜 엔트로피가 증가하는 데에서도 볼 수 있다.

3. 화학반응에서 자유에너지 변화

자유에너지 변화(ΔG)는 반응의 자발성 정도와 반응으로부터 얻을 수 있는 유용한 에너지 양을 의미하며, 이것은 근육 수축, 세포 이동, 이온이나 분자의 막 이동 및 조직의 성장 등에 필요한 에너지를 말한다.

이 자유에너지 변화는 그 반응이 일어나는 조건에 영향을 받게 되는데, 즉 온도, 압력, 반응물과 생성물의 농도 및 pH에 따라 달라진다. 그러므로 여러 반응들의 자유에너지 변화를 비교하기 위해 일정한 상태, 즉 표준상태(standard state)의 자유에너지를 측정하여 일정한 근거의 자료로 사용된다. 표준상태란 1기압, 25℃(298 K), 수소이온(H^+)이나 H_2O 또는 다른 이온이 포함되어 있다면 [H^+]=1M(pH=0), 반응물과 생성물의 초기 농도가 각각 1 M인 상태를 말한다. 표준상태에서의 자유에너지 변화를 '표준자유에너지 변

ΔG°와 $\Delta G^{\circ\prime}$의 차이
ΔG°: 표준상태, 즉 1기압, 25℃, 반응물과 생성물 각 1 M, pH 0에서 자유에너지 변화
$\Delta G^{\circ\prime}$: pH 7.0, 그 외 조건은 표준상태에서 자유에너지 변화

화'라 하고 ΔG°로 표시한다. 생화학에서는 생체 내 $[H^+]$가 10^{-7} M, 즉 pH 7인 생물체의 상태를 고려하여 변형된 생화학적 표준자유에너지 변화를 사용하고 $\Delta G^{\circ\prime}$로 표시한다.

표준자유에너지 변화(ΔG°)는 일정한 상수로 평형상수(K_{eq})와 관련이 되어 있다. 이를 설명하면 다음과 같다. 반응을 간단하게 생각해 보자.

$$aA + bB \rightleftharpoons cC + dD$$

표준상태가 아닌 어떤 상태, 즉 반응물과 생성물의 농도와 온도가 표준상태가 아닌 상태에서 자유에너지 변화(ΔG)는

$$\Delta G = \Delta G^{\circ} + RT \ln\frac{[C]^c[D]^d}{[A]^a[B]^b} \text{이다.}$$

즉, log의 밑수를 10으로 바꾸면 $\Delta G = \Delta G^{\circ} + 2.303\,RT \log\frac{[C]^c[D]^d}{[A]^a[B]^b}$ (식 3.3)

R : 기체상수로 8.31 J/mol·K(1.987 cal/mol·K), T : 절대온도

이 반응이 평형에 도달하면, $\Delta G = 0$이며, $\dfrac{[C]^c[D]^d}{[A]^a[B]^b} = K_{eq}$(**평형상수**)이다.

그러므로 식 3.3에 이를 적용시키면,

$$0 = \Delta G^{\circ} + 2.303\,RT \log K_{eq} \text{ 이므로}$$

$$\Delta G^{\circ} = -2.303\,RT \log K_{eq} \text{ 이다.}$$

이때 평형상수 K_{eq}는 일정한 상수이며, R과 T도 일정한 값이므로, ΔG°는 일정한 값을 이루는 상수가 된다. 만약, pH 7이라면 $\Delta G^{\circ\prime} = -2.303\,RT \log K'_{eq}$로 표시할 수 있다. 그러므로 어떤 반응에서라도 평형상수 값이 구해지면 평형상수로부터 표준자유에너지 변화를 계산할 수 있다. 더 나아가 표준상태가 아닌 어떤 상태에서도 식 3.3으로부터 실제로 일어나는 자유에너지의 변화량을 알 수 있다. 생물체의 경우 반응물과 생성물의 농도가 1M이 아니므로 식 3.3은 매우 중요하다. 온도와 반응물 및 생성물의 농도에 따라 자유에너지 변화(ΔG)가 달라짐을 염두에 두어야 한다. 따라서 표준자유에너지 변화(ΔG°)가 양이면 표준상태에서는 자발적으로 일어나지 않더라도, 반응물과 생성물의 농도나 pH가 표준상태와 다른 실제 세포의 상태에서는 자발적으로 일어날 수 있다.

연 습 문 제

아세트산(acetic acid : CH_3COOH) 이온화 반응의 산의 해리상수는 25℃에서 1.8×10^{-5}이다. 표준자유에너지 변화($\Delta G°$)는 얼마인가? 표준상태에서 이 반응은 저절로 일어나는가? pH=7인 $\Delta G°'$은 얼마이며 이 반응은 저절로 일어나는가?

__풀이__ $\Delta G° = -2.303\ RT\ \log K_{eq}$이므로

$= -2.303 \times 8.31\ \text{J/mol} \cdot K \times 298\ K \times \log(1.8 \times 10^{-5})$

$= 27,071\ \text{J/mol}$ 이다.

$\Delta G°$의 값이 양이므로 표준상태에서 저절로 일어나지 않는다.

pH=7.0인 경우 식 3.3 인 $\Delta G = \Delta G° + 2.303\ RT\ \log \dfrac{[CH_3COO^-][H^+]}{[CH_3COOH]}$에 대입하면

$\Delta G°' = 27,071\ \text{J/mol} + 2.303 \times 8.31\ \text{J/mol} \cdot K \times 298\ K \times \log \dfrac{1 \times 10^{-7}}{1}$

$= -12,851\ \text{J/mol}$

$\Delta G°'$이 음의 값이므로 pH=7.0인 표준상태에서는 저절로 일어난다.

4. 고에너지화합물

생물체는 영양소를 산화시켜 자유에너지가 감소하는 반응을 한다. 이때 방출되는 에너지를 어떻게 이용하는가? 생물체는 영양소를 산화시켜 생성되는 에너지를 바로 이용하지 않고, 이 에너지를 세포들에 공통적으로 존재하는 작은 분자, 즉 ATP 같은 고에너지화합물(energy-rich compound)이나 NADH와 같은 조효소에 중개하여 이를 가수분해시키거나 산화시킴으로써 근육수축, 막 이동 등 에너지가 필요한 반응에 이용한다.

고에너지화합물 반응 후 자유에너지 감소가 매우 큰 물질. 예로 피로인산화합물, 아실인산화합물, 엔올인산화합물, 무수인산화합물, 티오에스테르화합물 등이 있음

고에너지화합물은 반응 후 자유에너지 감소가 매우 큰 물질을 말한다. 큰 자유에너지 변화(ΔG)를 가질 수 있는 화학적인 이유는 반응물이 정전기적

인 반발로 인한 결합의 긴장(strain)이 있어 자유에너지가 높은 반면, 생성물
은 이온화, 공명화, 가수분해와 이온화보 인한 엔트로뫼의 증가 효과로 인해
자유에너지가 낮기 때문이다.

　정전기적 반발로 인해 불안정한 반응물의 구조가 가수분해로 정전기적
반발이 없어짐에 따라 안정화되면서 많은 자유에너지를 내어 놓게 된다. 또
한 생성물이 이온화되면서 공명화 구조가 증가하여 안정화되면서 자유에너
지가 낮아진다. 대부분의 가수분해반응도 용액 중에 분자 수의 증가로 인해
엔트로피(무질서도)를 증가시켜 생성물의 자유에너지가 낮아진다.

1) 피로인산화합물

생합성 이용의 예
- UTP : 다당류 합성
- GTP : 단백질 합성
- CTP : 지질 합성
- ATP, GTP, CTP, UTP, dATP, dGTP, dTTP : 핵산 합성

두 개의 인산기에서 물이 빠지면서 연결된 피로인산(pyrophosphate, PP_i)화
합물들은 가수분해하면서 많은 자유에너지를 방출할 수 있는 고에너지화
합물이다. 그 좋은 예가 아데노신 삼인산(adenosine triphosphate, ATP)이

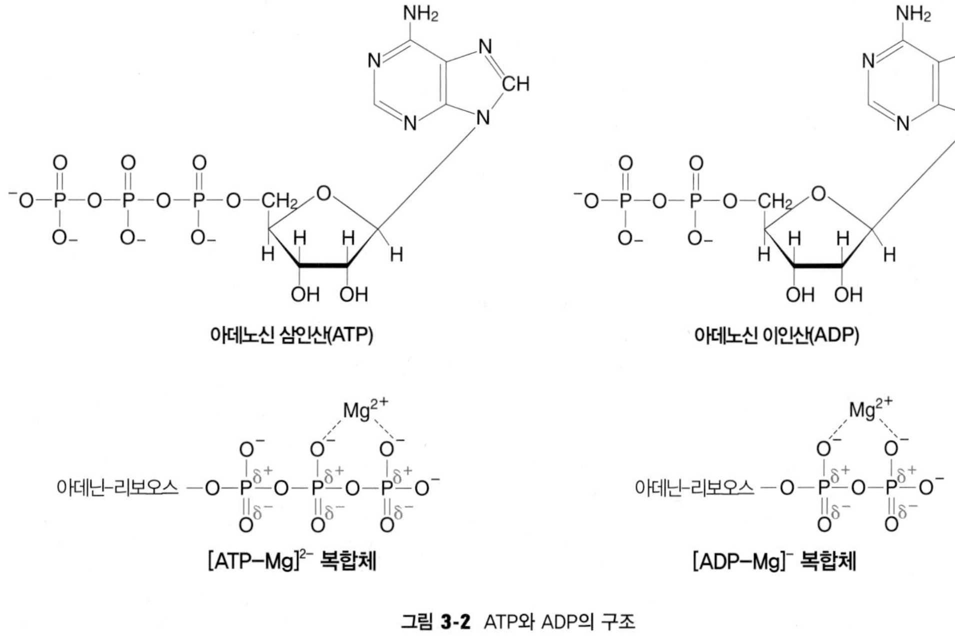

아데노신 삼인산(ATP)

아데노신 이인산(ADP)

$[ATP-Mg]^{2-}$ 복합체

$[ADP-Mg]^-$ 복합체

그림 **3-2** ATP와 ADP의 구조

다. 이외에도 피로인산을 함유하는 화합물들은 ADP, GTP, GDP, UTP, UDP, CTP, CDP, dATP, dGTP, dTTP, dCTP 등이 있으며, 이 중 ATP가 생체 내에서 가장 중요한 역할을 한다.

ATP와 ADP는 산의 1차, 2차, 3차, 4차 해리상수를 감안할 때 생체 내 pH에서는 거의 다 이온화되어 ATP는 -4가, ADP는 -3가를 이루게 되는데, 생체 내에서 비교적 고농도(약 1 mM)로 존재하는 Mg^{2+}과 연결되어 각각 -2가와 -1가의 복합체를 이루게 된다(그림 3-2).

피로인산화합물이 가수분해 시 자유에너지를 많이 내주는 것은 그 구조에서 기인된다. 반응물인 피로인산은 인접한 인원자들 사이의 양전하끼리의 반발과 인접한 산소원자들 사이의 음전하끼리의 반발을 극복하기 위해 많은 에너지를 포함하는데, 가수분해로 생성된 이온들은 이러한 반발을 갖지 않게 되므로 낮은 에너지를 갖고 그 차이로 많은 에너지를 방출시킨다.

$$ATP + H_2O \longrightarrow ADP + P_i + H^+$$

$$\Delta G^{\circ\prime} = -7{,}300 \ \text{cal/mol}$$

피로인산을 함유하는 ADP도 동일한 인자들이 존재하여 가수분해 시 $\Delta G^{\circ\prime}$은 -7,300 cal/mol이다.

$$ADP + H_2O \longrightarrow AMP + P_i + H^+$$

$$\Delta G^{\circ\prime} = -7{,}300 \ \text{cal/mol}$$

반면, AMP는 인산기를 하나 함유하여 이러한 분자 내 정전기적 반발이 존재하지 않으므로 가수분해 시 $\Delta G°'$는 −2,200 cal/mol로 훨씬 적은 에너지를 내어 놓는다.

아데닌-리보오스 —O—P—O⁻ + H₂O ⟶ 아데닌-리보오스 —OH + HO—P—O⁻

AMP

또한 ATP가 AMP와 피로인산으로 가수분해될 때는 생성물인 피로인산에 정전기적 반발이 남아 있으므로 $\Delta G°'$는 7,300 cal/mol의 두 배가 아닌 −8,600 cal/mol이 된다.

아데닌-리보오스 —O—P—O—P—O—P—O⁻ + H₂O ⟶

ATP

아데닌-리보오스 —O—P—O⁻ + ⁻O—P—O—P—O⁻ + 2H⁺

AMP

$$ATP \longrightarrow AMP + PP_i + 2H^+$$

$$\Delta G°' = -8,600 \text{ cal/mol}$$

2) 아실인산화합물

아실인산(acyl phosphate, $R-\overset{O}{\overset{\|}{C}}-P_i$)도 가수분해 시 자유에너지를 많이 생성시킬 수 있는 고에너지 인산화합물이다. 이 예로 해당과정의 글리세린산 1,3−이인산(1,3-diphosphoglyceric acid, DPG)은 가수분해 시 $\Delta G°'$가 −11,800 cal/mol(−11.8 kcal/mol)이다.

아실기

$$R-\overset{O}{\overset{\|}{C}}-$$

$$\Delta G^{\circ\prime} = -11,800 \text{ cal/mol}$$

이는 반응물인 글리세르산 1,3-이인산은 분자 내 C=O의 탄소의 부분적인 양전하와 P의 부분적 양전하 사이의 반발과 C=O의 산소에 의한 부분적인 음전하와 P=O의 산소 음전하 사이의 반발(정전기적 반발)을 극복하기 위해 많은 에너지가 필요할 뿐만 아니라 생성물은 이온화를 통해 더 많은 공명 구조를 갖게 되므로 자유에너지가 낮아져 가수분해 시 이러한 에너지가 방출된다.

3) 엔올인산화합물

엔올(enol) 'en'은 이중결합이 존재함을 의미하며, 'ol'은 OH기를 갖고 있다는 뜻

엔올인산(enolic phosphate)화합물도 고에너지를 함유하는 인산화합물로서 해당과정의 포스포엔올피루브산(phosphoenolpyruvate, PEP)이 그 예이며, 이의 가수분해 시 생성되는 자유에너지 변화($\Delta G^{\circ\prime}$)는 -14,860 cal/mol이다.

아데노신 염기인 아데닌과 당인 리보오스가 연결된 형태

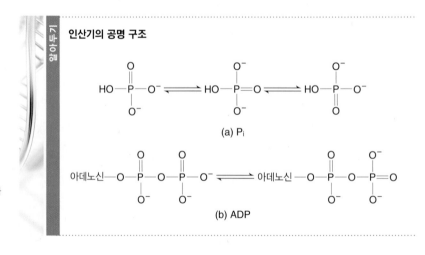

인산기의 공명 구조

(a) P_i

(b) ADP

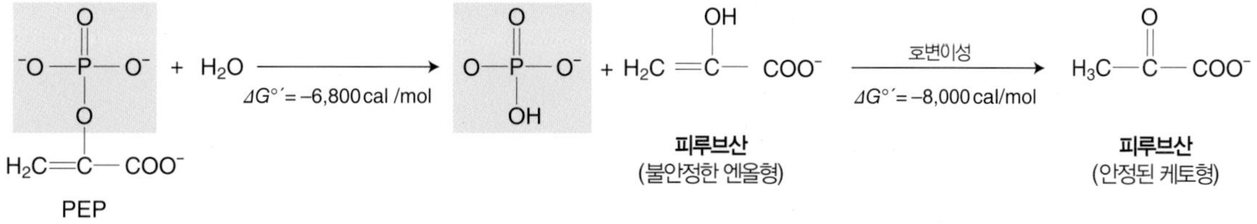

가수분해 시 큰 자유에너지를 방출시키는 구조적인 이유는 반응물인 포스포엔올피루브산이 불안정한 엔올(enol) 형태로 높은 자유에너지를 가지며, 이것이 가수분해되어 생성된 피루브산(pyruvate)은 처음에는 불안정한 엔올 형태이지만 호변이성(tautomerization)이 일어나 훨씬 더 안정한, 즉 자유에너지가 훨씬 낮은 형태인 케토(keto)형의 이성질체로 변화하기 때문이다.

> 호변이성 불안정한 엔올형이 안정적인 케토형의 이성질체로 변하는 현상으로서 이때 많은 자유에너지가 나옴

4) 구아니듐인산화합물

또 하나의 고에너지화합물은 구아니듐인산(guanidium phosphate)이다. 고에너지 구아니듐인산 그룹 중 중요한 화합물은 크레아틴인산(creatine phosphate)과 아르기닌인산(arginine phosphate)이다(그림 3-3). 구아니듐인산은 가수분해하여 생성된 화합물(생성물)인 구아니디늄이 반응물인 구아니듐인산보다 더 많은 공명 구조를 이루어 안정화되어 자유에너지가 낮아져 많은 자유에너지를 내어 놓을 수 있다.

> 구아니듐인산
>

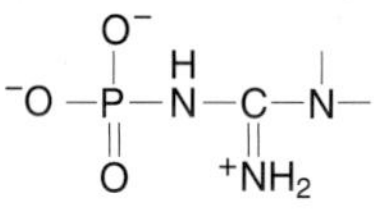

반응물인 구아니듐인산은 부분적으로 양전하를 이루는 인이 바로 옆에 위치하므로 인 옆에 있는 질소가 양이온을 이루는 공명 구조를 하기 어려운 반면에 생성물인 인산기가 없는 구아니디늄에서는 질소가 양이온을 이루는 공명 구조를 가질 수 있으므로 더 많은 공명 구조를 이루어 자유에너지가

> 근육의 에너지 저장형태
> • 크레아틴인산
> • ATP

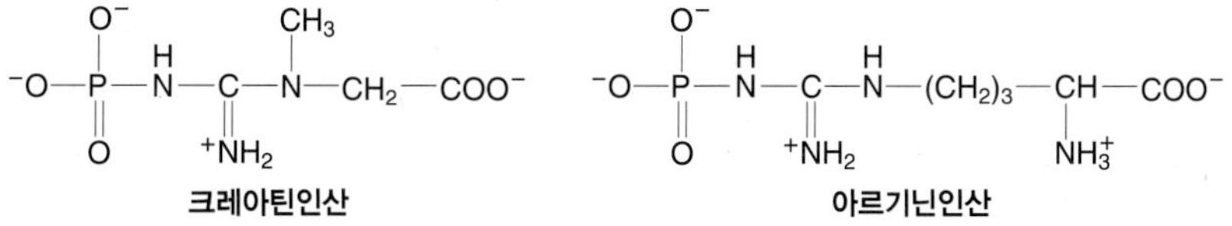

그림 3-3 구아니듐인산화합물

낮은 안정한 화합물이 되어 반응물과 생성물 간의 자유에너지 차이가 크다.

5) 티오에스테르

티오에스테르 thio는 황을
의미함

$$-\overset{\overset{\textstyle O}{\|}}{C}-S-$$

티오에스테르(thioester)가 고에너지화합물을 이룰 수 있는 이유는 반응물인 티오에스테르의 황(S)으로 인해 공명 구조를 이룰 수 없는 반면, 가수분해로 인한 생성물의 카르복실기(COO⁻)는 공명 구조를 이룰 수 있어서 안정화되어 자유에너지가 낮아짐에 따라 반응물과 생성물의 자유에너지 차이가 크기 때문이다. 예로, 아세틸 CoA와 숙시닐(succinyl) CoA가 있다.

$$\begin{array}{c}CH_2-COO^-\\ |\\ CH_2\\ |\\ \underset{O}{\overset{}{C}}-S-CoA\\ \text{숙시닐 CoA}\end{array} + GDP + HPO_4^{2-} \rightleftharpoons \begin{array}{c}CH_2-COO^-\\ |\\ CH_2-COO^-\\ \\ \text{숙신산}\end{array} + GTP + CoA-SH$$

5. 반응의 짝지움

열역학적으로 모든 대사반응은 자유에너지 감소반응, 즉 $\Delta G < 0$이어야 자발적이다. 그러나 대사경로에서 각각의 반응은 $\Delta G°' > 0$이 될 수도 있다. 그러면 자발적으로 일어날 수 없지 않을까? 그러나 생물체에서 $\Delta G'$의 값은 반응물과 생성물의 농도에 따라 달라지므로 반응물과 생성물의 농도를 반응에 유리하게 유지시키거나, 또한 자유에너지 증가반응(endergonic reaction)을 자유에너지 감소반응(exergonic reaction)과 짝지움(coupling)시킴으로써 자발적으로 일어나게 한다. 짝지움반응에 의해 반응이 자발적으로 일어날 것인가는 반응들의 자유에너지 차이의 합에 의해 쉽게 알 수 있다.

예를 들어, A ⟶ B $\Delta G°' = +10$ kcal/mol (자유에너지 증가반응)

$$C \longrightarrow D \quad \Delta G^{\circ\prime} = -30 \text{ kcal/mol (자유에너지 감소반응)}$$

이라면, 세포가 이 두 반응을 짝지움시키면 $\Delta G^{\circ\prime}$ 값은 서로 합하는 관계가 되므로

$$\therefore A + C \longrightarrow B + D \quad \Delta G^{\circ\prime} = -20 \text{ kcal/mol}$$

자유에너지 감소가 되므로 열역학적으로 가능하게 된다. 생물체에서 이같이 비자발적인 자유에너지 증가반응(endergonic reaction)과 자발적인 자유에너지 감소반응(exergonic reaction)을 짝지움시킴으로써 물질의 막 통과, 고분자 물질의 합성, 근육수축 등이 일어나고 있다.

생체 내에서 일어나는 이러한 짝지움반응의 예를 살펴보자. 고에너지화합물인 포스포엔올피루브산(phosphoenolpyruvate, PEP)이 피루브산으로 가수분해되는 반응은 자유에너지 감소가 일어나는 자유에너지 감소반응(exergonic reaction)이다. 한편, ADP로부터 ATP를 생성시키는 반응은 자유에너지 증가가 일어나는 자유에너지 증가반응(endergonic reaction)이다. 생체는 이 두 반응을 짝지운다. 즉, PEP가 피루브산이 될 때 방출되는 에너지를 이용하여 ADP로부터 ATP를 생성시킨다.

$$\text{포스포엔올피루브산} + H_2O \longrightarrow \text{피루브산} + P_i \quad \Delta G^{\circ\prime} = -14.8 \text{ kcal/mol}$$

$$ADP + P_i \longrightarrow ATP + H_2O \quad \Delta G^{\circ\prime} = +7.3 \text{ kcal/mol}$$

짝지움반응 :

$$\text{포스포엔올피루브산} + ADP \longrightarrow \text{피루브산} + ATP$$

$$\Delta G^{\circ\prime} = -14.8 + 7.3 = -7.5 \text{ kcal/mol}$$

연 습 문 제

글루코오스가 글루코오스 6-인산염(glucose-6-phosphate)으로 변화하는 반응의 $\Delta G^{\circ\prime}$ 은 +3.3 kcal/mol이며, ATP가 ADP로 가수분해하는 반응의 $\Delta G^{\circ\prime}$ 은 -7.3 kcal/mol이라면 이 두 반응의 짝지움반응은 pH 7.0인 표준상태에서 가능한가?

풀이   글루코오스 + P_i $\longrightarrow$ 글루코오스 6-인산염 + H_2O $\Delta G^{\circ\prime} = +3.3 \text{ kcal/mol}$

ATP + H_2O $\longrightarrow$ ADP + P_i $\Delta G^{\circ\prime} = -7.3 \text{ kcal/mol}$

짝지움반응 :

글루코오스 + ATP $\longrightarrow$ 글루코오스 6-인산염 + ADP $\Delta G^{\circ\prime} = -7.3 + 3.3 = -4.0 \text{ kcal/mol}$

짝지움반응의 $\Delta G^{\circ\prime} < 0$이므로 pH 7인 표준상태에서 짝지움반응은 자발적이다.

6. ATP의 중요성

생물체는 영양소를 산화시켜 생성된 에너지를 직접 사용하지 않고 고에너지화합물로서 화학에너지를 저장하였다가 사용하는데, 이 역할을 하는 가장 중요한 것은 ATP이다. 즉, 음식물의 분해나 녹색식물의 경우 광합성의 명반응에 의해 방출된 에너지를 이용하여 ATP로 합성하여 에너지를 저장하였다가 이를 고분자 물질의 합성, 세포막을 통한 물질의 능동 수송, 근육수축 등과 같은 에너지가 필요한 반응에 ATP의 가수분해로 방출된 에너지를 이용하게 된다(그림 3-4). 그러므로 ATP는 생물체 내에서 자유에너지를 중개하는 에너지 화폐(free energy currency)로 사용된다.

1) ATP가 에너지 화폐의 역할을 할 수 있는 구조적 이유

첫째, ATP는 다른 고에너지 인산화합물과 비교하여 인산기를 전달하는 능력인 인산기 전이전위 (phosphoryl group transfer potential)는 중간 정도가 되어, ATP보다 높은 PEP로부터 인산기를 받을 수 있고, 또한 ATP는 글루코오스 6-인산(glucose-6-phosphate)보다 높으므로 글루코오스

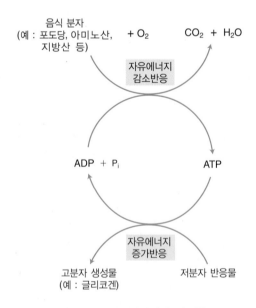

음식 분자
(예 : 포도당, 아미노산,
지방산 등) $+ O_2$ $CO_2 + H_2O$

자유에너지
감소반응

ADP + P_i ATP

자유에너지
증가반응

고분자 생성물   저분자 반응물
(예 : 글리코겐)

그림 3-4 ATP의 에너지 화폐로서 역할

표 3-2 인산화 분자의 가수분해 시 $\Delta G^{\circ\prime}$와 인산기 전이전위

화합물	$\Delta G^{\circ\prime}$(kcal/mol)	인산기 전이전위
포스포엔올피루브산	−14.8	높은(highest)
1,3−이인산글리세르산	−11.8	
크레아틴인산	−10.3	
ATP	−7.3	
글루코오스 1−인산염	−5.0	
프락토오스 6−인산염	−3.8	
글루코오스 6−인산염	−3.3	낮은(lowest)

(glucose)에 인산기를 전달할 수 있는 능력을 갖는다(표 3-2). 즉, PEP가 피루브산이 되어 인산기를 방출하며, 글루코오스는 인산기를 얻는 두 반응을 에너지상으로 연결시키는 공통적인 중간체로 작용할 수 있다.

$$\text{포스포엔올피루브산} + \text{ADP} \Longleftrightarrow \text{피루브산} + \text{ATP}$$

$$\text{ATP} + \text{글루코오스} \Longleftrightarrow \text{글루코오스 6−인산} + \text{ADP}$$

즉, ATP는 중간 정도의 인산기 전이전위를 갖고 있기 때문에 PEP 같은 더 높은 에너지 화합물로부터 에너지가 낮은 화합물로 인산기를 전달하는 중간 운반체 역할을 한다.

둘째, ATP의 가수분해는 $\Delta G^{\circ\prime} < 0$이면서 절대값이 커서 열역학적으로 매우 자발적인 반응이지만 크게 불안정하지는 않아 촉매 없이는 분해작용이 매우 느린 성질(metastability)을 갖는다. pH=7의 수용액에서 ATP가 가수분해되려면 수 시간이 걸리므로 ATP 분해효소(ATPase)로의 촉매작용 없이는 생체에 필요한 에너지를 충당시키지 못한다.

2) 에너지 충족률

생물체는 에너지 충족률(energy charge)에 따라 꼭 필요할 때만 ATP를 생성한다. 에너지 충족률은 세포의 에너지상태를 나타낸 것으로 이에 의해 세포의 에너지를 일정한 수준으로 유지하도록 한다.

$$\text{에너지 충족률} = \frac{[\text{에너지가 가장 충전된 ATP의 양}]}{[\text{총 아데노신 인산화합물의 양}]} = \frac{[ATP] + \frac{1}{2}[ADP]}{[ATP] + [ADP] + [AMP]}$$

에너지를 갖는 아데노신 인산 화합물로는 구조에 피로인산을 갖고 있는 ATP와 ADP를 들 수 있는데, 이 중 ATP가 에너지를 더 많이 함유한다. 그러나 ADP도 에너지가 아주 낮은 형태는 아니며 이는 다음의 반응에 의해 ATP로 전환이 가능하므로 하나의 ADP는 1/2 ATP에 해당하게 된다.

$$2ADP \rightleftharpoons AMP + ATP$$

7. 산화환원반응과 자유에너지 변화($\Delta G°$)

1) 산화환원반응의 정의

산화(oxidation) 전자를 잃는 반응

환원(reduction) 전자를 받아들이는 반응

산화환원반응은 산소가 결합되거나 떨어지는 반응일 수도 있으나, 생체 내 산화환원반응은 전자의 이동에 의한 반응이 대부분이다. 즉, 생체 내 산화반응은 전자를 잃어버리는 반응이며, 환원반응은 전자를 받아들이는 반응이다. 이때 산화되는 물질(즉, 전자를 잃는 물질, electron donor)이 환원제(reducing agent, reductant)이며, 환원되는 물질(즉, 전자를 받아들이는 물질, electron acceptor)은 산화제(oxidizing agent, oxidant)가 된다.

환원제 다른 물질을 환원시키는 물질로 자신은 산화하는, 즉 전자를 내주는 전자 공여체(electron donor)

산화제 다른 물질을 산화시키는 물질로 자신은 환원하는, 즉 전자를 받아들이는 전자 수용체(electron acceptor)

산화환원반응에서는 한쪽은 전자를 잃고, 또 다른 한쪽은 전자를 받아들이는 전자의 이동이 일어나므로 산화제와 환원제 모두 있어야 한다. 그러므로 하나의 산화반응이나 환원반응은 전체반응의 완전하지 않은 반쪽반응(half-reaction)에 해당된다.

2) 산화환원반응과 자유에너지 변화의 관계

생체 내 산화환원반응(oxidation-reduction reaction)과 자유에너지 변화의 관계를 생각해 보자.

한 물질의 산화제나 환원제로서의 역할은 항상 정해져 있는 것이 아니라 환경에 따라 때로는 산화제로도 작용할 수도 있고, 때로는 환원제로 작용할 수도 있다.

$$Fe^{3+} + Cu^+ \rightleftharpoons Fe^{2+} + Cu^{2+}$$

예로 위 반응의 정반응(→)에서 철(Fe)은 Fe^{3+}에서 전자를 받아들여 Fe^{2+}로 환원되어 산화제로 작용하지만, 역반응(←)에서의 철은 Fe^{2+}에서 전자를 잃어 Fe^{3+}로 산화하여 환원제로 작용한다.

그렇다면 철은 에너지가 투입되지 않는 자발적인 반응에서 어떻게 작용할까? 이것은 자유에너지 차이 $\Delta G°$와 연관지어 생각해야 한다. 산화환원반응에서 자유에너지 차이는 환원전위(reduction potential, E)로 나타내며 그 관계는 식 3.4와 같다.

> 환원전위(E) 전자를 받아들이는, 즉 환원하는 능력으로서 V(voltage)로 표시

$$\Delta G° = -nF\Delta E° \qquad \text{(식 3.4)}$$

n: 전자 이동수
F: Faraday 상수, 칼로리 단위로는 23,063 cal/V·mol이며, joule 단위로는 96,485 J/V·mol
$\Delta E°$: 산화제와 환원제 사이의 표준 환원전위차
　[산화제를 포함하는 반쪽반응의 $E°$] − [환원제를 포함하는 반쪽반응의 $E°$]

환원전위(E)는 전자를 받아들이는 능력을 측정한 것으로 단위는 볼트(V)를 사용한다. 이때 물질들이 전자를 주거나 받는 능력은 상대적이므로, 1기압, 25℃인 표준상태에서 수소이온이 환원되는 표준환원전위($E°$)를 0 V로 정한다.

$$H^+ + 1e^- \longrightarrow \frac{1}{2}H_2$$

이때 표준상태에서 수소이온농도는 1 M, 즉 pH=0을 의미한다. 환원전위는 수소이온농도의 영향을 받아 변화하므로, 생체 내 pH=7에서는 다른 식

에서 표현하듯이 $E^{\circ\prime}$으로 표현한다. 수소의 $E^{\circ\prime}$은 −0.420 V가 된다.

생체 내에서 여러 물질의 pH 7에서 표준환원전위는 표 3−3과 같다. 표 3−3의 표준환원전위는 반쪽 반응인 환원반응으로 표현되었으나, 상대에 따라 반대 방향인 산화반응으로도 가능함을 알아야 한다. 즉, 어떤 두 개의 반쪽반응이 짝지어지면 환원전위 값이 큰 것이 환원되며, 상대적으로 환원전위 값이 작은 것이 표의 반대 방향으로 진행되는 역반응인 산화반응이 일어난다. 그러므로 환원전위가 큰 O_2, Fe^{3+} 및 시토크롬 a(cytochrome a)는 환원하기 쉬워 좋은 산화제로 작용하며 반면에 페레독 신(Fe^{2+}), H_2는 산화하기 쉬워 좋은 환원제이다.

pH 7에서 표준환원전위차($\Delta E^{\circ\prime}$)는 환원전위가 큰 산화제의 E°에서 환원전위가 작은 환원제의 E°를 뺀 값으로 양이 된다. 그러므로 $\Delta G^{\circ\prime}$은 음의 값(식 3.4)이 되어 자발적으로 일어나게 된다.

표준환원전위($E^{\circ\prime}$)는 표준자유에너지 변화($\Delta G^{\circ\prime}$)와 유사하게 반응물들의 특수한 상태를 의미한다. 즉, $\Delta G^{\circ\prime}$은 반응물과 생성물의 농도가 1M로 존재하는 것을 의미하는 것과 같이 $E^{\circ\prime}$는 산화−환원반 응에서 산화물과 환원물이 1M일 때를 의미한다.

$$\text{표준상태가 아닌 상태에서 } \Delta G^{\circ\prime}\text{은 } \Delta G' = \Delta G^{\circ\prime} + 2.303 \, RT \log \frac{[B]}{[A]} \qquad \text{(식 3.3)}$$

에서 유도되듯이, 표준상태가 아닌 상태에서 환원전위(E)는 네른스트(Nernst) 식에 의해 구할 수 있다.

$$E = E^{\circ} + \frac{2.303 \, RT}{nF} \log \frac{[\text{산화제} = \text{전자 수용체}]}{[\text{환원제} = \text{전자 공여체}]}$$

생물체의 실제상태는 표준상태와 다르므로 실제의 환원전위는 산화제와 환원제의 농도 비에 따라 다르다는 것을 분명히 이해해야 한다.

표 3-3 여러 물질의 반쪽반응의 표준환원전위

환원 반쪽반응	$E^{\circ\prime}$ (V)
$\frac{1}{2}O_2 + 2H^+ + 2e^- \longrightarrow H_2O$	0.816
$Fe^{3+} + e^- \longrightarrow Fe^{2+}$	0.771
포토시스템 P700	0.430
$NO_3^- + 2H^+ + 2e^- \longrightarrow NO_2^- + H_2O$	0.421
시토크롬 $f(Fe^{3+}) + e^- \longrightarrow$ 시토크롬 $f(Fe^{2+})$	0.365
시토크롬 $a_3(Fe^{3+}) + e^- \longrightarrow$ 시토크롬 $a_3(Fe^{2+})$	0.350
시토크롬 $a(Fe^{3+}) + e^- \longrightarrow$ 시토크롬 $a(Fe^{2+})$	0.290
리이스케 $Fe-S(Fe^{3+}) + e^- \longrightarrow$ 리이스케 $Fe-S(Fe^{2+})$	0.280
시토크롬 $c(Fe^{3+}) + e^- \longrightarrow$ 시토크롬 $c(Fe^{2+})$	0.254
시토크롬 $c_1(Fe^{3+}) + e^- \longrightarrow$ 시토크롬 $c_1(Fe^{2+})$	0.220
시토크롬 $b(Fe^{3+}) + e^- \longrightarrow$ 시토크롬 $b(Fe^{2+})$	0.077
$UQ + 2H^+ + 2e^- \longrightarrow UQH_2$	0.045
푸마르산 $+ 2H^+ + 2e^- \longrightarrow$ 숙신산	0.031
$2H^+ + 2e^- \longrightarrow H_2$ (표준상태)	0.000
시토크롬 $b_L(Fe^{3+}) + e^- \longrightarrow$ 시토크롬 $b_L(Fe^{2+})$	−0.100
옥살로아세트산 $+ 2H^+ + 2e^- \longrightarrow$ 말산	−0.166
피루브산 $+ 2H^+ + 2e^- \longrightarrow$ 젖산	−0.185
아세트알데히드 $+ 2H^+ + 2e^- \longrightarrow$ 에탄올	−0.197
$FMN + 2H^+ + 2e^- \longrightarrow FMNH_2$	−0.219
$FAD + 2H^+ + 2e^- \longrightarrow FADH_2$	−0.219
글루타티온(산화형) $+ 2H^+ + 2e^- \longrightarrow 2$ 글루타티온(환원형)	−0.230
리포산 $+ 2H^+ + 2e^- \longrightarrow$ 다이하이드로리포산	−0.290
1,3-글리세르이인산 $+ 2H^+ + 2e^- \longrightarrow$ 글리세르알데히드 3-인산 $+ P_i$	−0.290
$NAD^+ + 2H^+ + 2e^- \longrightarrow NADH + H^+$	−0.320
$NADP^+ + 2H^+ + 2e^- \longrightarrow NADPH + H^+$	−0.320
리포일 다이하이드로게나아제$(FAD) + 2H^+ + 2e^- \longrightarrow$ 리포일 다이하이드로게나아제$(FADH_2)$	−0.340
α-케토글루타르산 $+ CO_2 + 2H^+ + 2e^- \longrightarrow$ 이소구연산	−0.380
$2H^+ + 2e^- \longrightarrow H_2$ (pH 7)	−0.421
페레독신$(Fe^{3+}) + e^- \longrightarrow$ 페레독신(Fe^{2+})	−0.430
숙신산 $+ CO_2 + 2H^+ + 2e^- \longrightarrow \alpha$-케토글루타르산 $+ H_2O$	−0.670

연 습 문 제

아세트알데히드-에탄올과 NAD⁺-NADH의 두 반쪽반응을 짝지을 때 자발적인 전체반응은 어떻게 일어나는가? 또한 자유에너지 변화는 얼마인가?

풀이   표 3-3에서 pH 7에서 표준환원전위값($E^{\circ\prime}$)을 보면, 아세트알데히드 ⟶ 에탄올의 환원전위는 −0.20 V이고, NAD⁺ ⟶ NADH의 환원전위는 −0.32 V이므로 환원전위가 큰 아세트알데히드는 에탄올로 환원하여 상대적으로 환원전위가 적은 NAD⁺는 산화 방향으로, 즉 NADH ⟶ NAD⁺ 방향으로 일어나야 한다.

$$아세트알데히드 + 2H^+ + 2e^- \longrightarrow 에탄올$$
$$NADH + H^+ \longrightarrow NAD^+ + 2H^+ + 2e^-$$

$$\overline{아세트알데히드 + NADH + H^+ \longrightarrow NAD^+ + 에탄올}$$

자유에너지 변화는 pH 7에서 $\Delta G^{\circ\prime} = -nF\Delta E^{\circ\prime}$이므로

$$\Delta G^{\circ\prime} = -2 \times (23,063) \times [(-0.20 - (-0.32)]$$
$$= -5,535 \text{ cal/mol}$$

그러므로 자발적으로 반응이 일어난다.

아미노산, 펩티드 및 단백질

CHAPTER 4
아미노산, 펩티드 및 단백질

단백질은 모든 생물의 필수 구성 성분으로, 세포를 구성하고 다양한 기능을 가지는 고분자 유기물질이다. 자연계에 존재하는 다양한 아미노산 중에서 단지 20개만이 포유류의 단백질에서 흔히 발견된다. 아미노산은 단백질을 구성하는 단위로, 탄소원자에 아미노기, 카르복실기와 수소원자 및 곁사슬기가 결합되어 있는 일반적인 구조이고, 곁사슬기의 특징이 아미노산의 고유성을 결정한다. 펩티드결합은 한 아미노산의 카르복실기(carboxyl group)와 다른 아미노산의 α-아미노기(group) 간의 아미드결합이다. 단백질은 폴리펩티드 사슬로 구성되어 있으며 아미노산 수는 대개 100개 이상이다. 단백질의 아미노산 배열순서는 3차 구조뿐만 아니라 단백질의 고유기능도 결정한다. 이 장에서는 아미노산과 펩티드의 구조와 성질 및 단백질의 분류, 구조 및 기능적 성질에 대해 알아보기로 한다.

1. 아미노산

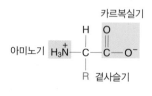

그림 4-1 표준아미노산의 일반 구조

자연계에 존재하는 다양한 아미노산 중 단백질에서 흔히 발견되는 20종의 아미노산을 표준아미노산이라고 부른다. 표준아미노산 중 글리신(glycine)을 제외한 아미노산의 α-탄소는 서로 다른 4개의 기능기가 결합한 탄소원자로, 아미노기(amino group), 카르복실기(carboxyl

표 4-1 표준아미노산의 이름과 약어

아미노산	세 자 약어	한 자 약어	아미노산	세 자 약어	한 자 약어
알라닌(alanine)	Ala	A	아르기닌(arginine)	Arg	R
아스파라긴(asparagine)	Asn	N	아스파르트산(aspartic acid)	Asp	D
시스테인(cysteine)	Cys	C	글루탐산(glutamic acid)	Glu	E
글루타민(glutamine)	Gln	Q	글리신(glycine)	Gly	G
히스티딘(histidine)	His	H	이소루신(isoleucine)	Ile	I
루신(leucine)	Leu	L	리신(lysine)	Lys	K
메티오닌(methionine)	Met	M	페닐알라닌(phenylalanine)	Phe	F
프롤린(proline)	Pro	P	세린(serine)	Ser	S
트레오닌(threonine)	Thr	T	트립토판(tryptophan)	Trp	W
티로신(tyrosine)	Tyr	Y	발린(valine)	Val	V

group), 수소 및 곁사슬기(R group)를 갖는다(그림 4-1). 표준아미노산의 세 자 약어와 한 자 약어는 표 4-1과 같다.

　아미노산의 α-탄소는 서로 다른 기능기를 가지므로 거울상이 겹쳐질 수 없고 이로 인해 광학적으로 다른 특성을 가지는 2개의 겹쳐질 수 없는 거울상을 생성한다. 겹쳐질 수 없는 거울상의 성질은 키랄성(chiral)이라 부른다.

　키랄탄소를 가진 분자처럼 원자의 공간 배열(입체 배치)만이 다른 분자를 입체이성질체(stereoisomer)라고 한다.

키랄성 자신의 거울상과 겹쳐지지 않는 성질

- 글리세르알데히드(glyceraldehyde)는 아미노산의 입체이성질체를 분류하는 데 기준으로 사용되는 표준화합물로, L-글리세르알데히드의 수산기(hydroxyl group)는 왼쪽에 있고, D-글리세르알데히드의 수산기는 오른쪽에 있다.
- 각 아미노산의 두 가지 입체이성질체는 표준물질인 글리세르알데히드와의 유사성을 기초로 아미노산에서 α-탄소의 왼쪽 또는 오른쪽에 α-아미노기가 위치하면 각각 L- 또는 D-로 표시한다(그림 4-2).
- 우리 몸의 단백질은 L-아미노산만으로 되어 있다.

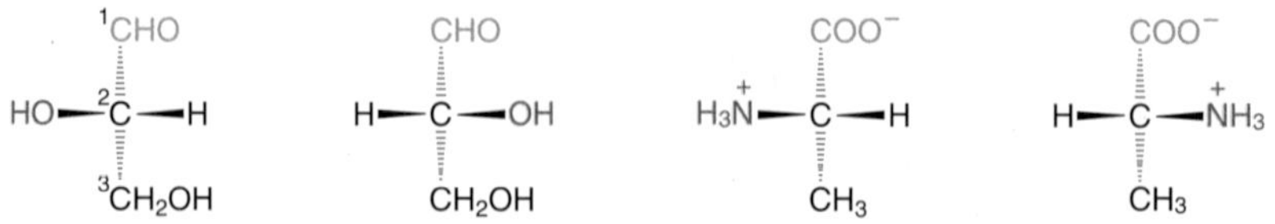

L-글리세르알데히드 D-글리세르알데히드 L-알라닌 D-알라닌

그림 4-2 글리세르알데히드와 알라닌의 입체이성질체

1) 아미노산의 종류

아미노산은 곁사슬기의 극성과 산 또는 염기의 존재에 따라 비극성(중성)과 극성(중성, 산성 및 염기성) 아미노산으로 분류된다.

(1) 비극성 중성 아미노산

비극성 중성 아미노산은 전하를 띠지 않아 중성이며, 비극성 곁사슬기를 가지고 있기 때문에 물과 잘 반응하지 않는다. 비극성 중성 아미노산은 방향족과 지방족 두 종류의 탄화수소 곁사슬기를 가진다(그림 4-3).

- 지방족 탄화수소 곁사슬기를 가진 아미노산은 글리신(glycine), 알라닌(alanine), 발린(valine), 루신(leucine), 이소루신(isoleucine), 프롤린(proline) 및 메티오닌(methionine)이다.
- 방향족 탄화수소 곁사슬기를 가진 아미노산은 페닐알라닌(phenylalanine)과 트립토판(tryptophan)이다.
- 발린, 루신 및 이소루신은 비선형의 지방족 곁사슬기를 가지고 있기 때문에 곁가지아미노산(branched chain amino acid, BCAA)이라고 부른다.
- 프롤린은 α-아미노기가 곁사슬기와 지방족 환상 구조를 형성하는 점이 다른 표준아미노산과 다르다. 프롤린은 α-탄소 주위의 회전이 불가능하기 때문에 펩티드 사슬에 견고함을 제공한다.
- 메티오닌은 시스테인(극성 중성 아미노산)과 함께 곁사슬기에 황을 가지고 있기 때문에 함황아미노산(sulfur-containing amino acid)이라고 부른다.

방향족아미노산 곁사슬에 방향족고리를 가지고 있는 아미노산. 페닐알라닌, 트립토판, 티로신

곁가지아미노산 비선형의 지방족 곁사슬기를 가지고 있는 아미노산. 발린, 루신, 이소루신

함황아미노산 곁사슬기에 황을 포함하는 아미노산. 메티오닌, 시스테인

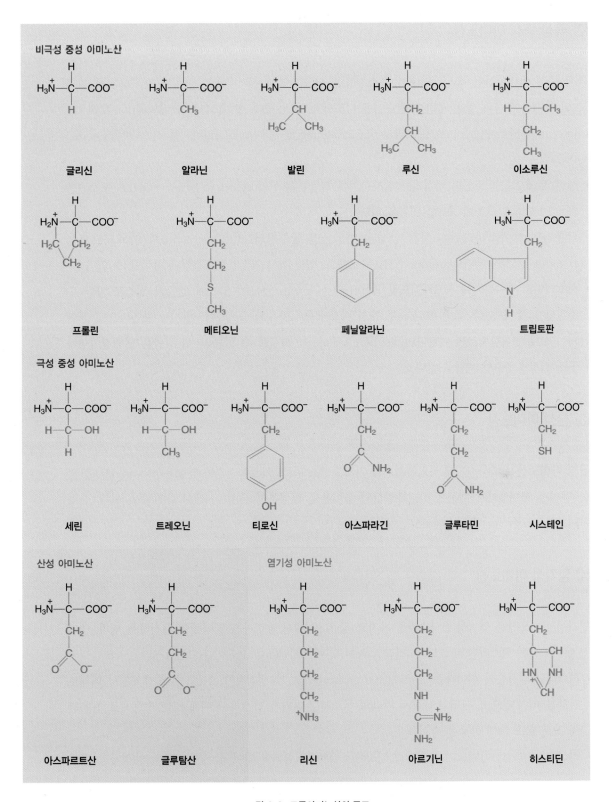

비극성 중성 이미노산

글리신　알라닌　발린　루신　이소루신

프롤린　메티오닌　페닐알라닌　트립토판

극성 중성 아미노산

세린　트레오닌　티로신　아스파라긴　글루타민　시스테인

산성 아미노산　　　염기성 아미노산

아스파르트산　글루탐산　리신　아르기닌　히스티딘

그림 4-3 표준아미노산의 구조

(2) 극성 중성 아미노산

극성 중성 아미노산은 중성 pH에서 수소결합을 할 수 있는 전기적으로 중성인 곁사슬기를 가지고 있기 때문에 물과 잘 반응하여 친수성을 나타낸다. 극성 중성 아미노산은 세린(serine), 트레오닌(threonine), 티로신(tyrosine), 아스파라긴(asparagine), 글루타민(glutamine) 및 시스테인(cysteine)이다(그림 4-3).

- 세린, 트레오닌, 티로신의 극성기는 곁사슬기에 결합된 수산기(hydroxyl group, -OH)로 수소결합을 하며 단백질 구조에 중요한 역할을 한다.
- 글루타민과 아스파라긴은 각각 산성 아미노산인 글루탐산(glutamic acid)과 아스파르트산(aspartic acid)의 아미드(amide, -NH$_2$) 유도체로, 이들 곁사슬기가 수소결합에 참여할 수 있다.
- 시스테인은 곁사슬기에 술프하이드릴기(sulfhydryl group, -SH)가 있는데, 산소나 질소와 약한 수소결합을 할 수 있다. 뿐만 아니라 두 개의 시스테인에 함유된 술프하이드릴기는 자연적으로 산화되어 서로 결합함으로써 이황다리(disulfide bridge)를 형성할 수 있는데, 이 결합은 단백질의 3차 구조 결정에 중요한 역할을 한다.

(3) 산성 아미노산

산성 아미노산은 곁사슬기에 카르복실기를 가지고 있으며 그 카르복실기는 양이온(proton, H$^+$)을 잃는 양성자 공여체이기 때문에 카르복실산염 음이온을 형성하여 중성 pH에서 음전하를 띤다. 산성 아미노산은 글루탐산과 아스파르트산이다(그림 4-3).

(4) 염기성 아미노산

염기성 아미노산은 염기성 곁사슬기를 가지고, 중성 pH에서 양성자를 받아들여 양전하를 띤다. 염기성 아미노산은 히스티딘(histidine), 리신(lysine) 및 아르기닌(arginine)이다(그림 4-3).

- 히스티딘 곁사슬의 이미다졸기(imidazole group)는 pK$_a$가 생리적인 pH(중성)에 가까워서 대체로 전하를 띠지 않으며, 단백질 내에서 각각의 히스티딘 잔기가 양성자 공여체 또는 수용체로 작용하여 많은 효소 촉매 반응을 촉진한다.
- 리신 곁사슬기의 아미노기는 지방족 탄화수소 끝에 결합되어 있어, 물 분자로부터 양성자를 받아

암모늄이온(ammonium ion, $-NH_4^+$)으로 된다.

- 아르기닌 곁사슬의 염기성 구아니노기(guanidino group)는 양성자를 받아 구아니디늄이온(guanidinum ion, $-CH_6N_3^+$)으로 된다.

(5) 아미노산 유도체

여러 아미노산 유도체(uncommon amino acid)들이 단백질과 비단백질 화합물에서 소량으로 발견되는데, 생체 내에서 여러 가지 다양한 생물학적 활성을 나타낸다(그림 4-4).

- 몇몇 아미노산은 단백질이 합성된 후 변형(posttranslational modification)에 의해 생성된다. 변형된 아미노산에는 프로트롬빈(prothrombin)과 같은 혈액응고인자에서 발견되는 칼슘-결합 아미노산 잔기인 γ-카르복시글루탐산(γ-carboxy glutamic acid)이 있다. 또한 콜라겐과 같은 결합조직 단백질에서만 발견되는 4-하이드록시프롤린(4-hydroxyproline)과 5-하이드록시리신(5-hydroxylysine)이 있다.

- 여러 α-아미노산과 그 유도체들은 화학적 전령(chemical messenger)으로도 작용하는데, 그 예로 글리신, γ-아미노부티르산(γ-amino-butyric acid, GABA; 글루탐산 유도체), 세로토닌(serotonin; 트립토판 유도체), 멜라토닌(melatonin; 트립토판 유도체) 등의 신경전달물질(neurotransmitter)이 있다.

- 아미노산은 호르몬과 생체 대사과정의 중간물질로도 작용한다. 티록신(thyroxine; 티로신 유도체)과 인돌아세트산(indole acetic acid; 트립토판 유도체) 등은 호르몬이고, 아르기닌, 시트룰린(citrulline), 오르니틴(ornithine) 등은 요소회로의 중간산물이다.

화학적 전령 전달암호 (message)를 전달하는 화합물로서 호르몬, 신경전달물질, 신경펩티드를 포함

신경전달물질 신경말단 (axon)에서 방출되는 분자로 다른 신경세포 또는 근육세포의 특정 수용체에 결합하여 그 기능에 영향을 주는 화학 신호분자

호르몬 특정세포(내분비조직)에서 소량 생성된 후 혈액을 통해 운반되어 표적조직이나 기관의 기능을 조절하는 화학신호분자

2) 아미노산의 산·염기 특성과 적정

자연에 존재하고 있는 20개의 표준아미노산은 모두 α-아미노기(프롤린 제

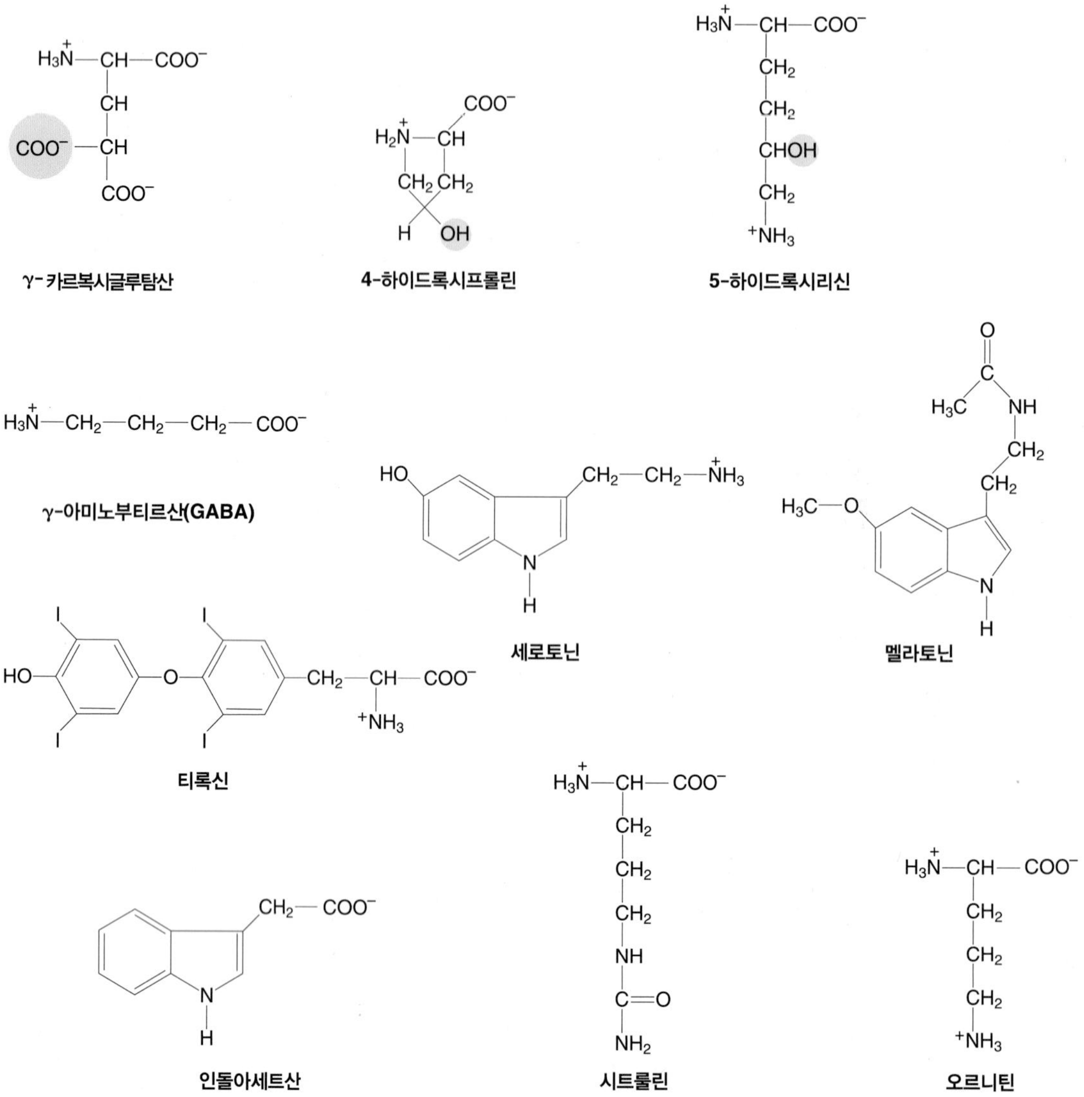

γ-카르복시글루탐산

4-하이드록시프롤린

5-하이드록시리신

γ-아미노부티르산(GABA)

세로토닌

멜라토닌

티록신

인돌아세트산

시트룰린

오르니틴

그림 4-4 아미노산 유도체

외)와 α-카르복실기를 갖고 있다. 그 외에 산성 아미노산과 염기성 아미노산은 이온화하여 산이나 염기로서 작용할 수 있는 곁사슬기를 가지고 있다. 용액에서 아미노기는 양성자(proton, H^+)를 받아들이는 반면, 카르복실기는 양성자를 방출한다.

아미노산은 양전하를 띤 아미노기와 음전하를 띤 카르복실기를 함께 가지고 있기 때문에 전체 전하는 0이 된다. 이러한 분자를 양성이온(zwitterion)

양성이온 양전하와 음전하를 모두 가지고 있는 분자

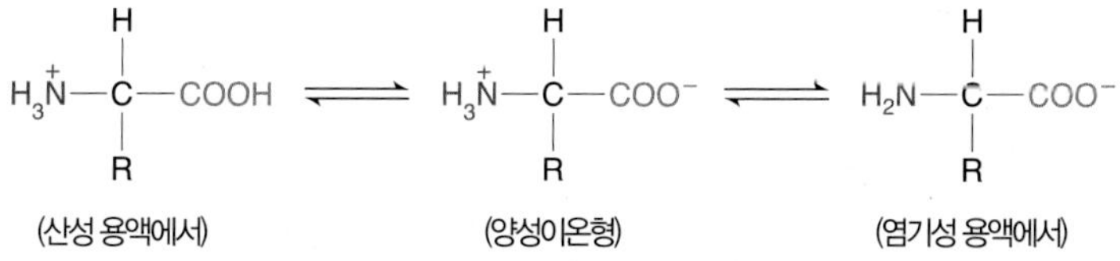

그림 4-5 아미노산의 이온화 반응

이라고 부른다. 실제로, 대부분의 아미노산은 물에 용해했을 때에는 양성이온으로 존재한다(그림 4-5).

(1) 아미노산의 적정곡선

아미노산을 적정할 때 적정곡선은 아미노산의 각 기능기와 수소이온 사이의 반응을 나타낸다. 글리신은 두 개의 적정할 수 있는 기능기인 α-카르복실기와 α-아미노기를 가지고 있다.

- 매우 낮은 pH에서 글리신은 양성자를 받은 α-카르복실기와 양성자를 받은 α-아미노기를 가진다. 이때 글리신의 전체 전하(net charge)는 +1이 된다.

- 염기를 첨가함에 따라 용액의 pH는 증가하고, α-카르복실기는 양성자를 잃어 음전하를 띤 α-카르복실기가 된다. 이때 글리신의 전체 전하는 0이 된다.

- 염기를 더 첨가하면 pH는 더욱 증가하게 되고 α-아미노기가 가지고 있던 양성자를 잃게 되는데, 이때 글리신의 전체 전하는 -1이 된다(그림 4-6).

- 이 적정곡선에는 수평영역이 두 군데 있는데, 이 영역은 다량의 염기를 첨가하더라도 용액의 pH가 거의 변하지 않는 완충영역이다. 특히, 이온화할 수 있는 기의 pK_a는 그 수평영역의 중간점이라고 정의할 수 있다. 첫 번째 수평영역의 중간점은 α-카르복실기의 $pK_a(pK_{a1})$를 나타내고, 두 번째 수평영역의 중간점은 α-아미노기의 $pK_a(pK_{a2})$를 나타낸다.

- 등전점(isoelectric point, pI)이란 아미노산의 전체 전하가 0으로 전기적으로 중성일 때의 pH라고 정의한다. 등전점에서는 전체 전하가 0이기 때문에 등전점에서 아미노산은 물에 잘 녹지 않는다. 이 경우 2개 pK_a값의

등전점 단백질의 전체 전하가 0으로 전하를 갖고 있지 않을 때의 pH

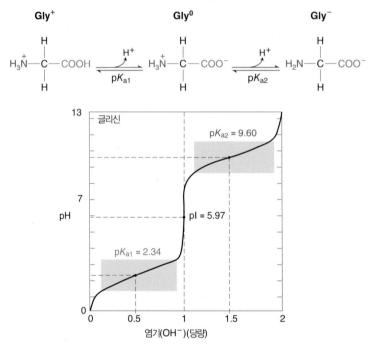

그림 4-6 글리신의 적정곡선

산술적 평균이 등전점이 된다.

$$pI = \frac{pK_{a1} + pK_{a2}}{2}$$

표준아미노산의 pK_a값은 표 4-2에 나타나 있다. 그러나 이 식은 3개의 이온화기를 가진 아미노산에는 적용할 수 없다.

(2) 이온성 곁사슬기를 가진 아미노산의 적정

이온성 곁사슬기를 가진 아미노산(산성 아미노산, 염기성 아미노산)은 더 복잡한 적정곡선을 갖는다. 산성 아미노산의 곁사슬기는 카르복실기를 가지고 있고, 염기성 아미노산의 곁사슬기는 아미노기를 가지고 있다.

산성 아미노산인 글루탐산은 α-카르복실기와 α-아미노기 외에 곁사슬기에 카르복실기를 하나 더 가지고 있다.

• 매우 낮은 pH에서 글루탐산은 양성자를 받은(전하를 띠지 않은) 카르복실기 2개와 양성자를 받은

표 4-2 표준아미노산의 pK_a

아미노산	pK_{a1}	pK_{a2}	pK_{aR}
글리신(glycine)	2.34	9.60	
알라닌(alanine)	2.34	9.69	
발린(valine)	2.32	9.62	
루신(leucine)	2.36	9.60	
이소루신(isoleucine)	2.36	9.60	
세린(serine)	2.21	9.15	
트레오닌(threonine)	2.63	10.43	
메티오닌(methionine)	2.28	9.21	
페닐알라닌(phenylalanine)	1.83	9.13	
트립토판(tryptophan)	2.83	9.39	
아스파라긴(asparagine)	2.02	8.80	
글루타민(glutamine)	2.17	9.13	
프롤린(proline)	1.99	10.60	
시스테인(cysteine)	1.71	10.78	8.33
히스티딘(histidine)	1.82	9.17	6.00
아스파르트산(aspartic acid)	2.09	9.82	3.86
글루탐산(glutamic acid)	2.19	9.67	4.25
티로신(tyrosine)	2.20	9.11	10.07
리신(lysine)	2.18	8.95	10.79
아르기닌(arginine)	2.17	9.04	12.48

(양전하를 띤) 아미노기를 가지므로 이때 전체 전하는 +1이 된다.

- 용액에 염기를 첨가하면 α-카르복실기는 양성자를 잃고 음이온의 카르복실염이 되므로 글루탐산의 전체 전하는 0이 된다.
- 더 많은 염기를 첨가하면 곁사슬기의 카르복실기도 양성자를 잃어 음이온이 되고, 이때 글루탐산의 전체 전하는 -1이 된다.
- 여기에 염기를 더 첨가하면 α-아미노기가 양성자를 잃어 글루탐산의 전체 전하는 -2가 된다.

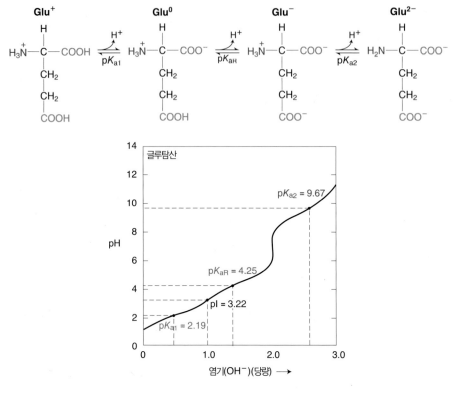

그림 **4-7** 글루탐산의 적정곡선

- 글루탐산은 3개의 양성자를 낼 수 있는 산이며 글루탐산의 등전점은 2개 카르복실기의 pK_a값의 산술적 평균에 해당된다($pI = (pK_{a1} + pK_{aR})/2$, 그림 4-7).

  염기성 아미노산인 리신도 3개의 양성자를 낼 수 있는 산이며, 등전점은 2개 아미노기의 pK_a값의 산술적 평균이다($pI = (pK_{a2} + pK_{aR})/2$, 그림 4-8).

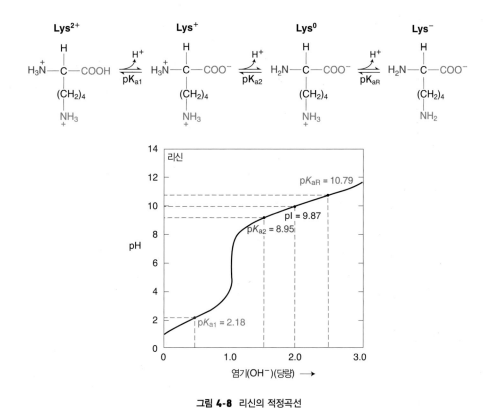

그림 **4-8** 리신의 적정곡선

2. 펩티드

1) 펩티드결합

한 아미노산의 α-카르복실기와 다른 아미노산의 α-아미노기가 반응하여 아미드결합(amide linkage)이 형성되고 물이 제거되면 펩티드결합이 형성된다(그림 4-9).

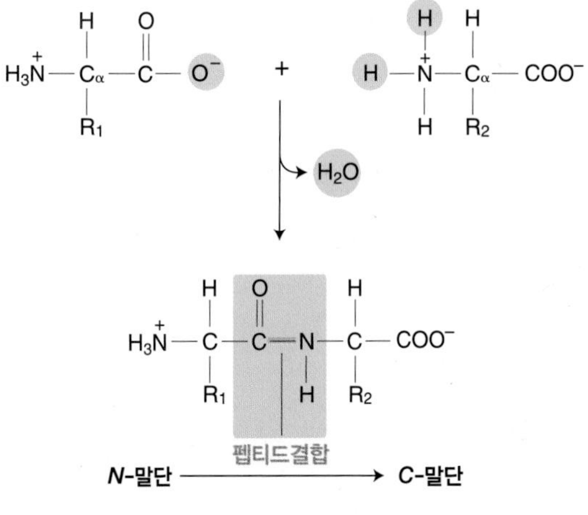

- 펩티드는 2개부터 수십 개 정도의 적은 개수의 아미노산들이 연결되어 형성된 화합

그림 **4-9** 펩티드결합의 형성

물이며 단백질은 그보다 많은 수(대개 100개 이상)의 아미노산들이 펩티드결합으로 연결되어 있는 폴리펩티드 사슬이다.

• 펩티드결합이 생성될 때 물 분자가 제거된 후 남아 있는 아미노산의 부분을 잔기(residue)라고 부른다.

펩티드를 표기할 때 유리 아미노기 말단(N-말단)은 왼쪽에, 유리 카르복실기 말단(C-말단)은 오른쪽에 쓰고, 모든 아미노산 서열은 펩티드의 N-말단부터 시작하여 C-말단쪽으로 읽는다. 폴리펩티드를 명명할 때 모든 아미노산 잔기는 C-말단 아미노산을 제외하고는 '-yl'의 접미사로 바꾼다. 예를 들면, N-말단 글리신(glycine), C-말단 알라닌(alanine)으로 구성된 다이펩티드(dipeptide)는 글리실알라닌(glycylalanine)으로 부른다.

펩티드결합은 단일결합보다 짧고 강하며 한 평편을 이루는 부분적으로 이중결합의 특성을 가진다(그림 4-10a).

• 이러한 특성 때문에 펩티드결합의 카보닐 탄소와 질소 간의 결합은 자유롭게 회전할 수 없다.

• α-탄소와 아미노기 또는 카르복실기 사이의 결합은 자유롭게 회전할 수 있다. 따라서 폴리펩티드 사슬은 여러 다양한 입체 배치(configuration)가 가능하다.

• 펩티드결합은 대부분 트랜스(trans-)결합이다(그림 4-10b).

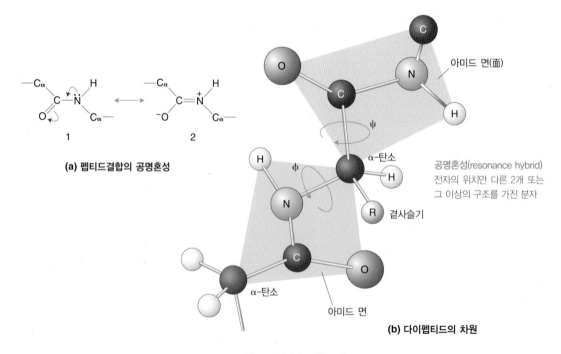

(a) 펩티드결합의 공명혼성

아미드 면(面)

α-탄소

R 곁사슬기

공명혼성(resonance hybrid)
전자의 위치만 다른 2개 또는
그 이상의 구조를 가진 분자

α-탄소

아미드 면

(b) 다이펩티드의 차원

그림 **4-10** 펩티드결합

2) 펩티드의 종류

다이펩티드(dipeptide)는 2분자의 아미노산이 펩티드결합에 의해 공유결합을 형성하는 가장 간단한 펩티드이다. 글루타티온(glutathione)은 흔히 발견되는 트리펩티드(tripeptide)로, 생리적으로 매우 중요한 항산화제이다. 수많은 저분자 펩티드는 상당히 중요한 생물학적 기능을 가지고 있다. 일부 주요 펩티드의 종류와 주요 작용을 표 4-3에 나타내었다.

3. 단백질

단백질은 펩티드결합으로 서로 연결된 아미노산의 긴 사슬로 구성된 거대분자이다. 단백질은 기능, 화학적 조성 및 입체 구조에 따라 분류할 수 있다(표 4-4).

어떤 단백질은 단백질이 폴리펩티드 사슬 외에 비아미노산 보조인자를 가지고 있다. 이들 비아미노산 성분을 보결분자단(prosthetic group)이라고 하며 무기이온, 복잡한 유기화합물, 지질, 당질 및 그밖의 성분들로 되어 있다. 보결분자단을 가지고 있는 복합단백질을 홀로단백질(holoprotein)이라 하고, 폴리펩티드 사슬은 아포단백질(apoprotein)이라고 한다.

보결분자단 단백질의 생물학적 활성에 필수적인 복합단백질의 비단백질 부분

1) 단백질의 구조

단백질의 구조는 대단히 복잡하여 구조적 수준에 따라 1차, 2차, 3차 및 4차 구조로 살펴볼 수 있다. 단백질에서 1차 구조는 아미노산의 종류와 배열 순서에 의해 이루어지는 구조이고, 2차 구조는 폴리펩티드 사슬의 골격을 이루는 원자들의 공간 내 배열 구조이다. 3차 구조는 1개의 폴리펩티드 사슬

표 4-3 주요 펩티드의 종류와 기능

이름	아미노산 서열	주요 작용
글루타티온	γ-Glu-Cys-Gly	세포대사반응 환원제
메트-엔케팔린	Tyr-Gly-Gly-Phe-Met	진통작용
루-엔케팔린	Tyr-Gly-Gly-Phe-Leu	진통작용
옥시토신	Cys-Tyr-Ile-Gln-Asn-Cys-Pro-Leu-Gly-NH$_2$ └─S──S─┘	자궁 수축 유즙 분비 촉진
바소프레신	Cys-Tyr-Phe-Gln-Asn-Cys-Pro-Arg-Gly-NH$_2$ └─S──S─┘	항이뇨 작용 혈압 조절
안지오텐신	Asp-Arg-Val-Tyr-Ile-His-Pro	혈압 상승 수분 재흡수
브래디키닌	Arg-Pro-Pro-Gly-Phe-Ser-Pro-Phe-Arg	고통의 인식 자극
심방성 나트륨 이뇨성 인자	Ser-Leu-Arg-Arg-Ser-Cys-Phe-Gly-Gly- Arg-Met-Asp-Ile-Gly-Ala-Gln-Ser-Gly-Leu- Gly-Cys-Asn-Ser-Phe-Arg-Tyr	Na$^+$ 배설 증가 신장 레닌분비 억제
물질 P	Arg-Pro-Lys-Gln-Phe-Phe-Gly-Leu-Met- NH$_2$	고통의 인식 자극
α-멜라닌 세포촉진 호르몬	Ser-Tyr-Ser-Met-Glu-His-Phe-Arg-Trp-Gly- Lys-Pro-Val	식욕 억제
갈라닌	Gly-Trp-Thr-Leu-Asn-Ser-Ala-Gly-Tyr-Leu- Leu-Gly-Pro-His-Ala-Val-Gly-Asn-His-Arg- Ser-Phe-Ser-Asp-Lys-Asn-Gly-Leu-Thr-Ser	식욕 촉진
콜레시스토키닌	Lys-Ala-Pro-Ser-Gly-Arg-Met-Ser-Ile-Val- Lys-Asn-Leu-Gln-Asn-Lys-Asp-Pro-Ser- His-Arg-Ile-Ser-Asp-Arg-Asp-Tyr-(SO$_3$)-Met- Gly-Trp-Met-Asp-Phe-NH$_2$	식욕 억제

신경펩티드 Y	Tyr-Pro-Ser-Lys-Pro-Asp-Asn-Pro-Gly-Glu-
	Asp-Ala-Pro-Ala-Glu-Asp-Met-Ala-Arg-Tyr-
	Tyr-Ser-Ala-Leu-Arg-His-Tyr-Ile-Asn-Leu-
	Ile-Thr-Arg-Gln-Arg-Tyr-C-NH$_2$
	                    ‖
	                    O
		식욕 촉진

- 안지오텐신(angiotensin)
- 물질 P(substance P)
- α-멜라닌세포촉진호르몬 (α-melanocyte stimulating hormone)
- 갈라닌(galanin)
- 콜레시스토키닌 (cholecystokinin)
- 신경펩티드 Y (neuropeptide Y)

을 구성하는 모든 원자들의 근거리 내 공간적인 배열 구조이며, 4차 구조는 2개 이상의 폴리펩티드 사슬에 의한 전체적인 입체 구조이다(그림 4-11).

표 4-4 단백질의 분류

단백질의 분류		예
단백질의 역할에 따라	구조단백질	결합조직: 콜라겐과 엘라스틴
	기능단백질 — 운반단백질	헤모글로빈, 트랜스페린
	저장단백질	페리틴
	방어단백질	항체, 케라틴, 피브리노겐, 트롬빈
	촉매단백질	효소
	수축단백질	근육조직섬유: 액틴과 미오신
	신호단백질	열충격단백질
	조절단백질	인슐린, 글루카곤
	유전자조절단백질	DNA 결합단백질
단백질의 조성에 따라	단순단백질	알부민, 글로불린
	복합단백질 — 지단백질	킬로미크론
	당단백질	면역글로불린 A, 면역글로불린 M
	인단백질	카세인
	헴단백질	헤모글로빈
	플라보단백질	숙신산 탈수소효소
	금속단백질	페리틴
단백질의 입체 구조에 따라	섬유상단백질	피브로인, 케라틴, 피브리노겐
	구상단백질	알부민, 글로불린, 헤모글로빈, 효소

① 1차 구조

단백질의 1차 구조인 아미노산 서열은 단백질의 2차와 3차 구조를 결정하므로 단백질의 전체 성질을 결정한다. 비정상적인 아미노산 서열을 갖는 유전적 질환은 부적절한 접힘과 정상 기능의 상실 또는 손상을 초래하므로 단백질의 1차 구조는 중요하다. 1차 구조의 중요성에 대한 예는 낫적혈구빈혈증(sickcle cell anemia) 환자의 헤모글로빈(Hb S)에서 발견되는데, 이 병은 정상 헤모글로빈 A의 β-사슬에서 아미노산 하나가 바뀌어 발병하며(그림

낫적혈구빈혈증 정상 헤모글로빈 A의 β-사슬의 6번째 글루탐산이 발린으로 바뀌어 적혈구의 모양이 낫 모양인 빈혈·염색체 열성 질환으로 아프리카계 미국인과 지중해인들에서 흔하며, 심한 통증과 함께 손이나 발의 부종 및 뇌졸중을 일으킬 수 있음

4-12) 적혈구의 모양이 독특한 낫 모양이어서 이름이 붙여졌다(그림 4-13).

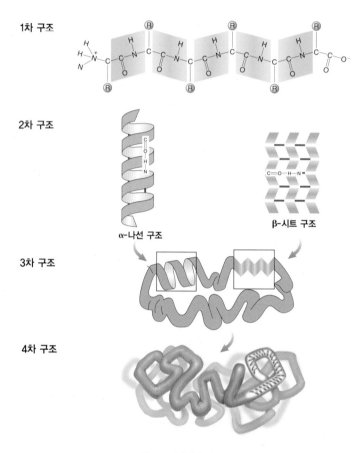

1차 구조

2차 구조

α-나선 구조   β-시트 구조

3차 구조

4차 구조

그림 **4-11** 단백질의 구조

그림 2μm

Hb A Val—His—Leu—Thr—Pro—Glu—Glu—Lys—
Hb S Val—His—Leu—Thr—Pro—Val—Glu—Lys—
    1   2   3   4   5   6   7   8

그림 **4-12** Hb A와 Hb S의 β−사슬의 일부분

그림 **4-13** 정상적혈구와 낫적혈구

② 2차 구조

폴리펩티드의 골격에서 직선 서열상 서로 가까운 아미노산들끼리 규칙적인 배열을 형성하는데, 이러한 폴리펩티드 사슬의 펩티드결합 구성요소 간 수소결합 배열을 2차 구조라고 부른다. 단백질에서 자주 볼 수 있는 2차 구조로는 α-나선 구조와 β-시트 구조가 있다.

- **α-나선(α-helix) 구조**   폴리펩티드 사슬이 오른쪽으로 꼬여 있는 나선 구조로, 아미노산의 곁사슬은 서로 입체적으로 나선 구조를 방해하지 않도록 중심축으로부터 바깥쪽에 있다. α-나선 구조에서 3.6개의 아미노산이 α-나선을 한 번 회전하는데, 나선 한 회전의 수직거리는 0.54nm이다(그림 4-14). 수소결합은 매우 약한 결합이지만, α-나선을 구성하는 많은 아미노산이 수소결합으로 되어 있으므로 α-나선 구조는 매우 안정된 구조이다.

- 몇몇 아미노산이 α-나선 구조를 방해한다. 프롤린과 같이 전하를 띠는 아미노산(예: 글루탐산, 아스파르트산, 히스티딘, 리신, 아르기닌), 부피가 큰 곁사슬기를 가진 아미노산인 트립토판과 곁가지 아미노산인 발린과 이소루신은 다량 존재할 경우 α-나선 구조를 방해한다.

- **β-시트(β-sheet) 구조**   β-시트 구조는 모든 펩티드 결합 구성요소가 수소결합에 참여하는 구조로(그림 4-15), β-시트의 표면은 병풍처럼 주름이 잡혀 있기 때문에 이러한 구조를 β-주름판 구조, β-판 또는 β-병풍 구조라고도 부른다.

- α-나선과는 달리 β-시트는 서로에 평행 또는 역평행으로 배열된 두 개 이상의 거의 완전히 펼쳐진 폴리펩티드 사슬(β-가닥) 또는 폴리펩티드 사슬의 부분(조각)으로부터 형성될 수 있다. β-시트 내 수소결합은 폴리펩티드 골격에 대해 수직으로 존재한다.

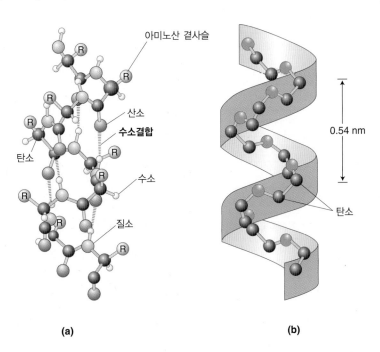

(a)   (b)

그림 4-14 α-나선 구조

③ 3차 구조

단백질의 3차 구조는 폴리펩티드 사슬을 구성하는 모든 원자들의 3차원적 배열이다. 이황화결합, 소수

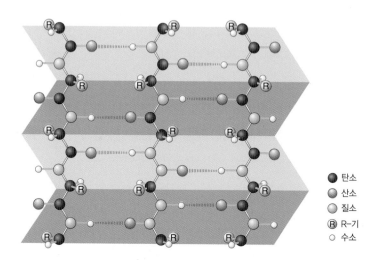

	탄소
	산소
	질소
®	R-기
○	수소

그림 **4-15** β-시트 구조

표 4-5 단백질의 변성요인

변성요인		기전
물리적요인	열	단백질 분자 내 운동성 증가로 인한 수소결합 파괴로 변성
	동결	동물성 단백질은 −1∼−5℃에서 변성이 최대
	건조	동물성 단백질은 염류농축과 응집에 의해 변성 촉진
	표면장력	공기와 단백질 표면의 경계면에서 표면장력에 의해 단백질 표면이 변성되어 불용성 막 형성
	기계적 스트레스	단백질 구조를 유지하려는 힘의 파괴로 변성
	기타	X−, α−, β−, γ−선, 자외선, 고압을 가함으로써 변성
화학적요인	강산, 강알칼리	이온결합 부위의 변화로 정전기적 상호작용이 감소하여 변성
	유기용매, 세제	소수성 상호작용 파괴로 변성
	환원제	수소결합이나 소수성 상호작용 방해로 변성
	중성염 농도	• 등전점이 변하지 않는 범위 내에서 소량의 중성염을 첨가했을 때 분자 간의 상호작용 약화로 용해도 증가(염용) • 많은 양의 중성염을 첨가했을 때 염이온이 물 분자에 대해 단백질과 경쟁하므로 단백질 침전(염석)
	금속이온	단백질의 음전하 또는 술프하이드릴기와 결합하여 변성

성 상호작용, 수소결합 및 이온 상호작용이 구형단백질의 3차 구조를 안정화시킨다(p. 92, 알아두기).

- **단백질의 변성**   단백질의 변성은 비공유성 상호작용으로 안정화된 단백질의 3차 구조의 풀림 또는 파괴이며, 펩티드결합의 가수분해는 동반하지 않는다. 변성요인은 열, 유기용매, 기계적 혼합, 강산 또는 강염기, 세제, 납이나 수은 등의 중금속이온, 염 농도 및 환원제 등이 있다(표 4-5). 대부분의 단백질은 일단 변성되면 그 생물학적 활성을 부분적으로 또는 전부 잃게 된다.

- **가역적 변성**   소 췌장 RNA 리보뉴클라아제(RNA ribonuclease)를 β-메르캅토에탄올(β-mercaptoethanol)과 요소로 처리하면 변성된다. 요소의 존

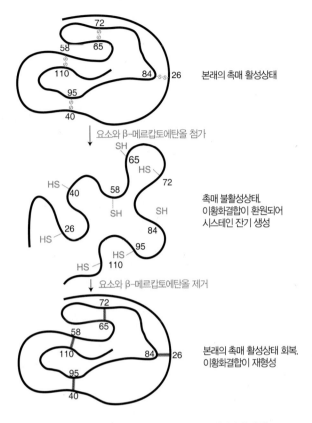

본래의 촉매 활성상태

요소와 β-메르캅토에탄올 첨가

촉매 불활성상태. 이황화결합이 환원되어 시스테인 잔기 생성

요소와 β-메르캅토에탄올 제거

본래의 촉매 활성상태 회복. 이황화결합이 재형성

그림 **4-16** 변성되어 풀린 RNA 리보뉴클라아제의 재생

재하에 β-메르캅토에탄올은 이황화결합을 끊고 8개의 시스테인 잔기를 생성하며 요소는 수소결합과 소수성 상호작용을 방해하여 폴리펩티드 구조는 완전히 풀어지며 생물학적 활성을 잃는다. 그러나 β-메르캅토에탄올(β-mercaptoethanol)과 요소를 제거하면 폴리펩티드는 자발적으로 접혀 이황화결합이 재생성된다(그림 4-16).

β-메르캅토에탄올 HS-CH$_2$-CH$_2$-OH 요소의 존재하에 이황화결합을 술프하이드릴기로 전환

④ 4차 구조

단백질의 4차 구조는 2개 이상의 폴리펩티드 사슬로 구성되어 있는 단백질의 전체적인 입체구조이며, 각각의 사슬을 소단위(subunit)라고 부른다. 흔히 2~4개의 폴리펩티드로 구성되며 사슬들은 구조적으로 같거나 다를 수 있다. 비공유결합(수소결합, 이온결합, 소수성 상호작용)에 의해 유지된 소단위는 독립적으로 기능하거나 협동적으로 작용할 수 있다. 예를 들

소단위   단백질과 같은 커다란 물질의 각 부분(예: 완전한 단백질을 형성하고 있는 각각의 폴리펩티드 사슬)

이황화결합(disulfide bond)
단백질 중의 두 시스테인 곁
사슬의 술프하이드릴기의 산
화에 의해 형성되는 결합

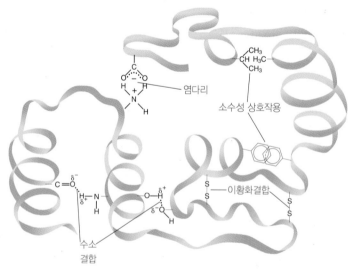

시스테인 잔기 이황화결합

시스테인 잔기

구상단백질의 3차 구조를 안정화시키는 상호작용

이황화결합

이황화결합은 두 개의 시스테인 곁사슬의 술프하이드릴기(sulfhydryl group, -SH) 간의 공유결합으로 시스틴 잔기(cystine residue)를 형성한다. 폴리펩티드 사슬의 접힘이 시스테인 잔기를 근접하게 하여 그 곁사슬 간 공유결합을 형성할 수 있게 한다. 이황화결합은 단백질 분자의 3차 모양의 안정성에 기여하여 세포 환경에서 변성되는 것을 막는다.

소수성 상호작용

비극성 곁사슬을 가진 아미노산은 폴리펩티드 분자의 안쪽에 위치하여 다른 소수성 아미노산과 모아지는 경향이 있다.

수소결합

세린이나 트레오닌의 알코올기와 같이 산소에 결합한 수소를 가진 아미노산 곁사슬들은 펩티드결합의 카르보닐기와 같이 전자가 풍부한 원자와 수소결합을 형성할 수 있다. 단백질 표면의 극성기와 수용액 간에 수소결합 형성으로 단백질의 용해성이 증가한다.

이온 상호작용

아스파르트산이나 글루탐산의 곁사슬에서 카르복실기($-COO^-$)와 같이 음전하를 띤 기능기는 리신의 곁사슬에서 아미노기($-NH_3^+$)와 같이 양전하를 띠고 있는 기능기들과 상호작용을 할 수 있다.

염다리

소수성 상호작용

이황화결합

수소
결합

단백질의 3차 구조를 안정화하는 상호작용

면, 헤모글로빈은 4개의 폴리펩티드로 구성된 사량체 (tetramer)이고 하나의 소단위에 산소가 결합하면, 다른 소단위의 산소에 대한 친화도를 증가시켜 협동적으로 작용한다(그림 4-17).

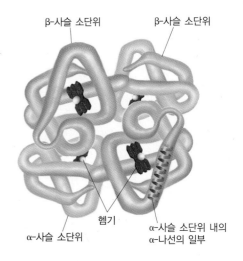

β-사슬 소단위   β-사슬 소단위

헴기

α-사슬 소단위   α-사슬 소단위 내의 α-나선의 일부

그림 4-17 헤모글로빈의 4차 구조

2) 단백질의 형태적 분류

단백질은 형태적으로 구상단백질과 섬유상단백질로 분류할 수 있다. 구상단백질은 폴리펩티드 사슬이 구형으로 접혀진 단백질로, 물에 잘 녹는 반면에 섬유상단백질은 폴리펩티드 사슬이 긴 가닥 또는 얇은 층으로 된 단백질로서 물에 잘 녹지 않는다.

(1) 구상단백질

구상단백질은 폴리펩티드 사슬이 구형으로 접혀진 단백질로, 수용성이며, 빽빽한 구조이다.
- 구상단백질의 구조는 다소 복잡하고, 여러 가지 유형의 2차 구조를 가지고 있다.
- 효소, 폴리펩티드 호르몬, 면역글로불린, 헴단백질 등 대부분의 단백질이 이에 포함된다.
- 사람에게 가장 많이 존재하는 헴단백질인 헤모글로빈과 미오글로빈의 보결분자단인 헴기는 산소와 가역적으로 결합한다.

① 헴의 구조

헴은 프로토포르피린 IX(protoporphyrin IX)와 Fe^{2+}(제1철)의 복합체이다(그림 4-18). 철은 포르피린 고리에 있는 4개의 질소에 결합되어 있는 형태로 헴 분자의 중앙에 존재한다. 헴의 Fe^{2+}는 포르피린 고리 평면의 양 옆으로 하나씩 2개의 추가결합이 가능하다. 미오글로빈과 헤모글로빈에서 하나는 글로빈 분자의 히스티딘 잔기의 곁사슬기와, 다른 하나는 산소와 결합한다.

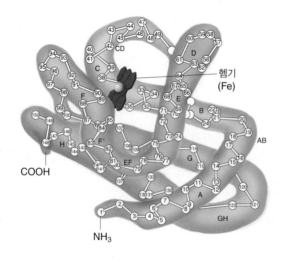

(a) 프로토포르피린 IX   (b) 헴(Fe²⁺-프로토포르피린 IX)

그림 **4-18** 프로토포르피린 IX와 헴기의 구조

② 미오글로빈의 구조와 기능

미오글로빈은 심근과 골격근에 존재하며 산소 저장과 근육세포 내에 산소의 수송 속도를 증가시키는 산소 운반의 두 가지 기능을 한다.

- 미오글로빈은 헤모글로빈 분자를 구성하는 소단위와 유사한 폴리펩티드 사슬 하나로 되어 있다. 미오글로빈은 전체 폴리펩티드 사슬의 대부분인 80%가 8개의 α-나선 구조로 접혀진 조밀한 분자이다(그림 4-19).

- 미오글로빈에서 헴기는 비극성 아미노산의 서열로 인해 생긴 분자 내의 틈새에 존재하는데, 비극성

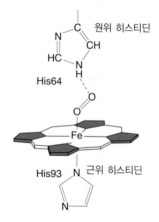

그림 **4-19** 미오글로빈의 구조   그림 **4-20** 미오글로빈의 산소 결합자리

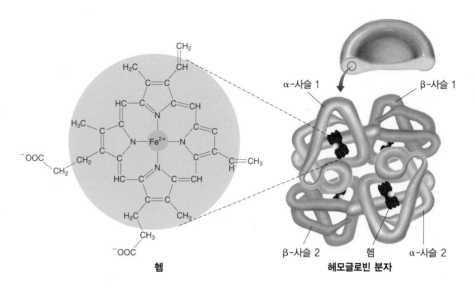

그림 **4-21** 헤모글로빈의 구조

아미노산이 아닌 히스티딘 잔기가 2개 있다(그림 4-20). 하나는 근위 히스티딘(proximal histidine)으로 헴기의 철 이온과 직접 결합하며, 다른 하나는 원위 히스티딘(distal histidine)으로 헴기와 직접적인 상호작용은 없으나 산소가 Fe^{2+}와 결합할 때 결합 부위의 안정을 돕는 역할을 한다.

③ 헤모글로빈의 구조와 기능

헤모글로빈은 적혈구에서만 발견되며 폐에서 조직의 모세혈관까지 산소를 운반하는 것이 주된 기능이다.

- 성인의 주요 헤모글로빈인 헤모글로빈 A는 α-사슬 2개와 β-사슬 2개가 결합된 총 4개의 폴리펩티드 사슬로 구성되어 있다($\alpha_2\beta_2$, 그림 4-21). 4개 사슬의 헤모글로빈은 2개의 동일한 이합체인 ($\alpha_1\beta_1$)과 ($\alpha_2\beta_2$)로 구성되어 있다. 각각의 소단위는 α-나선 구조로 미오글로빈에서 설명한 것과 유사한 헴 결합 포켓(heme-binding pocket)을 가지고 있다.
- 디옥시헤모글로빈(deoxyhemoglobin) 형태는 T 또는 긴장(taut, tense) 형태라 부르며, 산소친화도가 낮은(low oxygen-affinity form) 헤모글로빈 형태이다.
- 옥시헤모글로빈(oxyhemoglobin) 형태는 폴리펩티드 사슬의 움직임이 좀 더 자유로워지는 R 또는 풀린(relaxed) 형태를 유도하며 산소친화도가 높은(high oxygen-affinity form) 헤모글로빈 형태이다.

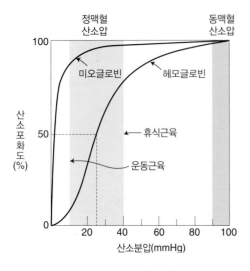

그림 4-22 산소해리곡선

④ 미오글로빈, 헤모글로빈과 산소의 결합

미오글로빈은 한 개의 헴기만 가지고 있기 때문에 한 분자의 산소와 결합한다. 반면, 헤모글로빈은 4개의 헴기에 각각 산소가 한 분자씩 결합해 총 4개의 산소 분자와 결합한다.

- 각각 다른 산소 분압(pO₂, x축)에서 측정된 포화 정도(y축)의 그래프를 산소해리곡선이라 부른다. 미오글로빈의 산소해리곡선은 헤모글로빈의 산소해리곡선보다 산소친화도가 더 높다(그림 4-22).

- 헤모글로빈의 산소해리곡선은 S자(sigmoidal) 모양이며 이것은 헤모글로빈 4개의 소단위가 산소와 협동적으로 결합하는 것을 나타낸다. 즉, 헤모글로빈의 헴기에 산소 분자가 처음에는 결합하기는 어렵지만, 한 분자의 산소가 헴기에 결합하면 그 다음 산소의 결합은 촉진된다(그림 4-22).

- 미오글로빈의 산소해리곡선은 쌍곡선 모양을 가지며 헤모글로빈의 산소해리곡선보다 왼쪽에 있기 때문에, 낮은 산소분압에서 헤모글로빈은 산소를 방출하고 방출된 산소가 미오글로빈에 결합하여 산소를 필요로 하는 조직에 산소를 방출한다(그림 4-22).

- 헤모글로빈이 산소와 가역적으로 결합하는 능력은 산소분압(pO₂), 이산화탄소분압(pCO₂), pH 그리고 글리세린산 2,3-이인산(2,3-bisphospho-glycerate, 2,3-BPG)에 의해 영향을 받는다. 헤모글로빈 분자 내에서 이들 조절인자들은 산소가 결합하는 부위가 아닌 다른 부위에 결합하기 때문에 이들을 '다른자리입체성 조절인자'들이라 부른다.

협동결합 결합 부위가 여러 개 있는 단백질에 첫 리간드가 결합하면 그 다음 리간드의 결합을 촉진하는 현상

- 헤모글로빈에서 산소의 협동결합(cooperative binding)은 산소분압 변화에 비교적 민감하게 반응하여 헤모글로빈이 조직에 보다 많은 산소를 수송할 수 있도록 한다. 예를 들면, 폐에서는 산소의 농도가 높고 헤모글로빈이 산소로 포화되어 있는 반면, 말초조직에서는 헤모글로빈에서 대부분의 산소가 해리되어 조직에서의 산화적 대사에 사용될 수 있다.

- 낮은 pH 또는 이산화탄소 분압이 증가할 때 헤모글로빈으로부터 산소가

해리되는데, 이 현상을 '보어효과(Bohr effect)'라고 부른다. 이 두 상태는 헤모글로빈의 산소친화도를 감소시켜 산소해리곡선이 오른쪽으로 이동된다. 반대로 높은 pH 또는 이산화탄소 분압이 감소할 때 헤모글로빈의 산소친화도를 증가시켜 산소해리곡선이 왼쪽으로 이동된다(그림 4-23).

- 2,3-BPG는 적혈구 내 가장 풍부한 유기인산으로, 2,3-BPG가 존재하면 헤모글로빈의 산소친화도가 현저히 감소되어 산소해리곡선이 오른쪽으로 이동된다. 따라서 조직의 산소분압에서 헤모글로빈이 산소를 효과적으로 방출할 수 있다(그림 4-23).

(2) 섬유상단백질

섬유상단백질은 폴리펩티드 사슬이 긴 가닥 또는 얇은 층으로 된 막대 형태의 단백질로, 물에 잘 녹지 않고 물리적으로 단단하다. 섬유상단백질은 척추동물에서 해부학적 또는 생리적으로 중요한 구조 역할을 하여 신체를 보호하고 지탱시켜 주며 외형과 형태를 결정한다. 이러한 단백질에는 콜라겐, α-케라틴, 피브로인 및 엘라스틴 등이 있다.

① 콜라겐

콜라겐(collagen)은 뼈와 다른 결합조직의 구성 성분이며, 인체에서 가장 풍

보어효과 헤모글로빈에 이산화탄소나 수소이온이 결합하여 산소와 결합이 감소되는 현상

글리세린산 2,3-이인산 적혈구 내 높은 농도로 존재하고, 디옥시헤모글로빈과 결합하여 산소친화도를 낮추며 산소가 적은 환경이나 빈혈이 있을 때 말초조직에서 산소가 유리되는 것을 용이하게 함

결합조직 세포간 물질과 다양한 종류의 세포로 구성된 조직으로, 신체의 거의 모든 장기와 조직을 지지해 주고 결합해 주는 역할

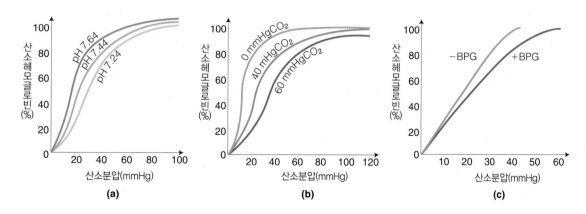

그림 **4-23** pH(a), CO$_2$(b), BPG(c)의 농도에 따른 산소해리곡선

부한 단백질이다. α-나선 형태의 세 개 폴리펩티드가 서로 꼬여 우선성의 3중 나선(triple helix)을 만들고, 줄과 같이 길고 단단한 구조를 하고 있어, 많은 아미노산의 잔기들은 나선의 표면에 위치하게 된다(그림 4-24).

- 콜라겐의 아미노산 서열은 매우 특징적으로, 3중 나선 구조 형성에 중요한 프롤린과 글리신이 풍부하다.
- 프롤린은 그 고리 구조에 의해 콜라겐 나선을 꼬이게 하며, 가장 크기가 작은 글리신은 세 번째 아미노산마다 반복적으로 위치하여 세 가닥의 사슬이 만나는 좁은 공간에 딱 맞게 된다.
- 하이드록시프롤린과 하이드록시리신은 폴리펩티드 합성 후 콜라겐 사슬의 프롤린과 리신 잔기가 수산화되어 생기는 것이다. 수산화기는 사슬 간 수소결합을 증가시켜 콜라겐 3중 나선 구조의 안정화에 중요한 역할을 한다.

α-사슬 콜라겐에만 있는 독특하게 반복되는(-Gly-Pro-X-) 이차구조로 반복 서열마다 1회전하는 좌선성의 나선 구조

② α-케라틴

α-케라틴(α-keratin)은 머리카락, 털, 피부, 손톱 및 뿔 등의 구성 성분이다. α-케라틴의 폴리펩티드는 I형과 II형 두 종류가 있는데, 이 두 폴리펩티드는 결합하여 꼬인 코일 이합체(coiled coil dimer)를 형성한다. 이 이합체의 두 개의 역평행 가닥은 프로토필라멘트(protofilament)를 형성한다. 프로토필

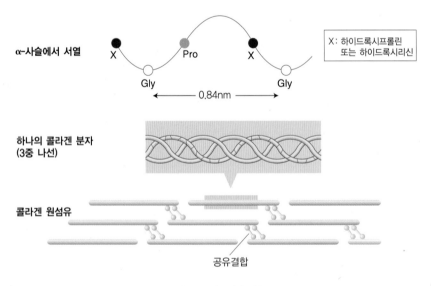

그림 **4-24** 콜라겐 섬유

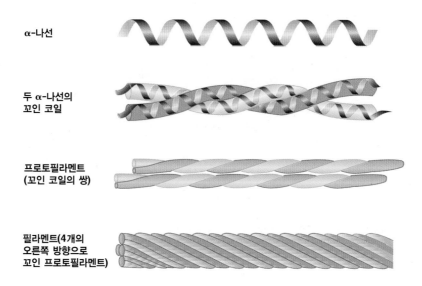

α-나선

두 α-나선의
꼬인 코일

프로토필라멘트
(꼬인 코일의 쌍)

필라멘트(4개의
오른쪽 방향으로
꼬인 프로토필라멘트)

그림 4-25 α-케라틴

라멘트가 4개 모여 필라멘트를 구성하고, 필라멘트가 수백 개 뭉쳐 거대섬유(macrofibril)를 형성하며, 거대섬유는 여러 개가 모여 섬유(fiber)라고 하는 머리카락 세포를 형성한다(그림 4-25).

- α-케라틴은 구조를 파괴하는 아미노산인 프롤린은 없고 나선 구조를 안정화시키는 알라닌과 루신 함량이 높아서 규칙적인 α-나선 구조를 갖는다.
- α-나선 구조에서 곁사슬기가 나선의 바깥 부분에 위치하기 때문에 소수성 아미노산을 다량 함유하는 α-케라틴은 물에 잘 녹지 않는다.
- 시스테인 잔기들의 이황화결합 때문에 α-케라틴은 잘 늘어나지 않는다.

③ 실크 피브로인

실크단백질인 피브로인(fibroin)은 곤충과 거미에 의해 생성된다. 피브로인의 폴리펩티드 사슬은 주로 알라닌과 글리신 잔기가 풍부한 역평행 β-시트층으로 구성되어 있다.

- 폴리펩티드 내 작은 곁사슬기는 서로 얽혀 있어 β-시트의 구조를 빽빽하게 한다.
- β-시트 구조가 매우 펼쳐져 있기 때문에 실크 피브로인은 늘어나지 않는다.
- 피브로인은 β-시트 내 폴리펩티드 사슬 간 수소결합과 β-시트 간 반데르발스힘에 의해 안정화되며 비교적 많은 약한 결합 때문에 유연성이 있다(그림 4-26).

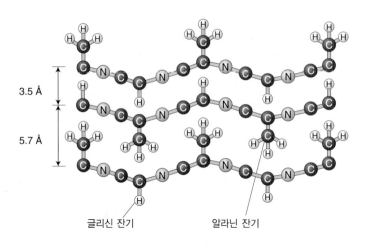

글리신 잔기   알라닌 잔기

그림 4-26 실크 피브로인의 구조

④ 엘라스틴

엘라스틴(elastin)은 무질서하게 꼬인 구조이며(그림 4-27), 콜라겐과 함께 주로 인대조직, 동맥혈관의 벽 등에 존재한다.

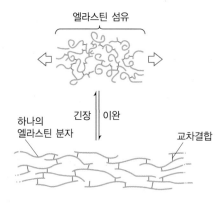

엘라스틴 섬유

긴장 이완

하나의 엘라스틴 분자   교차결합

그림 4-27 엘라스틴

- 엘라스틴 섬유는 외부의 힘이 가해졌을 때 고무와 비슷한 탄력성과 다시 원래의 위치로 되돌아가는 성질인 복원성을 가지나, 그 강도는 콜라겐 섬유보다 약해 더 쉽게 끊어진다.
- 엘라스틴은 분자 내에 극성 곁사슬기가 적고 비극성 아미노산인 글리신, 루신, 페닐알라닌 및 프롤린 등의 함량이 많은 것이 특징이다.

3) 단백질의 분리 · 정제 기술

보통 어떤 아미노산이 얼마나 들어 있는가에 따라 단백질(폴리펩티드)의 종류는 매우 다양하다.

- 단백질의 물리적 성질이나 아미노산 개수, 종류 및 서열을 확인하기 위해서 우선 균일한 추출물을 준비한다.

- 단백질 추출물은 세포의 세포막이나 세포벽에 둘러싸인 상태로는 화학적인 분리가 힘들기 때문에 세포 파괴를 통해 순수한 단백질 용액상태로 만드는 것이 필요하다. 이를 조추출물(crude extract)이라고 한다.
- 추출물이 준비된 후 여러 가지 방법을 이용하여 단백질을 분리한다.
- 정밀정제법에는 크로마토그래피와 전기영동 등의 방법이 있다.

(1) 단백질의 분리 기술

단백질을 정제하기 전 세포를 파괴하는 균질화 과정을 통해 단백질을 추출한다. 균질화 기술은 가장 간단한 믹서기로 가는 방법, 균질기를 사용하는 방법 및 초음파 분해방법이 있다.

- 세포가 균질화되면 분획원심분리(differential centrifugation)를 수행한다.
- 단백질이 용해된 후에는 초벌정제를 수행한다. 황산암모늄($(NH_4)_2SO_4$)과 같은 고농도의 염을 단백질 용액에 첨가하여 단백질을 침전시키는 염석(salting out)방법을 이용하여 불순물을 제거할 수 있다. 또한 저분자 불순물을 제거하기 위해 투석방법을 이용한다.

(2) 단백질의 정제 기술

① 크로마토그래피

크로마토그래피(chromatography)는 화합물들이 서로 다른 두 가지 상 사이에 분배될 때, 그 분배된 정도가 화합물들끼리 서로 다르다는 사실에 근거하여 분리하는 방법이다(그림 4-28). 한 가지 상은 고정상이고 다른 상은 이동상이다.

이동상은 고정상을 이루고 있는 물질 위로 흐르는데, 분리된 시료는 이동상을 따라 운반되며, 시료의 구성 성분들이 고정상을 통과하는 속도의 차이로 분리된다.

- **크기별 분리 크로마토그래피(size-exclusion chromatography)** 겔 여과 크로마토그래피(gel filtration chromatography)라고도 한다. 물질의

아가로오스(agarose) 한천 중에 다량으로 함유되어 있는 다당류 중합체로, 반복하는 단위는 3,6-무수-L-갈락토오스(β1→4) 연결된 D-갈락토오스로 구성. 아가로오스 부유액을 가열하고 나서 식히면 겔 상태가 되고, 이 겔은 3차원적 교차구조를 가지고 있어 고분자 물질도 자유롭게 확산되기 때문에 전기영동의 지지체나 겔여과 크로마토그래피의 충전제로 이용

겔 여과 크로마토그래피

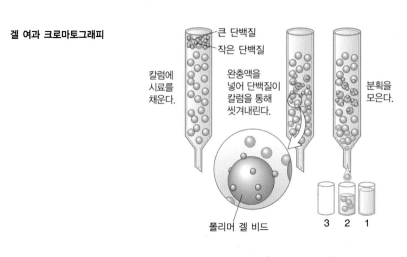

이온교환 크로마토그래피

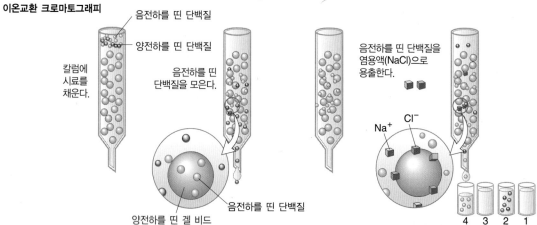

항체-친화 크로마토그래피

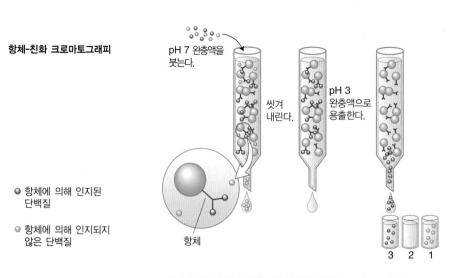

그림 **4-28** 겔 여과, 이온교환 및 항체−친화 크로마토그래피

크기에 따라 분리되므로 분자량이 다른 단백질들을 가려내는 데 유용한 방법이다. 교차결합된 겔 입자를 고정상으로 이용하는데 겔 입자는 대개 구슬 모양이고 텍스트란이나 아가로오스 등의 탄수화물 중합체나 폴리아크릴아미드를 기본으로 하는 물질이다. 겔들은 다공성으로 작은 단백질은 큰 단백질과는 달리 구멍 속으로 들어갈 수 있어서 이동상을 따라 칼럼을 느리게 내려간다.

- **이온교환 크로마토그래피(ion-exchange chromatography)**   단백질의 전하에 따라 분리하는 방법으로, 고정상은 음전하 또는 양전하를 띤 리간드를 가지고 있는 수지이다. 양전하를 띤 리간드를 가지고 있는 음이온교환수지는 단백질의 음전하 그룹과 가역적으로 결합한다. 이온성 단백질 혼합물을 칼럼에 붓게 되면, 이온교환수지의 전하와 반대되는 알짜 전하를 가지고 있는 단백질들은 이온교환수지와 결합하여 칼럼에 붙고, 전하가 없는 단백질들이나 이온교환수지의 전하와 동일한 단백질들은 빠르게 이동하여 용출된다. 수지와 결합하지 않은 단백질을 제거한 후, 수지와 결합되었던 단백질을 이동상의 pH 또는 염농도를 변화시켜 수지로부터 분리한다.

- **친화 크로마토그래피(affinity chromatography)**   단백질과 리간드 사이의 특이한 친화성(항원과 항체, 호르몬과 수용체 등)에 따라 단백질을 분리하는 방법으로, 고정상은 리간드가 공유결합으로 연결된 중합체 물질이다. 고정상의 리간드는 분리하려는 단백질과 특이적으로 비공유결합하는 반면, 다른 단백질과는 결합하지 않는다. 리간드에 결합하지 않은 단백질을 통과시킨 후 완충액 pH 또는 염농도를 변화시켜 리간드에 결합되어 있는 단백질을 분리시킨다.

리간드 큰 분자의 특정 부위에 특이적으로 결합하는 분자

② 겔 전기영동

전하를 띤 입자가 전기장에서 이동한다는 것에 근거하여, DNA나 RNA, 단백질과 같은 큰 분자를 전류를 흘려주어 겔 내부에서 이동시켜 크기에 따라 서로 분리하는 방법이다.

- 전기영동은 전해질로 사용되는 용액 속에 전하를 띠는 물질들이 있기 때

폴리아크릴아미드(polyacryl-amide) 아크릴아미드 단위로부터 형성된 중합체

$$\left[\begin{array}{c} CH_2-HC \\ \quad C=O \\ \quad NH_2 \end{array}\right]_n$$

아크릴아미드를 물에 녹여 중합시키면 수용성인 폴리아크릴아미드가 생성되고 가교제(N,N-메틸렌비스아크릴아미드)를 첨가하면 교차구조를 가진 겔 형성. 전기영동의 지지체나 겔 여과 크로마토그래피의 충전제로 이용

SDS(sodium dodecyl sulfate, $CH_3(CH_2)_{11}OSO_3Na$) 단백질에 대해 강력한 친화성이 있어 단백질의 소수성 부분에 결합하여 음전하를 띠게 하고 단백질을 변성시키는 데 자주 사용되는 음이온 계면활성제

문에 이 전장을 가로질러 이동하게 되는데, 이때 이동하는 속도는 물질들이 가지고 있는 전하, 모양, 크기에 따라 달라지게 된다.

• 아가로오스(agarose) 겔은 DNA나 RNA의 분리에 일반적으로 사용되며, 폴리아크릴아미드(polyacrylamide) 겔은 단백질의 분리에 널리 사용되고 있다.

• 아가로오스(agarose) 겔 전기영동에서 DNA를 넣고 전기를 걸어 주면 DNA 골격에 있는 인산기 때문에 양전하 방향으로 움직이게 된다. 이때 움직이는 속도는 DNA의 크기와 모양에 따라 달라지므로 분리할 수 있다.

• SDS-PAGE(sodium dodecyl sulfate-polyacrylamide gel electrophoresis)는 SDS가 존재하는 상태에서 실시하는 폴리아크릴아미드 겔 전기영동으로, 단백질의 분자량을 측정하는 데 주로 사용된다(그림 4-29). SDS가 단백질에 첨가되면 SDS의 음이온은 단백질의 분자량에 거의 비례하여 단백질과 비특이적으로 강하게 결합하므로 폴리아크릴아미드겔 내에서 전기영동하면, 양극으로 이동하는 속도에 차이가 생긴다. 이러한 성질을 이용하여 단백질을 분자량의 크기에 따라 분리할 수 있다.

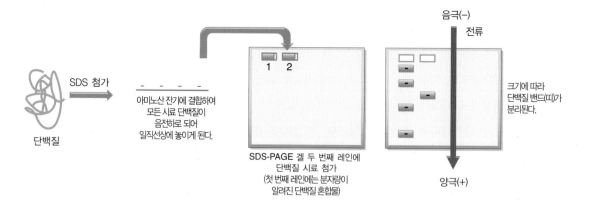

그림 4-29 SDS-PAGE

효소

CHAPTER 5

효소

효소는 생물계에 존재하는 반응촉매이며, 활성화에너지를 낮춤으로써 화학반응을 촉진시킨다. 촉매 활성이 있는 일부 RNA 또는 리보자임을 제외하고는 알려진 대부분의 효소는 단백질이다. 효소의 가장 큰 특징은 기질에 대해 특이성을 가지고 있고, 화학반응을 촉진하며, 복잡한 구조 때문에 다른 물질에 의해 조절된다는 것이다. 효소의 활성 부위라고 하는 독특한 결합표면에 반응물질인 기질이 결합하여 효소-기질 복합체를 형성한다. 어떤 효소들은 촉매활성을 위해 무기이온과 조효소 등의 보조인자를 필요로 한다. 세포 내에서 효소의 촉매작용으로 무수한 화학반응이 정확하고 놀라운 속도로 동시에 일어난다. 이 장에서는 효소의 성질, 구조, 반응속도 및 촉매기전에 대해 알아보기로 한다.

1. 효소의 개요

1) 효소의 성질

효소는 화학반응속도를 증가시키는 촉매제로서 반응과정에서 소모되지 않으며 화학반응에 필요한 활성화에너지(activation energy, $\Delta G^{\ddagger}$)를 낮추는 역할을 한다(그림 5-1). 효소가 작용하게 되면 기질을 전이상태에 이르게 하는 데 필요한 활성화에너지가 감소하므로, 반응속도가 훨씬 빨라지지만, 반

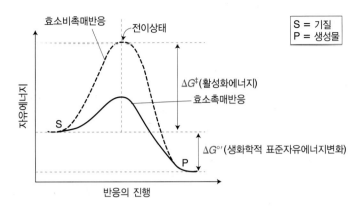

S = 기질
P = 생성물

효소비촉매반응
전이상태
$\Delta G^{\ddagger}$(활성화에너지)
효소촉매반응
$\Delta G^{\circ\prime}$ (생화학적 표준자유에너지변화)
자유에너지
반응의 진행

그림 5-1 효소에 의한 활성화에너지의 변화

응의 생화학적 표준자유에너지변화($\Delta G^{\circ\prime}$)는 변하지 않는다.

- 모든 효소는 단백질이고, 촉매활성은 단백질의 1차, 2차, 3차 또는 4차 구조에 의존하기 때문에 효소를 변성 혹은 소단위(subunit)로 해리시키거나 아미노산으로 분해하면, 효소는 촉매활성을 잃는다.

- 효소는 높은 특이성을 가지므로, 한 종류의 화학반응에만 관여하고 한 개 또는 소수의 기질과 반응한다.

- 기질은 효소단백질 표면의 활성 부위(active site)에 결합한다. 효소의 활성 부위는 효소활성에 필요한 특정 아미노산으로 구성되어 있으며, 기질의 결합 부위로서 효소의 촉매반응에 필수적이다.

- 촉매활성을 위해 기질 이외에 금속 양이온이나 조효소 등의 보조인자(cofactor)를 부수적으로 필요로 하는 효소도 있다.

- 효소의 보조인자로 작용하는 금속이온의 예가 표 5-1에 나와 있다. 금속이온은 효소에 결합하여 기질이 반응하기 쉽게 하거나, 하전된 전이상태를 안정화하는 역할을 한다. 또한 금속이온은 산화상태를 가역적으로 변화시킴으로써 산화-환원반응을 촉매한다.

- 효소의 보조인자로 작용하는 조효소(coenzyme)로는 복잡한 유기화합물 또는 금속 유기화합물이 있으며, 비타민에서 유래하는 조효소들의 예가 표 5-2에 나와 있다. 식품 중에 소량 들어 있는 유기영양소인 비타민류가 조효소의 전구체가 되며, 조효소는 특정 기능기(functional group)의 일시적인 운반체로서 작용한다.

자유에너지 화학적 일을 하는 데 이용할 수 있는 에너지

자유에너지변화 반응계의 자유에너지 변화. 반응에서 생성물과 반응물 간의 총체적인 자유에너지 변화

표준자유에너지변화 표준조건(298K, 1기압, 1 M)에서 반응의 자유에너지 변화

생화학적 표준자유에너지변화 pH 7.0에서 표준자유에너지 변화

활성화에너지 반응을 시작하기 위해 필요한 에너지 투입량. 기질을 높은 에너지의 중간 물질로 전이하는 데 필요한 에너지

전이상태 생성물을 생성하는 데 필요한 양의 에너지와 원자 배열을 갖춘 상태

기저상태 안정되고 에너지가 낮은 형태 (정반응 또는 역반응의 시작점)

조효소 단백질이 아닌 물질로, 효소반응의 일부를 담당하고 반응이 끝난 다음 재생되는 물질. 유기화합물 또는 금속 유기화합물. 비타민 등이 조효소의 전구체가 됨

보결분자단 단백질의 생물학적 활성에 필수적인 복합단백질의 비단백질 부분. 효소에 단단히 결합되어 떨어지지 않는 보조인자

- 효소와 공유결합으로 단단히 결합되어 있는 조효소와 금속이온을 보결분자단(prosthetic group)이라고 한다. 조효소와 금속이온이 결합되어 완전한 촉매작용을 가지고 있는 효소를 완전효소(holoenzyme)라고 하며, 그 효소의 단백질 부분을 아포효소(apoenzyme) 또는 아포단백질(apoprotein)이라고 한다.

2) 효소의 반응속도에 영향을 주는 인자

여러 가지 인자들이 효소의 반응속도에 영향을 줄 수 있다.

- 기질의 농도가 증가함에 따라 효소 촉매반응속도는 증가하며 최대속도 (V_{max})에 도달할 때까지 계속 증가한다. 그러나 기질의 농도가 어느 농도 이상이 되면 반응속도가 더 이상 증가하지 않게 되는데, 이때가 최대속도

표 5-1 보조인자로 작용하는 금속이온

구 분	종류
Fe^{2+} 또는 Fe^{3+}	• 시토크롬 산화효소(cytochrome oxidase) • 카탈라아제(catalase) • 과산화효소(peroxidase)
Cu^{2+}	• 시토크롬 산화효소(cytochrome oxidase)
Zn^{2+}	• 탄산 무수화효소(carbonic anhydrase) • 알코올 탈수소효소(alcohol dehydrogenase)
Mg^{2+}	• 헥소키나아제(hexokinase) • 글루코오스 6-인산 가인산분해효소(glucose 6-phosphate phosphorylase) • 피루브산 키나아제(pyruvate kinase)
Mn^{2+}	• 아르기닌 분해효소(argininase) • 리보뉴클레오티드 환원효소(ribonucleotide reductase)
K^+	• 피루브산 키나아제(pyruvate kinase)
Ni^{2+}	• 요소분해효소(urease)
Mo	• 질산 환원효소(nitrate reductase)
Se	• 글루타티온 과산화효소(glutathione peroxidase)

이며, 효소의 모든 활성 부위가 기질로 포화된 것을 의미한다(그림 5-2).

- 온도가 증가함에 따라 효소 촉매반응은 최고 반응속도에 도달할 때까지 증가하게 된다. 이는 온도가 증가함에 따라 활성화에너지를 뛰어넘을 수 있는 충분한 에너지를 가진 효소의 수가 증가되기 때문이다. 효소의 최고의 촉매활성을 나타내는 온도를 최적 온도라고 한다(그림 5-3). 그러

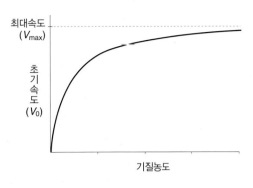

그림 5-2 반응속도에 미치는 기질농도의 영향

표 5-2 여러 가지 조효소

조효소	전달되는 기능기	반응 유형	비타민
티아민 피로인산(TPP) (thiamine pyrophosphate)	알데히드(aldehyde)	알데히드 전이 탈카르복실화반응	티아민(thiamine)
피리독살 인산(PLP) (pyridoxal phosphate)	아미노기(amino group)	아미노기 전이반응	피리독신(pyridoxine)
플라빈 모노뉴클레오티드(FMN) (flavin mononucleotide)	전자(electron)	산화-환원반응	리보플라빈(riboflavin)
플라빈 아데닌 다이뉴클레오티드(FAD) (flavin adenine dinucleotide)			
니코틴아미드 아데닌 다이뉴클레오티드(NAD) (nicotinamide adenine dinucleotide)	수소음이온(:H$^-$)	산화-환원반응	나이아신(niacin)
니코틴아미드 아데닌 다이뉴클레오티드인산(NADP) (nicotinamide adenine dinucleotide phosphate)			
조효소 A(coenzyme A)	아실기(acyl group)	아실기 전이반응	펜토텐산(pantothenic acid)
5′-디옥시아데노실 코발아민 (5′-deoxyadenosyl cobalamin)	H 원자, 알킬기(alkyl group)	분자 내 재배열	비타민 B$_{12}$
비오시틴(biocytin)	CO_2	카르복실화 반응	비오틴(biotin)
테트라하이드로엽산(THF) (tetrahydrofolate)	1-탄소단위(1-carbon group)	1-탄소 전이반응	엽산(folate)
리포산(lipoic acid)	전자(electron), 아실기(acyl group)	아실기 전이반응	리포산(lipoic acid)

나 온도가 계속 증가하게 되면 반응속도가 오히려 감소하게 되는데, 이는 최적 온도 이상이 되면 고온에 의해 효소가 변성되기 때문이다.

- pH가 변화함에 따라 효소 촉매반응은 매우 민감하다. 이는 효소의 아미노산 곁사슬의 이온화 상태가 pH에 따라 변하기 때문이다. 더욱이 pH가 극단으로 가면 효소가 변성된다. 효소의 최고의 촉매활성을 나타내는 pH를 최적 pH라고 한다. 효소의 최적 pH는 효소마다 다르다. 예를 들어, 위의 펩신의 최적 pH는 1.5인 반면, 타액의 아밀라아제와 간과 뼈의 알칼리성 인산분해효소(alkaline phosphatase)는 각각 6.0과 9.0의 최적 pH를 갖는다(그림 5-4).

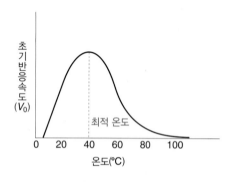

그림 5-3 반응속도에 미치는 온도의 영향

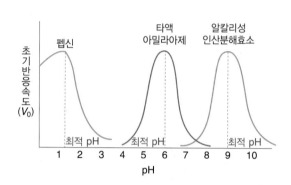

그림 5-4 반응속도에 미치는 pH의 영향

3) 효소의 분류

많은 효소는 그 기질의 명칭 또는 효소의 작용을 나타내는 명칭에 '-ase(아제)'라는 접미사를 붙여 명명되고 있다. 예를 들어, 요소분해효소(urease)는 요소(urea)의 가수분해를 촉매한다. 펩신(pepsin)이나 트립신(trypsin)과 같이 기질과는 상관없이 명명되기도 한다.

명칭상의 혼돈을 피하고 새로 발견되는 효소의 숫자 증가에 대응하기 위해 국제생화학분자생물학회(International Union of Biochemistry and Molecular Biology, IUBMB)는 체계적인 효소 촉매반응의 형태를 기준으로 체계적인 명명법을 제시하였다.

- 각각의 효소에는 4개의 숫자로 된 분류번호와 그것이 촉매하는 계통명(systematic name)이 부여되고 있다.
- 대부분의 효소는 전자, 원자 또는 기능기의 전달을 촉매하므로, 효소의 대분류(class), 소분류(subclass), 기능기의 공여체 및 기능기의 수용체에 따라 효소를 분류하고 분류번호를 붙여 명명한

다. EC는 효소위원회(Enzyme Commission)의 약자이다.

- IUBMB 명명법은 명확하고 많은 정보를 제공하는 상섬이 있시만 일반적으로 사용하는 데 불편하다는 단점이 있어, 보통 계통명보다는 일반명이 더 많이 사용된다. 예를 들면, 알코올 NAD^+-산화환원효소(alcohol: NAD^+ oxidoreductase, EC 1.1.1.1)는 보통 알코올탈수소효소(alcohol dehydrogenase)로 불린다.

표 5-3은 국제분류체계를 기반으로 한 여섯 종류의 효소이다.

표 5-3 국제분류법에 의한 효소의 종류

종류	촉매하는 반응의 유형	예
산화환원효소 (oxidoreductases)	전자의 전이(수소이온 또는 수소원자), 산화환원반응 촉매	알코올탈수소효소(EC 1.1.1.1) $CH_3-CH_2-OH + NAD^+ \longrightarrow CH_3-CHO + NADH + H^+$ 에탄올　　　　　　　　아세트알데히드
전이효소 (transferases)	기능기의 전달반응 촉매	세린하이드록시메틸 전이효소(EC 2.1.2.1) 글리신 → 세린 (PLP, N^5, N^{10}-메틸렌 THF, THF)
가수분해효소 (hydrolases)	가수분해반응 반응 촉매	요소분해효소(EC 3.5.1.5) $NH_2-CO-NH_2 + H_2O \longrightarrow CO_2 + 2NH_3$ 요소
분해효소(lyases)	이중결합으로의 기능기의 첨가 또는 역반응 촉매	피루브산 탈수소효소(EC 4.1.1.1) $CH_3-CO-COO^- \longrightarrow CH_3-CHO + CO_2$ 피루브산　　　　　아세트알데히드
이성질화효소 (isomerases)	분자 내의 기능기의 전이에 의해 분자 내 재배열 반응 촉매	메틸말로닐 CoA 뮤타아제(EC 5.4.99.1) 메틸말로닐 CoA ⇌ 숙시닐 CoA
연결효소(ligases)	ATP 분해와 짝지어 진 축합반응에 의해 두 기질 분자 사이의 화학결합 촉매	피루브산 카르복실화 효소(EC 6.4.1.1) 피루브산 $+ CO_2 + H_2O \longrightarrow$ 옥살로아세트산 $+ H^+$ (비오틴, ATP → ADP + P_i)

2. 효소의 작용기전

효소 촉매반응에서 반응물인 기질(substrate)은 효소의 활성 부위에 결합하여 복합체를 형성하여 전이상태가 된 후 생성물이 만들어진다.

대부분의 촉매반응은 활성 부위에서 몇 단계의 과정을 거쳐 일어난다. 우선은 기질이 효소에 결합하는 것인데, 효소의 활성 부위를 구성하는 아미노산의 골격이나 곁사슬의 작용기들과 기질 간의 매우 특이적인 상호작용이 일어난다.

효소-기질의 결합과정을 설명하기 위해 두 가지 중요한 모델이 개발되었다 (그림 5-5).

- 첫 번째는 자물쇠-열쇠 모델(lock-and-key model)인데, 마치 자물쇠와 열쇠와 같이 효소와 기질의 특이적인 반응이 서로 상보적인 형태로 분자표면에서 상호작용을 한다는 이론이다. 이 모델은 단백질 입체 구조의 유연성을 고려하지 않고 있다.
- 두 번째는 유도적합 모델(induced fit model)인데, 효소와 기질이 결합하면 효소 자체의 입체 구조적 변화가 생겨 기질과의 사이에 여러 개의 약한 상호작용이 새롭게 형성된다는 이론이며, 이 이론이 보다 적합한 것으로 알려져 있다. 기질이 효소에 결합하기 전에는 효소 활성 부위의 3차원적 모양이 기질의 결합부분과 약간 다르지만, 유도적합에 의해 효소의 특정 기능기는 반응을 촉매하는 데 최적의 위치로 이동하고, 이러한 효소의

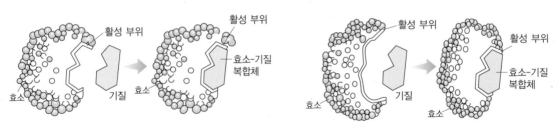

(a) 자물쇠-열쇠 모델   (b) 유도적합 모델

그림 5-5 자물쇠-열쇠 모델과 유도적합 모델

입체 구조의 변화에 의해 많은 약한 결합이 형성된다.

일단 기질이 효소의 활성 부위에 결합하여 전이상태가 형성된 후에 촉매 작용이 일어날 수 있다. 하나 이상의 촉매 기전에 의해 전이상태의 에너지를 낮추어 화학결합이 절단되고 새로운 결합이 형성됨에 따라 기질이 생성물로 전환된다. 생성물이 효소에서 방출되면 효소는 다시 새로운 기질과 반응하여 생성물로 전환하는 반응을 촉매할 수 있다. 효소는 활성 부위의 독특한 구조 때문에 훨씬 더 효율적으로 반응을 촉매할 수 있다.

1) 근접과 변형 효과

효소의 활성 부위에 기질이 결합함으로써 유도되는 구조적 재배치가 효소와 기질 사이에 많은 약한 결합을 형성하여 전이상태를 안정화시킨다. 이러한 효소의 입체 구조변화는 기질과 전이상태 간의 에너지 차이를 낮추어 반응을 효율적으로 촉매할 수 있다.

2) 일반산 또는 일반염기 촉매(general acid or base catalysis)

효소의 활성 부위는 양성자 공여체 또는 수용체로 작용할 수 있는 기능기를 가지고 있다. 이러한 작용을 할 수 있는 효소 활성 부위의 아미노산들에는 산성 아미노산과 염기성 아미노산 및 일부 극성 아미노산이 있다(표 5-4).

효소의 활성 부위에서 기질에 양성자를 제공하는 아미노산이 있으면 일반산 촉매작용이라고 하며, 양성자를 받는 아미노산이 있으면 일반염기 촉매작용이라고 한다.

산, 염기 브뢴스테드-로우리 (Brønsted-Lowry)의 정의에 따르면 산은 양성자 공여체이고 염기는 양성자 수용체임

일반산 또는 염기 촉매 H^+나 OH^-가 아닌 다른 산이나 염기가 관여할 때의 촉매작용

일반산 촉매
$RH^+ + R'-O^- \rightleftharpoons$
$\qquad R + R'-OH$

일반염기 촉매
$R + R'-OH \rightleftharpoons$
$\qquad RH^+ + R'-O^-$

표 5-4 일반산 또는 염기 촉매작용에 관여하는 아미노산

아미노산	기능기	pK_a
아스파르트산	$-COO^-$	3.86
글루탐산	$-COO^-$	4.25
세린	$-OH$	13.00
티로신	⟨◯⟩$-OH$	10.07
시스테인	$-SH$	8.33
히스티딘	$-C=C$ / HN NH / $\overset{+}{\underset{CH}{}}$	6.00
리신	$-\overset{+}{N}H_3$	10.79
아르기닌	$-C=\overset{+}{N}H_2$	12.48

3) 정전기 촉매(electrostatic catalysis)

친핵체 결합에 이용할 수 있는 전자쌍을 가지고 있어서 화학반응에서 핵과 같은 양전하 중심을 찾는 원자나 분자 (Cl⁻, OH⁻)

친전자체 화학반응에서 결합에 이용할 수 있는 전자나 분자를 찾는 원자나 분자(Cl₂, H₃O⁺)

산성 아미노산 아스파르트산, 글루탐산

염기성 아미노산 리신, 아르기닌, 히스티딘

효소의 활성 부위는 친핵체(nucleophile) 또는 친전자체(electrophile)로 작용할 수 있는 기능기를 가지고 있어 기질과 이온결합을 할 수 있다. 이러한 결합은 효소 활성 부위의 염기성 아미노산, 산성 아미노산 또는 아연(Zn^{2+})과 같은 금속 보조인자로부터 형성될 수 있다.

4) 공유결합성 촉매(covalent catalysis)

효소 활성 부위의 잔기가 기질과 일시적으로 공유결합을 형성하여 기질-효소 복합체를 형성한 후 생성물을 만든다. 이러한 결합은 효소 활성 부위의 아미노산 곁사슬기(시스테인의 술프하이드릴기, 아스파르트산과 글루탐산의 카르복실기 및 히스티딘의 이미다졸기)가 효소의 친핵체로 작용하여 형성될 수 있다.

3. 효소의 반응속도론

생화학반응의 속도는 대부분 일정 시간 동안에 일어나는 반응물이나 생성물의 농도 변화로 표현된다. A + B → P 형태의 반응에서 A와 B는 반응물이고 P는 생성물이다.

반응속도(V)를 나타내려면 반응물이 소멸되는 속도나 생성물이 만들어지는 속도 중 한 가지로 표현하면 된다. A의 소멸속도는 $-\Delta[A]/\Delta t$이고 [A]는 A의 농도로서 단위는 리터당 몰(mole/L)이며, t는 시간(s)이다. 마찬가지로 B의 소멸속도는 $-\Delta[B]/\Delta t$이고, P의 생성속도는 $\Delta[P]/\Delta t$이다. 생성물의 생성속도와 반응물의 소멸속도는 같으므로 반응속도는 다음과 같다.

$$V = \frac{-\Delta[A]}{\Delta t} = \frac{-\Delta[B]}{\Delta t} = \frac{\Delta[P]}{\Delta t}$$

효소반응속도론은 효소 촉매작용을 정량적으로 연구하는 분야이다. 어느 주어진 한 순간의 반응속도는 반응물이 생성물을 만드는 빈도에 비례한다. 반응속도(V)는 다음과 같은데, 속도상수(k)는 온도, pH 및 이온세기에 따라 변한다.

$$V = k[A]^x$$

k: 속도상수(rate constant)
x: 반응차수(reaction order)

위의 두 방정식을 결합하면 다음과 같다.

$$V = \frac{-\Delta[A]}{\Delta t} = k[A]^x$$

반응차수는 실험에 의해 결정되며, 반응속도식에서 농도지수를 합한 값이다.

1) 미카엘리스-멘텐 반응속도론

1903년 빅터 헨리(Victor Henri)는 효소 촉매반응에서 필수적인 단계로서 효소가 기질과 결합하여 효소-기질 복합체(ES)를 형성한다는 것을 제안한 후, 1913년 미카엘리스(Leonor Michaelis)와 멘텐(Maud Menten)에 의해 효소반응속도의 체계적인 연구가 시작되었다.

먼저 효소(E)는 기질(S)과 결합하여 비교적 빠른 가역반응에 의해 효소-기질 복합체(ES)를 생성한 후 ES는 서서히 분해되어 생성물(P)과 유리상태의 효소(E)를 생성한다. 그 과정을 요약하면 다음과 같다.

$$E + S \underset{k_{-1}}{\overset{k_1}{\rightleftharpoons}} ES \underset{k_{-2}}{\overset{k_2}{\rightleftharpoons}} E + P$$

(k: 속도상수)

효소의 반응속도는 그림 5-6과 같이 그래프로 나타낼 수 있다.

- 반응의 초기속도는 효소와 기질이 혼합된 후 즉시 측정되는 속도를 측정하므로 생성물이 기질로 전환되지 않는다고 가정하며, 0에 가까운 시간에서 생성물의 농도가 증가하는 속도이다.

$$V_0 = k_2[ES]$$

- 곡선의 아래쪽 부분(기질농도가 낮을 때)은 반응속도는 1차 방정식으로, 이는 속도(V)가 기질농도($[S]$)에 비례하여 증가한다는 것을 의미한다.
- 곡선의 위쪽 부분(기질농도가 높을 때)은 0차 방정식으로, 효소의 모든 활성 부위가 기질에 의해 포화되어 있고 더 이상 기질의 농도를 증가시켜도 더 이상 반응속도를 증가시키지 못하게 된다.
- 모든 효소를 포화시킬 정도로 기질의 농도가 충분히 높을 때의 반응속도가 최대속도($V_{\max}$)이다.

미카엘리스-멘텐 상수(K_m)
반응속도가 최대속도의 절반일때의 기질의 농도로. 효소의 기질에 대한 친화도

효소반응의 기질농도와 초기속도의 관계를 나타내는 쌍곡선의 형태는 미카엘리스-멘텐식에 의해 대수적으로 나타낼 수 있는데, 이 식은 생성물과 유

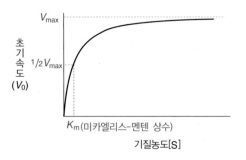

그림 **5-6** 기질농도에 대한 초기속도의 변화

리 상태의 효소로부터 효소-기질 복합체가 형성되는 역반응은 일어나지 않는다는 것을 가정했다. 따라서 ES 생성속도는 ES 분해속도와 같고, ES 농도는 시간에 관계없이 일정하다(농적념형상태).

미카엘리스-멘텐식은 아래의 식과 같고, 한 가지 기질에 대한 효소 반응의 속도식이 된다.

$$V_0 = \frac{V_{max}[S]}{K_m + [S]}$$

K_m : 미카엘리스-멘텐 상수

초기 속도가 최대 속도(V_{max})의 절반이 되는 경우, 미카엘리스-멘텐식으로로부터 또 하나의 중요한 식이 유도된다.

$$\frac{V_{max}}{2} = \frac{V_{max}[S]}{K_m + [S]}$$

이 식을 V_{max}로 나누면 다음과 같은 식을 얻을 수 있다.

$$\frac{1}{2} = \frac{[S]}{K_m + [S]}$$

이 식을 K_m에 대해 풀면

$$K_m = [S]$$

즉, K_m은 초기속도(V_0)가 최대속도(V_{max})의 절반이 될 때의 기질의 농도이며, 기질이 효소에 얼마나 쉽게 결합하는지를 나타내는 척도이다. K_m이 클수록 기질의 효소에 대한 친화도는 낮아진다.

(1) 미카엘리스-멘텐 상수(K_m)

K_m은 효소의 기질에 대한 친화도의 지표로 사용되며, 효소에 따라 매우 다르고, 같은 효소라도 기질에 따라 다르다. 2단계의 반응은 다음과 같다.

$$E + S \underset{k_{-1}}{\overset{k_1}{\rightleftharpoons}} ES \xrightarrow{k_2} E + P$$

K_m은 다음과 같다.

$$\frac{(k_{-1} + k_2)}{k_1} = K_m$$

E + S ← ES 반응이 ES → E + P 반응보다 더 많이 일어나는 경우, 즉 k_{-1}이 k_2보다 훨씬 크다면 ($k_{-1} \gg k_2$), K_m은 대략 다음과 같이 된다.

$$K_m = \frac{k_{-1}}{k_1}$$

K_m에 대한 표현을 ES의 해리 평형상수에 대한 표현과 비교해 볼 수 있나.

$$E + S \underset{k_{-1}}{\overset{k_1}{\rightleftharpoons}} ES$$

[ES]의 평형상수는 다음과 같다.

$$K_{eq} = \frac{[E][S]}{[ES]} = \frac{k_{-1}}{k_1}$$

이 평형상수는 K_m과 같고, $k_{-1} \gg k_2$라면, K_m은 ES의 해리상수가 된다. $k_2 \gg k_{-1}$인 경우 $K_m = k_2/k_1$이 되며, $k_2 = k_{-1}$인 경우 K_m은 세 가지 속도상수에 의해 결정되기 때문에 복잡하다.

(2) 전환수

전환수 효소 1몰에 의해 1초당 생성물로 바뀌는(전환되는) 기질의 몰 수 효소촉매작용의 효율성

전환수(turnover number, K_{cat})는 효소가 기질로 완전히 포화되었을 때 효소 1몰에 의해서 단위시간당(1초당) 생성물로 전환되는 기질의 몰 수이다. 따라서 효소의 전환수는 최대속도를 전체 효소의 농도로 나눈 값과 같다.

$$K_{cat} = \frac{V_{max}}{[E_0]}$$

$K_{cat} = V_{max}/[E_0]$로부터 $V_{max} = [E_0]K_{cat}$이므로 미카엘리스–멘텐식에 이를 대입하면 다음과 같다.

$$V_0 = \frac{K_{cat}[E_0][S]}{K_m + [S]}$$

촉매효율을 판단하는 데 있어서 가장 유용한 변수는 K_{cat}와 K_m 양쪽 모두를 포함하는 것이다. 기질의 농도가 K_m에 비해 낮다면([S] $\ll K_m$), 기질의 농도([S])는 무시할 수 있으므로 식은 다음과 같다.

$$V_0 = \frac{K_{cat}}{K_m}[E_0][S]$$

이 경우 V_0는 E_0와 S의 농도에 의존하여 2차 반응속도식이 되며 K_{cat}/K_m은

표 5-5 효소의 K_{cat}, K_m, K_{cat}/K_m의 값

효소(E)	기질(S)	$K_m(M)$	$K_{cat}(s^{-1})$	$K_{cat}/K_m(M^{-1}s^{-1})$
아세틸콜린 에스테르 가수분해효소 (acetycholine esterase)	아세틸콜린(acetylcholine)	9.5×10^{-5}	1.4×10^4	1.5×10^8
탄산 무수화효소(carbonic anhydrase)	CO_2	1.2×10^{-2}	1.0×10^6	8.3×10^7
	HCO_3^-	2.6×10^{-2}	4.0×10^5	1.5×10^7
카탈라아제(catalase)	H_2O_2	2.5×10^{-2}	1.0×10^7	4.0×10^8
푸마르산 수화효소(fumarase)	푸마르산(fumarate)	5.0×10^{-6}	8.0×10^2	1.6×10^8
	말산(malate)	2.5×10^{-5}	9.0×10^2	3.6×10^7
트리오스 인산 이성질화효소(triose phosphate isomerase)	글리세르 알데히드 3-인산 (glyceraldehyde 3-phosphate)	4.3×10^{-4}	4.3×10^3	2.4×10^8
요소분해효소(urease)	요소(urea)	2.5×10^{-2}	1.0×10^4	4.0×10^5

속도상수가 된다. K_{cat}/K_m 값은 결합과 촉매와 관련된 영향을 반영하고, 촉매 효율를 비교하는 데 가장 유용한 척도가 된다. 표 5-5는 효소의 K_{cat}, K_m, K_{cat}/K_m을 나타낸 것이다. K_{cat}/K_m의 값이 증가하면 촉매작용이 효율적이며, 그 값에는 상한이 있고 ($10^8 \sim 10^9 \, M^{-1}s^{-1}$) 그 상한은 수용액 중에 효소와 기질이 서로 확산되는 속도에 의해 결정된다.

2) 라인위버-버크 이중역수도시(Lineweaver-Burk double reciprocal plot)

미카엘리스-멘텐식은 편리하게 여러 가지 형태로 수학적 변환을 할 수 있다. 미카엘리스-멘텐식의 양변에 역수를 취하면 다음과 같이 직선식으로 변형시킬 수 있다.

$$\frac{1}{V_0} = \frac{K_m}{V_{max}[S]} + \frac{[S]}{V_{max}[S]}$$

$$\frac{1}{V_0} = \frac{K_m}{V_{max}} \frac{1}{[S]} + \frac{1}{V_{max}}$$

이 식은 라인위버-버크식이라고 부르고 이중역수도시법이라고도 부른다.

- 이 식의 기울기가 K_m/V_{max}, $1/V_0$ 축 절편이 $1/V_{max}$, $1/[S]$축의 절편이 $-1/K_m$이다.
- 라인위버-버크 도시법을 이용하여 초기속도(V_0)를 기질농도([S])에 대해 도시화한 쌍곡선에서는 근

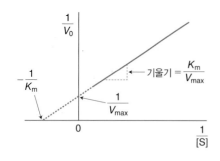

그림 5-7 라인위버–버크의 도시법

사값밖에 구할 수 없는 최대반응속도(V_{max})나 미카엘리스-멘텐 상수(K_m)를 보다 정확하게 계산할 수 있다.
• 이 도시법은 몇 가지 형태의 효소반응 기전을 구별할 수 있을 뿐만 아니라 효소활성에 대한 저해제의 기전을 분석하는 데에도 이용된다(그림 5-7).

4. 효소활성의 저해

효소저해제(enzyme inhibitor, I)는 효소의 작용을 방해하고 촉매반응속도를 감소시키는 물질이다. 효소저해제에는 가역적인 형태와 비가역적인 형태 두 가지가 있다.
• 가역적 저해제는 효소와 비공유결합을 형성한 후, 가역적으로 저해제들이 제거되어 효소를 원래의 상태로 회복시킬 수 있다.
• 비가역적 저해제는 효소와 결합하여 효소활성이 없는 단백질을 생성하여 제거되지 않으므로 원래의 상태로 효소를 회복시킬 수 없다.

1) 가역적 저해제

기질이 효소의 어느 부위에 결합하는지에 따라 경쟁적, 비경쟁적, 불경쟁적 저해로 나눌 수 있다.

(1) 경쟁적 저해제

경쟁적 저해 　효소의 활성 부위에 기질 유사체(저해제)가 결합함으로써 효소활성이 감소되는 작용

경쟁적 저해제(competitive inhibitor, I)는 기질과 그 구조가 비슷하여 효소(E)의 활성 부위에서 기질(S)과 경쟁을 하는데, 저해제가 효소의 활성 부위에

결합하게 되면 효소-저해제 복합체(EI)를 형성한다.

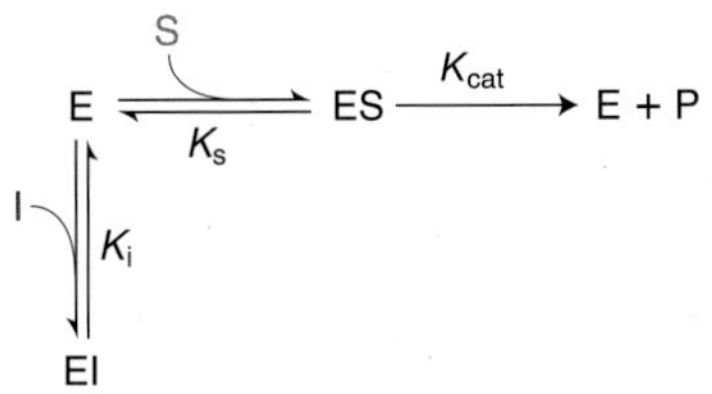

$$E \underset{K_s}{\overset{S}{\rightleftharpoons}} ES \xrightarrow{K_{cat}} E + P$$

$$I \downarrow K_i$$

$$EI$$

- 저해제가 효소에 가역적으로 결합하기 때문에 기질이 충분히 존재할 때는 저해제가 효소에 결합할 가능성은 최소로 되어, 저해제가 있어도 V_{max}는 변화하지 않는다.
- K_m값은 증가하고 V_{max}에는 영향이 없는 것이 경쟁적 저해의 특징이고, 이는 이중역수도시법에서도 쉽게 알 수 있다(그림 5-8).
- 말론산(malonate)은 구연산회로 효소인 숙신산 탈수소효소(succinate dehydrogenase)의 경쟁적 저해제로, 효소의 활성 부위에 결합하지만 생성물로 전환될 수 없다(그림 5-9).

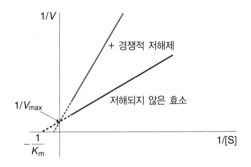

그림 5-8 경쟁적 저해를 나타내는 라인위버-버크 도시법

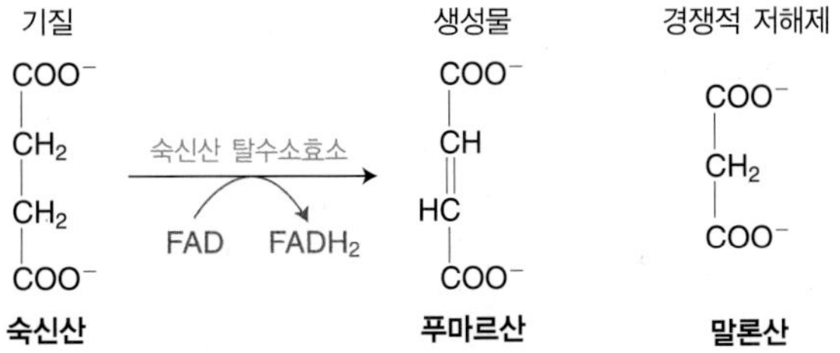

기질   생성물   경쟁적 저해제

숙신산 탈수소효소
FAD   FADH₂

숙신산   푸마르산   말론산

그림 5-9 숙신산 탈수소효소의 경쟁적 저해제

(2) 비경쟁적 저해제

비경쟁적 저해 저해제가 효
소의 활성 부위가 아닌 다른
부위에 결합하여 효소활성이
저해되는 작용

비경쟁적 저해제(noncompetitive inhibitor, I)는 효소의 활성 부위와는 다른 부위에 결합하므로 저해제의 결합으로 인해 기질과 효소의 결합이 방해받지 않는다.

$$
\begin{array}{ccc}
& \text{S} & \\
\text{E} \xrightarrow{\quad} & \text{ES} \xrightarrow{K_{cat}} & \text{E + P} \\
\overset{\scriptstyle K_s}{\longleftarrow} & & \\
\Big\updownarrow K_i & \Big\updownarrow K_{ii} & \\
\text{EI} \xrightarrow{\quad} & \text{EIS} & \\
\overset{\scriptstyle K_{ss}}{\longleftarrow} & & \\
\text{S} & &
\end{array}
$$

- 비경쟁적 저해제는 효소(E)와 효소-기질 복합체(ES) 모두에 결합할 수 있고, 저해제가 결합하면 효소는 불활성화되어 생성물이 만들어지지 않는다.
- 비경쟁적 저해제는 기질과 효소와의 결합에는 영향을 주지 않으므로 비경쟁적 저해제가 존재할 때 K_m은 변화하지 않으나 V_{max}가 감소한다(그림 5-10).

(3) 불경쟁적 저해제

불경쟁적 저해 저해제가 효
소-기질 복합체에만 결합하여
효소활성이 저해되는 작용

불경쟁적 저해제(uncompetitive inhibitor, I)는 기질(S)이 결합하는 효소의 활성 부위와는 다른 부위에 결합하는데, 효소-기질 복합체(ES)에만 결합한다.

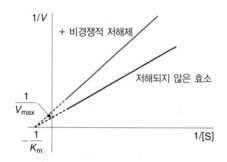

그림 **5-10** 비경쟁적 저해를 나타내는 라인위버-버크 도시법

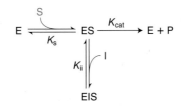

- 불경쟁적 저해제가 있으면 라인위버-버크 도표는 평행선으로 나타난다(그림 5-11). 대부분 불경쟁적 저해는 효소가 1개 이상의 기질과 결합하는 반응에서 나타난다.
- 불경쟁적 저해제가 존재할 때 K_m과 V_{max}는 감소한다.
- 기질의 농도를 증가시키면 V_{max}는 증가하나 불경쟁적 저해제의 영향을 극복할 수 없다.

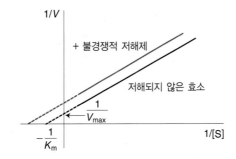

그림 **5-11** 불경쟁적 저해를 나타내는 라인위버-버크 도시법

2) 비가역적 저해제

비가역적 저해제(irreversible inhibitor)는 효소 활성 부위와 공유결합 또는 매우 안정한 비공유결합을 형성하여 촉매 활성에 필요한 기능기를 영구적으로 불활성화시키는데, 공유결합 형성이 흔하다.

- 비가역적 저해제에는 다이이소프로필포스포플루오리데이트(diisopropyl phosphofluoridate, DIPF)(그림 5-12), 말라티온(malathion), 파라티온(parathion) 등이 있다.
- 비가역적 저해제의 알데히드(aldehydes), 할로알칸(haloalkanes), 알켄(alkenes)과 같은 친전자성 기는 효소의 아미노산 친핵성 곁사슬과 반응하여 공유부가물(covalent adduct)을 형성한다.
- 친핵성 곁사슬기를 포함하고 있는 아미노산에는 수산기(hydroxyl group)를 포함하는 세린(serine), 트레오닌(threonine) 및 티로신(tyrosine)과 술프하이드릴기(sulfhydryl group)를 포함하는 시스테인(cysteine)이 있다.

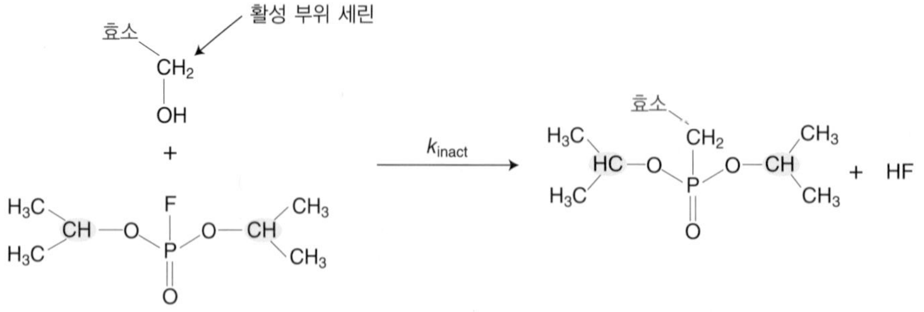

그림 **5-12** 비가역적 저해제 DIPF와 세린 단백분해효소와의 반응

5. 효소활성의 조절작용

생체 내의 대사경로는 많은 효소가 순차적으로 협력하는 촉매반응으로 진행된다. 이와 같은 효소계에서 앞 효소의 반응 생성물이 순차적으로 다음 반응의 기질이 된다. 어떤 효소계에서든지 적어도 하나의 효소는 가장 느린 반응(속도조절단계)을 촉매함으로써 전체의 반응속도를 조절하는 효소(regulatory enzymes)가 된다. 이 조절효소는 어떤 신호에 의해 촉매활성을 증가시키거나 감소시킨다. 이러한 조절효소의 작용에 의해 세포의 성장과 회복에 필요한 에너지나 생체 분자의 요구에 맞게 각각의 대사반응속도가 계속적으로 조절된다. 대부분의 다단계 반응에서 그 경로의 첫 번째 단계의 효소가 조절효소인 경우가 많다. 생체 내의 대사과정에서 조절효소는 다른자리입체성 조절, 공유결합 변형 및 효소 합성의 유도와 억제 등에 의해 조절된다.

속도조절단계 가장 많은 활성화에너지를 필요로 하여 전체 반응속도를 조절하는 단계

다른자리입체성 효소 활성 부위 외에 조절 부위를 가지고 있어, 조절 부위에 비공유결합으로 결합하는 조절인자들에 의해 활성이 영향받는 효소

1) 다른자리입체성 조절

다른자리입체성 효소(allosteric enzymes)는 일반적으로 크고 복잡한 구조

를 가지며 활성 부위 이외에 조절인자와 결합하기 위한 조절 부위(다른자리입체성 부위)를 1개 이상 가지고 있다.

- 다른자리입체성 효소는 조절인자에 의해 활성이 저해되기도 하고 촉진되기도 한다.
- 조절인자가 기질과 같은 경우 동종효소(homotropic enzyme)라고 하고, 조절인자가 기질과 다른 경우 이종효소(heterotropic enzyme)라고 부른다.

되먹임 저해(feedback inhibition)는 연속반응의 최종산물이 반응경로의 첫 번째 반응을 저해하기 때문에 최종산물 저해작용(end-product inhibition)이라고도 한다.

되먹임 저해 대사경로의 최종 생성물이 경로의 첫 반응을 촉매하는 효소를 저해하는 작용

- 최종 산물이 과다하게 존재할 때는 일련의 반응들 전체가 시작부터 정지되어 중간산물의 축적을 막을 수 있기 때문에 되먹임 저해는 효율적인 조절기전이다.
- 되먹임 저해의 예를 들면, 뉴클레오시드 삼인산인 시티딘 삼인산(cytidine triphosphate, CTP)을 최종산물로 만들어 내는 일련의 반응에서 아스파르트산 카르바모일 전이효소(aspartate transcarbamoylase, ATCase)는 첫 번째 단계를 촉매하는 다른자리입체성 효소로, CTP는 ATCase의 저해제이다(그림 5-13).

ATCase가 아스파르트산과 카르바모일 인산(carbamoyl phosphate)을 축합하여 N-카르바모일 아스파르트산 (N-carbamoyl aspartate)을 생성하는 반응을 촉매할 때 기질(아스파르트산)의 농도를 증가시키면서 촉매 반응속도를 그래프로 나타내면, S자형(sigmoidal) 포화곡선이 되며, 이는 다른자리입체성 효소의 협동적 작용 양상을 나타낸다(그림 5-14).

- ATCase의 음성 조절인자인 CTP가 존재하는 경우, 효소의 작용양상은 S자형을 보이지만, 곡선이 오른쪽으로 이동되어 있다. 음성 조절인자가 존재하면 기질-포화곡선의 S자형이 되는 성질은 더욱 강해지고 $K_{0.5}$가 크다(다른자리입체성 효소는 쌍

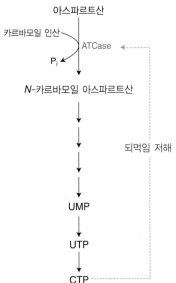

그림 **5-13** 아스파르트산 카르바모일 전이효소의 되먹임 저해

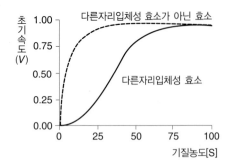

그림 **5-14** 기질의 농도에 따른 아스파르트산 카르바모일 전이효소(다른자리입체성 효소)의 반응속도

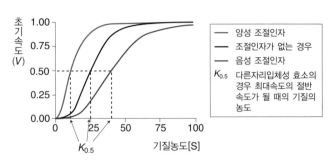

그림 **5-15** 음성 조절인자와 양성 조절인자가 다른자리입체성 효소의 반응속도에 미치는 영향

곡선형의 미카엘리스-멘텐식을 따르지 않기 때문에 반응 최대속도의 절반의 속도가 될 때의 기질 농도로 $K_{0.5}$를 사용한다).

- 양성 조절인자인 ATP가 존재하는 경우, S자형의 곡선은 왼쪽으로 이동된다. 양성 조절인자가 존재 하면 기질-포화곡선은 쌍곡선형에 가까워지며 $K_{0.5}$는 감소한다(그림 5-15).

2) 공유결합 변형에 의한 조절

효소의 공유결합 변형에 의해 효소의 활성이 조절될 수 있다. 곁사슬에 수산기를 가진 세린, 트레오닌, 티로신 등 특정 아미노산에 인산기가 첨가 또는 제거(인산화 또는 탈인산화)되어 공유결합이 변형되면 효소의 구조에 변화가 생기면서 그 기능이 변하게 된다. 인산화 반응을 촉매하는 단백질 키나아제(protein kinase)는 대사의 조절작용에서 중요한 역할을 한다.

예를 들어, 글리코겐 가인산분해효소(glycogen phosphorylase)의 활성은 인산화와 탈인산화에 따라 조절된다(그림 5-16).

- 활성형인 글리코겐 가인산분해효소 a는 2개의 소단위에 있는 세린 곁사슬이 인산화되어 있다.
- 글리코겐 가인산분해효소 a의 인산기는 글리코겐 가인산분해효소 인산가수분해효소(glycogen phosphorylase phosphatase)에 의해 인산기가 제거되어 불활성형인 글리코겐 가인산분해효소 b 가 된다.
- 글리코겐 가인산분해효소는 ATP로부터 세린 곁사슬에 인산화를 촉매하는 글리코겐 가인산분해효소 키나아제(glycogen phosphorylase kinase)의 작용에 의해 활성형인 글리코겐 가인산분해효소 a가 된다.

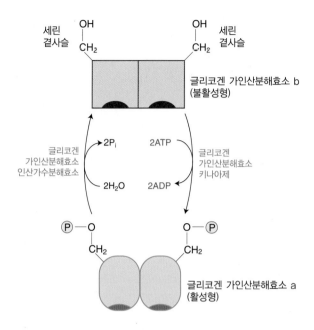

그림 **5-16** 공유결합성 변형에 의한 글리코겐 가인산분해효소 활성의 조절

3) 불활성형 전구체의 가수분해에 의한 활성의 조절

지모겐(zymogen)은 효소의 불활성형 전구체인데, 공유결합의 절단에 의한 가수분해에 의해 활성화될 수 있다. 위나 췌장에 있는 많은 단백질 분해효소는 이와 같이 조절된다. 예를 들어, 췌장에서 생성되는 카이모트립시노겐(chymotrypsinogen)은 소장에서 특정 펩티드결합이 절단됨으로써 활성화된다(그림 5-17).

지모겐 펩티드결합의 특이적인 가수분해에 의해 활성화될 수 있는 불활성 효소 전구체

- 카이모트립시노겐이 카이모트립신으로 전환되는 것은 트립신에 의해 촉매된다.
- 카이모트립시노겐의 15번째 아르기닌(arginine)과 16번째 이소루신(isoleucine) 사이의 펩티드결합이 트립신에 의해 절단되어 π-카이모트립신으로 전환된다.
- 이후 몇 단계를 더 거쳐 펩티드결합이 절단된 후 구조적 변화가 일어나서 α-카이모트립신이 형성된다.

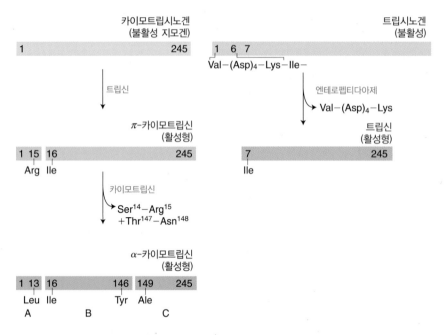

그림 5-17 카이모트립시노겐과 트립시노겐의 활성화 반응

표 5-6 위와 췌장의 단백질 분해효소

합성 장소	지모겐	활성형 효소	활성제
위	펩시노겐(pepsinogen)	펩신(pepsin)	염산(HCl)
췌장	트립시노겐(trypsinogen)	트립신(trypsin)	엔테로펩티다아제(enteropeptidase), 트립신(trypsin)
	카이모트립시노겐 (chymotrypsinogen)	카이모트립신 (chymotrypsin)	트립신(trypsin)
	프로카르복시펩티다아제 (procarboxypeptidase)	카르복시펩티다아제 (carboxypeptidase)	트립신(trypsin)
	프로엘라스타아제(proelastase)	엘라스타아제(elastase)	트립신(trypsin)

　　지모겐 활성화의 다른 예로는 펩신(pepsin), 트립신(trypsin), 엘라스타아제(elastase), 콜라겐 분해효소(collagenase), 트롬빈(thrombin), 피브린(fibrin) 등이 있다(표 5-6).

4) 효소 합성의 유도와 억제

유전적 통제에 의해 효소단백질의 합성 속도를 증가(유도) 또는 감소(억제)시킴으로써 효소의 활성이 조절될 수 있다. 생애주기의 특정한 단계 또는 특정한 생리적 상황 하에서 효소의 합성이 조절된다. 예를 들어, 고혈당으로 인슐린 수치가 증가하게 되면 포도당 대사에 관여하는 주요 효소들의 합성이 증가한다. 효소의 합성 유도나 억제를 통한 효소의 조절은 속도가 느리다. 효소가 합성되었더라도 효소로서 기능을 발현하기 위해서는 고차(3차, 4차) 구조의 형성, 부분적인 분해 또는 보조인자와의 결합 등을 거쳐야 하기 때문이다.

임상연계

진단적 도구로서의 혈장효소

어떤 효소는 특정 조직이나 소수의 조직에서만 발견된다. 예를 들어, 혈장효소는 특이적·비특이적 두 종류로 분류할 수 있는데, 특이적 혈장효소는 비교적 작은 효소군으로 특정세포에 의해 분비되는 유형이며 혈액응고와 관련된 효소인 트롬빈과 플라즈민 그리고 지단백질과 관련된 효소가 있다. 비특이적 혈장효소는 항상 세포 내에서만 작용하고 혈장 내에서의 생리적 기능은 없다.

조직 손상을 일으키는 많은 질병의 경우 혈장으로 세포 내 효소를 방출하게 된다. 이들 효소는 대개 진단의 목적으로 검사하게 되는데, 간, 심장, 골격근이나 다른 조직의 이상을 검출할 수 있다.

몇몇 효소는 하나의 조직이나 소수의 조직에서만 상대적으로 높은 활성을 보이므로 혈장에서 이들 효소의 증가는 해당 조직의 손상을 나타낸다. 예를 들면, 알라닌 아미노전이효소(alanine aminotransferase, ALT)는 간에 많은 효소로, 혈장에서 ALT 효소의 증가는 간의 손상을 의미한다. 광범위한 조직에 분포하는 효소의 혈장 내 증가는 특정 세포의 손상에 대한 정보를 제공할 수 없다.

>>>>>>>   CHAPTER

6

탄수화물

CHAPTER 6
탄수화물

태양에너지를 이용하여 주로 광합성을 통해 합성되는 탄수화물은 자연계에서 가장 흔한 유기물질이다. 탄수화물은 생물체에서 매우 다양한 기능을 하는데, 식물에서는 주요 에너지 저장 형태이고, 사람을 비롯한 많은 동물에게는 주요 에너지 급원이 된다. 구조적 기능으로는 식물의 섬유소나 게 껍질의 키틴이 있다. 또한 종류에 따라 아미노산, 지질, 염기 등의 다른 생체분자를 합성하는 전구물질이 되기도 한다. 동물 체내에서 탄수화물의 함량은 극히 적기 때문에 유당을 제외하면 식품 중에는 동물성 탄수화물 급원은 거의 없다. 세포막에서 탄수화물이 세포 간 신호전달에 관여하는 작용 기전은 최근에 주요 연구 주제가 되고 있다.

1. 단당류

폴리하이드록시 알데히드
하이드록시기(−OH)가 여러 개 결합된 알데히드(−CHO) 화합물

폴리하이드록시 케톤
하이드록시기(−OH)가 여러 개 결합된 케톤(−C=O) 화합물

단당류는 탄소를 3~7개 가지는 폴리하이드록시 알데히드(polyhydroxy aldehyde, aldose) 또는 폴리하이드록시 케톤(polyhydroxy ketone, ketose)으로서, 글리코시드결합으로 이당류, 올리고당 혹은 다당류를 형성할 수 있는 기본 단위이다.

1) 단당류의 종류

(1) 단당류의 구분

표 6-1은 단당류의 여러 가지 구분과 그에 따른 종류가 구조와 함께 요약되어 있다. 가장 간단한 알도오스(aldose)와 케토오스(ketose)는 각각 글리세르알데히드(glyceraldehyde)와 다이하이드록시아세톤(dihydroxyacetone)인데(그림 6-1), 이들은 세 개의 탄소를 포함하므로 삼탄당이다.

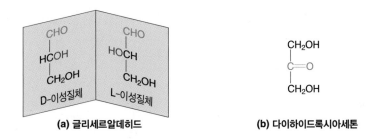

그림 6-1 가장 간단한 알도오스(a)와 케토오스(b)의 구조

(2) 대표적인 단당류의 종류

글루코오스(glucose), 프락토오스(fructose), 갈락토오스(galactose) 및 만노오스(mannose)는 육탄당이다. 그 외 단당류는 식품 성분이나 신체 구성 성분이라기보다는 대사과정에서 생성되는 중간대사산물이다.

- 글루코오스는 이당류와 다당류를 구성하는 기본 단위이고 동물의 뇌세포와 적혈구의 주요 에너지원이다.
- 프락토오스는 과일에 다량 존재한다.
- 갈락토오스는 유당의 구성 성분으로서 유즙에 들어 있다.
- 오탄당인 리보오스는 핵산의 성분이 된다.

(3) 단당류의 입체적 구조

① D-형과 L-형
삼탄당 이상의 알도오스와 사탄당 이상의 케토오스는 키랄 중심이 있다. 글리세르알데히드는 2번

표 6-1 단당류의 구분과 종류

구분	종류		구조
탄소 수	삼탄당, 사탄당, 오탄당, 육탄당, 칠탄당 (각각 n=3, 4, 5, 6, 7)		$(CH_2O)_n$
카르보닐기	알도오스 −알데히드기	글리세르알데히드, 에리트로오스, 리보오스, 글루코오스	
	케토오스 −케톤기	다이하이드록시아세톤, 트레오스, 크실로오스, 프락토오스	
아노머 탄소에 치환된 −OH기 방향	(피셔 투영에서) 번호가 제일 큰 키랄 중심에 치환된 산소 와 비교	α: 같은 방향 β: 반대 방향	α-D-글루코오스 $\quad$ β-D-글루코오스
에피머: 하나의 키랄 중심에서만 구조가 다른 이성질체	글루코오스와 갈락토오스(4−에피머) 글루코오스와 만노오스(2−에피머)		갈락토오스 $\quad$ 글루코오스 $\quad$ 만노오스
고리 구조	피라노오스−육원자 고리 (글루코오스, 갈락토오스) 푸라노오스−오원자 고리 (프락토오스)		α-D-글루코피라노오스 $\quad$ 피란 α-D-프락토푸라노오스 $\quad$ 푸란
입체이성질체	카르보닐탄소에서 가장 멀리 위치한 키랄 중심을 기준으로 −OH 방향을 비교	D−입체이성질체 (D−글리세르알데히드와 같은 방향) L−입체이성질체 (L−글리세르알데히드와 같은 방향)	D-글리세르알데히드 $\quad$ L-글리세르알데히드
부분입체이성질체 (diasteromers)	두 개 이상의 키랄 중심을 갖는 분자에서 거울상이 아닌 입체이성질체		그림 6-2의 구조 참조

탄소에 연결된 수소원자와 수산기(hydroxyl, -OH)의 위치에 따라 두 가지 다른 입체이성질체(stereoisomers)가 존재한다. D-형은 2번 탄소의 -OH기가 오른쪽에 위치한 반면, L-형은 왼쪽에 위치하는데(그림 6-1), 자연계에는 주로 D-형이 존재한다. D-형과 L-형의 글리세르알데히드는 서로의 거울상이므로 거울상이성질체(enantiomers)로 불린다.

두 개 이상의 키랄 중심을 가진 단당류에서 D-형의 기준은 가장 번호가 큰 키랄 탄소에 치환된 -OH기의 방향이다. D-알도오스의 계보를 나타낸 그림 6-2에서 가장 산화된(카르보닐기) 탄소로부터 가장 멀리 위치한 키랄 탄소의 -OH기가 항상 오른쪽에 있다.

입체이성질체 동일한 회학결합을 가지지만 서로 다른 배열(configuration: 원자들의 특정한 공간적 배열)을 가지는 탄소함유 화합물

거울상이성질체 하나의 키랄 중심에 연결된 두 작용기의 공간적 배열 외에는 동일한 구조를 갖는 이성질체

키랄 중심 4개의 서로 다른 작용기와 연결된 탄소. 키랄 탄소 혹은 비대칭(asymmetric) 탄소라고도 함

② 부분이성질체와 에피머

두 개 이상의 키랄 중심(chiral center)이 존재하는 분자에는 거울상이 아닌 입체이성질체가 존재하는데, 이를 부분입체이성질체(diastereomers)라고 한다. 그림 6-2에서 각 열의 두 구조는 서로 부분입체이성질체이다. 하나의 비대칭 탄소원자에서만 구조가 다른 부분입체이성질체를 에피머(epimer)라고 한다. 예를 들어, D-글루코오스와 D-갈락토오스는 4번 탄소에서만 -OH기의 위치가 다르기 때문에 에피머이지만, D-글루코오스와 D-탈로오스는 에피머는 아니고 단지 부분입체이성질체이다.

2) 단당류의 구조식

(1) 직선 구조(피셔 투영)

그림 6-2는 탄소 수를 3, 4, 5, 6개 갖는 알도오스의 이름과 피셔 투영(Fischer projection)을 제시하였다. 피셔 투영에서는 가장 산화된(카르보닐) 탄소가 제1번 탄소로서 제일 위쪽에 위치하고, 수평선은 지면의 앞쪽을 향해, 수직선은 지면의 뒤쪽을 향해 투영되어 있다. 피셔 투영은, 단당류가 새로운 키랄 중심을 만들면서 고리 구조를 형성할 수 있다는 점을 잘 나타내지 못하는 단점이 있다.

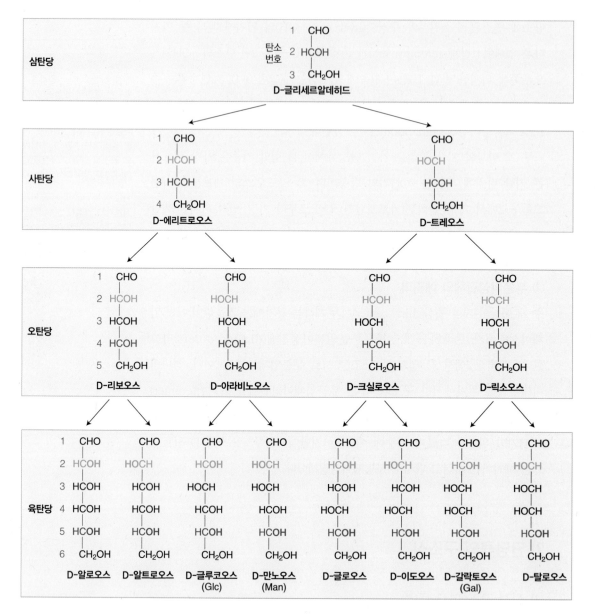

그림 6-2 삼-, 사-, 오-, 육탄당 알도오스의 구조와 입체화학적 구조
(제일 큰 번호의 키랄 중심의 구조(초록색으로 표시)에 의해 L- 혹은 D-형이 결정된다. 각 열에서 새로운 키랄 중심은 연두색으로 표시함)

(2) 고리 구조(하워스 모형)

단당류 특히 오탄당과 육탄당은 대부분 직선 구조보다는 고리 구조로 존재한다. 알데히드기나 케톤기
는 수용액에서 알코올과 반응하여 각각 헤미아세탈(hemiacetal)과 헤미케탈(hemiketal) 및 아세탈과

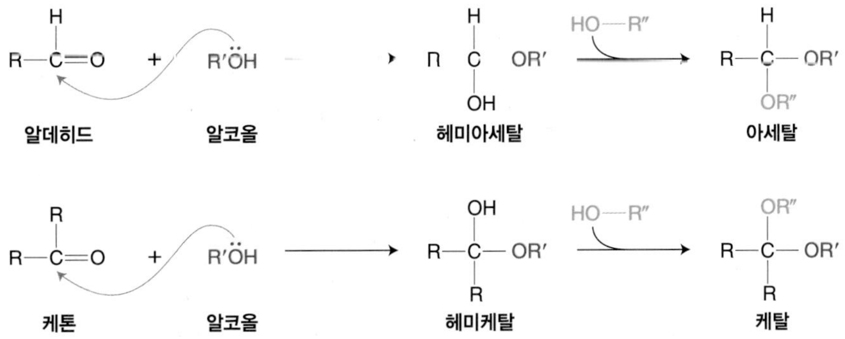

그림 6-3 헤미아세탈과 헤미케탈 및 아세탈과 케탈의 형성

케탈을 형성하는데(그림 6-3) 한 단당류 분자 내에서 이 반응이 일어나면 고리 구조가 형성된다. 결과적으로 형성된 헤미아세탈과 헤미케탈은 각각 산소를 포함하는 육각형과 산소를 포함하는 오각형 고리 구조를 이루며 각각 피라노오스(pyranose)와 푸라노오스(furanose)로 불린다. 그림 6-4는 하워스(Haworth)가 제안한 D-글루코오스의 고리 구조를 보여 준다.

헤미아세탈　알데히드기와 알코올이 1:1로 반응하여 생성되는 물질. 또 다른 알코올과 반응하면 아세탈을 생성함

헤미케탈　케톤과 알코올이 1:1로 반응하여 생성되는 물질. 또 다른 알코올과 반응하여 케탈을 생성함

하워스 모형　단당류의 고리 구조를 간단하게 입체적으로 표현한 방식으로 산소와 수소가 함축적으로 표현되고 굵은 선은 지면 위로, 가는 선은 지면 뒤로 돌출됨을 나타냄

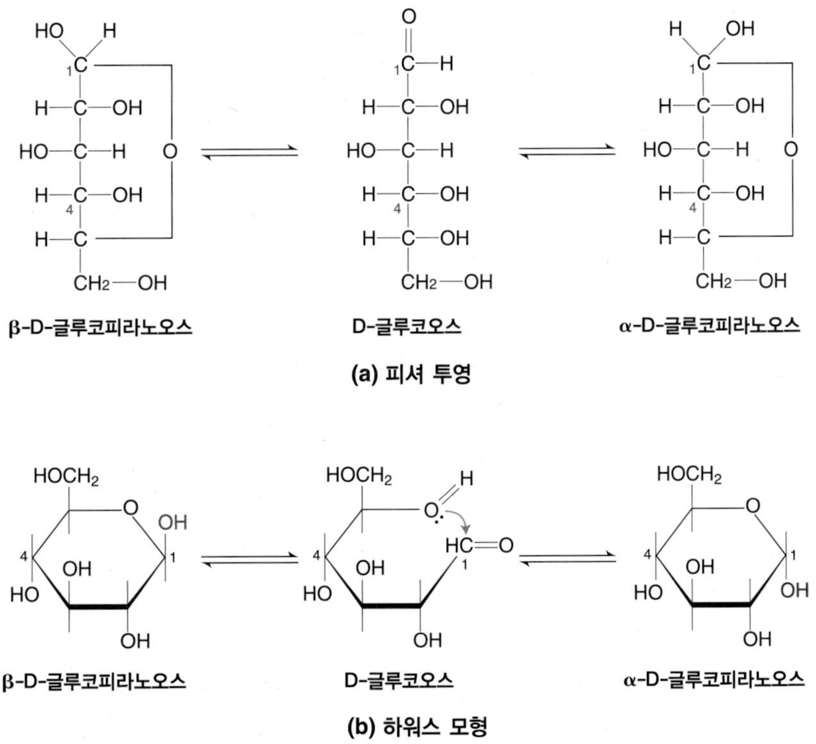

(a) 피셔 투영

(b) 하워스 모형

그림 6-4 글루코오스 α-, β-아노머의 피셔 투영(a)과 하워스 모형(b)

직선 구조의 단당류가 고리 구조를 형성함에 따라 카르보닐 탄소는 또 하나의 키랄 중심이 된다. 새로 생긴 키랄 중심에서의 구조만 다른 단당류 이성질체를 아노머(anomer)라 하고, α-, β-로 표시하며 그 키랄 중심은 아노머 탄소(anomeric carbon)라 부른다(그림 6-4).

아노머 탄소의 -OH기가 피셔 투영에서 가장 큰 번호의 키랄 중심(D- 혹은 L-입체이성질체를 결정하는 탄소, 육탄당에서는 C-5)에 치환된 —CH₂OH기와 같은 방향에 있는 이성질체는 α-아노머이고, 반대 방향에 위치한 이성질체는 β-아노머이다. 즉 D-글루코오스가 고리 구조를 형성하여 C-1이 새로운 키랄 중심이 되는 것을 피셔 투영으로 볼 때, C-1의 -OH기가 C-5의 -OH기와 같은 방향으로 놓이면 α-아노머로 부르는데 이를 하워스 모형(Haworth projection)으로 보면 -OH기가 아래쪽을 향하게 된다(그림 6-4). 반대로 하워스 모형에서 C-1의 -OH기가 위쪽을 향하게 되면 D-글루코오스의 경우 β-아노머가 된다. 피라노오스와 푸라노오스는 수용액에서 존재하는 주된 구조이며, 직선 구조는 1%보다 훨씬 적은 비율로 존재한다.

(3) 변광회전

글루코오스(다른 단당류도)가 물에 용해될 때, 시간이 지남에 따라 광학활성이 변화하는 것(변광회전, mutarotation)을 관찰할 수 있는데, 이는 단당류의 α, β 구조가 상호전환되기 때문이며, 이때 직선상의 알데히드나 케톤의 중간대사물을 거쳐 반응이 진행된다(그림 6-5).

3) 단당류의 형태 구조

C—C—C 결합각이 109°이고 C—O—C각이 111°임을 고려할 때 하워스 모형은 단당류의 정확한 구조를 표현하지 못한다. 그 대신 그림 6-6의 의자 구조(그림 6-6a)나 보트 구조(그림 6-6b)가 피라노오스의 좀 더 정확한 구조이다. 이 구조에서는 치환기들이 고리를 관통하는 축 방향(axial)에 위치하거나, 이 축의 수직 방향(equatorial) 즉 피라노오스 고리와 같은 평면에 위치할 수 있다. 부피가 큰(bulky) 치환기가 축 방향보다는 축에 수직한 방향에 위치하는 것이 더 안정적이다. D-글루코오스는 자연계에서 가장 널리 존재하는 유기물로서 탄수화물 대사에서 중심이 되는 육탄당이다. 그 이유는, 부피가 큰 치환기인 -OH기와 -CH₂OH기가 모두 축과 수직 방향에 놓일 수 있는 유일한 구조의 D-알도헥소오스(aldohexose)이기 때문이다(그림 6-6c).

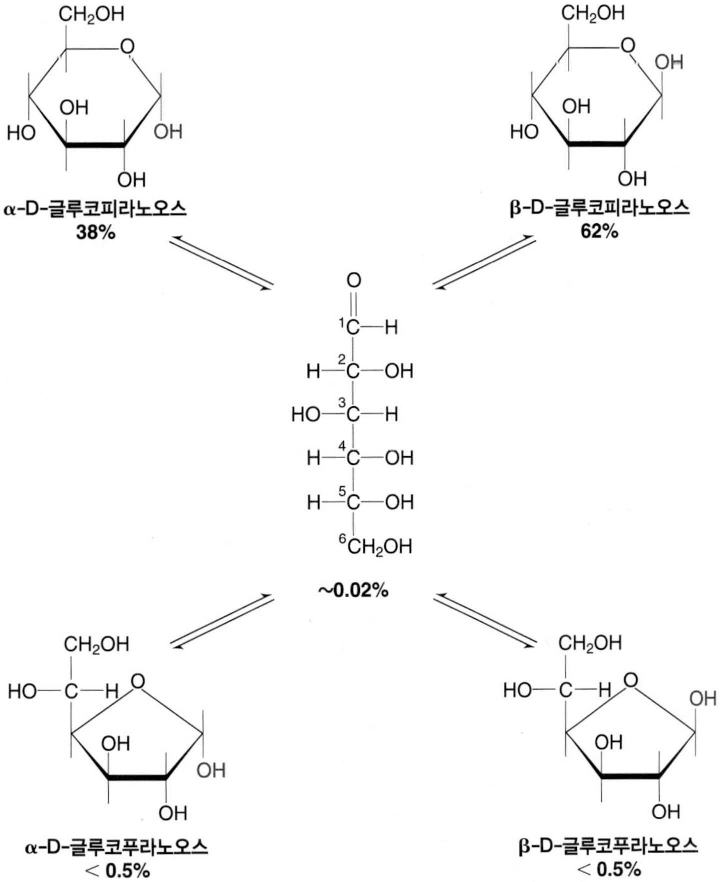

그림 6-5 직선 구조의 D-글루코오스(피셔 모형으로 나타냄)가 고리를 형성함에 따라 생성된 α-와 β-D-글루코피라노오스와 푸라노오스 고리 구조(하워스 모형)

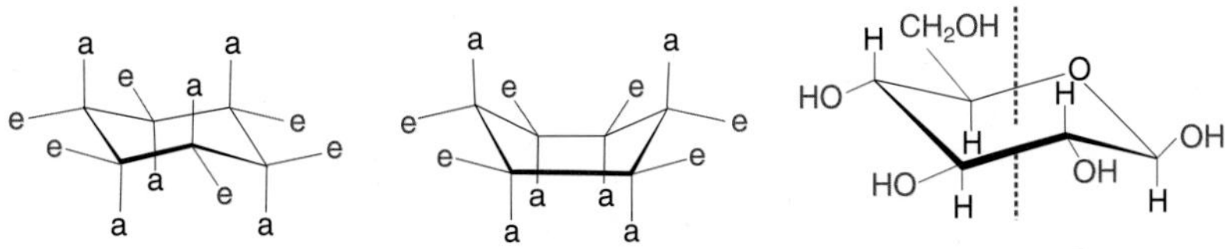

(a) 의자 구조　　　(b) 보트 구조　　　(c) β- D- 글루코피라노오스

그림 6-6 피라노오스의 형태 구조(a, b)와 β-D- 글루코피라노오스의 구조(c)
(a와 e는 각각 축방향과 축의 수직방향으로 결합된 치환기)

4) 단당류의 반응

(1) 이성질화반응

엔다이올   이중결합과 2개의
알코올기를 포함하는 분자

D-글루코오스는 알칼리용액에서 수시간 지나면 중간대사물인 엔다이올
(enediol)을 거쳐서 D-만노오스는 물론 D-프락토오스로 전환될 수 있다(그
림 6-7).

(2) 산화반응

베네딕트 시약   황산구리를
포함하는 베네딕트(Benedict)
시약은 약한 산화제로서 환원
당의 정성분석에 사용함. 약한
산화제에 의해 산화될 수 있는
당류를 환원당이라 부르는데,
열린 사슬 구조로 돌아갈 수
있는 당류는 산화될 수 있어서
모든 단당류를 환원당이라 함

구리(Cu^{2+})와 같은 금속이온이나 효소가 작용하면 단당류의 1번 카르보닐기
와 6번의 알코올기가 쉽게 산화한다. 이 반응은 단당류의 정성분석에 이용된
다(베네딕트 시약).

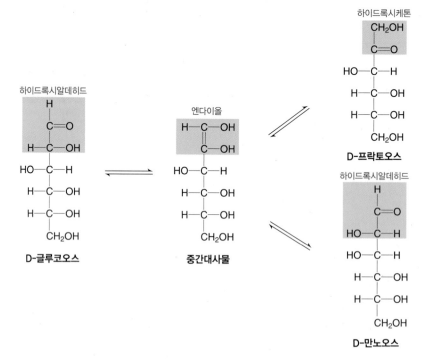

그림 **6-7** D-글루코오스의 이성질화

표 6-2 당유도체의 종류와 예

구문	생성과정	종류
알돈산 우론산 알다린산	카르보닐기, 말단 알코올기 혹은 양쪽이 산화	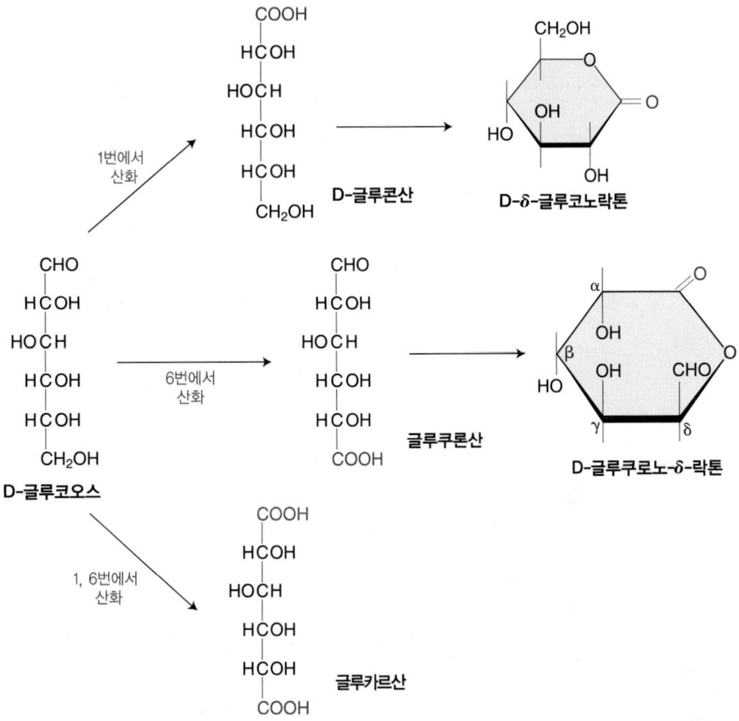
당알코올	알데히드나 케톤이 환원	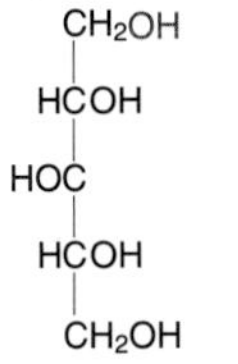 **크실리톨(자일리톨)** 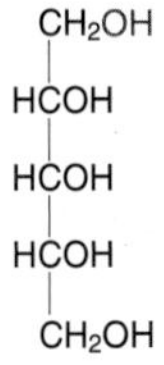 **리비톨** 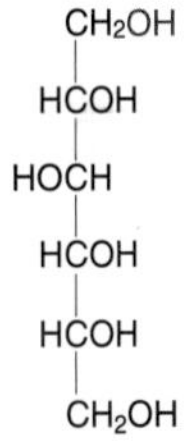 **소르비톨**
당에스테르	당의 —OH기가 인산이나 황산 등과 에스테르화	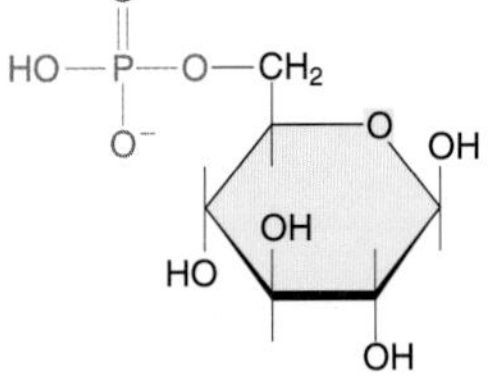 **글루코오스 6-인산** 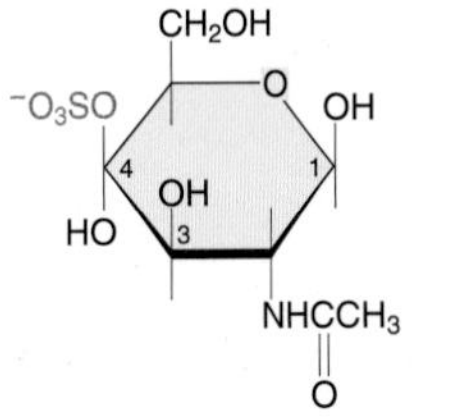 ***N*-아세틸-갈락토사민 4-황산**

(계속)

구분	생성과정	종류		
디옥시당	─OH기가 H로 치환	β-D-디옥시리보오스		α-L-퓨코오스
아미노당	─OH기가 아미노기로 치환	α-D-글루코사민	N-아세틸 D-글루코사민	R : ─H(N-뉴라민산) ─CH₂CH₃(N-아세틸뉴라민산)

- 카르보닐기가 산화되어 카르복실기가 되면 알돈산(aldonic acid)이 되는데, 예를 들어 글루코오스가 1번 탄소에서 산화되면 글루콘산(gluconic acid)이 된다.
- 알코올기가 산화되면 우론산(uronic acid)이 되는데, 예를 들어 글루코오스가 6번 탄소에서 산화되면 글루쿠론산(glucuronic acid)이 된다.
- 단당류가 한 분자 내에서 알데히드기와 알코올기가 모두 다 산화되면 알다르산(aldaric acid)이 된다. 따라서 글루코오스가 C-1과 C-6에서 모두 산화되면 그 이름은 글루카르산(glucaric acid)이 된다.
- 알돈산과 우론산은 모두, 분자 내의 ─OH기와 반응하여 에스테르 고리 구조인 락톤을 형성할 수 있다(표 6-2).

(3) 환원반응

알도오스나 케토오스의 카르보닐기를 환원시키면 다음과 같은 다양한 알코올로 전환된다.
- 글리세롤은 글리세르알데히드의 환원형으로서 중성지질의 주요 구성 성분
- 리비톨은 오탄당인 리보오스의 환원형으로서 플라빈 뉴클레오티드(flavin nucleotide, FMN 혹은 FAD)의 구성 성분

- 소르비톨(sorbitol, glucitol)은 글루코오스의 환원형으로서 당뇨환자의 눈에 숙적되어 백내장의 원인이 됨(표 6-2).

(4) 에스테르화반응

모든 알코올은 산과 결합하여 에스테르(ester)를 형성하면서 화학적·물리적 성질이 크게 바뀌는데, 인산이나 황산과 에스테르를 형성한 당류가 가장 흔하다(표 6-2).

에스테르(ester)

- 단당류의 인산 에스테르는 주로 ATP와 반응하여 생성되는데, 이 인산화에 의해 활성화된 중간대사물로 전환된다.
- 단당류의 황산 에스테르는 결합조직의 프로테오글리칸(proteoglycan)에서 주로 발견되는데, 전하를 띠고 있어서 다량의 물 분자와 작은 이온들이 결합된다.

프로테오글리칸　작은 크기의 폴리펩티드와 결합한 다량의 탄수화물

5) 단당류의 그 외 유도체

단당류는 위의 반응들 외에도 여러 가지 반응을 통해 또 다른 유도체(mono-saccharide derivatives)를 생성할 수 있는데, 몇 가지 예를 표 6-2에 제시하였다.

(1) 디옥시당

단당류의 −OH기 한두 개가 수소원자로 치환되면 다음과 같은 디옥시당(deoxysugars)이 된다(표 6-2).
- DNA(deoxyribonucleic acid)를 구성하는 2-디옥시-D-리보오스
- 적혈구 표면의 당단백질 구성 성분인 L-퓨코오스[L-fucose ; 6-디옥시-L-갈락토오스(6-deoxy-L-galactose)]

de−(디−)와 di−(다이−)
de−는 '탈', di−는 '2'를 의미하는 접두사

(2) 아미노당

단당류의 -OH기가 아미노기로 치환되면 아미노당(amino sugars)이 되는데, 아미노당은 때로 아세틸화가 되기도 한다.

- 글루코오스에 아미노기가 치환되면 α-D-글루코사민(glucosamine)이 생성된다.
- 글루코사민에 아세틸기가 치환되면 N-아세틸-α-D-글루코사민이 생성된다.
- N-아세틸-α-D-글루코사민에 피루브산이 축합되면 다양한 당단백질과 당지질을 구성하는 N-아세틸뉴라민산(N-acetylneuraminic acid, NeuNAc)이 생성된다(표 6-2).

2. 이당류와 다른 글리코시드

단당류는 글리코시드 결합을 통해 이당류, 올리고당, 다당류 및 다양한 당유도체를 형성한다.

- 글리코시드(glycoside)결합은 단당류의 아노머 탄소가 알코올, 아민 혹은 티올과 형성한 아세탈(acetal)이다(그림 6-3, 6-8). 폴리펩티드에서처럼 중합체를 구성하는 단당류는 잔기(residue)로 불린다.

아세탈 헤미아세탈의 -OH기와 다른 알코올과의 반응으로 생성되는 물질

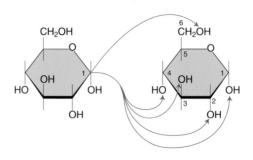

그림 6-8 단당류 간 글리코시드결합의 여러 형태

• 글리코시드는 글리코시드결합을 포함하는 화합물이며, 글루코오스가 글리코시드결합을 위한 아노머 탄소를 제공하면 글루코시드(glucoside)로 부른다.

1) 이당류

이당류는 한 단당류의 아노머 탄소가 다른 단당류의 −OH기 중 하나와 반응할 때 생성되는데, 그림 6-9에서는 가장 흔한 이당류들의 구조를 보여 준다.

(1) 말토오스(maltose)

엿당으로도 불리며 α-D-글루코피라노실(glucopyranosyl)-(1→4)-D-글루코오스로 표시되는데, Glc1-4Glc로 요약하기도 한다.

1→4는 한 글루코오스의 1번 탄소가 글리코시드결합에 의해 다른 글루코오스의 4번 탄소 위치의 산소와 결합한 것을 의미함

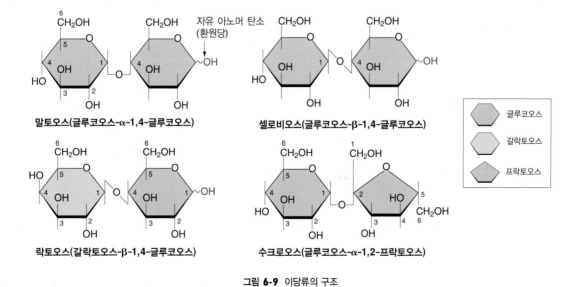

그림 **6-9** 이당류의 구조

(2) 셀로비오스(cellobiose)

β-D-글루코피라노실-(1→4)-D-글루코오스로 표시되는데, 두 분자의 글루코오스가 결합한 이당류로 말토오스와 달리 β-글리코시드결합으로 이루어져 있다. 셀로비오스는 식물성 다당류인 셀룰로오스의 분해산물이며 유리된 상태로는 자연계에 존재하지 않는다.

(3) 락토오스(lactose)

유당으로도 불리는데, β-D-갈락토피라노실-(1→4)-D-글루코오스로 표시되며, 유선조직에서만 합성된다. 이유 후에 우유 섭취를 중단하면서 나타나는 유당불내증은 이 β-글리코시드결합을 분해하는 유당분해효소(락타아제, lactase)의 합성이 중단된 것 때문이다.

(4) 수크로오스(sucrose)

서당으로도 불리며 α-D-글루코피라노실-(1→2)-β-D-프락토오스로 표시되는데 자연계에 가장 흔하게 존재하는 이당류이다.

(5) 이당류 아노머 탄소의 환원성

① 환원당
말토오스, 셀로비오스, 락토오스는 왼쪽 잔기의 아노머 탄소가 글리코시드결합으로 묶여 있으나 오른쪽 잔기는 α-, β-의 두 가지 아노머형으로 자유롭게 상호전환될 수 있을뿐 아니라 열린 사슬 구조로 되어 환원될 수 있으므로 환원당이다.

② 비환원당
수크로오스는 두 단당류의 아노머 탄소가 모두 글리코시드결합으로 묶여 있으므로 열린 사슬 구조로 전환될 수 없어서 산화반응에 관여하지 않으므로 비환원당이다.

2) 올리고당류

(1) 구조와 종류

이당류보다는 크지만 다당류보다 작은 중합체인 올리고당류(oligosaccharides)는 대개 3~10개의
단당류로 구성되는데, 자연적으로 존재하거나 혹은 천연물질의 가수분해물로 생성된다. 대두, 완두,
밀기울 및 통곡에 상당량이 존재하는 스타키오스(stachyose)는 자연적으로 존재하는 올리고당이다
(그림 6-10a).

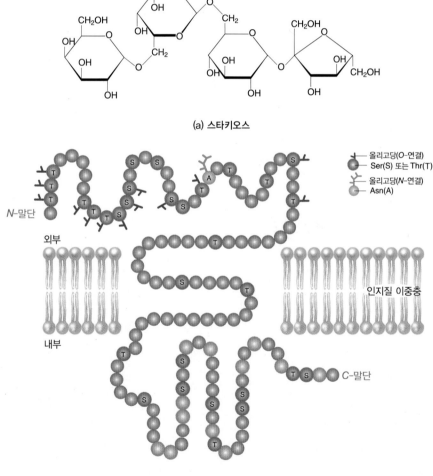

(a) 스타키오스

(b) 세포막 단백질과 연결된 올리고당류

그림 **6-10** 올리고당류

(2) 기능과 구분

올리고당류는 폴리펩티드나 지질에 결합하여 각각 당단백질 혹은 당지질을 형성하고, 세포막에 부착되거나 소포체와 골지체의 분비단백질에 결합되어 있다(그림 6-10b). 올리고당류는 아스파라긴(Asn)의 아미노기나 세린(Ser) 혹은 트레오닌(Thr)의 수산기에 결합하여 단백질과 연결된다.

3) 다른 글리코시드들

단당류의 아노머 탄소는 다른 단당류뿐 아니라 다양한 종류의 알코올, 아민류 및 티올과 글리코시드결합을 할 수 있다. 올리고당류와 다당류를 제외하고 가장 흔한 글리코시드는 뉴클레오시드(nucleoside)이다. 뉴클레오시드는 퓨린과 피리미딘의 2차 아미노기가 리보오스나 디옥시리보오스에 부착된 N-글리코시드이다.

3. 다당류

중합체로서 다당류의 구조적 특성-다른 중합체와 비교
단당류 잔기 한 분자는 아노머 탄소 외에도 몇 개의 −OH 기가 더 있어서 또 다른 단당류 잔기와 결합할 수 있기 때문에 가지 친 구조를 형성할 수 있음. 따라서 아미노산 중합체인 단백질이나 뉴클레오티드의 중합체인 핵산이 오직 선형 구조만 형성할 수 있는 것과 비교됨

대부분의 다당류는 수백에서 수천 개의 글루코오스가 글리코시드결합으로 중합된 것이다. 다당류는 그 기능과 구성 성분 및 구조에 따라 구분할 수 있다. 에너지를 저장하는 다당류는 전분과 글리코겐이고, 셀룰로오스나 키틴은 각각 식물과 동물의 구조를 담당하는 다당류이다(표 6-3). 다당류는 구성 성분에 따라 동질다당류(homopolysaccharides)와 이질다당류(hetero-polysaccharides)로 구분된다.

표 6-3 다당류의 종류와 기능

구분	종류		반복 단위	기능	
동질 다당류	전분	아밀로오스	$(\alpha1\rightarrow4)$Glc	식물 세포	에 너 지
		아밀로펙틴	$(\alpha1\rightarrow4)$Glc + $(\alpha1\rightarrow6)$Glc*		
	글리코겐		$(\alpha1\rightarrow4)$Glc + $(\alpha1\rightarrow6)$Glc*	동물 세포와 박테리아	
	셀룰로오스		$(\beta1\rightarrow4)$Glc	식물의 세포벽	
이질 다당류	키틴		$(\beta1\rightarrow4)$GlcNAc	곤충, 거미, 갑각류의 외골격	구 조
	글리코사미노 글리칸		GlcA$(\beta1\rightarrow3)$GlcNAc	척추동물의 피부와 결합조직의 세포외 기질	
	펩티도글리칸		GlcNAc$(\beta1\rightarrow4)$Mur2Ac	박테리아의 세포벽	
	아가로오스		Gal$(\beta1\rightarrow4)$3,6-무수-L-Gal	조류의 세포벽	

* 붉은색은 분지점에서 잔기들의 결합 구조

- Glc: glucose
- GlcNAc: N-acetylglucosamine
- GlcA: Glucuronic acid
- Mur2Ac: N-acetylmuramic acid
- Gal: galactose

1) 동질다당류

동질다당류는 한 종류의 단당류만으로 구성되는데 아밀로오스(amylose), 아밀로펙틴(amylopectin) 및 셀룰로오스(cellulose)가 있다(그림 6-11).

(1) 전 분

전분은 식물에서 아밀로오스와 아밀로펙틴이 혼합되어 직경이 3~30mm인 입자에 저장되어 있다.

① 아밀로오스

100~1,000개의 글루코오스 잔기가 α-$(1\rightarrow4)$글리코시드결합을 형성함으로써 선형으로 연결되어 분자량이 수십만에 이르는 아밀로오스를 형성한다. 물에 잘 녹지 않지만 물에서 수화된 미셀을 형성하고 때에 따라 나선 구조를 이룬다. 요오드가 아밀로오스와 반응하면, 아밀로오스 나선의 중심에 요오드가 삽입되기 때문에 특징적인 진푸른색을 내므로 전분을 정성하는

요오드반응 전분의 정성분석방법으로 아밀로오스의 나선 구조에 기인함

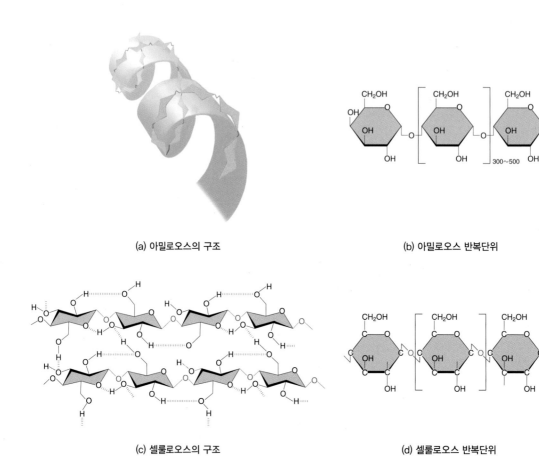

(a) 아밀로오스의 구조

(b) 아밀로오스 반복단위

(c) 셀룰로오스의 구조

(d) 셀룰로오스 반복단위

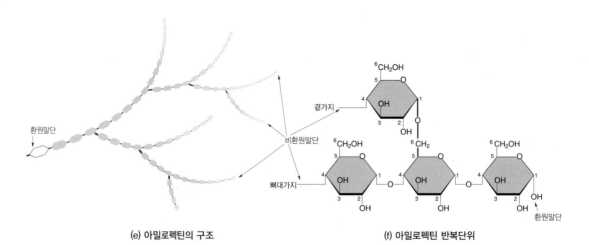

(e) 아밀로펙틴의 구조

(f) 아밀로펙틴 반복단위

그림 6-11 아밀로오스(a), 셀룰로오스(c), 아밀로펙틴(e)의 구조 및 각각에서 글루코오스끼리의 연결 구조(b, d, f)

* α-1,4-글루코시드결합 (▬), α-1,6-글루코시드결합 (▬), β-1,4-글루코시드결합 (▬)

분석방법으로 이용된다.

② 아밀로펙틴

아밀로오스가 선형인 데 비해, 아밀로펙틴은 가지 친 구조를 가진다. 뼈대사슬과 곁사슬의 글루코오스 잔기들은 아밀로오스에서와 마찬가지로 $\alpha-(1 \rightarrow 4)$글리코시드결합으로 연결되어 선형을 이루는데, 곁사슬이 $\alpha-(1 \rightarrow 6)$글리코시드결합으로 뼈대사슬에 부착됨으로써 가지 친 구조가 된다(그림 6-8). 글루코오스 25개 정도의 잔기마다 가지가 쳐지고 각 곁사슬은 15~25개 잔기의 글루코오스로 구성되며, 곁사슬 가지가 또 다시 가지를 치기도 한다. 생체 내에서 아밀로펙틴은 300~6,000개의 글루코오스 잔기를 함유한다.

(2) 글리코겐

① 구조

글리코겐은 아밀로펙틴과 비슷한 구조이지만 아밀로펙틴보다 좀 더 빽빽하게(가지 사이의 간격이 8~12 글루코오스 잔기) 가지 친 구조이다. 따라서 아밀로펙틴은 큰 나무(tree) 같고 글리코겐은 덤불나무(bush) 같다고 묘사되기도 한다. 글리코겐은 한 개의 환원말단과 수많은 비환원말단을 가지므로 글리코겐 가인산분해효소(glycogen phosphorylase)에 의해 비환원말단으로부터 매우 신속하게 글루코오스 잔기를 공급할 수 있다(그림 7-22 참조).

② 체내 작용

글리코겐은 동물의 저장용 다당류이다. 간은 총 무게의 10%만큼의 글리코겐을 합성하여 저장할 수 있고, 골격근은 총 무게의 1~2%의 글리코겐을 합성하여 저장할 수 있다. 그러나 골격근은 간보다 훨씬 큰 장기이기 때문에 저장되는 글리코겐의 총량은 근육이 훨씬 많다. 간에 저장된 글리코겐은 신속하게 혈당을 공급하는 기능이 있고, 골격근에 저장된 글리코겐은 근육 수축을 위한 신속한 에너지 공급원으로 작용한다.

환원말단과 비환원말단
글루코오스 중합체에서 말단에 있는 글루코오스 중 1번 탄소의 −OH기가 결합에 묶여 있으면 비환원말단. 말단 글루코오스 중에 1번 탄소의 −OH기가 결합에 묶여 있지 않고 열린 구조로 갈 수 있어 환원력이 있으면 환원말단이라 함반추동물의 에너지원으로서의 셀룰로오스　반추동물의 위(rumen) 속에 서식하는 세균은 셀룰로오스분해효소(cellulase, β-glycosidase)를 합성하므로 소나 양과 같은 동물은 셀룰로오스의 분해산물인 글루코오스를 흡수하여 체내에서 이용할 수 있음. 그러나 다른 동물의 장에서는 β-글리코시드결합이 분해될 수 없어 소화되지 못한 채 셀룰로오스가 분변으로 배설됨

(3) 셀룰로오스

① 구조

셀룰로오스는 α-D-글루코오스 잔기가 직선상으로 중합된 분자이지만 β-(1→4) 글루코시드결합으로 이루어져 있다는 점이 α-아밀로오스와 다른 점이다. 그림 6-11에서 아밀로오스는 나선 구조를 이루는 것이 유리하도록 약간 구부러진 α-(1→4)결합으로 이루어진 데 비해, 셀룰로오스의 β-(1→4)결합은 글루코오스 잔기들이 180°씩 뒤집어져서 완전히 신장된 구조에 유리하도록 되어 있다. 이러한 구조는 더 많은 분자 내 및 분자 간 수소결합이 가능하게 함으로써 셀룰로오스의 특성인 높은 강도의 원인이 되고, 식물에서 셀룰로오스의 구조적 기능을 설명한다.

② 기능

셀룰로오스는 지구상에 가장 풍부한 천연 중합체로서 거의 모든 식물의 세포벽에서 발견되며, 물리적 구조와 강도를 제공하는 주요 구성요소이다. 나무나 나무 껍질은 셀룰로오스로부터 형성된 고도로 조직화된 구조이고, 목화솜도 거의 순수한 셀룰로오스이다.

(4) 키틴

① 구조

키틴(chitin)은 곰팡이의 세포벽에 존재하고, 갑각류, 곤충 및 거미의 겉껍질을 구성하는 기본물질이다. 키틴은 셀룰로오스와 동일한 신장된 리본 구조로서 수소결합으로 단단하게 묶여 나란히 차곡차곡 쌓인 구조를 이룬다. 단지 2번 탄소의 -OH기가 -NHCOCH_3로 치환되어 있고, 반복 단위는 β-(1→4)결합에 의한 N-아세틸-D-글루코사민이다(그림 6-12).

② 기능

셀룰로오스에 이어 두 번째로 지구상에 풍부한 다당류인 키틴은 공업적으

로 이용된다. 즉, 키틴을 함유한 코팅 처리는 과일의 저장기간을 연장시키고, 육류의 표면에서 철 이온이 산소와 결합하는 것을 방지함으로써, 육류의 산패를 초래하는 반응성이 강한 유리 라디칼의 발생을 억제시킬 수 있다.

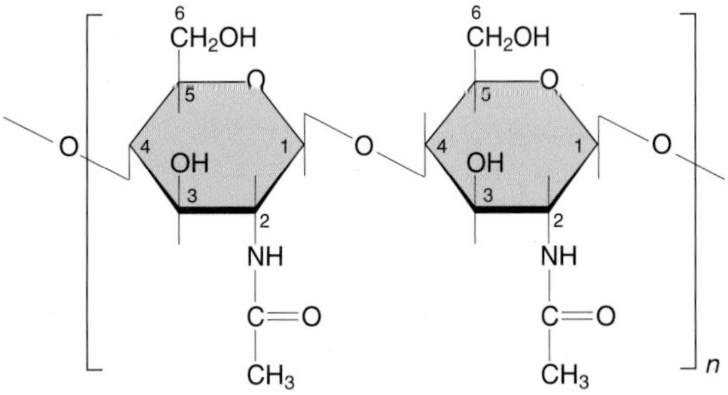

그림 6-12 키틴의 구조

2) 이질다당류

이질다당류(heteropolysaccharides)는 두 종류 이상의 단당류를 포함하는 고분자량의 탄수화물 중합체로서 글리코사미노글리칸(glycosaminoglycan), 뮤레인(murein, 펩티도글리칸, peptidoglycan으로도 불림)과 아가(agar)가 포함된다.

(1) 아가

해수 홍조류(marine red algae) 중에는 세포벽에 아가(agar)를 포함하는 것도 있는데, 아가는 3번과 6번 탄소 간에 에테르결합을 가진 L-갈락토오스 유도체가 D-갈락토오스와 연결되어 반복단위를 이루는 황산 이질다당류의 혼합물이다. 아가는 모두 같

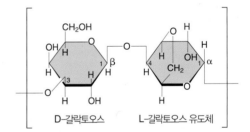

그림 6-13 아가로오스의 이당류 반복단위

은 뼈대 구조를 갖지만, 음전하를 띤 황산이나 피루브산으로 치환된 정도가 다양하며, 그 정도가 가장 적은 것이 아가로오스(agarose)이다.

(2) 글리코사미노글리칸: 프로테오글리칸의 성분

프로테오글리칸의 기본 구성요소로서 세포 외액의 다양한 기능에 관여하는

글리코사미노글리칸의 종류와 주요 기능
• 헤파린: 천연 항응고제
• 히알루론산: 안구의 초자체와 관절의 윤활제인 활액(synovial fluid)의 중요한 구성 성분
• 콘드로이틴 황산염과 케라탄 황산염: 힘줄(tendon), 연골(cartilage) 및 기타 결합조직을 구성

펩티도글리칸과 박테리아 감염 눈물의 리소자임은 뮤레인의 반복단위인 이당류 내의 $\beta 1 \rightarrow 4$ 결합을 가수분해함으로써 박테리아를 죽임. 또한 페니실린은 뮤레인의 교차결합 형성을 방해함으로써 박테리아의 세포벽이 삼투적 용해(osmotic lysis)를 이기지 못하게 하여 죽임

글리코사미노글리칸은 이당류가 반복적으로 연결된 선형 중합체이다. 이당류를 이루는 두 개의 단당류 중 하나는 아미노당(N-아세틸아미노당)이고, 다른 하나는 우론산(uronic acid)으로 음전하를 띤 황산기 혹은 카르복실기를 함유한다(그림 6-14).

(3) 펩티도글리칸(뮤레인): 박테리아 세포벽 성분

모든 박테리아 세포벽의 견고한 구성 성분은 뮤레인(murein)으로서, N-아세틸글루코사민(N-acetylglucosamine)과 N-아세틸뮤라민산(N-acetylmuramic acid) 잔기가 β-(1→4)로 결합된 이당류가 반복적으로 연결된 이질다당류이다. 이러한 선형의 중합체는 세포벽에 나란히 차곡차곡 쌓여져 짧은 펩티드에 의해 교차결합되어 있다. 이렇게 밀착된 다당류 사슬이 전체 세포벽을 포장하는 질긴 덮개를 형성함으로써 세포가 팽창되거나 용해되지 않도록 보호한다.

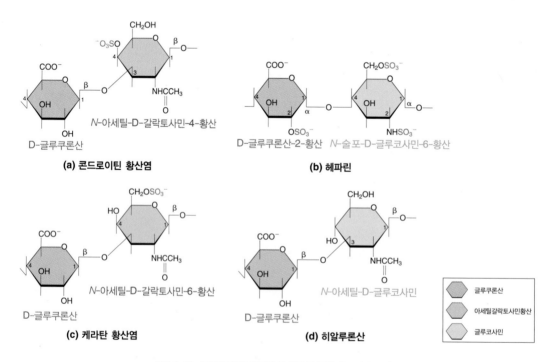

그림 6-14 글루코사미노글리칸의 종류와 반복되는 이당류 단위

4. 당접합체

올리고당류와 다당류는 정보운반체이기도 하다. 대개의 경우 정보를 가진 탄수화물은 공유결합으로 단백질이나 지질과 결합되어 당접합체(glycoconjugate)를 이룬다.

1) 프로테오글리칸

프로테오글리칸(proteoglycan)은 다량의 탄수화물(주로, 황산 글리코사미노글리칸)이 작은 크기의 폴리펩티드와 결합한 것인데, 폴리펩티드는 주로 막단백질이나 분비단백질이다. 이 물질은 글리코사미노글리칸을 통해 다양한 분자들과 상호작용을 한다. 세포의 성장을 조절하고 연골의 탄력성을 설명할 뿐 아니라 세포-세포 간에서 혹은 세포-세포외기질 사이에서 부착, 인식 및 정보전달 기능을 한다.

2) 당단백질

당단백질(glycoprotein)은 프로테오글리칸의 주요 구성 성분인 글리코사미노글리칸보다 훨씬 작은

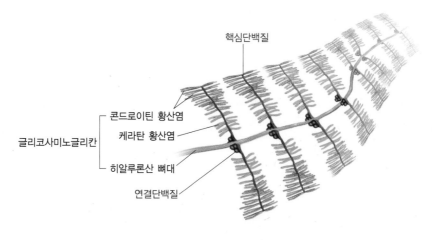

그림 6-15 프로테오글리칸의 구조

표 6-4 당단백질의 종류와 탄수화물 함량

구분	종류	분자량(달톤)	탄수화물 함량(%)
효소	리보뉴클레아제 B(소)	14,700	8
혈장단백질	면역글로불린 B(사람)	950,000	10
호르몬	여포자극호르몬(사람)	34,000	31
막단백질	글리코포린(사람 적혈구)	31,000	50
렉틴	감자 렉틴	50,000	60

- 리보뉴클레아제 (ribonuclease)
- 면역글로불린 (immunoglobulin)
- 여포자극호르몬(follicle stimulating hormone)
- 글리코포린(glycophorin)
- 렉틴(lectin)

올리고당이 결합된 단백질이다. 세포막의 외부 쪽 표면(글리코칼릭스의 일부로)이나, 세포외기질 혹은 혈액 내에서 발견된다. 올리고당 부분은 단백질의 접힘 및 안정성에 영향을 주고, 신생 단백질의 목적지에 대한 정보를 줄 뿐 아니라, 다른 단백질에 의해 인식되게 하는 기능을 한다.

3) 당지질

이 물질은 친수성 머리 부분이 올리고당인 세포막 스핑고지질이다. 당단백질에서와 같이 올리고당 부분은 렉틴(알아두기)에 의해 인식되는 특정 자리(site)로 작용한다. 뇌조직에 풍부하게 함유되어 있는 당지질(glycolipid)은 신경흥분의 전도와 미엘린 형성을 돕는다. 당지질은 그 외의 세포 신호전달에서도 역할을 한다.

암호로서의 올리고당(sugar code)

세포는 당단백질이나 당지질을 사용함으로써 아미노산이나 뉴클레오티드(nucleotide)로 코딩하는 것보다 훨씬 다양한 정보를 코딩할 수 있다. 올리고당에서는, 구성단위인 단당류의 종류에 따른 다양성 외에도 글리코시드결합의 종류, 아노머 이성질체의 존재, 가지와 치환기의 종류와 수에 의해 펩티드나 뉴클레오티드보다 훨씬 다양한 구조를 형성할 수 있다. 따라서 올리고당은 엄청나게 많은 구조적 정보를 작은 크기의 분자에 담을 수 있다. 이 암호는 올리고당과 결합하는 단백질에 의해 해독된다.

올리고당의 암호를 읽는 단백질: 렉틴

렉틴(lectin)은 매우 특이적으로 탄수화물과 결합하는 도메인을 가지는 단백질로서, 모든 생물에서 발견된다. 렉틴과 결합하는 올리고당은 세포막 외측 표면에 위치한 당단백질 혹은 당지질의 구성요소이며, 이 결합을 통해 고도의 특이성과 친화력으로 세포외 환경과 상호작용을 매개한다. 즉, 바이러스나 박테리아 감염의 첫 단계는 그것들의 렉틴과 숙주세포의 표면에 있는 당단백질의 결합이고(그림 a, b), 박테리아 독소는 숙주세포의 안으로 들어오기 전에 세포막 표면의 당지질과 결합한다(그림 c). 또한 백혈구 롤링(leukocyte-rolling)은 백혈구의 올리고당과 내피세포의 렉틴 간 결합에 의해서 일어나는 세포-세포 간 상호작용의 잘 알려진 예이다.

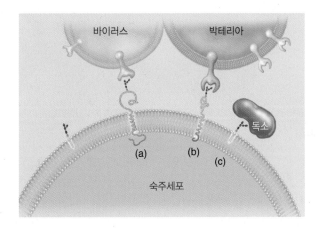

세포 표면에서의 인식과 부착에 작용하는 올리고당류의 역할

탄수화물 대사

CHAPTER 7
탄수화물 대사

우리 몸에서는 수많은 화학반응이 일어나는데, 이들은 각각 별도로 일어나는 것이 아니고 경로(pathway)라고 불리는 일련의 반응들이 연속된 형태로 일어나는 것이다. 한 경로에서 앞 반응의 생성물은 다음 반응의 기질로 작용한다. 여러 가지 경로들은 면지에 제시한 것처럼 전체적으로 잘 통합되어 있고, 그러면서도 각각의 목적을 달성할 수 있는, 화학반응들의 네트워크이다. 이런 모든 화학변화의 합을 총괄하여 대사라고 부른다. 대사는 종(species, 種)에 따라 다양성을 보이지만, 모든 유기체들이 공유하는 공통점이 있다. 대사는 동화작용과 이화작용으로 나누어 볼 수 있는데, 가장 중심이 되는 것은 글루코오스의 대사이다.

  탄수화물을 섭취하여 혈액의 글루코오스 농도가 높아지면, 세포 내에서 글루코오스는 분해되어 에너지를 공급할 뿐 아니라(해당과정, 구연산회로 및 전자전달계), 글리코겐을 합성하거나, 지방, 아미노산 및 핵산 등의 생체분자를 합성할 수 있는 전구체로 전환된다. 반면에 탄수화물 섭취가 부족하면, 혈당을 유지하기 위해 비탄수화물 전구물질로부터 글루코오스를 새로 합성할 수 있다(당신생경로). 동물이 생명을 유지하기 위해서 혈당을 일정한 범위 내에서 유지하는 것은 필수적이다. 이는 적혈구와 뇌 등의 조직이 정상상태에서는 에너지원으로 유일하게 글루코오스만을 사용하기 때문이다.

1. 해당과정

1) 해당과정의 중요성과 글루코오스의 세포 내 유입

(1) 해당과정의 중요성

해당과정(glycolysis)은 일련의 반응을 통해, 육탄당인 글루코오스가 두 개의 삼탄소 분자로 분해되면서 글루코오스의 자유에너지가 ATP와 NADH 형태로 전환되는 과정이다. 해당과정이 탄수화물 대사의 핵심인 이유는 다음과 같다.

해당과정 당을 분해
glykys(sugar, 당) +
lysis(splitting, 쪼갬)

- 식품으로 섭취되거나 체내에 저장된 탄수화물은 모두 글루코오스로 전환될 수 있다.
- 해당과정은 가장 오래된 대사경로로서, 산소가 필요하지 않으므로 대기에 산소가 존재하기 전부터 작동되었을 것이다.
- 해당과정은 모든 조직에서 일어난다.
- 해당과정은 에너지뿐 아니라, 다른 대사경로에서 필요한 중간대사물을 생성하여 공급한다.

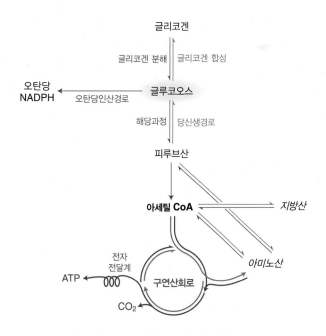

그림 7-1 탄수화물 대사의 주요 경로

(2) 호기적 해당과정과 혐기적 해당과정

해당과정의 최종산물로 생성된 피루브산이 어떤 반응의 기질이 될지는 산소 공급의 여부에 따라 달라진다. 한편 식품에서 중요한 알코올 발효 또한 해당과정에서 생성된 피루브산을 기질로 하여 일어나는 반응이다.

① 호기적 해당과정

미토콘드리아가 있는 세포에서 산소가 충분히 공급되는 경우 해당과정의 최종산물은 피루브산이다. 이 경우, 해당과정에서 생성된 NADH는 미토콘드리아에서 NAD^+로 재산화되는데, 이때 산소가 소모되기 때문에 호기적 해당과정이라 불린다(그림 7-2). 해당과정에서 생성된 피루브산이 산화적 탈탄산작용을 거치면 아세틸 CoA가 되어 구연산회로의 시발점이 되는 반응물을 제공하므로 탄수화물의 완전 산화가 시작된다. 따라서 호기적 해당과정은 구연산회로와 전자전달계로 이어지는 효율적인 에너지 생산의 기초단계로서의 역할을 한다.

② 혐기적 해당과정

한편, 미토콘드리아가 없는 세포(적혈구 등)의 경우와 산소 공급이 충분하지 않거나(예: 운동 강도가 너무 높은 경우) 구연산회로 효소가 활성화되기 전 시기에는(예: 운동 개시 직후) 해당과정에서 생성된 NADH가 피루브산을 젖산으로 환원시키는 데 사용된다. 이렇게 글루코오스가 젖산으로 전환되는

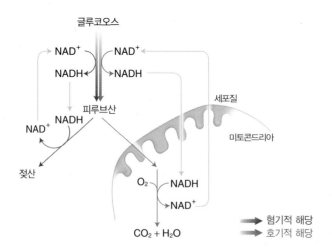

그림 **7-2** 호기적 해당과정과 혐기적 해당과정

과정은 산소가 개입되지 않으므로 혐기적 해당과정이라 불린다(그림 7-2). 구연산회로와 전자전달계로 이어지지 못하기 때문에 혐기적 해당과정은 ATP를 효율적으로 생성하지는 못하지만, 미토콘드리아가 없는 세포에서 에너지 공급수단이 될 수 있고, 미토콘드리아가 있는 세포에서도 위급 시에 지체 없이 에너지를 신속하게 공급하는 의의가 있다.

③ 알코올 발효

사람에서는 일어나지 않지만 효모와 일부 박테리아에서는 해당과정의 결과로 생긴 피루브산의 알코올 발효가 일어난다. 포도, 보리 및 밀의 글루코오스가 포도주, 맥주 및 빵의 알코올로 발효되는 것이 그 예이다.

(3) 글루코오스의 세포 내 유입

해당과정이 시작되기 위해서는 글루코오스가 혈액으로부터 세포 내로 유입되어야 한다. 또한 글루코오스의 세포 내 유입 속도는 글루코오스 대사의 속도를 좌우하는 의미도 있다. 당뇨병에서는 고혈당에도 불구하고 글루코오스가 근육세포나 지방세포 내로 유입되지 못하여 세포에서 글루코오스 및 지방의 대사 이상을 초래한다. 글루코오스는 촉진확산(facilitated diffusion)이나 능동수송(active transport)의 두 가지 방법 중 하나로 세포막을 통과한다. 모든 글루코오스의 세포막 통과는 수송체(transporter)를 필요로 한다.

① 촉진확산

조직에 따라 글루코오스 수송체(glucose transporter, GLUT)는 14종류(GLUT1~14)가 있다. 대부분의 글루코오스 수송체는 혈액에서 조직 방향으로만 글루코오스를 유입시키는데, 조직에 따른 글루코오스 수송체의 특징은 다음과 같다.

- 간과 신장에 존재하는 형태는 고혈당 시에는 글루코오스를 세포 내로 유입시키지만 저혈당 시에는 반대로 세포에서 혈액 방향으로 글루코오스를 유출시킨다. 이것은 간과 신장이 저혈당 시에 혈당을 공급하는 조직이기 때문이다.
- 뉴런에 존재하는 형태의 특징은 글루코오스에 대한 매우 높은 친화력이다. 따라서 뉴런은 저혈당 시에도 다른 조직보다 우선적으로 글루코오스를 유입하고 대사할 수 있게 된다.
- 골격근이나 지방세포에 존재하는 형태(GLUT4)는 세포막에 항상 존재하지 않는다는 점에서 다른

GLUT 형태와 비교된다. 평소에는 세포 내 소포(작은 주머니)에 저장되어 있다가 인슐린 신호를 받아야만 세포막으로 이동한다. 따라서 인슐린이 분비되면, GLUT4를 통해 근육세포와 지방세포로 글루코오스가 유입되어 혈당이 정상 범위로 감소된다.

② 능동수송

저농도에서 고농도로 글루코오스가 이동되는 능동수송은 소장에서의 흡수나 신장의 요 생성 중의 재흡수과정에서 일어난다(그림 7-3). 이때 글루코오스는 소장관이나 세뇨관보다 농도가 높은 쪽인 세포 내로 이동한다. 농도 구배에 역행하는 글루코오스의 세포 내부로 유입(세포내액이 세포외액보다 고농도)은 Na^+의 농도 구배(세포외액이 세포내액보다 고농도)에 따른 Na^+의 세포 내부로 유입을 이용함으로써 가능하다. 따라서 글루코오스의 세포 내로 유입에는 ATP가 불필요하지만 이 과정에서 소모된 Na^+ 구배를 회복(세포외액이 세포내액보다 Na^+ 고농도인 원래 상태로 복귀)시키기 위해 ATP를 소모해야 한다. 이를 2차 능동수송이라 부른다.

2) 해당과정의 반응

해당과정의 10단계 반응에 참여하는 모든 효소는 세포질에 존재하고, 중간대사물은 모두 인산화된 육탄소 분자 혹은 삼탄소 분자이다. 해당과정은 ATP 투자단계(전반부)와 ATP 수확단계(후반부)의 두 단계로 나눌 수 있는데, 각각 5개 반응으로 구성된다(그림 7-4). 투자단계에서 ATP 두 분자를 사용하

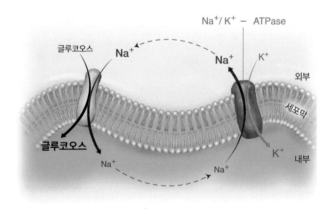

그림 7-3 글루코오스의 2차 능동수송

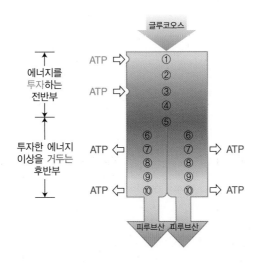

그림 7-4 해당과정의 전반부와 후반부

고, 수확단계에서 4 ATP가 생성되어 결과적으로는 2분자의 ATP가 생성된다. 동화작용은 ATP를 소모하는 과정이고, 이화작용은 ATP를 생산하는 과정이다. 해당과정은 대표적인 이화작용이므로 종합적으로는 ATP를 생산하는 경로이지만, 후반부에서 더 많은 ATP를 생산하기 위해서는 전반부에서 ATP 투자가 필요하다. ATP가 ADP(혹은 AMP)로 분해되면서, 기질이 인산화를 통해 활성화(불안정화)됨으로써 반응성이 생겨나 이화작용이 개시될 수 있는 또 다른 예는 지방산 분해과정에서도 볼수 있다.

　ATP 합성은 후반부에 속하는 첫 반응의 생성물인 글리세린산 1,3-이인산(1,3-bisphosphoglycerate)과 또 다른 고에너지화합물인 포스포엔올피루브산(phosphoenolpyruvate, PEP)에 보유된 고에너지 인산기로부터 유래된다. 이것은 전자전달계(제9장에서 설명)를 통한 산화적 인산화와는 무관한 ATP 생산이므로 기질적 인산화로 불린다. ATP 생성 외에도, 호기적 해당과정에서는 피루브산과 NADH가 생성되는 반면, 혐기적 해당과정에서는 젖산이 생성된다(그림 7-2). 그림 7-5에는 해당과정에 포함되는 10개 반응에 대한 효소, 생성물 및 ATP와 NADH 출입을 요약하였다.

(1) 반응 1: 헥소키나아제에 의한 글루코오스의 인산화

해당과정의 10개 반응 중에서 반응 1과 반응 3은 육탄당을 인산화시킴으로써 ATP를 생성할 준비를 하는 과정이다. 특히, 반응 1은 세포 내로 유입된 글루코오스가 글루코오스 6-인산(glucose

6-phosphate, G6P)으로 전환되어 유리 글루코오스로 돌아갈 수 없도록 만드는 의미가 있고, 해당과정의 첫 번째 조절점이 된다. 글루코오스의 인산화는 열역학적으로 자유에너지 감소가 커서 비가역적이기 때문에 글루코오스 6-인산은 글루코오스로 되돌아갈 수 없다. 글루코오스 6-인산은 인산기의 음전하로 인해 친수성이 매우 큰데, 소수성인 세포막을 건너 옮겨줄 운반체가 없기 때문에 세포 밖으로 나가는 것이 불가능하다.

$$\text{글루코오스 + ATP} \xrightarrow[\text{핵소키나아제}]{\text{Mg}^{2+}} \text{글루코오스 6-인산 + ADP}$$
$$\Delta G^{o\prime} = -16.7 \text{ kJ/mol}$$

(2) 반응 2: 포스포글루코오스 이성질화효소에 의한 글루코오스 6-인산의 이성질화

반응 2는 프락토오스 6-인산(fructose 6-phosphate, F6P)을 생성하는데, 이것의 구조는 뒤따라오는 두 반응인 반응 3과 반응 4가 일어나기 위해 필수적이다. 즉, 반응 3은 1번 탄소에 인산기를 결합시키는데 이 위치에 알코올기가 요구된다.

또한 반응 4는 프락토오스 1,6-이인산(fructose 1,6-bisphosphate, F1,6BP)의 3번 탄소와 4번 탄소 사이의 결합이 끊어지는 데 이를 위해 2번 탄소에 카르보닐기(carbonyl)를 필요로 한다(그림 7-7).

$$\text{글루코오스 6-인산} \xrightleftharpoons[\text{이성질화효소}]{\text{Mg}^{2+} \atop \text{포스포글루코오스}} \text{프락토오스 6-인산}$$
$$\Delta G^{o\prime} = -1.7 \text{ kJ/mol}$$

헥소키나아제(hexokinase)와 글루코키나아제(glucokinase)

해당과정의 첫 단계인 글루코오스의 인산화는 헥소키나아제와 글루코키나아제에 의해 촉매되는데, 두 효소 모두 글루코오스는 물론 다른 육탄당을 기질로 한다. 헥소키나아제는 대부분의 조직에서, 글루코키나아제는 간에서 작용한다. 헥소키나아제는 기질 친화도가 높아서(낮은 K_m) 조직의 글루코오스 농도가 낮을 때도 작용하지만, V_{max}가 낮아서 세포가 소모할 수 있는 속도 이상으로 인산화반응을 촉매하지 못한다. 반면에 글루코키나아제는 기질 친화도가 낮고(높은 K_m) V_{max}가 높아서 고당질식 후 혈당이 높을 때에 고혈당을 방지하는 작용을 한다.

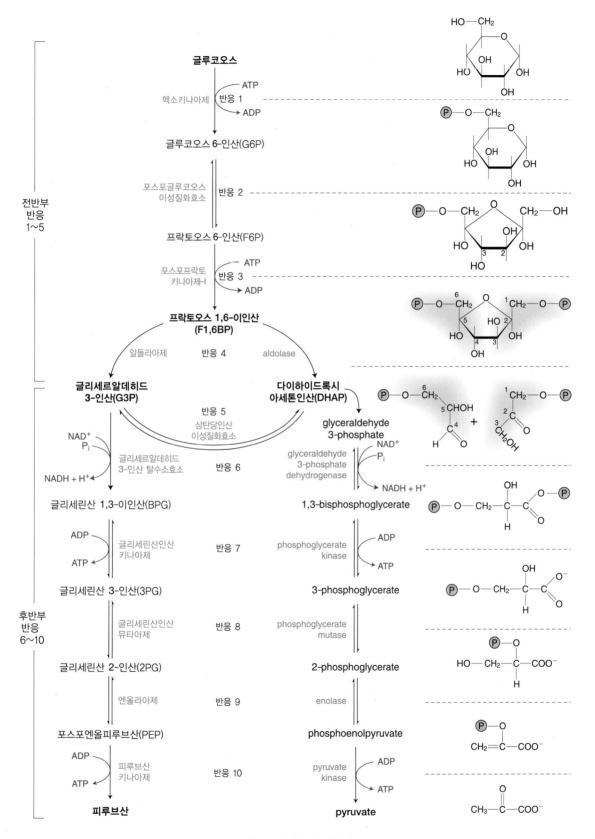

그림 7-5 해당과정 10개 반응

(3) 반응 3: 포스포프락토키나아제에 의한 프락토오스 6-인산의 인산화

이인산 영어로 **bis**phosphate 와 **di**phosphate는 모두 우리 말에서는 이인산으로 표기함. bisphosphate는 한 분자 내의 다른 위치에 두 인산기가 따로 하나씩 결합된 반면, diphosphate는 두 인산기가 서로 연결되어 한 위치에 결합된 것. trisphosphate와 triphosphate도 이와 같은 경우에 해당함

이 반응으로 생성되는 프락토오스 1,6-이인산(fructose 1,6-bisphosphate, F1,6BP)은 고에너지화합물로, 후반부에서 ATP를 생성할 준비가 된 상태이다 (그림 7-7). 이 반응을 촉매하는 효소는 포스포프락토키나아제(phospho-fructokinase)-1로 불리는데, 줄여서 PFK-1으로도 불린다. 또 다른 효소인 PFK-2는 PFK-1의 활성을 조절하는 효소이다. 반응 1과 반응 2의 생성물인 G6P와 F6P는 해당과정 외에 다른 경로로 진행될 수 있지만 반응 3의 생성물은 오직 해당과정을 통해 피루브산까지 진행될 뿐이다. 따라서 PFK-1은 해당과정의 두 번째 조절점이자 경로 전체의 속도를 정하는 속도조절효소이다.

$$\text{프락토오스 6-인산 + ATP} \xrightarrow[\text{PFK-1}]{\text{Mg}^{2+}} \text{프락토오스 1,6-이인산 + ADP}$$

$$\Delta G^{0'} = -14.2 \text{ kJ/mol}$$

(4) 반응 4: 알돌라아제에 의한 F1,6BP의 분열

이 반응에서는 프락토오스 1,6-이인산이 알데히드인 글리세르알데히드 3-인산(glyceraldehyde 3-phosphate, GA3P)과 케톤인 다이하이드록시아세톤인

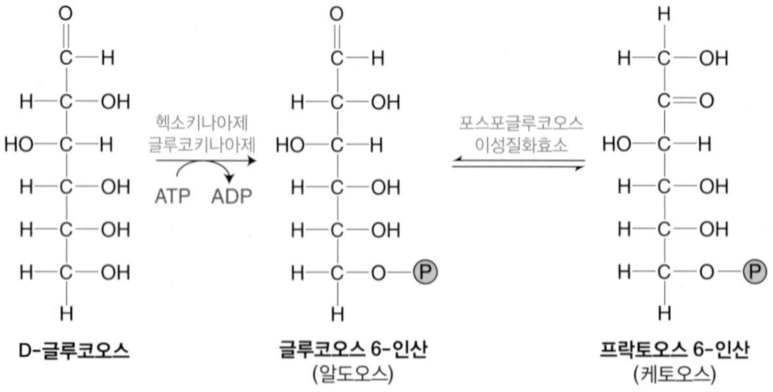

| D-글루코오스 | 글루코오스 6-인산
(알도오스) | 프락토오스 6-인산
(케토오스) |

그림 7-6 해당과정의 반응 1, 2: 글루코오스 6-인산의 생성과 이성질화

산(dihydroxyacetone phosphate, DHAP)으로 분할된다(그림 7-6). 이 반응은 열역학적으로 표준상태에서는 해당과정 진행방향으로 불리하지만($\Delta G^{\circ\prime} = +23.8$ kJ/mole) 생성물이 신속히 제거되므로 실제 세포질 농도 조건에서는 가역적이다.

$$\text{프락토오스 1,6-이인산} \xrightleftharpoons{\text{알돌라아제}} \text{다이하이드록시아세톤인산} + \text{글리세르알데히드 3-인산}$$

$$\Delta G^{\circ\prime} = 23.8 \text{ kJ/mol}$$

(5) 반응 5: 삼탄당인산 이성질화효소에 의한 DHAP의 GA3P로의 전환

반응 4의 생성물 중에 GA3P만이 해당과정의 다음 반응물이 되므로 DHAP는 가역적 이성질화에 의해 GA3P로 전환된다(그림 7-6). 결과적으로 전반부 반응 1~5를 거쳐 두 개의 GA3P가 생성되고, 이제 후반부에서 ATP를 수확할 준비가 된 것이다.

$$\text{다이하이드록시아세톤인산} \xrightleftharpoons{\text{삼탄당인산 이성질화효소}} \text{글리세르알데히드 3-인산}$$

$$\Delta G^{\circ\prime} = 7.5 \text{ kJ/mol}$$

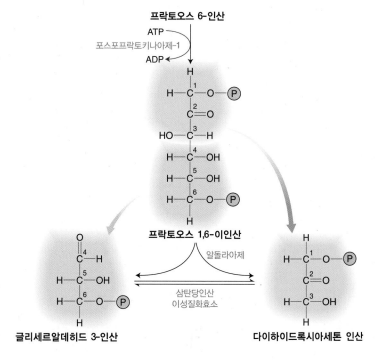

그림 **7-7** 해당과정의 반응 3, 4, 5: 프락토오스 1,6-이인산의 생성과 분해

(6) 반응 6: GA3P 탈수소효소에 의한 GA3P의 산화

글리세르알데히드 3-인산 탈수소효소에 의해 GA3P의 1번 위치의 알데히드기가 카르복실기로 산화되면서 카르복실기에 무기 인산(P_i)이 결합되어 글리세린산 1,3-이인산(1,3-bisphosphoglycerate, 1,3-BPG)이 생성된다. 알데히드기의 산화는 NAD^+를 NADH로 전환시키고, GA3P의 산화에서 생성된 자유에너지는 1번 탄소에 인산기로 보존되어, 다음 단계인 반응 7에서 글리세린산인산 키나아제(phosphoglycerate kinase)에 의해 합성되는 ATP의 고에너지결합의 원천이 된다. 이 단계에서 생성된 NADH는 세포의 산소공급 여부에 따라 다른 경로에 의해 재산화된다.

$$\text{글리세르알데히드 3-인산} + P_i + NAD^+ \xrightleftharpoons[]{\text{글리세르알데히드 3-인산 탈수소효소}} \text{글리세린산 1,3-이인산} + NADH + H^+$$

$$\Delta G^{o\prime} = 6.3 \text{ kJ/mol}$$

(7) 반응 7: 글리세린산인산 키나아제에 의한 1,3-BPG로부터 ATP의 생성

글리세린산인산 키나아제가 고에너지화합물인 1,3-BPG 분해로 생성된 에너지를 이용하여 1번 탄소의 인산기를 ADP에 이동시킴으로써 글리세린산 3-인산(3-phosphoglycerate, 3PG)과 ATP를 생성하는 이 반응은 해당과정에서 ATP를 수확하는 두 반응 중 첫 번째이다. 각 글루코오스 분자에 대해두 분자의 G3P이 생성되므로 이 반응에서 한 분자 글루코오스로부터는 두 분자의 ATP가 생성된다. 글리세린산인산 키나아제에 의해 촉매되는 이 반응은 대부분의 키나아제 경우와는 달리 생리적으로가역적이다.

$$\text{글리세린산 1,3-이인산} + ADP \xrightleftharpoons[]{\text{글리세린산인산 키나아제}} \text{글리세린산 3-인산} + ATP$$

$$\Delta G^{o\prime} = -18.8 \text{ kJ/mol}$$

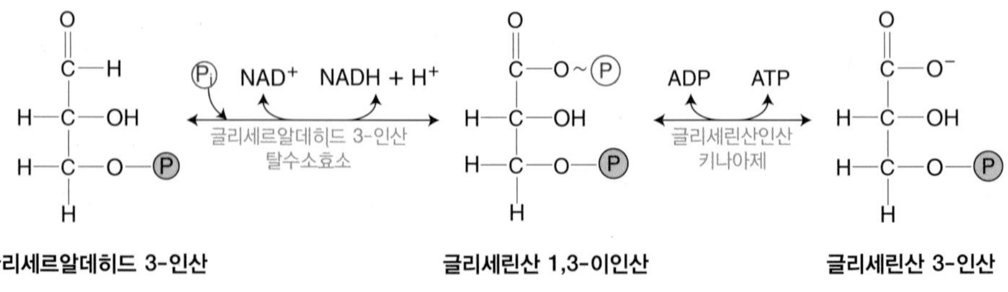

그림 **7-8** 해당과정의 반응 6,7: NADH와 ATP 생성

(8) 반응 8: 글리세린산인산 뮤타아제에 의한 글리세린산 3-인산에서 인산기의 위치 이동

글리세린산 3-인산은 글리세린산인산 뮤타아제(phosphoglycerate mutase)에 의해 인산기의 첨가-제거의 두 단계를 거쳐, 반응 9에 필요한 글리세린산 2-인산(2-phosphoglycerate, 2PG)으로 가역적으로 전환된다.

$$\text{글리세린산 3-인산} \xrightleftharpoons[\text{글리세린산인산 뮤타아제}]{Mg^{2+}} \text{글리세린산 2-인산}$$

$$\Delta G^{\circ\prime} = 4.4 \ kJ/mol$$

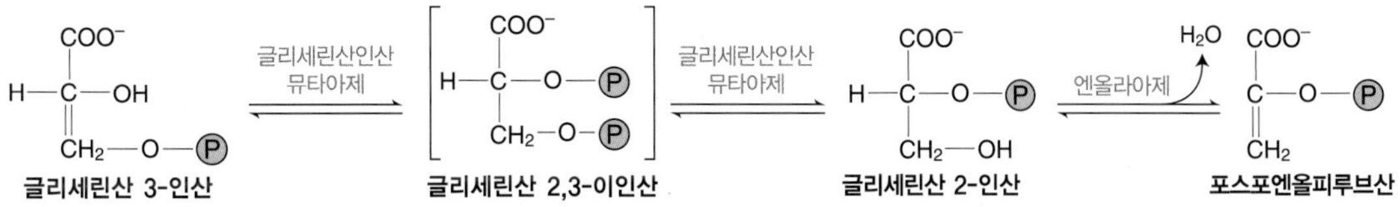

그림 7-9 해당과정의 반응 8,9: PEP의 생성

(9) 반응 9: 엔올라아제에 의한 글리세린산 2-인산의 탈수

이 반응은 엔올라아제(enolase)에 의해 에너지 수준이 낮은 글리세린산 2-인산을 탈수시켜 에너지 수준이 높은 포스포엔올피루브산(phosphoenol phosphate, PEP)으로 전환시킨다. 인산 에스테르에 비해 엔올인산기(enolic phosphate)는 에너지 수준이 매우 높다.

$$\text{글리세린산 2-인산} \xrightleftharpoons[\text{엔올라아제}]{H_2O} \text{포스포엔올피루브산}$$

$$\Delta G^{\circ\prime} = 7.5 \ kJ/mol$$

(10) 반응 10: 피루브산 키나아제에 의한 PEP에서 ATP의 생성

마지막 반응은 피루브산 키나아제(pyruvate kinase)에 의해 촉매되는데, 세 번째 조절점이자 두 번째 ATP 생성단계로서 반응 7과 마찬가지로 기질 수준의 인산화이다. PEP의 인산기가 ADP에 이동되자마자, 생성물인 피루브산의 엔올형이 훨씬 더 안정한 케토형으로 전환되기 때문에 피루브산 키나아제의 전체 반응은 자유에너지가 매우 낮아지고 따라서 비가역적이다. 이 반응에서도 글루코오스 한 분자당 2 ATP가 생성된다.

$$\text{포스포엔올피루브산 + ADP} \xrightarrow[\text{피루브산 키나아제}]{Mg^{2+}} \text{피루브산 + ATP}$$

$$\Delta G^{0\prime} = -31.4 \ kJ/mol$$

그림 **7-10** 해당과정의 반응 10: 두번째 ATP 생성

3) NADH의 재산화: 젖산 탈수소효소(lactate dehydrogenase)

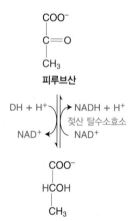

젖산 축적과 근육통 격렬한 운동 중에는 근육세포의 NADH 생성(해당과정 및 TCA 회로에서)이 과도하여 미토콘드리아에서의 산화속도를 초과함. 이 경우 NADH/NAD⁺ 비율이 증가되고, 그에 따라 피루브산에서 전환되는 젖산이 증가함. 따라서 갑자기 강한 운동을 하는 경우, 세포내 pH가 낮아짐에 따라 근육통이 초래될 수 있음.

글리세르알데히드 3-인산 탈수소효소의 작용은 NAD^+의 공급이 필요한데, 세포질에서 NAD^+ 농도가 낮으므로, 해당과정이 계속 진행되려면 생성된 NADH는 산소 공급 상태에 따라 다음과 같이 서로 다른 방법으로 재산화되어야 한다.

- 산소공급이 원활하면 NADH의 재산화는 전자전달계가 있는 미토콘드리아에서 일어난다.
- 미토콘드리아가 없는 세포에서나 저산소상태에서는 해당과정의 최종산물인 피루브산이 젖산으로 전환될 때 NADH가 산화된다. 수정체, 각막, 신장 수질, 정소, 백혈구 및 적혈구는 미토콘드리아가 없거나 혈액공급이 원활하지 않은 조직으로서 해당과정의 최종산물은 젖산이다.

4) 해당과정의 ATP 계산

해당과정의 결과 생성되는 피루브산(호기적 해당) 혹은 젖산(혐기적 해당)은 완전히 산화된 것이 아니고 글루코오스의 에너지를 아직 보유한 상태이므로 해당과정은 매우 비효율적인 에너지 생성경로이다. 혐기적 해당작용에서는 반응 6(p. 170)에서 생성된 NADH가 피루브산의 환원에 사용되므로 종합적인 반응식이 다음과 같다.

$$\text{글루코오스} + 2ADP + 2P_i \longrightarrow 2\text{젖산} + 2ATP + 2H_2O$$

한편, 호기적 해당과정은 종합적으로 다음과 같은 반응식으로 표현된다.

$$\text{글루코오스} + 2NAD^+ + 2ADP + 2P_i$$
$$\longrightarrow 2 \text{ 피루브산} + 2NADH + 2H^+ + 2ATP + 2H_2O$$

호기적 해당과정에서 생성된 NADH 한 분자는 미토콘드리아로 이동된 후, 전자전달계에서 산화적 인산화를 통해 1.5 혹은 2.5분자의 ATP를 추가로 생성할 수 있다. 따라서 글루코오스 한 분자당 산화적 인산화에 의한 3 혹은 5분자의 ATP와 기질적 인산화에 의한 2 ATP와 더하면, 총 5 혹은 7 분자의 ATP를 생산할 수 있게 된다.

표 7-1 해당과정 조절의 분류

분 류	조절방향	조절인자	조절단계 효소
다른자리입체성 조절	촉진	AMP	PFK-1 피루브산 키나아제
		F2,6BP	PFK-1
		F1,6BP	피루브산 키나아제
	억제	글루코오스 6-인산	헥소키나아제
		ATP	헥소키나아제 PFK-1 피루브산 키나아제
		구연산	PFK-1
		아세틸 CoA, 긴사슬지방산, ATP	피루브산 키나아제
효소단백질의 인산화에 의한 조절	촉진	인슐린	PFK-1
	억제	글루카곤	피루브산 키나아제
효소단백질의 합성 조절	촉진	인슐린	헥소키나아제 PFK-1 피루브산 키나아제

5) 해당과정의 조절

해당과정에서 글루코오스가 분해되는 속도는 매우 정교하게 조절되는데, 이것은 두 가지 목적이 있다. 하나는 ATP의 농도를 거의 일정하게 유지하기 위한 것이고 다른 하나는 생합성에 필요한 중간대사물을 적절하게 공급하기 위한 것이다. 해당과정의 속도 조절은 헥소키나아제, PFK-1 및 피루브산키나아제를 통해 이루어지는데 특히 PFK-1이 가장 중요한 조절점이다. 해당과정의 속도는 여러 인자들이 상호작용한 결과로서 각 인자들은 다음과 같다(표 7-1).

- 다른자리입체성 조절인자의 농도
- 효소의 인산화 혹은 탈인산화
- 효소단백질의 합성 수준

(1) 자유에너지 변화와 해당과정의 조절

표 7-2는 적혈구에서 일어나는 해당과정의 10개 반응에 대한 자유에너지 변화를 요약하였다. 실제 세포 내 조건에서 자유에너지 변화(ΔG)가 반응의 방향성을 알려준다. 현저하게 음성인 자유에너지 변화를 보이는 비가역적인 반응은 반응 1, 3, 10번이고 여러 가지 인자에 의해 촉진 또는 억제되며, 각각 헥소키나아제, PFK-1 및 피루브산 키나아제에 의해 촉매된다(표 7-1). 특히, PFK-1이 촉매하는 반응은 전체 해당과정의 속도조절단계이다. 그 외 반응은 가역적 반응으로서 반응물과 생성물의 상대적 농도에 따라 반응의 방향이 수시로 변화되므로 효소작용을 조절하기에 적당하지 않다.

(2) 다른자리입체성 조절

① ATP/AMP 비율의 다른자리입체성 조절

고농도의 AMP는 PFK-1과 피루브산 키나아제를 촉진하는 반면, 고농도의 ATP는 헥소키나아제, PFK-1 및 피루브산 키나아제를 억제한다. 따라서 ATP/AMP 비율은 에너지가 소진된 시점에서 해당과정을 촉진하고, 에너지가 충만한 시점에서 해당과정을 저해하는 전원스위치 역할을 한다. 또한 에너지가 풍부한 상태를 의미하는 ATP, 아세틸 CoA 및 긴사슬지방산은 음성 다른자리입체성 조절인자이다.

표 7-2 해당과정 10개 반응의 자유에너지 변화

반 응	$\Delta G^{\circ\prime}$(kJ/mol)	ΔG(kJ/mol)
글루코오스 → 글루코오스 6-인산	−16.7	−33.4
글루코오스 6-인산 ⇌ 프락토오스 6-인산	1.7	0~25
프락토오스 6-인산 → 프락토오스 1,6-이인산	−14.2	−22.2
프락토오스 1,6-이인산 ⇌ DHAP[1] + G3P[2]	23.8	−6~0
DHAP* ⇌ G3P	7.5	0~4
G3P + Pi + NAD$^+$ ⇌ 1,3BPG[3] + NADH + H$^+$	6.3	−2~2
1,3-BPG + ADP ⇌ 3-포스포글리세린산 + ATP	−18.8	0~2
3-포스포글리세린산 ⇌ 2-포스포글리세린산	4.4	0~0.8
2-포스포글리세린산 ⇌ 포스포엔올피루브산 + H$_2$O	7.5	0~3.3
포스포엔올피루브산 → 피루브산 + ATP	−31.4	−16.7

주: $\Delta G^{\circ\prime}$는 표준 자유에너지 변화, ΔG는 정상상태 적혈구 내에서의 해당과정 중간대사물의 실제 농도로부터 계산한 자유에너지,
　파란색으로 표시한 반응은 실제 세포 내에서 비가역반응임.
　　1) dihydroxyacetone phosphate
　　2) glyceraldehyde 3-phosphate
　　3) 1,3-bisphosphoglycerate

② 구연산의 다른자리입체성 조절

피루브산, 지방산 및 아미노산의 호기적 대사들 모두에서 주요 중간대사물인 구연산(citric acid)은 PFK-1의 음성 다른자리입체성 조절인자이다. 즉, 구연산의 농도가 높으면 ATP의 PFK-1 저해작용을 증폭시켜서 해당과정으로 글루코오스가 흘러가는 것을 더욱 저해한다. 단백질과 지방의 산화에서 다시 설명하겠지만, 구연산은 세포의 에너지 생성 요구가 어느 정도 충족되었다는 신호로 작용한다.

③ F1,6BP에 의한 다른자리입체성 조절

해당과정에서 6단계 이전 반응의 생성물인 F1,6BP은 피루브산 키나아제의 기질인 PEP를 증가시키므로 PFK-1의 활성 증가는 피루브산 키나아제의 활성 증가로 연결된다.

④ F2,6BP의 다른자리 입체성 조절

해당과정의 가장 중요한 조절점을 촉매하는 PFK-1의 가장 중요한 활성제는 F2,6BP이다. Phosphofructokinase-2/fructose 2,6-bisphosphatase(PFK-2/FBPase-2)는 이중기능효소

(bifunctional enzyme)이다. 즉, F2,6BP를 생성하는 PFK-2와 이것을 분해하는 FBPase-2 두 효소의 결합이다(그림 7-11). 이 효소는 단백질 키나아제(protein kinase)에 의해 인산화되고, 인산단백질 인산분해효소(phosphoprotein phosphatase)에 의해 탈인산화된다(그림 7-12). PFK-2/FBPase-2가 탈인산화된 형태는 PFK-2가 활성형이고 FBPase-2가 불활성형이다(그림 7-12). 반대로 PFK-2/FBPase-2가 인산화된 형태는 PFK-2가 불활성형이고 FBPase-2가 활성형이다.

(3) 호르몬에 의한 효소단백질의 인산화

① PFK-2/FBPase-2의 인산화

PFK-1의 가장 강력한 활성제인 F2,6BP의 농도를 결정하는 PFK-2/FBPase-2 단백질은 호르몬에 의해 인산화와 탈인산화가 조절된다(그림 7-12). 글루카곤은 단백질 키나아제를 통해 PFK-2/FBPase-2의

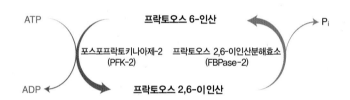

그림 7-11 PFK-2/FBPase-2에 의한 프락토오스 2,6-이인산의 조절

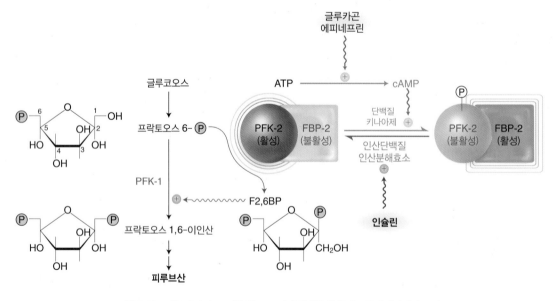

그림 7-12 프락토오스 2,6-이인산(F2,6BP)의 생성을 통한 호르몬의 해당과정 조절

인산화를 촉진하고, 인슐린은 인산단백질 인산분해효소에 의한 탈인산화를 촉진한다. 따라서 F2,6BP는 인슐린에 의해 증가되고, 글루카곤에 의해 감소되므로 해당과정은 인슐린에 의해 촉진되고 글루카곤에 의해 억제된다(그림 7-12).

② 피루브산 키나아제의 인산화

공복시에는 해당과정이 저해되는데 이것은 글루카곤이 분비되어 cAMP의 증가와 그에 따른 단백질 키나아제의 활성화 때문이다. 단백질 키나아제는 단백질의 인산화를 촉매하는데, 인산화된 피루브산 키나아제는 불활성 형태이다. 글루카곤에 의한 피루브산 키나아제의 활성 억제는 간에서만 일어나는데, 혈당이 낮은 경우 글루카곤이 간에서 해당과정을 억제시킴으로써 간외 조직으로 글루코오스를 공급하게 한다.

(4) 호르몬에 의한 효소 단백질의 합성

해당 유전자의 전사를 통해 조절하는 효소단백질의 합성 수준, 예를 들어 인슐린은 헥소키나아제 II와 IV, PFK-1 및 피루브산 키나아제의 합성을 증가시킴으로써 해당과정을 촉진한다.

2. 당신생경로

당질 이외의 물질로부터 글루코오스를 합성하는 것을 당신생경로(gluconeogenesis)라 부른다. 당신생경로는 주로 간에서 일어나지만 신장과 소장에서도 소량 일어난다. 당신생경로의 대부분 효소들은 세포질에 존재한다.

당신생경로 당을 새로이 합성하는 경로
gluco(sugar, 당) +
neo(new, 새로운) +
genesis(synthesis, 합성)

1) 당신생경로의 중요성과 역할

글루코오스는 미생물부터 사람에 이르기까지 보편적 연료일뿐 아니라, 어떤 조직에서는 거의 유일한 에너지원이다. 즉, 사람의 뇌와 신경계는 물론 적혈구, 정소, 신장 수질, 눈의 망막과 렌즈 및 태아 조직에서는 혈액을 통해 공급되는 글루코오스가 유일한 에너지원이거나 주된 에너지원이다. 글루코오스의 필요량은 상당해서, 뇌만 해도 매일 120g 정도의 글루코오스를 사용한다.

식사와 식사 사이에 탄수화물 섭취가 중단될 때, 체내 저장 글리코겐이 분해하여 글루코오스를 공급할 수 있다. 그러나 격렬한 운동 후, 장기간 금식 및 아침 식전에는 글리코겐이 고갈될 수 있다. 이때 혈당을 유지하기 위해 당신생경로가 사용된다.

2) 당신생경로의 비가역반응

반응물과 생성물만 보면 당신생경로는 해당과정의 역반응이다. 글루코오스의 합성인 당신생경로와 글루코오스의 분해인 해당과정은 가역적인 7개 반응을 공유한다(그림 7-13). 해당과정에서는 다음 세 반응에서 비가역적이므로 당신생경로에서는 이 반응에 대한 우회반응이 필요하다.

- 피루브산 → PEP(피루브산의 인산화)
- F1,6BP → F6P(F1,6BP의 탈인산화)
- G6P → 글루코오스(G6P의 탈인산화)

해당과정의 마지막 반응은 PEP의 피루브산으로의 탈인산화인데, 역과정인 당신생경로에서 피루브산의 인산화는 두 단계 반응을 거쳐 우회한다. 따라서 해당과정의 비가역적인 세 반응을 우회하기 위해 당신생경로에서는 네 가지 효소가 추가로 필요하다.

(1) 피루브산 → PEP

당신생경로의 첫 걸림돌은 해당과정에서 마지막 반응인 피루브산이 PEP로 전환되는 반응이다. 피루브산의 인산화는 두 반응에 걸쳐 일어난다. 먼저 피루브산 카르복실화효소(pyruvate carboxylase)에 의해 피루브산에 카르복실기가 부착되어 옥살로아세트산(OAA)이 된 후(그림 7-14a), PEP 카르복시키나아제(PEP carboxykinase)에 의해 OAA가 PEP로 전환된다.

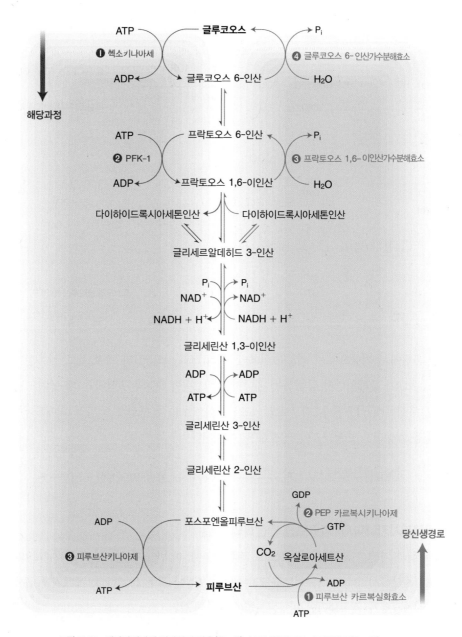

그림 7-13 해당과정과의 비가역적 반응(①-③)과 당신생경로의 비가역반응(①-④)

① 피루브산 카르복실화효소: 피루브산 인산화의 첫 단계

피루브산 카르복실화효소는 미토콘드리아 효소로서 비오틴(biotin, 비타민 B의 일종)을 함유한다. 비오틴은 효소단백질의 리신 잔기의 ε-아미노기에 공유결합으로 부착되어 먼저 자신이 CO_2와 결합했다

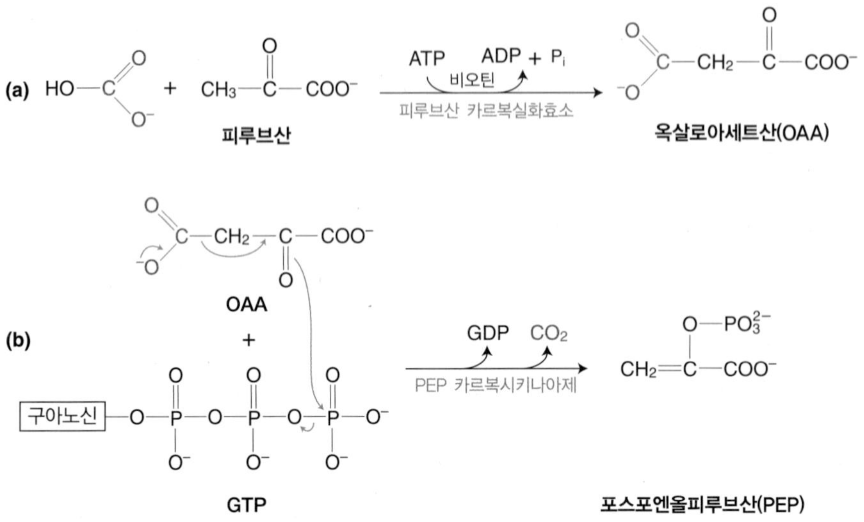

그림 **7-14** 피루브산에서 PEP의 합성

가 CO_2를 기질에 옮겨줌으로써 카르복실화반응(carboxylation)의 조효소로 작용한다(알아두기 p.171 참조). ATP가 분해하면서 공급하는 에너지는 비오틴이 CO_2와 결합하는 데 쓰이므로 결국 피루브산의 카르복실화에 이용된다. 피루브산 카르복실화효소는 글루코오스 합성 외에도 구연산회로의 중간대사물을 재충전하는 등의 다른 용도로도 이용된다.

$$피루브산 + HCO_3^- + ATP \xrightarrow{피루브산 \ 카르복실화효소} 옥살로아세트산 + ADP + P_i$$

② PEP 카르복시키나아제: 피루브산 인산화의 완결

OAA는 탈탄산과 가인산 분해를 거쳐 PEP로 전환되는데, 이 반응이 일어나기 위해 GTP의 분해가 수반된다. PEP 카르복시키나아제는 미토콘드리아와 세포질에 모두 존재한다. 세포질에 존재하는 효소에 의한 당신생경로가 계속되려면 미토콘드리아에서 생성된 OAA가 미토콘드리아 내막을 통과해야 하는데, 운반체가 없어 미토콘드리아 내막을 직접 통과할 수 없으므로 말산으로 전환되어야 한다(그림 9-9a 참조). 즉, OAA는 미토콘드리아 말산 탈수소효소의 작용을 받아 말산으로 환원된 후 세포질로 운반되었다가 세포질 말산 탈수소효소의 작용으로 재산화되어 OAA를 재생한다(그림 7-14b).

$$옥살로아세트산 + GTP \xrightarrow{PEP \ 카르복시키나아제} 포스포엔올피루브산(PEP) + GDP$$

　　PEP 카르복시키나아제의 반응에서 방출되는 CO_2는 전단계인 피루브산 카르복실화효소의 반응에서 부착되는 바로 그 CO_2이다. CO_2를 부착시킴으로써 피루브산을 활성화시키고, 그럼으로써 다음 반응인 PEP 생성을 가능하게 하는 것이다. 즉 피루브산이 PEP로 전환되는 과정은 두 단계 반응을 통해 이루어지는데, 이러한 전략은 지방산의 합성에서도 이용된다.

(2) F1,6BP의 탈인산화(F1,6BP → F6P)

프락토오스 1,6-이인산분해효소(fructose 1,6-bisphosphatase, F1,6BPase, FBPase-1)에 의해 촉매되는 이 반응은 해당과정에서 PFK-1이 촉매하는 F6P 인산화의 역반응에 해당한다. 해당과정에서 F6P의 인산화는 ATP를 소모하지만, 그 역반응인 당신생경로에서 F1,6BP의 탈인산화는 무기 인산(P_i)을 방출할 뿐 ATP를 생성하지 못한다.

$$\text{프락토오스 1,6-이인산 + } H_2O \xrightarrow{\text{프락토오스 1,6-이인산분해효소}} \text{프락토오스 6-인산 + } P_i$$

(3) G6P의 탈인산화(G6P → 글루코오스)

이 반응은 헥소키나아제가 촉매하는 글루코오스 인산화 반응의 우회반응으로서, 간과 신장에만 존재하는 글루코오스 6-인산 가수분해효소(glucose-6-phosphatase, G6Pase)에 의해 촉매되는데, 그 결과로 생성된 글루코오스는 혈액으로 방출된다. 이 효소는 당신생경로뿐 아니라, 글리코겐 분해의 마지막 반응을 촉매한다. 근육에는 이 효소가 존재하지 않으므로 근육 글리코겐은 분해되어도 혈당을 공급하지 못한다.

$$\text{글루코오스 6-인산 + } H_2O \xrightarrow{\text{글루코오스 6-인산 가수분해효소}} \text{글루코오스 + } P_i$$

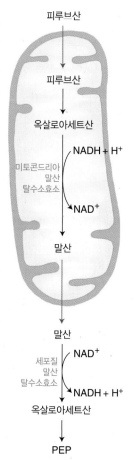

그림 **7-15** 미토콘드리아에서 세포질로 옥살로아세트산의 이동

3) 당신생경로에 소요되는 ATP

그림 7-16에서는 10단계로 구성되는 해당과정과 11단계로 구성되는 당신생경로를 비교하여 당신생경로의 ATP 수지를 요약하였다. 해당과정에서 PEP의 탈인산화와 글리세린산 1,3-이인산의 탈인산화는 각각 1 ATP를 합성하였다. 그런데 각각의 역반응인 피루브산이 PEP로 전환하는 데는 2 ATP가 필요하고, 글리세린산 3-인산의 인산화에는 1 ATP가 필요하다. 따라서 피루브산 한 분자당 3 ATP를 소모하고, 글루코오스 한 분자당은 6 ATP를 소모하게 된다. 한편, 해당과정에서 인산화에 ATP를 소모하였던 헥소키나아제와 PFK-1의 반응은 당신생경로에서 우회하는 탈인산화 시에는 ATP 없이 무기인산이 방출될 뿐이다.

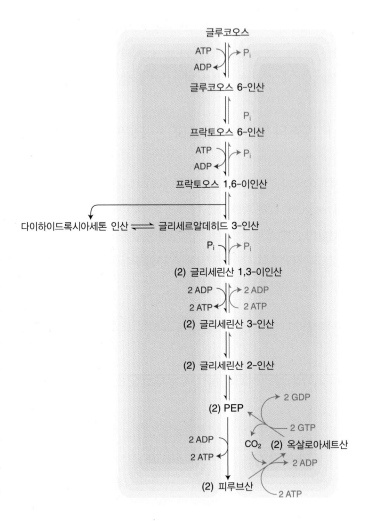

그림 7-16 해당과정(→)과 당신생경로(→)의 ATP 수지 비교

4) 당신생경로의 기질

탄수화물, 지방 및 단백질이 대사되는 과정에서 해당과정의 중간대사물이나 구연산회로를 통해 옥살로아세트산을 공급할 수 있는 다음과 같은 물질들은 당신생경로의 기질이 될 수 있다.

(1) 중성지방의 분해로 생성되는 글리세롤

글리세롤 인산을 거쳐(글리세롤 키나아제의 작용) 다이하이드록시아세톤 인산(dihydroxyacetone phosphate, DHAP)을 생성하므로(글리세롤 인산 탈수소효소의 작용) 당신생경로의 기질이 된다(그림 7-20). 중성지방의 지방산 부분은 β-산화로 인해 생성되는 아세틸 CoA가 피루브산으로 전환될 수 없으므로, 당신생경로의 기질이 되지 못한다.

(2) 대부분의 아미노산

해당과정이나 구연산회로에서 탄소 수가 3개 이상인 중간대사물을 공급할 수 있는 아미노산들은 당신생경로의 기질이 되므로 혈당을 유지하는 데 쓰인다. 이들 아미노산들은 분해되어서 피루브산이나 구연산회로의 중간대사물인 α-케토글루타르산, 숙시닐 CoA, 푸마르산 혹은 OAA를 생성하는 종류들이다. 당신생경로의 기질이 될 수 없는 아미노산은 리신과 류신의 단 두 가지뿐이므로 전체적으로 단백질은 혈당 유지에 사용된다.

알아두기

비오틴의 기능 이야기

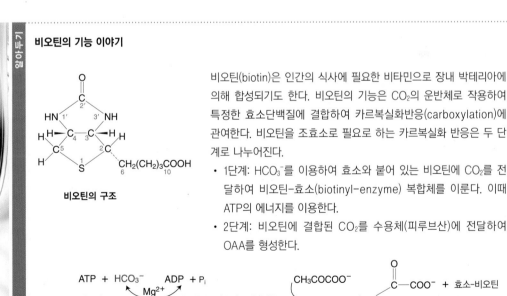

비오틴의 구조

비오틴(biotin)은 인간의 식사에 필요한 비타민으로 장내 박테리아에 의해 합성되기도 한다. 비오틴의 기능은 CO_2의 운반체로 작용하여 특정한 효소단백질에 결합하여 카르복실화반응(carboxylation)에 관여한다. 비오틴을 조효소로 필요로 하는 카르복실화 반응은 두 단계로 나누어진다.

- 1단계: HCO_3^-를 이용하여 효소와 붙어 있는 비오틴에 CO_2를 전달하여 비오틴-효소(biotinyl-enzyme) 복합체를 이룬다. 이때 ATP의 에너지를 이용한다.
- 2단계: 비오틴에 결합된 CO_2를 수용체(피루브산)에 전달하여 OAA를 형성한다.

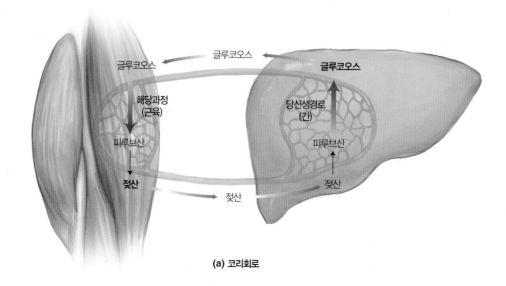

(a) 코리회로

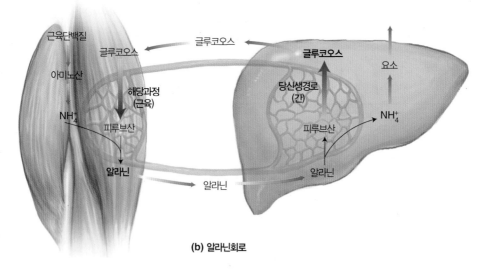

(b) 알라닌회로

그림 **7-17** 코리회로와 알라닌회로

(3) 코리회로에서의 젖산

미토콘드리아가 없는 적혈구는 물론 운동 개시 직후, 혹은 고강도 운동을 하는 근육에서 산소가 부족하게 되면, 해당과정에서 생성되는 젖산을 혈액으로 방출한다. 젖산은 간으로 이동되어 당신생경로의 주요 기질이 되는 동시에 근육의 노폐물 제거 수단이 된다. 이와 같이 골격근의 해당과정과 간의 당신생경로를 연결하는 회로를 코리회로(Cori cycle)라고 부른다(그림 7-17a).

(4) 알라닌회로에서의 알라닌

글루코오스를 소모하는 조직에서의 해당과정과 혈당유지를 담당하는 기관인 간에서의 당신생경로를 연결하는 회로는 코리회로 외에도 알라닌회로(alanine cycle)가 있다(그림 7-17b). 알라닌회로는 골격근에서 글리코겐뿐 아니라 단백질의 분해산물도 간으로 옮겨 처리한다. 단백질은 지구력을 요하는 격심한 운동 시에 곁가지아미노산(발린, 루신, 이소루신)을 분해하여 탄소골격을 구연산회로로 유입시킴으로써 에너지를 생산할 수 있다. 이 경우 아미노산에서 제거된 아미노기는 글리코겐 분해와 해당과정의 결과로 생성된 피루브산에 결합하여 알라닌을 형성한 후 혈액을 통해 간으로 이동된다. 간은 이렇게 노폐물을 이용하여 글루코오스를 재생할 뿐 아니라, 알라닌의 형태로 운반된 아미노기를 무독성인 요소로 전환하여 배설함으로써 혈액의 항상성을 유지한다.

5) 당신생경로의 조절

다른 대사경로와 마찬가지로 당신생경로의 속도는 기질 농도, 다른자리입체성 조절인자 및 호르몬에 의해 조절되며 이들 조절요인들 사이에는 상호관련이 있다. 당신생경로의 조절효소로는 피루브산 카르복실화효소, PEP 카르복시키나아제, F1,6BPase 및 G6Pase가 있다.

(1) 기질 농도에 의한 조절

젖산이나 글리세롤뿐 아니라 대부분의 아미노산은 농도가 높을 때 당신생경로가 촉진된다. 이 물질들은 고지방식, 기아 및 장기간의 단식 시에 그 농도가 높아지는데, 이는 인슐린의 분비가 감소함으로써 체지방과 골격근의 분해가 증가되기 때문이다.

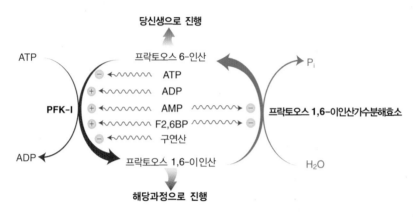

그림 7-18 프락토오스 1,6-이인산 분해효소와 PFK-1에 대한 다른자리입체성 조절

(2) 다른자리입체성 조절

① 아세틸 CoA에 의한 당신생경로의 촉진

피루브산 카르복실화효소는 아세틸 CoA에 의한 다른자리입체성 조절로 활성화된다. 공복 시에는 고농도의 아세틸 CoA에 의해 활성화되어 당신생경로를 촉진하고, 식후에는 저농도의 아세틸 CoA에 의해 불활성화된다.

② AMP에 의한 당신생경로의 억제

에너지 부족상태를 의미하는 고농도의 AMP는 F1,6BPase를 저해함으로써 에너지 비용이 드는 당신생경로를 억제하는 동시에, PFK-1을 활성화시킴으로써 해당과정을 촉진시켜서 열량영양소가 산화되도록 한다. 그림 7-18은 PFK-1과 F1,6BPase에 의해 각각 조절되는 해당과정과 당신생경로가 매우 조화롭게 상반적으로(reciprocally) 조절되는 것을 보여 준다.

(3) 효소단백질의 인산화에 의한 조절

글루카곤은 cAMP의 농도를 증가시켜 cAMP-의존형 단백질 키나아제(protein kinae) 활성을 증가시키고 인슐린은 그와 반대 방향으로 작용한다. 따라서 공복이나 고지방·저당질식 후와 같이 글루카곤/인슐린의 비율이 높은 경우에, 표적 단백질의 인산화가 초래되는데, 효소의 활성에 미치는 인산화의 영향은 효소의 종류에 따라 각기 다르다.

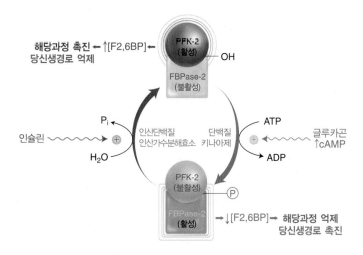

해당과정 촉진 ← ↑[F2,6BP]←
당신생경로 억제

PFK-2
(활성)

OH

FBPase-2
(불활성)

인슐린 〜〜〜〜 ⊕

P_i

H_2O

인산단백질
인산가수분해효소

단백질
키나아제

ATP

ADP

⊕ ←〜〜〜 글루카곤
↑cAMP

PFK-2
(불활성)

Ⓟ

FBPase-2
(활성)

→ ↓[F2,6BP]→ 해당과정 억제
당신생경로 촉진

그림 7-19 PFK-2/FBPase-2의 인산화에 의한 해당과정과 당신생경로의 상반적 조절

① PFK-2/FBPase-2의 인산화

그림 7-19는 글루카곤에 의해 높아진 cAMP가 PFK-2/FBPase-2의 인산화를 초래하여 F2,6BP의 농도를 감소시키는 과정과 인슐린에 의해 F2,6BP의 농도가 증가되는 과정을 비교하였다. 따라서 글루카곤은 당신생경로를 촉진하고 인슐린은 해당과정을 촉진하게 된다.

② 피루브산 키아나제의 인산화

글루카곤은 cAMP-의존형 단백질 키나아제의 활성 증가를 통해, 또 다른 효소인 피루브산 키나아제를 인산화하여 불활성화시킨다. 그 결과 피루브산으로 전환되지 못한 PEP가 축적되어 당신생경로로 들어가게 한다(그림 7-13).

(4) 효소단백질의 합성 조절

위의 조절 기전은 시시각각으로 변하는 단기적(수 분~수 시간) 조절이다. 호르몬의 작용 중 유전자 단계에서 mRNA 전사 속도를 조절하는 것은 느린 속도로 이루어지고 그 효과가 오래 지속된다. 글루카곤은 PEP 카르복시키나아제의 유전자 전사를 증가시켜 효소단백질의 수를 늘림으로써 당신생경로를 촉진한다. 인슐린은 PEP 카르복시키나아제와 글루코오스 6-인산 가수분해효소의 합성을 감소시킨다.

3. 다른 단당류의 대사

글루코오스 외에 프락토오스와 갈락토오스도 식사와 체내에서 중요한 역할을 하는 단당류이다. 프락토오스와 갈락토오스는 해당과정이나 당신생경로에 합류하여 혈당을 공급하거나 분해되어 에너지원이 된다.

1) 프락토오스

프락토오스의 급원은 설탕, 꿀, 과일 혹은 가공식품에 함유된 고과당콘시럽(high-fructose corn syrup)이다.

(1) 조직에 따른 프락토오스의 대사

프락토오스가 대사경로에 합류하려면 인산화가 우선되어야 하는데, 프락토키나아제(fructokinase)나 헥소키나아제의 작용으로 인산화가 이루어진다.

① 간에서의 대사
섭취한 프락토오스는 주로 간에서 대사되는데, 간에서는 프락토키나아제에 의해 ATP를 사용하여 프락토오스 1-인산(fructose 1-phosphate, F1P)으로 전환된 후, 알돌라아제에 의해 DHAP와 글리세르알데히드로 쪼개진다. DHAP는 프락토오스 1,6-이인산을 거쳐 당신생경로에 참여하거나, 글리세르알데히드 3-인산으로 전환되어 해당과정으로 합류한다(그림 7-20).

② 근육과 지방조직에서의 대사
근육과 지방조직에서는 프락토오스가 헥소키나아제에 의해 F6P로 전환되어 해당과정으로 합류한다. 프락토오스에 대한 헥소키나아제의 K_m이 높으므로 과량의 프락토오스를 섭취한 경우가 아니면 의미가 크지 않다.

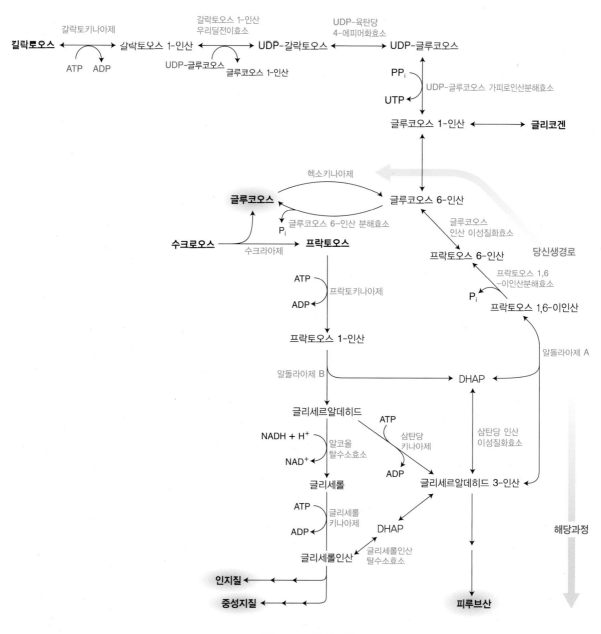

그림 **7-20** 단당류의 대사

(2) 프락토오스 대사의 특징

프락토오스는 글루코오스와 다른 수송체에 의해 세포 내로 유입되는데 여기에 인슐린이 필요하지 않다. 따라서 프락토오스를 함유하는 과일들은 단맛에도 불구하고 혈당지수(glycemic index, GI)가 높지 않다. 프락토오스가 해당과정 중간대사물로 전환되는 것은 글루코오스와 달리 속도조절단계인 PFK-1의 반응을 거치지 않으므로 글루코오스보다 신속하게 대사된다(그림 7-20). 따라서 프락토오스는 글루코오스보다 신속하게 해당이나 당신생경로에 합류하여 대사되고, 중성지방 합성에 보다 직접적으로 이용된다.

2) 갈락토오스

우유 및 유제품에 함유되어 있는 유당은 갈락토오스의 주요 급원이다. 프락토오스처럼 갈락토오스는 세포 내로 유입되는데 인슐린에 의존적이지 않다. 글루코오스와 4-에피머 관계로서 매우 유사한 구조인데도 불구하고 갈락토오스는 해당과정에 합류하기 위해서 몇 가지 반응이 필요하다(그림 7-20).

(1) 갈락토오스 대사

갈락토오스가 대사되기 위해서는 우선 인산화되어야 하는데, 이때 작용하는 효소는 갈락토키나아제(galactokinase)이고 인산기는 ATP에 의해 제공된다. 생성된 갈락토오스 1-인산은 갈락토오스 1-인산 우리딜전이효소(galactose 1-phosphate uridyltransferase), UDP-육탄당 4-에피머화효소(UDP-hexose 4-epimerase) 등의 효소작용으로 UDP-갈락토오스, UDP-글루코오스 및 글루코오스 1-인산으로 전환되어 당접합체나 글리코겐 합성에 이용되거나 해당과정에 합류한다.

(2) 갈락토세미아(galactosemia)

고전적 갈락토세미아에서는 갈락토오스 1-인산 우리딜전이효소에 결함이 있어 갈락토오스 1-인산이 대사되지 못하므로 혈중 갈락토오스가 높아지고 갈락토오스의 대사물인 갈락티톨(galactitol)이 수정체에 축적되어 백내장의 원인이 된다.

그러나 갈락토세미아 환아들도 자라서 청소년기가 되면 갈락토오스 1-인산이 UDP-갈락토오스 가피로인산분해효소(UDP-galactose pyrophosphorylase)와 UDP-육탄당 에피머화효소에 의해 차례로 UDP-갈락토오스와 UDP-글루코오스로 전환되므로 갈락토세미아의 증상이 사라질 수 있다.

$$\text{갈락토오스 1-인산 + UTP} \xrightleftharpoons{\text{UDP-갈락토오스 가피로인산분해효소}} \text{UDP-갈락토오스} + PP_i$$

4. 글리코겐 대사

혈액의 글루코오스 농도를 일정한 범위 내에서 유지하는 것은 생명 유지에 필수적이다. 혈당의 급원은 식사, 당신생경로 및 글리코겐 분해이다. 글루코오스와 글루코오스 전구체의 섭취량은 늘 일정한 것이 아니고, 당신생경로는 신속한 글루코오스 합성을 보장하지 못하는 문제가 있다. 따라서 글리코겐을 합성하고 분해하는 것은 다음과 같은 이점이 있다.

- **글리코겐 합성**　고당질 식사로 과량의 글루코오스가 흡수되었을 때, 글리코겐을 합성하여 간과 근육에 저장하면 고혈당을 방지할 수 있다.
- **글리코겐 분해**　저혈당 시에 분비되는 글루카곤의 작용을 받아 간의 글리코겐이 신속하게 분해됨으로써 혈당을 정상 수준으로 유지할 수 있다. 근육에 저장된 글리코겐은 지방산이 호기적 대사로 ATP를 생산할 수 없는 상황일 때(즉, 고강도 운동이나 운동 개시 초기단계에서) 에피네프린의 작용으로 신속하게 분해되어 근 수축의 에너지원이 된다.

1) 글리코겐 합성

글리코겐(glycogen)은 수많은 글루코오스가 결합된 다당류인데, 글루코오스끼리의 연결을 위해 다음과 같은 과정들이 필요하다.

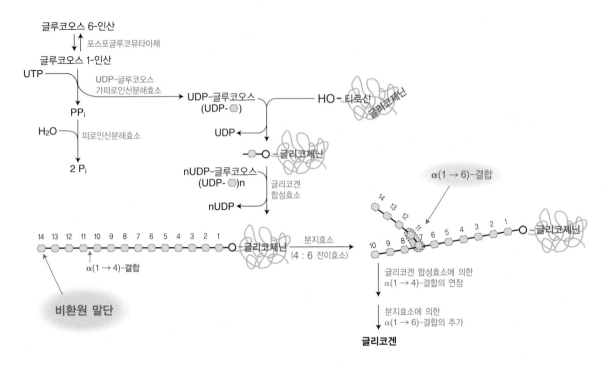

그림 **7-21** 글리코겐 합성

(1) 글루코오스 잔기의 활성화

글리코겐 합성에서 하나씩 첨가되는 글루코오스 잔기는 UDP(우리딘 이인산, uridine diphosphate)-글루코오스의 형태인데, 이 형태가 되기 위해 글루코오스 6-인산은 두 가지 효소작용을 받는다. 먼저, 포스포글루코뮤타아제(phosphoglucomutase)가 글루코오스 6-인산을 글루코오스 1-인산으로 전환시킨 후, UDP-글루코오스 가피로인산분해효소(pyrophosphorylase)가 글루코오스 1-인산을 UTP와 반응시켜 UDP-글루코오스를 생성한다(그림 7-21).

(2) 글리코겐 합성의 시발점

단지 UDP-글루코오스 잔기끼리만 모여서는 글리코겐 합성이 시작되지 않는다. 기존에 존재하는 글리코겐 조각이나 글리코제닌(glycogenin)이라는 단백질이 글리코겐 합성에 프라이머(primer, 시작물질)로 작용한다.

(3) 글리코겐의 선상 연장

프라이머에 UDP-글루코오스를 부착하여 $\alpha(1{\rightarrow}4)$결합을 형성함으로써 직선으로 길어지게 하는 효소는 글리코겐 합성효소(glycogen synthase)다.

(4) 글리코겐의 가지 형성

이 효소의 작용으로 글리코겐이 직선상으로 길어지면, $\alpha(1{\rightarrow}4)$글리코시드 결합을 분해함으로써 말단의 5~8개 잔기를 분리하여 $\alpha(1{\rightarrow}6)$글리코시드결합으로 새로운 가지를 형성한다. 이 효소는 분지효소(branching enzyme)로서 4:6 전이효소로 불리는 아밀로-$\alpha(1{\rightarrow}4) \rightarrow \alpha(1{\rightarrow}6)$-글리코시드전이효소[amylo-$\alpha(1{\rightarrow}4) \rightarrow \alpha(1{\rightarrow}6)$-transglycosidase]이다.

2) 글리코겐 분해

글리코겐의 분해(glycogenolysis)는 두 가지 효소에 의해 이루어지는데 첫 번째는 선상으로 연결된 글루코오스 잔기를 하나씩 제거하는 효소이고 두 번째는 글리코겐의 가지를 제거하는 효소이다(그림 7-22).

(1) 글리코겐 가인산분해효소

글리코겐 가인산분해효소(glycogen phosphorylase)는 피리독살인산(pyridoxal phosphate)을 조효소로 한다. 무기인산(P_i)을 이용하여 글리코겐의 비환원당 말단으로부터 $\alpha(1{\rightarrow}4)$결합을 끊음으로써 글루코오스 잔기를 하나씩 제거하면서 인산기를 결합시켜, 글루코오스 1-인산을 방출한다. 이것은 분지점, 즉 $\alpha(1{\rightarrow}6)$ 글리코시드결합을 갖는 잔기로부터 4개 잔기에 도달할 때까지 진행되며 이때 더 이상 글리코겐 가인산분해효소의 작용을 받지 못하게 된 분자는 '한계 덱스트린(limit dextrin)'이라 부른다. 방출된 글루코오스 1-인산은 포스포글루코뮤타아제에 의해 글루코오스 6-인산으로 전환된다. 글루코오스 6-인산은 해당과정에 합류하기도 하고(근육에서 근수축 에너지로 사용될 때), 간에서는 글루코오스 6-인산 가수분해효소에 의해 유리 글루코오스로 전환되어 혈액으로 방출되기도 한다.

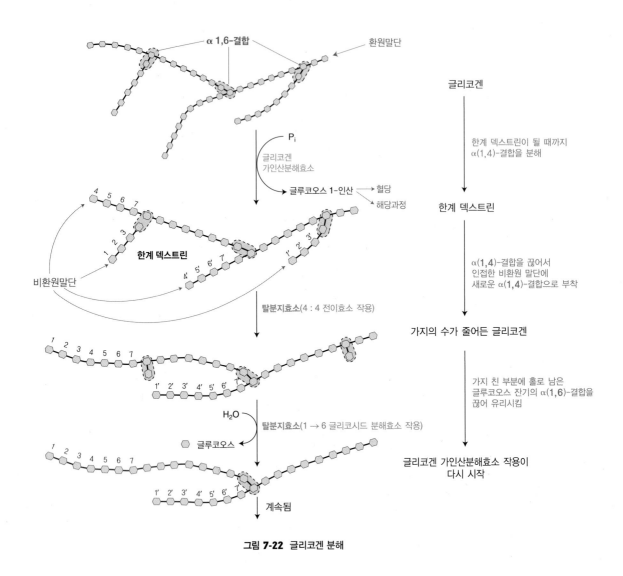

그림 7-22 글리코겐 분해

(2) 탈분지효소(debranching enzyme)

글리코겐 분해에 작용하는 두 번째 효소로서 두 가지 작용을 한다.

• 탈분지효소의 첫 번째 작용은 4:4 전이효소 작용으로서, 한계 덱스트린에서 분지점으로부터 4개로 짧아진 잔기 중에서 3개 잔기를 떼어내기 위해 α(1→4) 결합을 분해한 뒤 인접한 비환원 말단에 부착시키기 위해 새로운 α(1→4)결합을 촉매한다. 그 결과 글리코겐 가인산분해효소의 작용이 계속될 수 있게 된다.

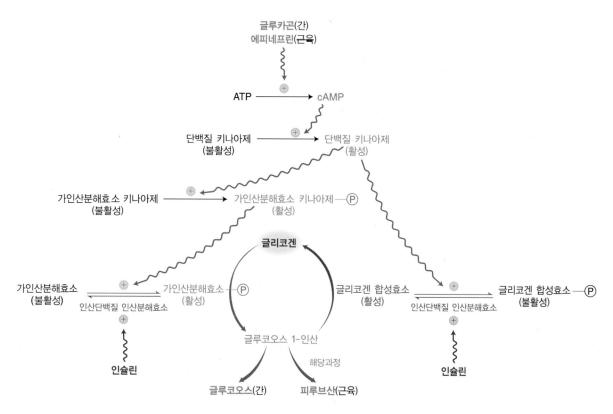

그림 7-23 글리코겐 합성과 분해를 조절하는 호르몬, cAMP와 단백질 인산화 및 탈인산화의 비교

- 탈분지효소의 두 번째 작용은 $\alpha(1\rightarrow6)$ 글리코시다아제 작용으로서, $\alpha(1\rightarrow6)$ 글리코시드결합을 끊어서 곁가지에 하나 남은 마지막 잔기를 유리 글루코오스로 방출시킴으로써 가지 구조를 완전히 제거한다.

3) 글리코겐 대사의 조절

글루카곤, 에피네프린 및 인슐린은 글리코겐 대사를 정밀하게 조절함으로써 에너지 소모를 방지한다. 글리코겐 합성과 분해의 조절은 각각 글리코겐 합성효소와 글리코겐 가인산분해효소(glycogen phosphorylase)의 활성을 조절함으로써 이루어지는데, 동일 호르몬에 의해 상반적으로(reciprocally) 조절된다(그림 7-23). 즉, 인슐린의 증가는 글리코겐의 합성을 촉진하는 동시에 분해를 억제하는 반면, 글루카곤이나 에피네프린의 증가는 글리코겐 합성을 억제하는 동시에 분해를 촉진한다.

(1) 글루카곤의 글리코겐 합성 억제와 분해 촉진

공복 시 저혈당은 췌장으로부터 글루카곤을 분비시킨다. 이 호르몬은 간의 세포막에서 해당 수용체와 결합하면 수용체 단백질과 결합된 아데닐산 고리화효소(adenylate cyclase)를 활성화시켜, ATP를 cyclic AMP(cAMP)로 전환시킨다(그림 7-23). 세포 내 cAMP 농도의 증가는 일련의 반응을 통해, 글리코겐의 합성은 억제하고 분해는 촉진하여 혈당을 방출하는 글루카곤의 효과를 증폭시킨다.

(2) 에피네프린의 글리코겐 합성 억제와 분해 촉진

운동 혹은 심리적 스트레스 상황에서 부신수질로부터 에피네프린이 분비된다. 이 호르몬은 간과 근육에서 글리코겐 합성을 억제하고 분해를 촉진하여, 혈액에 다량의 글루코오스를 공급함으로써, 스트레스 상황을 해결할 수 있는 에너지를 제공한다. 에피네프린의 작용이 간과 근육에서 서로 다른 점은 간에서는 해당과정을 억제하여 혈당을 증가시키는 반면, 근육에서는 해당과정을 촉진시킨다.

(3) 인슐린의 글리코겐 합성 촉진과 분해 억제

식후 고혈당에 의해 분비되는 인슐린은 수용체와 결합하면 간과 근육에서 인산단백질 인산분해효소 (phosphoprotein phosphatase)를 활성화시킴으로써 글루카곤이나 에피네프린과는 반대 방향으로 글리코겐의 대사를 조절한다(그림 7-23). 또한 인슐린은 글루코오스가 표적세포 안으로 유입되는 속도를 증가시킨다.

cAMP와 단백질 키나아제

호르몬의 작용을 증폭시키기 위해 몇 가지 2차 전령시스템이 있는데 그중 하나가 cAMP이다. 글루카곤이나 에피네프린에 의해 증가되는 cAMP는, 일련의 반응을 거쳐 여러 가지 단백질의 인산화를 초래한다. 인산화가 단백질의 활성에 미치는 효과는 각 단백질마다 달라서 글리코겐 분해에 작용하는 글리코겐 가인산분해효소 는 불활성형에서 활성형으로 변하는 반면, 글리코겐 합성효소의 경우는 활성형에서 불활성형으로 변한다. cAMP에 의해 활성화되어 결과적으로 효소단백질의 인산화를 촉매하는 단백질은 단백질 키나아제라 불리는 한 무리의 단백질이다.

5. 오탄당인산경로

오탄당인산경로(pentose phosphate pathway; hexose monophosphate shunt)는 세포질 효소에 의해 촉매되는 글루코오스의 또 다른 분해과정이지만 해당과정과 달리 ATP를 생성하지 않는다.

(1) 오탄당인산경로의 역할

오탄당인산경로는 다양한 생분자 합성에 필요한 환원제인 NADPH와 뉴클레오티드의 구성요소인 오탄당을 공급하며 오탄당의 분해과정으로 이용되기도 한다(그림 7-24).

(2) 오탄당인산경로의 전반부 – 산화적 단계

오탄당인산경로는 두 개의 비가역적 반응을 포함하는 산화적 단계로 시작하여, 일련의 다양한 인산당들의 상호전환(비산화적 단계)이 뒤따르는 경로이다. 산화적 단계는 총 3개 반응으로 구성(그림 7-24)되는데, 그 중에서 글루코오스 6-인산 탈수소효소(glucose 6-phosphate dehydrogenase, 반응 ①)와 6-포스포글루콘산 탈수소효소(6-phosphogluconate dehydrogenase, 반응 ③)는 NADPH의 생성을 초래하는 두 개의 비가역 반응이다. 반응 ③은 산화적 탈카르복실화 반응으로 오탄당인 리불로오스 5-인산(ribulose 5-phosphate)을 생성한다.

(3) 오탄당인산경로의 후반부 – 비산화적 단계

오탄당인산경로의 비산화적 단계는 리불로오스 5-인산을 리보오스 5-인산으로 전환시키는 이성질화효소(isomerase, 반응 ④)의 작용과 크실룰로오스 5-인산(xylulose 5-phosphate)으로 전환시키는 에피머화효소(epimerase,

오탄당인산경로가 활발한 조직
- 세포분열이 빈번한 조직: 골수, 피부, 소장 점막 및 암조직
- 지방 합성이 왕성한 조직: 간, 유선, 지방조직
- 콜레스테롤 및 스테로이드 호르몬의 합성이 왕성한 조직: 간, 부신피질, 성선
- 산소에 의해 생성되는 유리 라디칼이 손상에 매우 취약하여 NADPH/NADP⁺의 비율과 환원형 글루타티온의 농도가 높아야 하는 조직: 적혈구, 수정체, 각막

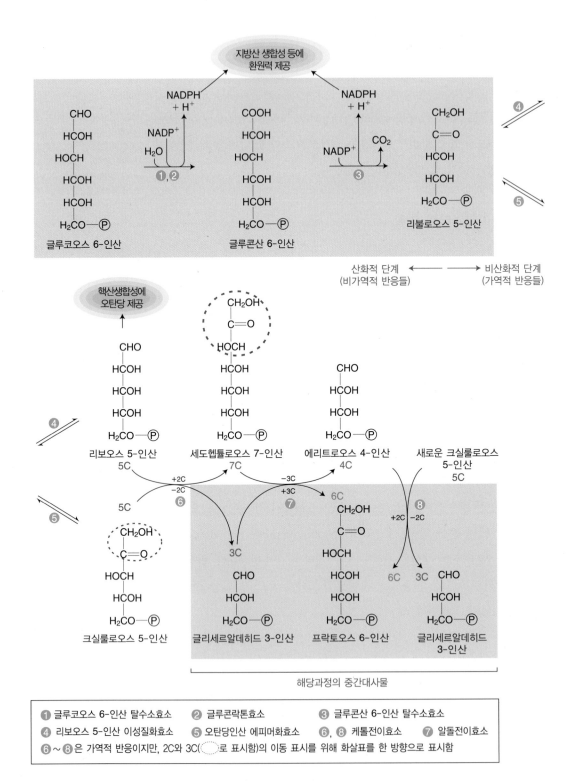

그림 **7-24** 오탄당인산경로

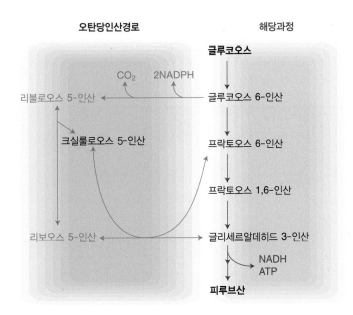

오탄당인산경로   해당과정

글루코오스

CO₂   2NADPH

리불로오스 5-인산 ← 글루코오스 6-인산

크실룰로오스 5-인산

프락토오스 6-인산

프락토오스 1,6-인산

리보오스 5-인산 ← 글리세르알데히드 3-인산

NADH
ATP

피루브산

그림 **7-25** 오탄당인산경로와 해당과정의 중간대사물 공유

반응 ⑤)의 작용으로 시작된다. 생성된 오탄당은 경로의 나머지 부분에서 'CH₂OH·C=O'형태로 이탄소(2C)를 운반하는 케톨전이효소(transketolase)와 CH₂OH·C=O·CHOH형태로 삼탄소(3C)를 운반하는 알돌전이효소(transaldolase)의 작용으로 삼-, 사-, 오-, 육- 및 칠탄당들이 상호전환된다. 케톨전이효소는 조효소로 티아민 피로인산(thiamine pyrophosphate, TPP)을 필요로 하므로 적혈구 케톨전이효소는 티아민의 영양상태 측정에 사용되기도 한다.

(4) 오탄당인산경로와 해당과정의 중간대사물 공유

오탄당보다 NADPH의 요구량이 더 큰 세포에서는 오탄당인산회로의 비산화적 단계 대사물질들이 해당과정의 중간대사물로 전환된다. 그림 7-25는 산화적 단계에서 생성된 리불로오스 5-인산이 프락토오스 6-인산과 글리세르알데히드 3-인산으로 전환되어 해당과정을 통해 분해되는 것을 보여 준다. 반대로, NADPH 수요보다 오탄당의 수요가 클 때, 해당과정의 프락토오스 6-인산과 글리세르알데히드 3-인산으로부터, 비산화적 단계의 반응들을 통해 리보오스 5-인산이 생성될 수 있다.

구연산회로

구연산회로

7장에서 설명한 해당과정은 산소 없이 포도당을 분해하는 혐기성 과정으로 에너지 생산 면에서는 비효율적이므로 생물체가 진화하면서 산소를 이용하여 에너지를 효과적으로 생산하는 호기성 생물체가 나타나게 되었다. 호기성 생물체들은 구연산회로(시트르산회로, citric acid cycle), 전자전달계(electron transport pathway)와 산화적 인산화(oxidative phosphorylation)과정을 거쳐 에너지를 효율적으로 생산하게 되었다. 식물과 일부 미생물은 구연산회로 외에 이 회로의 일부가 변형된 글리옥실산회로(glyoxylate cycle)를 이용하여 아세트산으로부터 탄수화물을 합성할 수 있다.

1. 구연산회로의 개요

세포가 산소를 이용하지 않고 포도당을 분해하여 피루브산(pyruvate)이 되면서 ATP를 생산하는 반응경로가 해당과정이다. 그 후 산소가 존재한다면 대부분의 진핵세포나 박테리아는 포도당을 CO_2와 H_2O로 완전히 분해시킨다(그림 8-1).

　구연산회로(citric acid cycle)는 TCA회로(tricarboxylic acid cycle) 또는 최초로 연구한 학자의 이름을 인용한 크렙스회로(Krebs cycle)라고도 불리는데, 아세틸 CoA(acetyl CoA)의 아세틸 부분을 이산화탄소(CO_2)로 산화시키며 이때 조효소인 NAD^+와 FAD를 각각 NADH와 $FADH_2$로 환원시켜 에

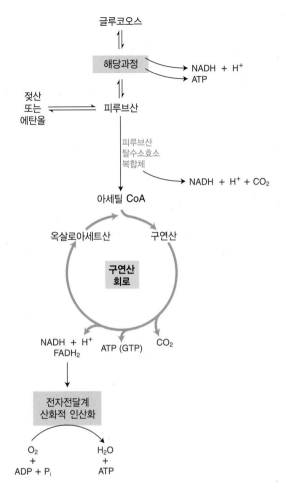

그림 8-1 대사에서 피루브산 탈수소효소 복합체와 구연산회로의 위치

너지를 저장한다. 구연산회로에서 생성된 NADH와 FADH$_2$의 전자는 여러 전자 수용체를 거쳐 최종 전자수용체인 산소에게 전달하는 과정인 전자전 달계를 통하여 산화적 인산화에 의해 ATP를 생성하게 된다. 산소가 관여하 는 이러한 모든 경로는 진핵세포에서는 미토콘드리아 안에서 일어난다. 구연 산화로의 첫 과정은 아세틸(acetyl)기가 옥살로아세트산(oxaloacetic acid, OAA)에 이동하여 구연산(citric acid)을 형성하는 반응이며 회로는 총 8개의 반응으로 이루어져 있다. 회로로 들어간 아세틸 CoA의 탄소는 산화되어 2 개의 CO$_2$로 방출되며, 첫 과정에 들어간 OAA는 다시 재생되어 OAA는 없어 지는 것이 아니다.

~ic acid와 ~ate의 차이 (예: acetic acid와 acetate) ~ic acid는 해리되지 않는 형 태를 말하며 ~ate는 해리된 이온 형태로 존재함을 나타냄. 유기산의 해리는 pH에 따라 다른데(Handerson-Hasselbalch 식). 보통의 생체 내 pH에서는 많은 유기산의 해리된 형태로 존재

구연산회로의 8개 반응 중 4개 반응은 산화환원과정으로 기질은 산화되고, 조효소(NAD^+나 FAD)는 환원된다(그림 8-2). 이로 인해 NADH 3분자와 $FADH_2$ 1분자가 생성되어 이들의 형태로 에너지가 저장된다. 또한 한 반응에서 고에너지화합물인 티오에스테르(thioester)가 분해되면서 GTP를 생성시켜 기질수준 인산화(substrate–level phosphorylation)가 일어난다.

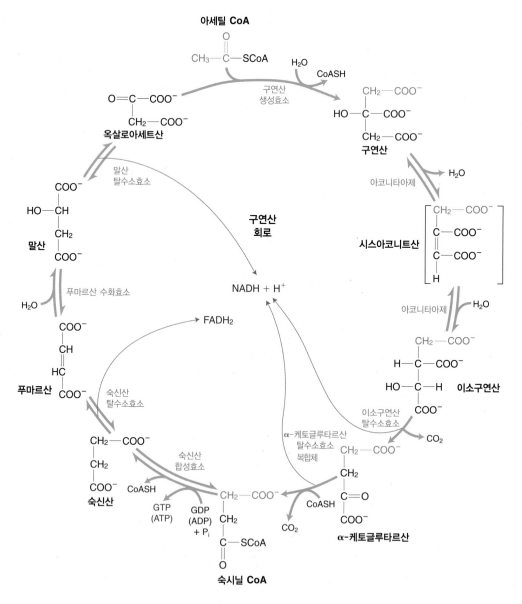

그림 **8-2** 구연산회로의 각 과정

구연산회로의 8개 반응 결과 총 반응은 다음 식과 같다.

$$아세틸\ CoA + 3NAD^+ + FAD + GDP + H_3PO_4 + 2H_2O$$
$$\longrightarrow 2CO_2 + 3NADH + 3H^+ + FADH_2 + CoASH + GTP$$

구연산회로는 에너지를 생성시키는 이화작용(catabolic process, catabolism)일 뿐만 아니라 동화작용(anabolic process, anabolism)의 역할을 한다. 즉, 탄소 수 4개, 5개짜리인 구연산회로의 중간대사물은 아미노산, 포르피린, 뉴클레오티드염기 등의 생합성에 전구체로도 작용한다. 그러므로 구연산회로는 양방향성과정(amphibolic process)이다.

진핵생물체의 경우 구연산회로에 필요한 효소와 조효소 등은 미토콘드리아 안에 있으며 또한 전자전달계와 산화적 인산화에 필요한 효소들도 미토콘드리아에 존재한다. 따라서 광합성을 하지 않는 진핵세포에서는 미토콘드리아가 대부분의 에너지를 생성시키는 산화과정과 이와 짝지어지는 (coupled) ATP 합성이 일어나는 장소이다. 식물같이 광합성을 하는 진핵세포는 ATP 합성이 빛이 존재할 때 대부분 엽록체에서 일어나고, 어두울 때는 미토콘드리아에서 일어난다. 원핵세포인 박테리아는 구연산회로가 세포질에서 일어나며, ATP 합성은 원형질막(plasma membrane)에서 일어난다.

호기성 생물체는 에너지의 공급원인 포도당 및 단당류, 지방산과 대부분 아미노산을 구연산회로를 이용하여 CO_2와 H_2O로 분해함으로써 ATP를 생성한다. 그러므로 구연산회로는 모든 영양소가 에너지를 생산하는 데 공통적으로 사용하는 경로이다.

에너지 효율 면을 살펴보면 산소가 필요 없는 혐기적 과정인 해당과정으로 젖산이 생성될 때 자유에너지 변화는 -47 kcal/mole이다. 이는 포도당 분자가 갖고 있는 유용한 에너지(686 kcal/mole) 중 단 7% 정도에 해당된다.

$$C_6H_{12}O_6 \longrightarrow 2CH_3\overset{H}{\underset{OH}{C}}COOH \qquad \Delta G^{\circ\prime} = -47,000\ cal/mole(pH\ 7.0)$$

포도당 1몰이 완전히 산화하여 CO_2와 H_2O로 될 때 자유에너지 변화는 -686 kcal/mole이다.

이화작용 복합유기물질이 저분자물질 분해로 에너지를 생성하는 대사작용

동화작용 간단한 분자로부터 복잡한 분자를 형성하는 대사작용

$$C_6H_{12}O_6 + 6O_2 \longrightarrow 6CO_2 + 6H_2O \qquad \Delta G°' = -686,000 \text{ cal/mole(pH 7.0)}$$

그러므로 나머지 자유에너지 -639 kcal/mole은 2몰의 젖산이 완전히 산화되어 CO_2와 H_2O로 될 때 방출된다.

2. 피루브산으로부터 아세틸 CoA 생성과정

다효소 복합체 일련의 대사 반응들에 관련되는 몇 종의 효소집합체로 복합효소계라고도 함. 예를 들면, 피루브산 탈수소효소 복합체는 피루브산 탈수소효소(pyruvate dehydrogenase, E_1), 다이하이드로리포일 아세틸전이효소(dihydrolipoyl transacetylase, E_2), 다이하이드로리포일 탈수소효소(dihydrolipoyl dehydrogenase, E_3) 등 3종의 효소집합체이며, 또한 지방산 합성효소 복합체와 같이 7종의 효소로 되는 예도 있음. 넓은 뜻으로는 전자전달계처럼 생체막 내 효소의 기능적 집합체를 포함하는 경우도 있음

포도당 및 당류가 세포질에서 해당과정을 거치면서 생성된 피루브산(pyruvate)은 구연산회로에 들어가기 위해 미토콘드리아로 들어와 아세틸 CoA와 CO_2로 전환된다. 이 작용은 다효소 복합체(multienzyme complex)인 피루브산 탈수소효소 복합체(pyruvate dehydrogenase complex)에 의한다. 그러므로 이 복합효소계의 작용은 혐기성 과정인 해당과정과 호기성 과정인 구연산회로를 연결시켜 주는 가교역할을 한다. 전체 반응은 다음과 같다.

$$\underset{\text{피루브산}}{CH_3-\overset{\displaystyle O}{\overset{\|}{C}}-COOH} + NAD^+ + CoASH \xrightarrow[\substack{\text{리포산, FAD} \\ \text{피루브산 탈수효소 복합체}}]{Mg^{2+},\ TPP} \underset{\text{아세틸 CoA}}{CH_3-\overset{\displaystyle O}{\overset{\|}{C}}-SCoA} + NADH + H^+ + CO_2$$

1) 피루브산 탈수소효소 복합체

- 피루브산 탈수소효소 (pyruvate dehydrogenase)
- 다이하이드로리포일 아세틸전이효소(dihydrolipoyl transacetylase)
- 다이하이드로리포일 탈수소효소(dihydrolipoyl dehydrogenase)

피루브산 탈수소효소 복합체의 작용은 피루브산의 탄소 하나를 CO_2로 방출하는 탈탄산 산화반응(oxidative decarboxylation)으로, 아세틸 CoA를 생성시키는 데 자유에너지 감소가 크므로 비가역적인 반응이다. 이 복합체는 세 종류의 효소(E_1, E_2, E_3)로 이루어져 있으며 각 효소에 필요한 조효소는 표 8-1로 나타냈다.

피루브산 탈수소효소 복합체를 구성하는 세 가지 효소(E_1, E_2, E_3)는 차례

표 8-1 피루브산 탈수소효소 복합체의 구성효소와 조효소

효소	약자	조효소
피루브산 탈수소효소	E_1	티아민 피로인산(TPP)
다이하이드로리포일 아세틸전이효소	E_2	리포산, 조효소 A(CoASH)
다이하이드로리포일 탈수소효소	E_3	플라빈 아데닌 다이뉴클레오티드(FAD) 니코틴아미드 아데닌 다이뉴클레오티드(NAD^+)

로 작용하는데 이 효소들은 5개의 조효소를 포함한다. 조효소는 4개의 비타민과 1개의 유사 비타민인 리포산을 함유한다. 즉, 조효소 티아민 피로인산(thiamine pyrophosphate, TPP) 안에 티아민(thiamine)이 존재하며, FAD 안에는 리보플라빈(riboflavin)이, NAD^+안에는 나이아신(niacin)이, 조효소 A(coenzyme A) 안에는 판토텐산(pantothenic acid)이 존재한다. 이 세 효소 작용의 중간대사물은 한 효소의 촉매작용이 끝난 후에 피루브산 탈수소효소 복합체 밖으로 나오지 않고 다음 효소로 이동되어 작용을 받는 기질통로(substrate channel)를 이용하는 다효소 복합체로 작용된다.

조효소 A와 NAD^+는 효소와 공유결합을 하지 않는 해리형으로 존재하는 데 비해 FAD, 리포산(lipoic acid), TPP는 효소와 공유결합한 결합형으로 존재한다. 그 외 보조인자로 Mg^{2+} 이온이 필요하다.

2) 피루브산 탈수소효소 복합체의 세 가지 작용

- 탈탄산화(탈카르복실화, decarboxylation)에 의한 CO_2 방출
- 두 번째 탄소의 케토(keto, C=O)기가 카르복실(carboxyl, COO^-)기로 산화

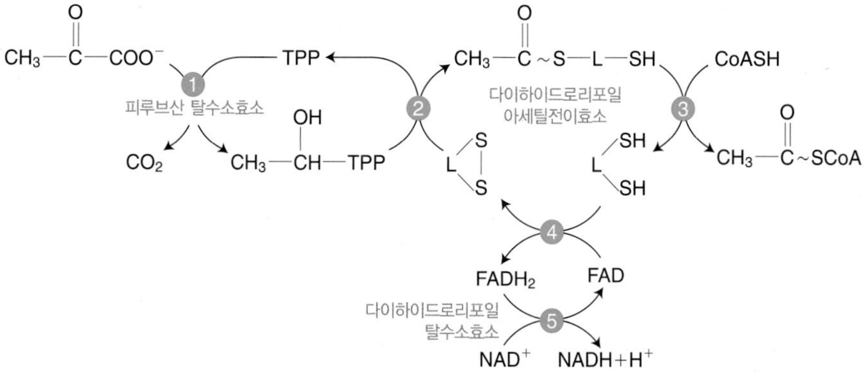

그림 8-3 피루브산 탈수소효소 복합체의 작용기전

• 조효소 A(coenzyme A)가 티오에스테르결합(thioester bond)으로 변화

위의 세 가지 작용은 순차적인 5단계 반응으로 이루어진다(그림 8-3).

3) 피루브산 탈수소효소의 5단계 반응

(1) 1단계

피루브산 탈수소효소(pyruvate dehydrogenase, E_1)에 의한 탈탄산화반응으로 티아민 피로인산 (TPP)이 조효소로 작용하여 아실올 티아민 복합체를 이룬다.

(2) 2단계

하이드록시에틸기(hydroxyethyl group)가 산화하여 생성되는 두 개의 전자가 다이하이드로리포일 아세틸전이효소(dihydrolipoyl transacetylase)의 조효소인 리포산(lipoic acid)의 이황화 결합(—S— S—)을 환원시킨다.

읽을거리

비타민 티아민의 기능 이야기

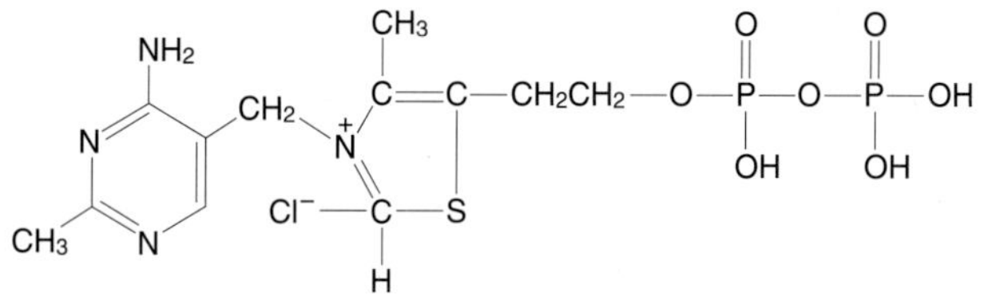

티아민　　　　　　　　　　피로인산

티아민 피로인산(TPP)

비타민 B의 일종인 티아민은 곡물을 포함한 식물의 종자와 껍질에 많으며 조효소의 형태는 티아민 피로인산(thiamin pyrophosphate, TPP)이다. TPP를 구성하는 티아졸(thiazole)의 C-2의 수소원자가 바로 옆의 N⁺로 인해 해리되기 쉬워 음이온인 카르바니온(C⁻, carbanion)을 형성하여 TPP는 산화적 탈탄산(oxidative decarboxylation)의 작용으로 피루브산의 탈탄산화에 관여한다.

카르바니온(carbanion)과 카르보니움 이온(carbonium ion)의 차이　카르바니온은 탄소의 음이온(C^-)을 말하며, 카르보니움 이온은 탄소의 양이온(C^+)을 지칭

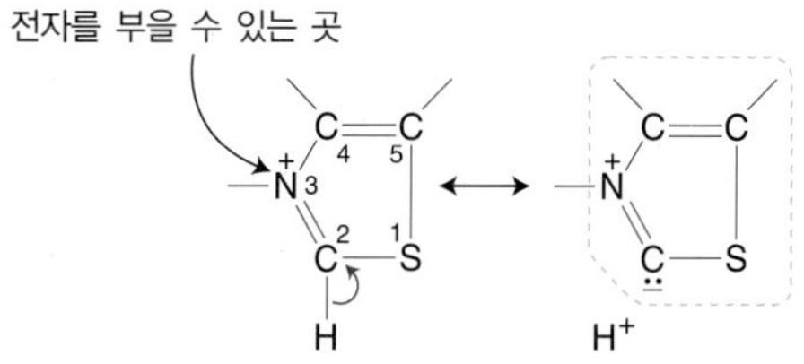

전자를 부을 수 있는 곳

티아졸 부분　　　　**카르바니온(C^-)**

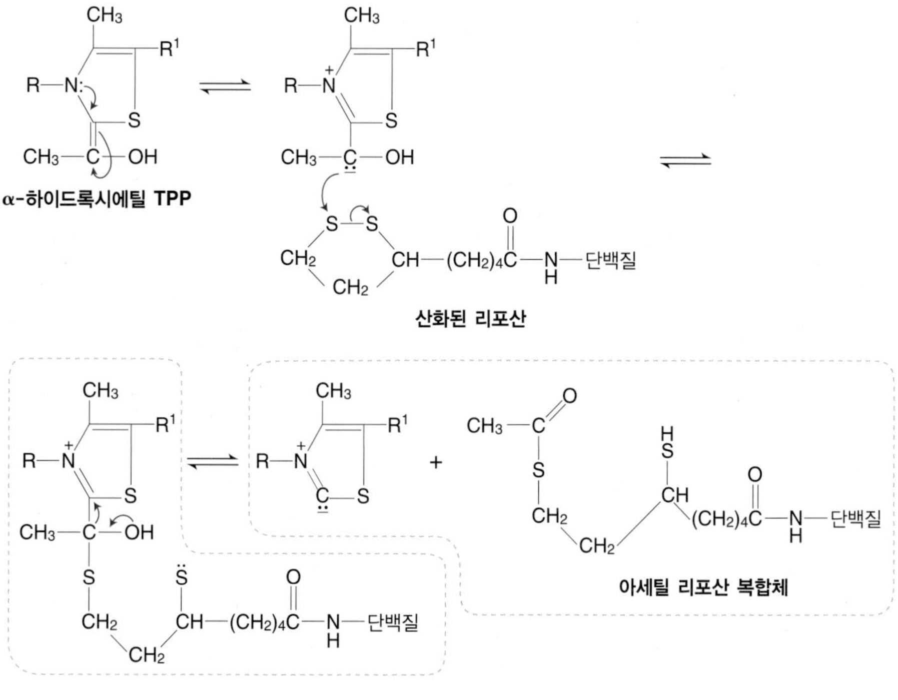

α-하이드록시에틸 TPP

산화된 리포산

아세틸 리포산 복합체

(3) 3단계

아실기 여러 가지 길이의 탄

화수소인 R을 가진 $R-\overset{\overset{\displaystyle O}{\|}}{C}-$ 형태

리포산에 결합되어 있는 아세틸기가 조효소 A(coenzyme A, CoASH)로 전달되어 아세틸 CoA를 형성한다. 생성된 아세틸 CoA는 고에너지를 함유하는 티오에스테르(thioester)결합물로 활성화된 분자형태이다. 2단계와 3단계 반응 모두 다이하이드로리포일 아세틸전이효소(E$_2$)에 의해 일어난다.

티오에스테르결합

$-\overset{\overset{\displaystyle O}{\|}}{C}-S-$

조효소 A는 비타민 B의 일종인 판토텐산(pantothenic acid)을 함유하며 반응성이 있는 SH기를 드러내기 위해 CoASH로 표시한다. CoASH는 아세틸기나 아실기(acyl group)를 운반하는 역할을 하는데, 이때 아세틸기와 아실기는 CoA의 SH기와 티오에스테르결합(thioester bond)을 형성하여 활성화된다. 이러한 작용은 지방산의 산화 및 아미노산 혹은 콜레스테롤의 합성과정에서 CoASH가 이들의 운반체로 작용하는 데 기여한다.

아세틸리포산   환원된 리포산   아세틸 CoA

(4) 4단계와 5단계

다이하이드로리포일 탈수소효소(dihydrolipoyl dehydrogenase, E$_3$)에 의해 E$_2$에 결합된 환원된 리포산(lipoic acid)을 다시 산화시키는 두 단계의 산화환원반응으로 4단계 반응은 E$_2$-리포산의 2개의 전자와 2개의 양성자가 E$_3$-FAD로 전달되고 5단계 반응은 이를 재산화시키기 위해 최종적으로 NAD$^+$가 환원된다.

피루브산 탈수소효소 복합체는 구연산회로의 α-케토글루타르산 탈수소효소 복합체(α-ketoglutarate dehydrogenase complex) 및 일부 아미노산의 산화과정인 곁가지 α-케토산 탈수소효소 복합체(branched-chain α-keto acid dehydrogenase complex)와 단백질의 구조, 조효소 및 반응과정이 매우 비슷하다.

환원된 리포산   **산화된 리포산**

$$FADH_2 + NAD^+ \rightleftharpoons FAD + NADH + H^+$$

비타민 판토텐산의 기능 이야기

판토텐산은 동물과 미생물에 필요한 비타민으로 장내 세균에 의해 생산되기도 하며 조효소 A와 아실기 운반 단백질(acyl carrier protein, ACP)의 구성 성분 이다.

조효소 A(CoASH)

조효소 A는 아세틸기 등 아실기와 티오에스테르결합(thioester bond, $-\overset{\overset{\displaystyle O}{\|}}{C}-S-$)을 하는데, 이 결합은 공명 구조를 하는 에스테르결합(ester bond, $-\overset{\overset{\displaystyle O}{\|}}{C}-O-$)과 다르다. 즉, α-탄소는 부분적으로 수소를 양성자(H^+)로 해리 시켜 음전하를 띠는 경향이 크며, 동시에 티오에스테르(thioester)의 탄소는 부 분적으로 양전하를 띠는 경향이 크므로 각각 친핵성(nucleophilic character) 과 친전자성(electrophilic character)을 가져 반응이 쉽게 일어나도록 활성화 된다.

ACP(Acyl Carrier Protein)는 CoASH와 비슷한 작용으로 지방산 합성에서 아실 운반체 작용을 한다.

친핵성 분자의 전자밀도가 높아 다른 분자의 전자밀도가 낮은 부분과 결합하는 성질

친전자성 분자의 전자밀도 가 낮아 다른 분자의 전자밀도 가 큰 부분과 결합하는 성질

비타민 리보플라빈의 기능 이야기

비타민 B$_2$인 리보플라빈(riboflavin)은 조효소 플라빈 모노뉴클레오티드(flavin mononucleotide, FMN)와 플라빈 아데닌 다이뉴클레오티드(flavin adenine dinucleotide, FAD)의 구성 성분이다.

　FAD와 FMN은 수소원자 2개를 받거나 내어주는 산화환원반응에 관여하는 탈수소효소(dehydrogenase)에 조효소로 작용한다. 리보플라빈 조효소는 효소의 단백질 부분에 공유결합으로 강하게 결합되어 있어(prosthetic group) 쉽게 분리되지 않는다.

플라빈 모노뉴클레오티드(FMN)

플라빈 아데닌 다이뉴클레오티드(FAD)

비타민 나이아신의 기능 이야기

나이아신(niacin, 니코틴산)은 니코틴아미드(nicotinamide) 형태로도 존재하며 조효소인 니코틴아미드 아데닌 다이뉴클레오티드(nicotinamide adenine dinucleotide, NAD^+)와 니코틴아미드 아데닌 다이뉴클레오티드 인산(nicotinamide adenine dinucleotide phosphate, $NADP^+$)의 구성 성분이다. 이들도 FAD나 FMN처럼 화학적으로 정확한 명칭은 아니다.

NAD^+나 $NADP^+$도 FMN이나 FAD처럼 산화환원을 촉매하는 탈수소효소(dehydrogenase)의 조효소로 작용한다.

니코틴산
(=나이아신)   **니코틴아미드**

니코틴아미드 아데닌
다이뉴클레오티드(NAD^+)   **니코틴아미드 아데닌**
다이뉴클레오티드 인산($NADP^+$)

3. 구연산회로의 과정

구연산회로는 8개의 반응으로 구성된 순환적 경로이다. 전체 반응은 그림 8-2에 나타냈으며, 여기에서는 각 과정을 더 자세히 살펴본다.

1) 구연산회로의 각 단계

(1) 1단계: 구연산 생성효소에 의한 구연산 형성

구연산회로의 첫 반응은 아세틸 CoA와 옥살로아세트산(OAA)의 축합반응으로 구연산(시트르산) 생성효소(citrate synthase)에 의해 일어난다.

$$\text{아세틸 CoA(2C)} + \text{OAA(4C)} + H_2O \longrightarrow \text{구연산(6C)} + \text{CoASH}$$

아세틸 CoA의 메틸기(CH_3)로부터 양성자(proton, H^+)가 제거되어 친핵성인 카르바니온(carbanion, C^-)이 OAA의 카르보닐 탄소($-C=O-$)를 공격하여 시트로일 CoA(citroyl CoA)를 형성한 후 가수분해로 구연산과 CoASH로 해리된다.

고에너지결합인 티오에스테르결합이 분해되면서 자유에너지 감소가 크므로 비가역적이다. 그러므로 조절효소로 효과적으로 작용할 수 있는 조건이며 다른자리입체성 조절인자에 의해 조절된다.

(2) 2단계: 아코니타아제에 의한 구연산의 이성질화

구연산이 아코니타아제(aconitase)에 의해 반응성이 좋은 이소구연산(isocitric acid)으로 전환되는 가역적 반응이다. 아코니타아제는 독특한 철-황 구조(iron-sulfur cluster)를 보결분자단으로 갖고 있다.

| 구연산 | 시스-아코니트산 | 이소구연산 |

(3) 3단계: 이소구연산 탈수소효소에 의한 이소구연산의 산화

이소구연산은 이소구연산 탈수소효소(isocitrate dehydrogenase)에 의해 산화적 탈탄산화(oxidative decarboxylation)가 일어난다. Mg^{2+}이온이 보조인자로 필요하며 옥살로숙신산(oxalosuccinic acid)이 일시적 중간대사물로 나타나지만 바로 탈탄산이 일어나 α-케토글루타르산(α-ketoglutaric acid)이 생성된다.

　대부분의 조직에서 이소구연산 탈수소효소는 두 종류의 동위효소(isozyme)가 있다. 한 종류는 NAD^+를 조효소로 필요로 하며 미토콘드리아 기질에만 존재하는 것으로 구연산회로에 관여한다. 다른 종류는 $NADP^+$를 조효소로 필요로 하며, 세포질과 미토콘드리아 기질에 모두 존재하는 것으로 이 효소는 지방 등의 생합성 등에 필요한 NADPH 생성에 관여한다.

| 이소구연산 | | 옥살로숙신산 | α-케토글루타르산 |

(4) 4단계: α-케토글루타르산 탈수소효소 복합체에 의한 α-케토글루타르산의 산화

α-케토글루타르산에 α-케토글루타르산 탈수소효소 복합체(α-ketoglutarate dehydrogenase complex)가 작용하여 산화적 탈탄산화가 일어나 숙시닐 CoA(succinyl CoA)를 생성한다. 산화에 의해 생성된 에너지는 고에너지화합물인 숙시닐 CoA의 티오에스테르결합으로 저장된다.

이 반응의 작용은 피루브산 탈수소효소 복합체와 동일하며 구조나 기능도 비슷하다. 피루브산 탈수소효소 복합체처럼 세 가지 효소와 Mg^+, TPP, 리포산, FAD, NAD^+, 조효소 A가 보조인자로 작용한다. 이 반응도 전체적으로 자유에너지 감소가 큰 비가역적반응으로 조절효소로 작용되는 곳이다.

$$\Delta G' = -8,000 \text{cal/mol}$$

(5) 5단계: 숙시닐 CoA 합성효소에 의한 숙시닐 CoA의 분해

고에너지를 함유하는 티오에스테르 화합물인 숙시닐 CoA가 가수분해로 숙신산(succinic acid)이 되면서 방출되는 에너지를 이용하여 고에너지 무수인산화합물인 GTP나 ATP를 생성한다. 이 작용을 촉매하는 효소는 숙시닐 CoA 합성효소(succinyl CoA synthetase)로 숙신산 티오키나아제(succinic thiokinase)라 불리기도 한다.

위 반응에서 숙시닐 CoA의 분홍색 탄소는 아세틸 CoA로부터 온 것을 뜻하며 숙신산은 분자가 대칭적이므로, 아세틸 CoA의 탄소가 어느 한곳에 치우쳐 존재하지 않으므로 색으로 표현하지 않았다.

동물은 GTP나 ATP를 생성시키는 두 종류 효소, 동위효소(isozyme)를 가지는 데 반해, 식물이나 미생물은 오직 ATP만을 생성시키는 효소를 갖고 있다. 이때 생성된 GTP는 뉴클레오시드 이인산 키나아제(dinucleoside diphosphate kinase)에 의해 ATP로 전환된다.

$$GTP + ADP \rightleftharpoons GDP + ATP$$

이렇게 고에너지화합물인 기질이 가지고 있는 에너지를 이용하여 직접적으로 인산화와 짝지어져 ATP나 GTP를 생성시키는 작용을 기질수준 인산화(substrate-level phosphorylation)라 한다. 이와는 다른 인산화로 산화적 인산화(oxidative phosphorylation)가 있다. 이는 환원형 조효소인 NADH나 $FADH_2$가 전자전달계를 통하여 재산화되어 마지막 전자수용체인 산소에 전자가 전달되는 동안 방출되는 에너지를 이용하여 ATP를 생성시키는 방법이다. 세포에서 대부분의 ATP 생성은 산화적 인산화에 의한다.

(6) 6단계: 숙신산 탈수소효소에 의한 숙신산의 산화

숙신산이 숙신산 탈수소효소(succinate dehydrogenase)에 의해 푸마르산(fumaric acid)으로 산화된다. 조효소로는 구연산회로의 다른 탈수소효소와 달리 FAD를 사용한다. 또한 구연산회로의 다른 효소들은 미토콘드리아의 기질(matrix)에 존재하나 숙신산 탈수소효소는 미토콘드리아의 내막에 내재 단백질(integral protein)로 존재하며 아코니타아제처럼 철-황구조를 가지고 있다. 말론산(malonate)은 숙신산과 구조가 비슷하여 이 효소의 억제제로 작용하여 구연산회로를 차단시킴으로써 독성을 나타낸다.

말론산(malonate)의 구조

COOH
CH₂
COOH

숙신산   + FAD   ⇌   푸마르산   + FADH₂

(7) 7단계: 푸마르산 수화효소에 의한 푸마르산의 수화

푸마르산에 물이 첨가되어 L-말산(L-malic acid)이 생성되며 푸마르산 수화효소(fumarate hydratase, fumarase)가 촉매작용을 한다. 생성물인 말산은 입체

푸마르산   + H₂O   ⇌   L-말산

이성질체 중 L-형만이 생성된다.

(8) 8단계: 말산 탈수소효소에 의한 말산의 산화

말산은 말산 탈수소효소(malate dehydrogenase)에 의해 옥살로아세트산(OAA)으로 산화되며, 조효소 NAD^+가 산화제로 작용한다. 이 반응은 구연산회로의 마지막 반응으로 첫 반응에 필요한 OAA를 재생시킨다. 이 반응이 자유에너지가 증가하는 반응임에도 불구하고 정반응으로 진행될 수 있는 것은 OAA가 아세틸 CoA와 반응하여 구연산으로 계속 전환되어 OAA의 농도가 10^{-6} M 이하로 낮기 때문이다.

$$
\begin{array}{cccc}
\text{COOH} & & & \text{COOH} \\
\text{HOCH} & & & \text{C}=\text{O} \\
\text{HCH} & + \text{ NAD}^+ \rightleftharpoons & & \text{HCH} \\
\text{COOH} & & & \text{COOH}
\end{array}
\quad + \text{ NADH } + \text{ H}^+
$$

L-말산   **옥살로아세트산**

2) 구연산회로의 특징

구연산회로의 8단계가 순환적으로 일어나면 전체적으로 다음 식과 같다.

$$\text{Acetyl CoA} + 3NAD^+ + FAD + GDP(ADP) + H_3PO_4 + 2H_2O$$
$$\longrightarrow 2CO_2 + 3NADH + 3H^+ + FADH_2 + GTP(ATP) + CoASH$$

　구연산회로가 한번 순환할 때마다 아세틸 CoA의 탄소 두 개는 두 분자의 CO_2로 방출된다. 방사성 동위원소 실험 결과 아세틸 CoA의 탄소는 숙시닐 CoA에 존재하는 것으로 보아 CO_2로 방출되는 탄소는 아세틸 CoA에 존재한 그 탄소가 빠져 나가는 것이 아니며, OAA에 있던 탄소가 빠져나가는 것으로 아세틸 CoA를 구성하던 탄소는 적어도 두 번 이상의 구연산회로가 순환되어야 CO_2로 방출된다.

　구연산회로는 4번의 산화환원과정이 일어나는데, 기질은 산화하고 조효소는 환원한다. 이때 기질은 산화하므로 구연산회로는 4번의 산화과정이 일어난다고 일컬어진다. 이중 3번의 산화과정은 NAD^+가 조효소로 작용하며 한 번은 FAD가 사용된다.

3) 구연산회로의 에너지생산

에너지 생산은 기질수준 인산화로 1 GTP(또는 ATP)를 생성하며, 3개의 NADH와 1개의 $FADH_2$가 생성되어 전자전달계를 통하여 산화적 인산화가 일어나면 하나의 NADH는 2.5 ATP를, $FADH_2$는 1.5 ATP를 생성한다. 그러므로 1개의 아세틸 CoA는 10개의 ATP를 생성하므로 1개의 피루브산은 아세틸 CoA를 거쳐 완전 산화하면 12.5 ATP를 생성하게 된다. 또한 1개의 포도당이 2개의 피루브산을 형성하여 구연산회로를 이용하여 완전산화하면 해당과정에서 생성한 세포질의 NADH가 미토콘드리아로 들어오는 수송방법에 따라 32 ATP 또는 30 ATP를 생성한다(9장 참고).

$$포도당 + 2NAD^+ + 2ADP \longrightarrow 2\ 피루브산 + 2NADH + 2H^+ + 2ATP$$

$$(1)\ 피루브산 + CoASH + NAD^+ \longrightarrow 아세틸\ CoA + NADH + H^+ + CO_2$$

$$(2)\ 아세틸\ CoA + 3NAD^+ + FAD + GDP + H_3PO_4 + 2H_2O$$
$$\longrightarrow 2CO_2 + 3NADH + 3H^+ + FADH_2 + GTP + CoASH$$

∴ (1)과 (2)를 합쳐 전체 반응은

$$피루브산 + 4NAD^+ + FAD + GDP + H_3PO_4 + 2H_2O \longrightarrow 3CO_2 + 4NADH + 4H^+ + FADH_2 + GTP$$

1개의 피루브산으로부터 ATP 생성: $4 \times 2.5 + 1.5 + 1 = 12.5(ATP)$

4. 구연산회로의 조절

생물체는 대사작용의 속도를 조절함으로써 대사산물이나 에너지가 필요할 때 이용될 수 있게 하며 낭비하지 않도록 일정한 농도(steady state)를 유지하게 한다. 탄수화물, 지방, 단백질은 모두 구연산회로를 이용하여 대부분의 에너지를 생산하므로 구연산회로는 세밀하게 조절되어야 한다.

세포의 에너지상태는 ATP-ADP, NADH-NAD$^+$, 아세틸 CoA-CoASH, 숙시닐 CoA-CoASH의 비율로 측정되므로 이들의 비율에 의해 구연산회로가 조절된다. 즉, 세포가 에너지 상태가 높은 NADH, ATP 및 고에너지화합물 티오에스테르인 아세틸 CoA 및 숙시닐 CoA 등이 많으면, 이들의 에너지를 글리코겐, 지방산, 아미노산, 뉴클레오티드 등의 생합성과 세포분열 등으로 사용한다. 만약 에너지 상태가 낮은 ADP, AMP, NAD$^+$ CoASH 등의 비율이 높아지면, 영양소를 산화시켜 고에너지화합물을 재충전하게 한다. 그러므로 에너지상태에 관련된 이러한 물질들이 조절효소의 활성에 영향을 미치는 것을 볼 수 있다.

대사작용의 조절효소는 단기적인 방법으로는 다른자리입체성 조절인자(allosteric effector)에 의한 기전과 공유결합 변형(covalent modification), 즉 인산화에 의한 기전을 사용한다. 구연산회로의 조절에 관여하는 효소는 4개인데, 대부분 자유에너지 감소가 큰 반응을 촉매하는 효소들이다(그림 8-4).

- 피루브산 탈수소효소 복합체(pyruvate dehydrogenase complex)
- 구연산 생성효소(citrate synthase)
- 이소구연산 탈수소효소(isocitrate dehydrogenase)
- α-케토글루타르산 탈수소효소 복합체(α-ketoglutarate dehydrogenase complex)

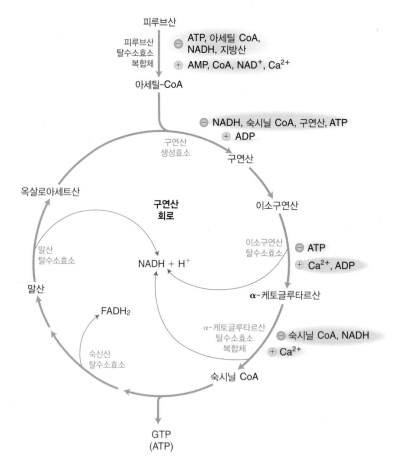

그림 8-4 구연산회로의 네 군데 조절작용

1) 피루브산 탈수소효소 복합체

구연산회로의 조절은 아세틸 CoA가 공급되는 피루브산 탈수소효소 복합체의 작용으로부터 시작한다. 피루브산 탈수소효소 복합체의 조절은 다른자리입체성 조절인자와 공유결합 변형, 즉 인산화의 기전을 모두 이용한다.

(1) 다른자리입체성 조절인자에 의한 조절

이 반응의 생성물인 아세틸 CoA와 NADH는 되먹임 억제(feedback inhibition)를 통해 음성 조절인자(negative effector)로 작용한다. 그러므로 지방산은 β-산화를 하여 많은 아세틸 CoA를 생성하므로 피루브산의 산화를 억제시킨다.

- 에너지상태가 높은 ATP도 음성 조절인자로 작용한다.
- 에너지상태가 낮은 AMP, CoASH, NAD^+와 근육 수축에 작용하는 Ca^{2+}은 양성 조절인자(positive effector)로 작용함으로써 구연산회로를 촉진시켜 에너지를 충전하게 한다.

(2) 공유결합 변형(인산화)에 의한 조절

위의 다른자리입체성 조절인자에 의한 조절 외에도 인산화에 의한 공유결합 변형을 통해 조절된다. 피루브산 탈수소효소는 효소단백질의 특정한 세린(serine)기에 인산화된 형태와 인산화되지 않은 형태로 존재한다. 인산화는 피루브산 탈수소효소 키나아제(pyruvate dehydrogenase kinase)에 의해 일어나며 이렇게 인산화된 피루브산 탈수소효소는 활성이 적은 형태이다. 탈인산화는 피루브산 탈수소효소 인산가수분해효소(pyruvate dehydrogenase phosphatase)에 의해 일어나는데, 탈인산화 형태가 효소활성이 크다(그림 8-5).

- 피루브산 탈수소효소 키나아제는 아세틸 CoA, NADH와 ATP에 의해 활성화된다. 즉, 에너지가 높은 상태인 이들의 농도가 높으면, 피루브산 탈수소

키나아제 ATP 같은 뉴클레오시드 삼인산(nucleoside triphosphate)으로부터 인산기를 당, 핵산 등 대사중간물에 이동시킬 때, 즉 인산화를 촉매하는 효소

인산가수분해효소 인산기를 제거하는 탈인산화를 촉매하는 효소

가인산분해효소(phosphorylase) 직접 인산기가 공격하여 결합이 분해될 때 촉매하는 효소. 예를 들어, 글리코겐 포스포릴라아제(glycogen phosphorylase)

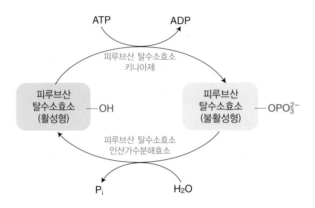

그림 8-5 피루브산 탈수소복합체의 공유결합 변형에 의한 조절

효소를 인산화시킴으로써 이 효소를 불활성화시킨다.

- Ca^{2+}은 피루브산 탈수소효소 인산가수분해효소를 활성화시켜 피루브산 탈수소효소를 탈인산화시키므로써 피루브산 탈수소효소를 활성화한다. 이는 근육의 수축에 Ca^{2+}이 필요하며 또한 수축에 필요한 에너지를 낼 수 있도록 양성적 조절인자로 작동하여 구연산회로에 아세틸 CoA를 공급하게 된다.

- 공유결합 변형은 호르몬에 의해서도 영향을 받는데, 인슐린(insulin)은 피루브산 탈수소효소 인산가수분해효소를 간접적으로 활성화시켜 피루브산 탈수소효소를 탈인산화시킴으로써 이 효소를 활성화시킨다. 에프네피린(epinephirne=adrenalin)은 인슐린과 반대작용을 한다.

2) 구연산 생성효소

다른자리입체성 조절인자에 의하며, 에너지상태가 높은 NADH, ATP, 숙시닐 CoA가 이 효소의 음성적 조절인자로 작용한다. 즉, 세포의 에너지상태가 높으므로 ATP를 생산시키는 구연산회로의 이화작용을 늦추게 한다. 또한 구연산은 이 반응의 생성물로서 되먹임 억제 형태로 구연산 생성효소를 억제한다. 반면 에너지 상태가 낮은 형태인 ADP는 양성조절인자로 작용한다.

3) 이소구연산 탈수소효소

구연산 생성효소처럼 다른자리입체성 조절인자에 의해 조절되는데, ATP는 음성 조절인자로 작용하며, ADP는 양성 조절인자로 작용한다. 또한 Ca^{2+} 이온도 양성 조절인자로 작용한다.

4) α-케토글루타르산 탈수소효소 복합체

비슷한 효소복합체인 피루브산 탈수소효소복합체와 달리 공유결합 변형기전, 즉 인산화–탈인산화에 의해 조절되지 않으며 다른자리입체성 조절인자로만 조절된다. 숙시닐 CoA와 NADH가 음성 조절인자로 작용하는 반면 Ca^{2+}이온은 다른 구연산회로에서 작용한 것과 같이 양성 조절인자로 작용한다.

그러므로 NADH를 생성시키는 탈수소효소는 모두 에너지상태가 높으면, 즉 NADH/ NAD^+ 비율이 높으면 모두 억제된다. 또한 구연산회로의 속도와 해당과정의 속도가 균형을 이루도록 유지시킨다. 즉, ATP와 NADH의 농도가 높으면 구연산회로뿐만 아니라 해당과정도 억제시키도록 구연산이 해당과정의 포스포프락토키나아제(phosphofructokinase-1, PFK-1)의 음성 조절인자로 작용함으로써 균형을 맞추도록 한다.

5. 구연산회로의 동화작용

지금까지는 구연산회로에서 아세틸 CoA를 분해하여 ATP, NADH 및 $FADH_2$를 생산하는 이화작용의 역할을 보았다. 그러나 구연산회로는 이화작용뿐만 아니라 다른 물질을 생합성하는 전구체 역할을 하여 동화작용 역할도 한다. 즉, 구연산회로는 이화작용과 동화작용 양방향(amphibolic)으로 작용한다. 구연산회로의 중간대사물이 회로로부터 나와서 지방산, 여러 아미노산, 뉴클레오티드 및 포르피린 같은 생체분자의 탄소골격이 됨으로써 이들을 합성하게 한다(그림 8-6).

1) 동화작용의 예

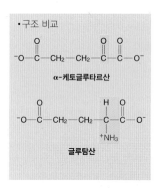

• 구조 비교

α-케토글루타르산

글루탐산

옥살로아세트산(OAA)

아스파르트산

생합성으로서 역할에 대한 몇 가지 예는 다음과 같다.

- α-케토글루타르산은 아미노기 전이반응(transamination)에 의해 바로 글루탐산(glutamic acid)이 되고 이는 글루타민(glutamine), 프롤린(proline), 아르기닌(arginine)의 전구체가 되며 또한 퓨린(purine)의 탄소 골격 일부를 공급한다.

- 옥살로아세트산(OAA)은 아미노기 전이반응에 의해 바로 아스파르트산(aspartic acid)으로 전환하며 이는 아스파라긴(asparagine), 메티오닌(methionine), 리신(lysine), 트레오닌(threonine), 피리미딘(pyrimidine)의 합성에 전구체로 작용한다.

- OAA는 포스포엔올피루브산(PEP)으로 전환되어 페닐알라닌, 타이로신, 트립토판 등의 합성에 전구체가 된다. 또한 OAA는 PEP로 전환되어 당신생 과정을 통하여 포도당으로 전환 가능하다.

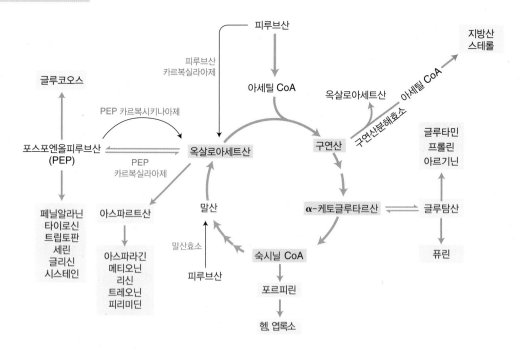

그림 8-6 구연산회로의 동화작용으로서의 역할

- 숙시닐 CoA는 헤모글로빈, 미오글로빈, 시토크롬의 헴과 엽록소를 이루는 포르피린(porphyrin)의 생합성 시 전구체의 역할을 한다.
- 구연산은 미토콘드리아 밖으로 나와 구연산 분해효소(citrate lyase)의 작용으로 OAA와 아세틸 CoA로 분해되는데, 아세틸 CoA는 지방산 합성에 전구체로 쓰인다.

2) 보충반응

중간대사물이 이러한 전구체 역할로 인하여 회로에서 빠져나가 이들의 농도가 낮아지면 OAA의 농도가 낮아짐에 따라 에너지 생산을 하는 구연산회로의 이화작용, 즉 아세틸 CoA를 산화시키는 작용의 효율은 낮아진다. 생물체는 빠져나간 중간대사물을 보충반응(anaplerotic reaction)을 통해 이러한 문제를 해결한다. 생합성의 전구체로 쓰인 구연산 중간대사물을 채우기 위한 보충반응을 표 8-2에 나타냈다.

이러한 보충반응으로 정상적인 조건에서 생물체는 구연산회로의 중간대사물의 농도를 일정하게 유지하게 된다. 보충반응은 탄소 갯수 3개인 피루브산이나 PEP를 탄소 갯수가 4개인 OAA나 말산으로 변화시키는 반응이다. PEP를 OAA로 전환시키는 효소는 동물에게는 없어 일어나지 않는다. 이때 증가하는 탄소는 CO_2 고정반응(CO_2 fixation)을 통해 얻어지는 공통점이 있다.

(1) 피루브산 카르복실화효소에 의한 보충반응

피루브산은 피루브산 카르복실화효소(pyruvate carboxylase)에 의해 OAA로 전환되는데, 이는 포유동물에서 일어나는 가장 중요한 보충반응으로 피루브산 카르복실화효소는 간과 신장의 미토콘드리

표 8-2 구연산회로 중간대사물의 보충반응

반응	조직/기관
피루브산 + HCO_3^- + ATP $\rightleftharpoons$ 옥살로아세트산 + ADP + P_i	간, 신장
포스포엔올피루브산 + CO_2 + GDP $\rightleftharpoons$ 옥살로아세트산 + GTP	심장, 근육
피루브산 + HCO_3^- + NAD(P)H + H^+ $\rightleftharpoons$ 말산 + NAD(P)$^+$	진핵세포와 박테리아에 널리 존재
포스포엔올피루브산 + CO_2 + H_2O $\rightleftharpoons$ 옥살로아세트산 + P_i	고등식물, 이스트, 박테리아

아에 존재한다. ATP의 에너지를 이용하며 조효소로 비오틴(biotin)과 보조인자 Mg^{2+}가 필요하다.

이 반응이 가역적이지만 조절효소로 작용할 수 있는 이유는 아세틸 CoA가 정반응에 양성조절인자로 작용하기 때문이다. 즉, 구연산회로의 반응물인 아세틸 CoA가 많으면 피루브산 카르복실화효소를 정방향으로 진행시켜 OAA의 생성이 증가하므로 아세틸 CoA가 OAA와 작용하여 구연산의 생성을 촉진시킨다. 식물에는 이 효소가 없다.

(2) 포스포엔올피루브산 카르복시키나아제에 의한 보충반응

PEP 카르복시키나아제(phosphoenolpyruvate carboxykinase, PEPCK)는 PEP로부터 OAA를 생성시키는 보충반응을 촉매한다. 이 반응은 가역적이나 효소가 CO_2보다는 OAA에 대해 친화도가 훨씬 크므로 PEP 생성반응 쪽으로 유리하다. 이 효소 작용으로 PEP 생성은 당신생경로에서도 볼 수 있다.

(3) 말산효소에 의한 보충반응

NADPH의 주요 공급원
- 오탄당인산경로
- $NADP^+$를 조효소로 사용하는 이소구연산 탈수소효소 (isocitrate dehydrogenase)
- $NADP^+$를 조효소로 사용하는 말산효소(malic enzyme)

피루브산은 말산효소(malic enzyme)에 의해 말산(malate)을 생성시키며 이 반응은 가역적이다. 말산효소는 미토콘드리아와 세포질에 각각 존재하는데,

세포질에 존재하는 말산효소는 지방산 등의 생합성에 필요한 NADPH를 공급하는 데 주로 작용한다.

$$CO_2 + \underset{\text{피루브산}}{\overset{\displaystyle COOH}{\underset{\displaystyle CH_3}{|\!\!\overset{\displaystyle |}{C=O}\!\!|}}} + NADPH + H^+ \rightleftharpoons \underset{\text{L-말산}}{\overset{\displaystyle COOH}{\underset{\displaystyle COOH}{|\!\!\overset{\displaystyle HOCH}{\underset{\displaystyle CH_2}{|}}\!\!|}}} + NADP^+$$

(NADH)   (NAD$^+$)

6. 글리옥실산회로

고등식물과 조류 및 여러 박테리아는 아세트산(acetate)을 에너지원으로 사용할 뿐만 아니라 탄수화물, 아미노산을 합성하는 데 전구체로도 이용할 수 있다. 그러나 사람을 포함한 척추동물은 지방산의 분해로 생성된 아세틸 CoA로부터 포도당을 합성할 수 없다. 왜 그럴까? 이유는 피루브산이 아세틸 CoA를 생성시키는 과정이 매우 큰 자유에너지 감소반응(exergonic reaction)으로 비가역적이므로 지방산의 분해로 생성된 아세틸 CoA는 피루브산(pyruvate)이나 PEP로 되지 못하여 당신생경로가 일어나지 못하므로 포도당, 더 나아가서는 글리코겐으로 합성이 불가능하다. 그러나 척추동물 외에 일부 생물체에서는 구연산회로가 일부 변형된 글리옥실산회로(glyoxylate cycle)의 효소를 갖고 있어 지방산으로부터 탄수화물 합성이 가능하다. 식물에서 이 회로는 퍼옥시좀(peroxisome)의 일종인 글리옥시좀(glyoxisome)이라는 세포소기관에서 일어나며, 박테리아는 세포질에서 일어난다.

글리옥실산회로는 5개의 반응으로 구성되어 있다(그림 8-7, 표 8-3).

처음 두 반응은 구연산회로의 작용과 같으나, 글리옥시좀에 있는 동위효소(isozyme)에 의해 일어난다. 그 후의 두 반응은 구연산회로에는 없는 효소로 글리옥실산회로를 구성한다. 마지막 다섯 번째 반응은 구연산회로에서의 반응과 같다.

- 구연산 생성효소(citrate synthase)에 의한 구연산 합성

$$\text{아세틸 CoA} + OAA + H_2O \longrightarrow \text{구연산} + CoASH$$

- 아코니타아제(aconitase)에 의한 이소구연산으로 전환

$$\text{구연산} \rightleftharpoons \text{이소구연산}$$

표 8-3 글리옥실산회로의 반응

반응순서	반 응	효 소
1	아세틸 CoA + 옥살로아세트산 + H_2O ⟶ 구연산 + CoASH	구연산 생성효소
2	구연산 ⟷ 이소구연산	아코니타아제
3	이소구연산 ⟷ 숙신산 + 글리옥실산	이소구연산 분해효소
4	글리옥실산 + 아세틸 CoA + H_2O ⟷ 말산 + CoASH	말산 생성효소
5	말산 + NAD^+ ⟷ 옥살로아세트산 + NADH + H^+	말산 탈수소효소

- 이소구연산 분해효소(isocitrate lyase)에 의한 숙신산과 글리옥실산으로 전환

$$이소구연산(6C) \Longleftrightarrow 숙신산(4C) + 글리옥실산(2C)$$

- 말산 생성효소(malate synthase)에 의한 말산 합성

$$글리옥실산(2C) + 아세틸\ CoA(2C) + H_2O \longrightarrow 말산(4C) + CoASH$$

- 말산 탈수소효소(malate dehydrogenase)에 의한 OAA로 전환 마지막 단계로 말산을 OAA로 재생산시키는 반응이며, 구연산회로의 작용과 같다.

$$말산 + NAD^+ \Longleftrightarrow OAA + NADH + H^+$$

그러므로 모든 반응이 순환하면 다음과 같다.

$$2\ 아세틸\ CoA(2C) + NAD^+ + 2H_2O \longrightarrow 숙신산(4C) + 2CoASH + NADH + H^+$$

즉, 탄소 두 개를 가지고 있는 아세틸 CoA 두 개가 탄소 수 4개를 갖고 있는 숙신산(succinate)으로 전환한다. 이렇게 생성된 숙신산은 글리옥시좀을 떠나 미토콘드리아로 들어와 기질 내에서 구연산회로의 효소들에 의해 말산을 생성시켜 세포질로 나와 OAA를 거쳐 PEP로 전환되어 당신생경로를 이용하여 포도당합성이 일어난다(그림 8-7). 글리옥실산회로는 지방을 많이 함유하는 고등식물의 씨앗에서 중요하게 작용하는데, 글리옥시좀에는 구연산회로 및 글리옥실산회로의 효소와 함께 지방산 분해에 필요한 효소들도 존재한다. 그러므로 저장된 지방의 지방산을 분해하여 생성된 아세틸 CoA로부터 탄수화물을 합성할 수 있다. 그러다가 잎이 발달하여 광합성을 함에 따라 CO_2로부터 포도당을 합성하기 시작하면 글리옥시좀은 사라진다.

에너지 생성에 관해 글리옥실산회로와 구연산회로를 비교해 보면 구연산회로는 GTP 1분자와 NADH 3분자, $FADH_2$ 1분자를 생성시키는 반면, 글리옥실산회로는 NADH 1분자만 생성하므로 에너

지 생성보다는 탄수화물이나 아미노산 등을 합성하는 목적으로 이용됨을 알 수 있다.

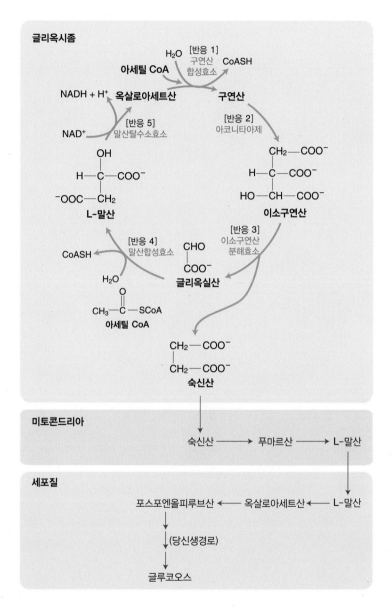

그림 8-7 글리옥실산회로와 당신생경로

CHAPTER

>>>>>>> CHAPTER **9**

전자전달계와
산화적 인산화

CHAPTER 9
전자전달계와 산화적 인산화

호기적 대사가 혐기적 대사에 비해 훨씬 더 많은 ATP를 생성할 수 있는 것은 미토콘드리아의 전자전달계에서 일어나는 산화적 인산화 때문이다. 탄수화물, 지방 및 단백질은 전자전달계에 도달하기 전에 해당과정, 구연산회로, β-산화 등을 거치면서 가지고 있던 전자를 NAD^+와 FAD에 제공하여 각각 $NADH+H^+$와 $FADH_2$를 생성한다. 이렇게 모아진 전자들은 각기 고유 기능을 가진 전자운반체들의 집합인 전자전달계(electron transport chain)를 따라 흘러가면서 가지고 있던 자유에너지를 방출하게 된다. 방출된 자유에너지의 일부가 포획되어 ADP와 무기인산(P_i)으로부터 ATP를 생성하는 과정이 산화적 인산화이다.

1. 미토콘드리아의 막 구조

세포 내 소기관의 하나인 미토콘드리아는 이중막 구조로 되어 있어 외막과 내막은 조성과 기능이 매우 다르다.

1) 외막

미토콘드리아의 외막은 대부분의 이온들과 크고 작은 분자들이 자유로이 통과할 수 있다(그림 9-1).

2) 내막

(1) 내막의 구조와 구성

전자전달계의 구성요소들은 대부분 미토콘드리아 내막에 위치한다. 미토콘드리아 내막은 H^+, Na^+, K^+ 과 같은 이온이나 ATP, ADP, 피루브산 및 미토콘드리아 기능에 중요한 분자들에 대해서는 투과성이 없다. 따라서 이들 물질들이 미토콘드리아 내막을 통과하려면 특수한 운반체(carrier)를 필요로 한다.

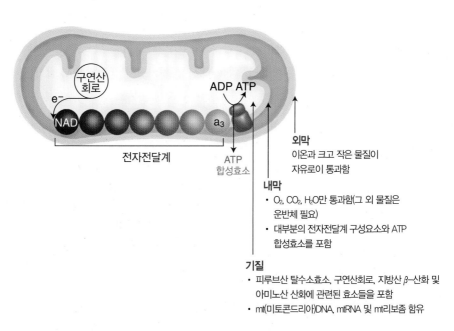

그림 9-1 미토콘드리아의 구조와 전자전달계

(2) 내막의 투과성

미토콘드리아 내막은 단백질 함량이 매우 높은 생체막으로 알려져 있는데, 이 단백질은 대부분 전자전달계 및 산화적 인산화와 직접적인 관련이 있다. 미토콘드리아 내막은 고도로 주름져(cristae 구조) 있어서 그 단백질 함량을 더욱 증가시키도록 구성되어 있다.

2. 전자의 전달과 전자전달계의 구성요소

일련의 전자전달계는 복합체(complex) I, 복합체 II, 복합체 III 및 복합체 IV 로 구성되는데(그림 9-2) 그 특징을 정리하면 다음과 같다.

- 각 복합체는 여러 가지 단백질과 각각의 보조인자로 구성된다(그림 9-3).
- 각 복합체는 전자 공여체로부터 전자를 받아들여 다음 단계의 복합체에 전자를 넘겨준다.
- 복합체 I에 전자를 주는 것은 탄수화물, 지방 및 단백질이 해당과정, 구연 산회로 혹은 β-산화 등의 대사를 거치면서 생성된 NADH이다.
- 최종적으로 복합체 IV로부터 산소가 전자를 받아들여 물 분자를 생성한 다(그림 9-2). 따라서 산소가 없으면 전자전달계의 작동이 불가능하다.

1) 복합체 I: NADH 탈수소효소 복합체

조효소 Q 이소프레노이드 꼬리를 가진 퀴논 유도체로서 플라보단백질에 의해 생성된 $FMNH_2$나 $FADH_2$로부터 수소 원자를 수용하여 환원됨 (UQH_2)(그림 9-3b)

이소프레노이드 구조

CH₃

H₂C — CH₂

이소프렌

NADH에서 조효소 Q(UQ)까지 전자를 수송하므로 NADH: 유비퀴논 (ubiquinone, UQ, 조효소 Q) 산화환원효소(oxidoreducatase)로도 불린다.

　NADH의 전자를 먼저 FMN에 전달하여 $FMNH_2$를 생성하고 뒤이어 전자를 UQ(조효소 Q)에 전달하여 UQH_2를 형성하는데, 이 과정에서 양성자가

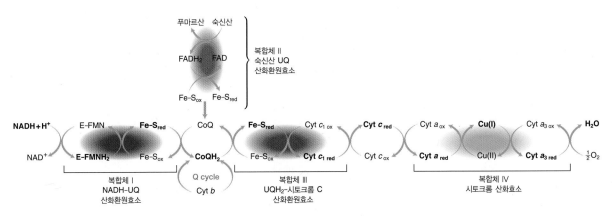

(a) 전자전달계 구성요소들의 연결순서

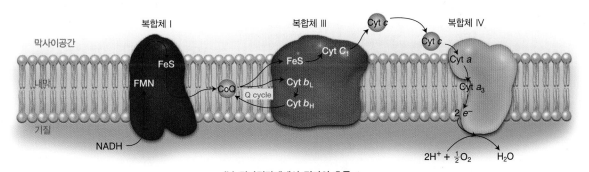

(b) 전자전달계에서 전자의 흐름

그림 **9-2** 전자전달계의 연결순서(a)와 전자의 흐름(b)

미토콘드리아 기질로부터 막사이공간으로 이동한다(그림 9-4).

복합체 I의 보조인자는 철과 황이 결합된 철-황 중심(iron-sulfur center, Fe-S)(그림 9-3a)으로 수소원자를 UQ에 전달하는 데 필요하다.

2) 복합체 II: 숙신산 탈수소효소 복합체

숙신산의 전자를 UQ에 전달하여 환원된 조효소 Q(UQH$_2$)를 형성하는데 보조인자로 2개의 철-황 중심과 FAD를 함유한다.

조효소 Q 단계에서 전자전달계에 전자를 공급하는 또 다른 효소들
- 아실 CoA 탈수소효소(acyl CoA dehydrogenase)와 글리세롤 3-인산 탈수소효소(glycerol 3-phosphate dehydrogenase)와 같은 플라보단백질
- 이 효소들은 전자를 FAD에 전달한 뒤, 다시 조효소 Q에 전달하여 QH$_2$를 형성함
- 따라서 조효소 Q는 플라보단백질과 시토크롬을 연결하는 고리 역할을 함

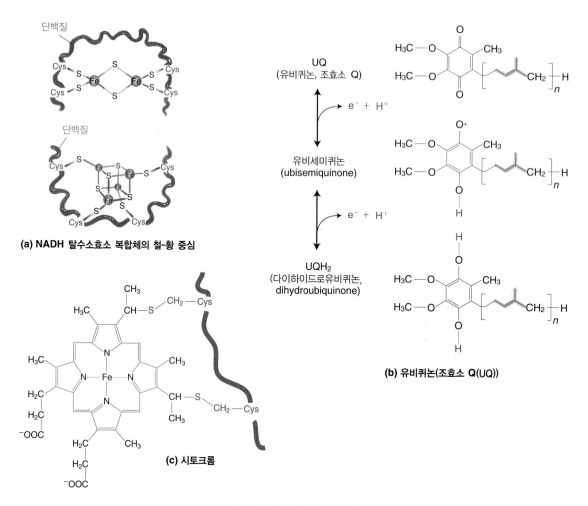

(a) NADH 탈수소효소 복합체의 철-황 중심

(b) 유비퀴논(조효소 Q(UQ))

(c) 시토크롬

그림 **9-3** 일부 전자전달계 구성요소들의 구조

3) 복합체 III: 시토크롬 bc 복합체

시토크롬 c
• 막사이공간에 존재하는 수용성 단백질로서 복합체 III 로부터 전자를 수용한 후, 복합체 IV에 전자를 제공함.
• 다른 시토크롬과 같이 헴 (heme)을 포함하는 철단백질

철-황 중심과 함께 두 개의 b형 시토크롬(b_L, b_h)과 한 개의 시토크롬 c를 함유한다(그림 9-2b).

전자를 환원된 조효소 Q (UQH_2)로부터 시토크롬 c로 이동시키므로 유비 퀴논:시토크롬 c 산화환원효소(ubiquinone: cytochrome c oxidoreductase)라고도 불린다. 이때 양성자를 미토콘드리아 기질에서 막사

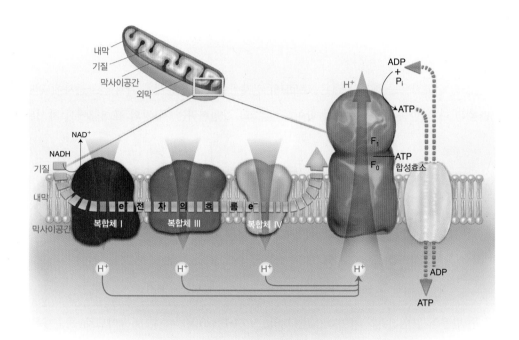

그림 9-4 양성자 운송과 짝지어진 전자전달계

이공간으로 이동시킨다(그림 9-4).

4) 복합체 IV: 시토크롬 aa_3 복합체

시토크롬 c에서 산소까지 전자를 전달하므로 시토크롬 산화효소(cytochrome oxidase)라고도 불리며, 전자를 산소분자에 이동시켜 물분자를 생성하면서 양성자를 기질로부터 막사이공간으로 내보낸다(그림 9-4). 보조인자인 구리의 작용이 필수적이다.

3. 산화적 인산화

열량영양소의 이화작용을 통해 유래된 NADH의 전자쌍이 전자전달계를 거쳐 산소분자에 전달될 때 전체 반응은 다음 반쪽 반응 두 개의 합이다. 각각의 환원전위는 제3장의 표 3-3에서 제시된 바와 같다.

$$NAD^+ + 2H^+ + 2e^- \longrightarrow NADH + H^+ \quad (E^{\circ\prime} = -0.320 \text{ V})$$

$$\tfrac{1}{2}O_2 + 2H^+ + 2e^- \longrightarrow H_2O \quad (E^{\circ\prime} = 0.816 \text{ V})$$

상대적으로 환원전위가 큰 산소는 환원하고, 상대적으로 환원전위가 낮은 NADH는 산화하여 NADH가 전자전달계를 완전히 통과할 때 반응은 다음과 같다.

$$NADH + H^+ + \tfrac{1}{2}O_2 \longrightarrow NAD^+ + H_2O$$

이때 두 반응의 환원전위의 차이($\Delta E^{\circ\prime}$)는 0.816 V −(−0.320 V) = 1.136 V이므로 표준자유에너지 변화는 다음과 같이 계산된다(식 3.4 참조).

$$\Delta G^{\circ\prime} = -nF\Delta E^{\circ\prime}$$
$$= -2(96.5 \text{ kJ/V} \cdot \text{mol})(1.136 \text{ V})$$
$$= -219 \text{ kJ/mol}(-54.7 \text{ kcal/mol})$$

같은 방법으로 FADH$_2$의 경우는 다음과 같이 나타낼 수 있다.

$$FADH_2 + \tfrac{1}{2}O_2 \longrightarrow FAD + H_2O$$
$$(\Delta G^{\circ\prime} = -150 \text{ kJ/mol}, 235.8 \text{ kcal/mol})$$

이렇게 NADH와 FADH$_2$ 산화는 자유에너지 변화가 음성으로 큰 값을 가지기 때문에 두 반응은 자발적으로 일어날 뿐만 아니라, 이때 방출되는 자유에너지를 ATP 합성에 이용할 수 있다. ADP 인산화의 표준자유에너지 변화는 30.7 kJ/mol(7.3 kcal/mol)인데, 복합체 I, III 및 IV에서 일어나는 각 산화환원반응들은 ADP를 인산화하기에 충분한 자유에너지변화($\Delta G^{\circ\prime}$)를 가진다(그림 9-5). 따라서 기질적 인산화(p. 204)와 구별하여 산화적 인산화(oxidative phosphorylation)라 부른다. 이렇게 방출된 에너지를 ATP 합성에 이용하는 메커니즘은 화학삼투설(chemiosmotic theory)로 가장 잘 설명된다(그림 9-6).

1) 화학삼투설

열량영양소의 산화가 ATP를 생성하는 과정은 전기화학적 구배의 생성과 이용으로 각각 설명될 수 있다.

(1) 산화: 전기화학적 구배의 생성

NADH는 탄수화물, 단백질, 아미노산 등의 열량영양소의 산화를 통해 생성된 전자를 미토콘드리아로 이동한 형태이다. NADH의 산화로부터 방출되는 에너지가 양성자(H^+)를 기질로부터 막사이공간으로 내보내는 펌프질을 한다.

미토콘드리아 내막을 경계로 하여 막사이공간은 기질에 비해 훨씬 고농도의

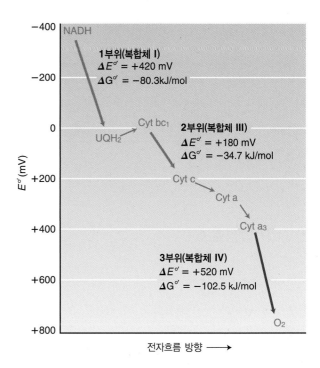

그림 9-5 전자전달계 반응들의 표준환원전위

수소이온(낮은 pH, 화학적 구배)과 고농도의 양전하(전기적 구배)를 가지는 것으로 양성자 동력(proton-motive force)을 생성하므로, 전자전달 에너지를 일시적으로 보존한다.

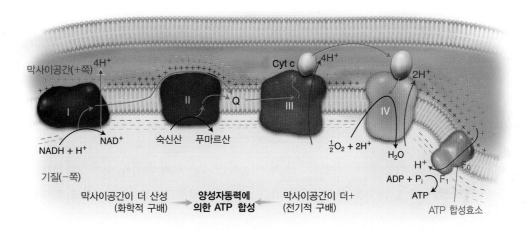

그림 9-6 화학삼투설과 ATP 합성효소의 구조(→ 전자의 흐름, → H^+의 흐름)

(2) 인산화: 전기화학적 구배의 이용

양성자가 고농도의 막사이공간으로부터 저농도의 기질로 되돌아오는 것은 열역학적으로 매우 유리하여 에너지가 방출되는 반응($\Delta G^{o'} < 0$)이므로, ADP의 인산화라는 열역학적으로 매우 불리한 반응($\Delta G^{o'} > 0$)과 서로 짝지운다(그림 9-6). 즉 이 채널은 ATP 합성효소(ATP synthase)의 기능을 가짐으로써 ATP 생성을 촉매한다.

2) ATP 합성효소

전자전달계에 의해 발생된 양성자 구배를 소모함으로써 ADP의 인산화(산화적 인산화)를 촉매하는 것은 ATP 합성효소이다(그림 9-7).

(1) ATP 합성효소의 구조

이 효소는 F_0 도메인과 F_1 도메인으로 구성되어 서로 다른 기능을 담당한다.

- F_0 도메인은 막대사탕의 막대에 해당하며, 미토콘드리아 내막을 관통하는 막단백질로서 이온 채널 역할을 한다.

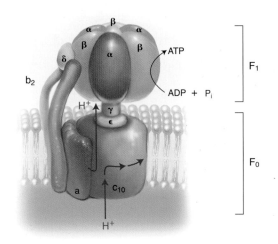

그림 **9-7** ATP 합성효소의 도메인과 소단위들

- F_1 도메인은 막대사탕의 사탕에 해당하며, 아데닌 뉴클레오티드와 결합하여 촉매 기능을 한다.

(2) ATP 합성효소의 작용 기전

F_0를 통해 양성자가 막사이공간에서 기질로 되돌아 이동하는 것은 F_0의 회전을 수반하여 F_1의 구조 변화를 초래함으로써 촉매 기능을 활성화함에 따라 ADP와 P_i로부터 ATP를 합성하게 된다(그림 9-4).

3) ATP 합성을 지속하기 위한 수송체계

(1) 수송체계의 필요

ATP는 미토콘드리아 기질에서 생성되었지만 내막을 통과하여 세포질로 나와야 하고, ATP의 생성과정에서 소모된 ADP와 인산($H_2PO_4^-$)은 기질에 보충되어야 한다. 그런데 아데닌 뉴클레오티드는 생리적 pH에서 ATP^{4-}와 ADP^{3-} 형태로서 음전하를 가지므로 미토콘드리아 내막을 통과하기 위해서는 수송체계가 필요하다.

(2) 수송체계의 종류

전자전달을 통해 미토콘드리아 내막을 사이에 두고 생성된 양성자(H^+) 구배는 ATP 합성뿐 아니라 다음 두 가지 수송체계에 사용된다(그림 9-8).
- 인산 전위효소(phosphate translocase)는 막사이공간의 $H_2PO_4^-$와 H^+를 함께 기질로 이동시키는 동반수송(symport) 작용을 하는데, 기질보다 막사이공간에 H^+ 농도가 더 높은 양성자 구배를

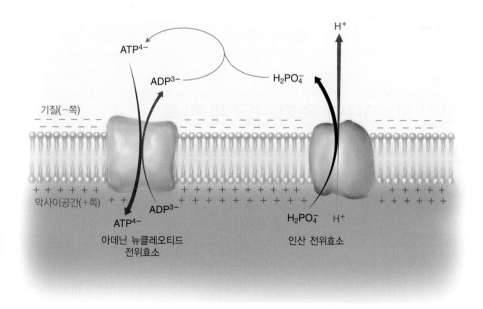

그림 9-8 아데닌 뉴클레오티드 전위효소와 인산 전위효소

이용한다.

- 아데닌 뉴클레오티드 전위효소(adenine nucleotide translocase, ATP-ADP 전위체)는 내막을 관통하는 단백질로서, 기질에서 ATP^{4-} 하나와 결합하여 막사이공간으로 옮겨줄 때마다 막사이공간에서 ADP^{3-}와 결합하여 기질로 옮겨주는 역수송(antiport)을 한다. ATP^{4-}가 ADP^{3-}보다 음전하수가 많으므로, 아데닌 뉴클레오티드 전위효소의 작용은 기질보다 막사이공간이 더 양전하를 띤 전기적 구배를 이용한다.

4) 전자전달계와 산화적 인산화의 P/O 비

P/O 비는 한 쌍의 전자가 산소까지 전자전달계를 통과하면서 생성된 ATP의 수이다. 전자전달과 ATP 합성효소 F_0F_1의 세부적 반응기전 및 그 짝지움에 대해 더 밝혀지게 되면 이 숫자는 달라질 수도 있지만 현재로는 다음과 같이 계산된다.

한 쌍의 전자가 산소까지 운반되는 동안 막사이공간으로 펌프되는 양성자 수는 NADH로부터는 10이고 숙신산부터는 6이며, 기질에서 1 ATP가 생성되어 막사이공간으로 이동되는 데 필요한 양성자 수는 4라고 보기 때문에 P/O 비가 NADH의 경우는 10/4, 즉 2.5가 되고, 숙신산의 경우는 6/4, 즉 1.5가 된다.

4. 세포질 NADH의 전자전달계 합류

1) 세포질에서 미토콘드리아로 NADH 이동의 필요성

해당과정, 구연산회로 및 지방산의 β-산화를 통해 생성되는 NADH는 전자전달계를 통해 효율적으로 ATP를 생성할 때까지 열량영양소의 에너지를 운반하는 형태이다.

구연산회로와 β-산화는 미토콘드리아 기질에서 이루어지므로 생성된 NADH가 미토콘드리아 내막의 전자전달계에 전달되는 데에 문제가 없다. 그러나 해당과정은 세포질에서 이루어지기 때문에

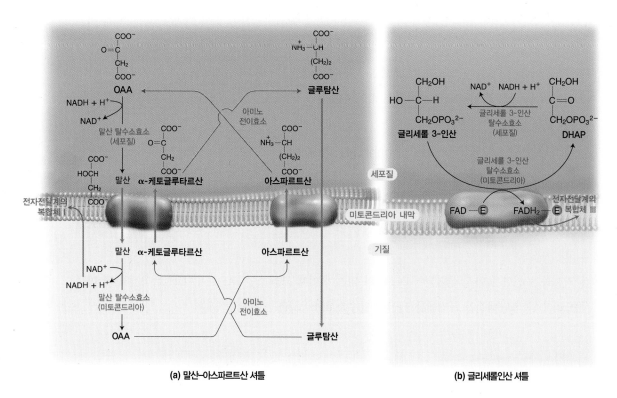

(a) 말산-아스파르트산 셔틀

(b) 글리세롤인산 셔틀

그림 9-9 미토콘드리아 내막을 출입하는 전자전달의 두 가지 셔틀

이 과정에서 생성된 NADH는 미토콘드리아 내로 들어가야 포도당이 완전 산화가 가능하다.

미토콘드리아 내막은 NADH에 대한 투과성이 없으므로 조직에 따라 다음 두 가지의 셔틀 시스템을 이용하여 NADH가 전자전달계에 합류한다.

2) 셔틀 시스템

(1) 말산-아스파르트산 셔틀(malate-aspartate shuttle)

옥살로아세트산(OAA)이 세포질에서 NADH의 환원력을 받아 미토콘드리아에 옮겨주는 역할을 한다. OAA는 세포질에서 NADH로 환원되면 말산이 되고, 미토콘드리아로 들어간 후 산화되면 NADH를 생성하면서 OAA로 복귀한다. 이 반응은 각각 세포질과 미토콘드리아 형의 말산 탈수소효소의 작용이다.

OAA는 미토콘드리아 내막을 통과할 수 없지만 세포질에서는 말산이 되어 막 운반체를 통해 미토콘드리아 기질로 들어가고, 미토콘드리아 내에서는 아스파르트산으로 전환되어 세포질로 나간다. 미토콘드리아에서 OAA가 아스파르트산으로, 세포질에서 아스파르트산이 OAA로 복귀하여 셔틀이 지속되게 하는 반응은 아미노기 전이효소의 작용이다.

(2) 글리세롤인산 셔틀(glycerol phosphate shuttle)

- 세포질에서 해당과정의 중간대사물인 다이하이드록시아세톤인산(dihydroxyacetone phosphate, DHAP)이 NADH의 환원력을 받아서(세포질 글리세롤 3-인산 탈수소효소 작용) 글리세롤 3-인산이 되고,
- 글리세롤 3-인산은 다시 산화되어 DHAP가 되는데 이때 조효소인 FAD는 $FADH_2$로 전환된다(미토콘드리아 내막 단백질인 글리세롤 3-인산 탈수소효소 작용).

3) 두 가지 셔틀의 비교

말산-아스파르트산 셔틀은 간, 신장 및 심장에서, 글리세롤인산 셔틀은 골격근과 뇌에서 작용한다. 세포질 NADH로부터의 환원력이 말산-아스파르트산 셔틀에서는 전자전달계의 복합체 I에 전달되는 한편, 글리세롤인산 셔틀에서는 복합체 III에 전달되므로 말산-아스파르트산 셔틀에서는 2.5 ATP가

표 9-1 포도당 한 분자의 완전 산화에 의한 ATP 생성의 요약

과 정	직접 산물	최종 ATP
해당과정	2 NADH(세포질)	3 혹은 5*
	2 ATP	2
피루브산의 산화 ×2	2 NADH(미토콘드리아)	5
구연산회로 ×2	6 NADH(미토콘드리아)	15
	2 $FADH_2$	3
	2 GTP	2
계		30 혹은 32

* 세포질의 환원력이 미토콘드리아로 이동되는 셔틀의 종류에 따라 뇌와 골격근에서는 3, 간, 신장, 심장에서는 5

생성되는 대신, 글리세롤인산 셔틀에서는 전자쌍당 1.5 ATP가 생산된다.

* 따라서 포도당 한 분자가 완전히 산화하여 생성하는 ATP는 해당과정에서 생성된 NADH가 이동되는 셔틀 시스템에 따라 32분자(간, 신장, 심장) 혹은 30분자(뇌, 골격근)이다(표 9-1).

5. 산화적 인산화의 저해제와 조절

1) 산화적 인산화의 저해제

미토콘드리아 내막에서의 전자전달과정이나 ATP 합성효소의 활성 그리고 ADP, ATP 및 인산의 수송뿐 아니라 전자전달과 인산화의 짝지음이 원활하지 않으면 미토콘드리아에서의 ATP 생성은 일어날 수 없다.

(1) 전자전달계의 저해제

전자전달계의 특정 구성요소에 결합하여 전자의 흐름과 산화환원 반응을 방해하는 저해제들의 작용 위치는 다음과 같다. 전자를 운반하는 운반체들은 톱니바퀴처럼 맞물려 있기 때문에 어떤 저해제에 의해 한 전자전달 운반체가 저해되면 차단이 일어난 이후의 전자 운반체는 매우 산화되고, 차단이 일어난 앞쪽의 전자 운반체는 매우 환원되게 된다(그림 9-10).

* **복합체 I를 저해하는 물질**　　로테논(rotenone), 아미탈(amytal)
* **시토크롬 b를 저해하는 물질**　　안티마이신 A(antimycin A)
* **시토크롬 산화효소를 저해하는 물질**　　일산화탄소, 아지드화물(azide, N_3^-), 시안화물(cyanide, CN^-)

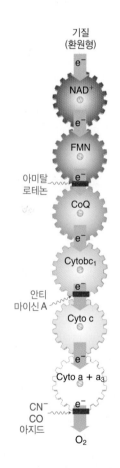

그림 **9-10** 전자전달계 복합체의 저해제와 작용부위

(2) ATP 합성효소와 아데닐 뉴클레오티드 전위효소의 저해제

ATP 합성효소의 저해제로는 다이사이클로헥실카르보다이이미드(dicyclo-hexylcarbodiimide, DCCD)와 올리고마이신(oligomycin)이 있다. 이들은 ATP 합성효소의 F_0를 통해 H^+가 흐르는 것을 차단한다. 한편 아트락틸로시드(atractyloside)는 아데닌 뉴클레오티드 전위효소의 저해제이다.

(3) 짝풀림단백질

① 짝풀림단백질의 위치-갈색지방 조직

온혈동물은 대사과정 중에 발생하는 열을 체온 유지에 사용하는데, 정상상태에서는 전자전달계와 ATP 합성이 밀접하게 짝지어져 있어서 열 생산이 최소한으로 일어나게 되어 있다. 그러나 신생동물, 동면에서 깨어나는 동물 및 추위에 적응된 동물들은 정상적인 대사에 의해 생성되는 것보다 더 많은 열 생산을 필요로 한다. 이들 동물에는 갈색지방조직(미토콘드리아 함량이 높아 갈색으로 보임)이 있는데, 이들 세포의 미토콘드리아 내막에 있는 짝풀림단백질(uncoupling protein, UCP) 때문에 많은 열생산이 가능하다.

② 짝풀림단백질의 작용

갈색지방조직에 저장되었던 중성지방이 가수분해됨으로써 생성된 지방산이 짝풀림단백질을 활성화시킨다. 활성화된 짝풀림단백질은 전자전달계를 통해 미토콘드리아 막사이공간으로 내보내진 양성자가 기질 안으로 되돌아오면서도 그 에너지를 ATP생성에 쓰지 않고 낭비해버리게 함으로써 열로 에너지를 발산하게 한다(비떨림열생산, nonshivering thermogenesis).

(4) 짝풀림화학물질

인체의 갈색지방조직에 있는 짝품림단백질(uncoupling protein, UCP)과 구별하여, 짝풀림화학물질(uncoupler)이라고 부른다.

① 종류와 구조

2,4-다이니트로페놀(dinitrophenol, DNP), 다이쿠마롤(dicumarol), 카르보닐 시아니드-p-트리플루

오르메톡시페닐 히드라존(carbonylcyanide-*p*-trifluor omethoxyphenylhydrazone, FCCP)들이며 이들은 해리 될 수 있는 수소를 가진 약산이면서 소수성 구조를 가 진다(그림 9-11).

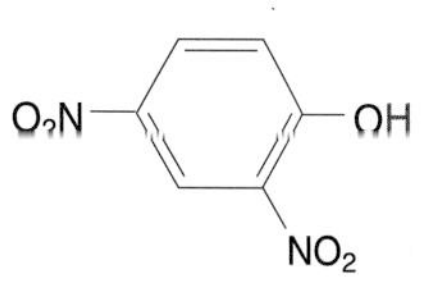

② 작용기전

H^+의 농도가 높은 막사이공간 쪽에서 H^+와 결합하여, 소수성 성질에 의해 내막에 확산되어 기질 쪽으로 이동한 후, H^+ 농도가 낮은 기질에 H^+를 해리함으로써 양성자 구배를 파괴한다. 따라서, 전자전달을 통해 막사이공간으로 펌프질된 H^+를 헛되이 다시 기질로 돌려보냄으로써 ATP 생성에 쓰이지 못하고, 단지 열 발생만 초래된다.

다이니트로페놀

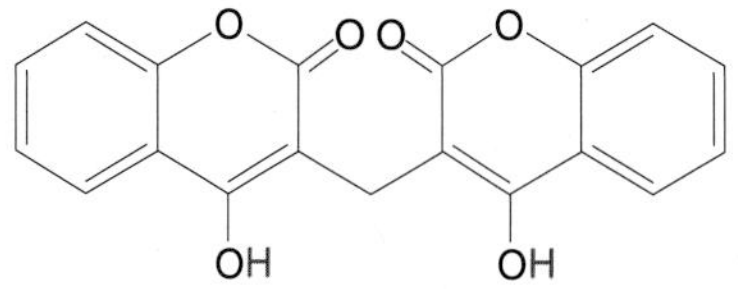

다이쿠마롤

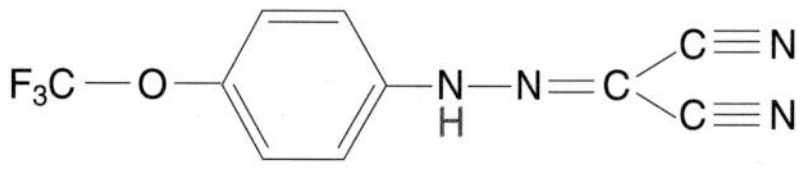

카르보닐 시아니드-*p*-트리플루오르 메톡시페닐 히드라존

그림 **9-11** 짝풀림화학물질의 구조

2) 산화적 인산화의 조절

(1) 산화적 인산화의 조절이 중요한 이유

체내에서 ADP는 기질적 인산화와 산화적 인산화 두 가지에 의해 ATP로 전환된다. 기질적 인산화는 포도당이 해당과정에서 분해될 때 일어나고 단 2분자의 ATP만을 생성하므로 전체 ATP 생성에서 비중이 크지 않은데 비해 산화적 인산화를 통하면 포도당은 구연산회로와 전자전달계까지 완료할 때 30 혹은 32분자라는 매우 많은 양의 ATP를 생산한다. 또한 지방산과 아미노산도 이화작용을 거쳐 산화적 인산화에 의해 매우 많은 ATP를 생성하기 때문에, 세포에서 필요로 하는 거의 대부분의 ATP는 산화적 인산화의 결과이다.

따라서 정상상태에서는 전자전달계가 ATP 합성과 밀접하게 짝지워져 있어서 세포활동에 당장 필요한 양의 ATP만이 생성되도록 산화적 인산화가 조절된다.

(2) 산화적 인산화의 조절기전

미토콘드리아에서 산소 소모(호흡)의 속도는 세포의 에너지 요구에 의해 면밀히 조절되는데 세포의 에너지 요구 척도는 ADP 농도와 ATP와 ADP의 상대적 비율인 $[ATP]/([ADP][P_i])$이다. 평상시에 이 비율은 매우 높아서 ATP-ADP 시스템은 거의 완벽하게 인산화되어 있는 상태이다.

단백질이나 지방의 합성과 같은 동화작용의 속도가 증가하면 ATP가 ADP + P_i로 분해되는 속도가 증가하게 되어 그 비율이 낮아진다. 이를 보충하기 위해 호흡과 산화적 인산화를 증가시켜 ATP 생산을 증가시킨다(항상성의 원리). 그렇게 되면 ADP 농도가 감소되면서 다시 호흡과 산화적 인산화 속도는 느려진다.

세포에서 연료가 산화하는 것은 매우 정교하고 민감하게 조절되므로 $[ATP]/([ADP][P_i])$는 에너지 요구가 크게 변할 때조차도 대부분의 조직에서 극히 작은 범위에서만 오르내릴 뿐이다.

6. 산화적 스트레스와 항산화체계

1) 산화적 스트레스

(1) 산화적 스트레스의 발생

라디칼 쌍을 이루지 못한 전자를 갖고 있는. 즉 비공유전자를 갖는 원자 또는 분자

생체는 산소를 이용함으로써 혐기적 대사를 이용하는 것보다 훨씬 더 효율적으로 에너지를 생성할 수 있지만 반응성 산소종(reactive oxygen species, ROS)이라는 유해물질의 발생이 불가피하게 수반된다(그림 9-12). 반응성 산소종은 산소가 단 하나의 전자를 받게 되어 생성되는 초과산화물 라디칼, 과산화수소 및 하이드록시 라디칼과 같은 불안정한 유도체이다.

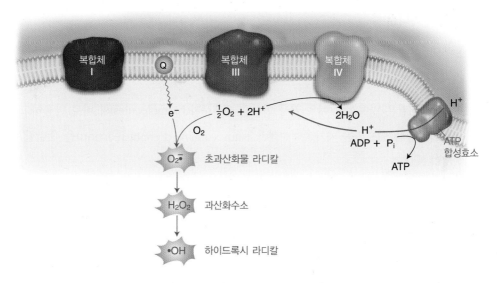

그림 **9-12** 미토콘드리아에서 전자전달계와 반응성 산소종의 생성

① 초과산화물 라디칼

미토콘드리아의 전자전달계에서 산소까지 전자가 전달되는 과정에서는 반응성 라디칼(radical)의 생성이 수반되어 세포에 손상을 줄 수 있다. 전자가 조효소 Q(QH$_2$)에서 복합체 III로 전달될 때와 복합체 I에서 QH$_2$로 전자가 전달될 때 중간산물로서 유비세미퀴논(ubisemiquinone, UQH•)이 생성될 수도 있다. UQH•은 낮은 확률이지만 산소분자에 전자 하나를 줄 수 있고, 이때 생성된 물질은 초과산화물 라디칼(superoxide radical, O$_2^-$)인데 매우 반응성이 강하여 불포화지방산이 많은 세포막 인지질 성분에 상당한 손상을 줄 수 있다.

$$O_2 + e^- \longrightarrow O_2^-$$

② 과산화수소

초과산화물 라디칼은 수용액에서 과산화수소(H$_2$O$_2$)를 생성할 수도 있다.

$$2O_2^- + 2H^+ \xrightarrow{\text{초과산화물}\atop\text{불균화효소}} H_2O_2 + O_2$$

H$_2$O$_2$는 유산소대사는 물론 약물 및 환경적 위해요소와의 반응을 통해 지속적으로 생성된다. H$_2$O$_2$는 비공유 전자쌍을 가지지 않기 때문에 라디칼은 아니므로 반응성이 크지는 않지만, 그래서 세포막을 통과하므로 독성이 널리 분산될 수 있다.

③ 하이드록시 라디칼

과산화수소가 Fe^{2+}와 반응하면 반응성이 훨씬 강한 하이드록시 라디칼(hydroxy radical)을 생성한다.

$$Fe^{2+} + H_2O_2 \longrightarrow Fe^{3+} + \cdot OH + OH^-$$

하이드록시 라디칼은 반응성이 매우 커서 인접한 생체분자(biomolecules)와 바로 반응하고 불포화지방산의 산화반응을 일으키는 자가촉매연쇄반응(autocatalyzed chain reaction)을 촉발할 수 있어 특히 위험하다.

(2) 산화적 스트레스의 유해성

항산화체계가 충분히 작동하지 못하면 산화적 스트레스로 인해 다당류의 분해, 효소의 불활성화, 불포화지방산의 분해 및 DNA 절단 등을 초래한다. 이러한 산화적 손상은 노화는 물론 염증 반응, 암, 동맥경화, 심근경색, 고혈압, 루게릭병, 신경학적 신경성 질환, 파킨슨병 및 알츠하이머병의 발병과 관련된다.

백혈구의 호흡파열(respiratory burst)과 같이 의도적으로 다량의 반응성 산소종을 생성하는 세포도 있다. 호중구나 대식세포는 식작용에 의해 세포 내로 들어온 박테리아를 죽이는 데 다량의 반응성 산소종을 사용한다.

2) 항산화체계

(1) 항산화효소

산화적 스트레스로부터 보호하기 위해 생물체들은 항산화 방어체계들을 발달시켰다(그림 9-13).

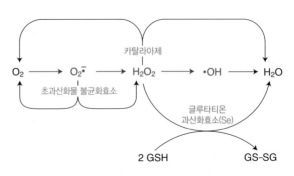

그림 **9-13** 항산화효소들의 반응

① 초과산화물 불균화효소(superoxide dismutase, SOD)

초과산화물을 H_2O_2로 전환시키는 효소인데 사람의 경우 세포질에는 Cu-Zn을 함유하는 동위효소(isoenzyme)가 있고 미토콘드리아 기질에는 Mn을 함유하는 동위효소가 있다.

$$2O_2^{\cdot-} + 2H^+ \xrightarrow{\text{초과산화물 불균화효소}} O_2 + H_2O_2$$

생성된 H_2O_2는 또 다른 ROS로서 인체에 유해하므로 다시 환원되어야 한다.

② 카탈라아제(catalase)

이 효소는 과산화수소를 물과 산소로 전환한다.

$$2 H_2O_2 \xrightarrow{\text{카탈라아제}} 2 H_2O + O_2$$

③ 글루타티온 과산화효소(glutathione peroxidase, GSH-Px)

GSH-Px는 H_2O_2뿐 아니라 다른 유기과산화물(ROOH)도 분해하여 알코올로 전환시킨다.

$$2 GSH + H_2O_2 \xrightarrow{\text{글루타티온 과산화효소}} GS\text{-}SG + 2 H_2O$$
$$2 GSH + ROOH \xrightarrow{\text{글루타티온 과산화효소}} GS\text{-}SG + ROH + H_2O$$

GSH-Px의 기능은 폴리펩티드의 시스테인 잔기에 황(S)이 셀레늄(selenium, Se)으로 치환된 구조를 필요로 하므로 소량의 Se 섭취는 인체의 정상적인 항산화기능에 중요한 것으로 알려져 있다.

④ 글루타티온 환원효소(glutathione reductase)

이 효소는 GSH-Px의 작용으로 산화된 글루타티온(GS-SG)을 환원형으로 회복시킨다. 이때 환원력을 제공하는 조효소는 주로 오탄당인산경로에서 공급되는 NADPH이다.

$$GS\text{-}SG + NADPH + H^+ \xrightarrow{\text{글루타티온 환원효소}} 2 GSH + NADP^+$$

(2) 항산화제

① 종류와 급원식품의 생리 기능

대표적인 항산화제는 글루타티온, α-토코페롤(tocopherol), 아스코르브산(ascorbic acid) 및 β-카로틴

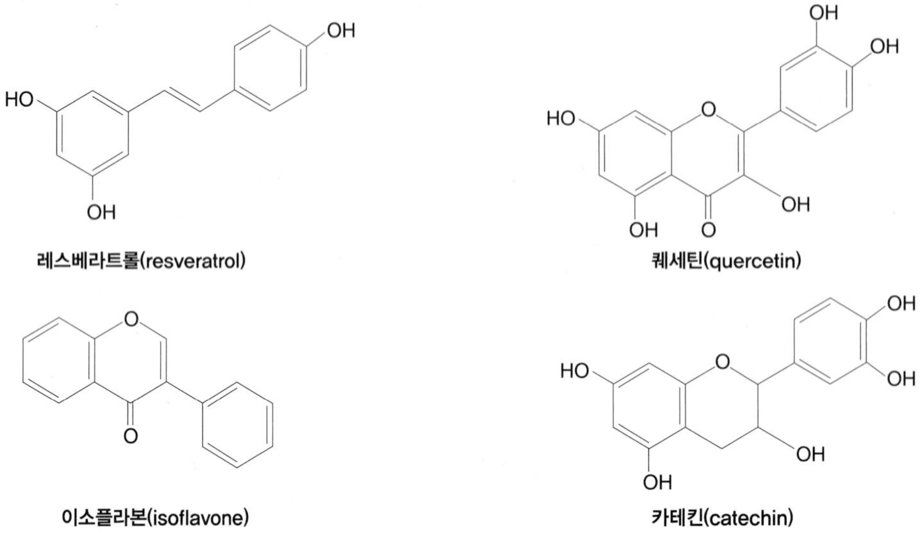
OH
HO
OH
레스베라트롤(resveratrol)
OH
OH
HO
O
OH
OH
O
퀘세틴(quercetin)
O
O
이소플라본(isoflavone)
OH
HO
O
OH
OH
OH
카테킨(catechin)

(a) 여러 가지 폴리페놀의 구조

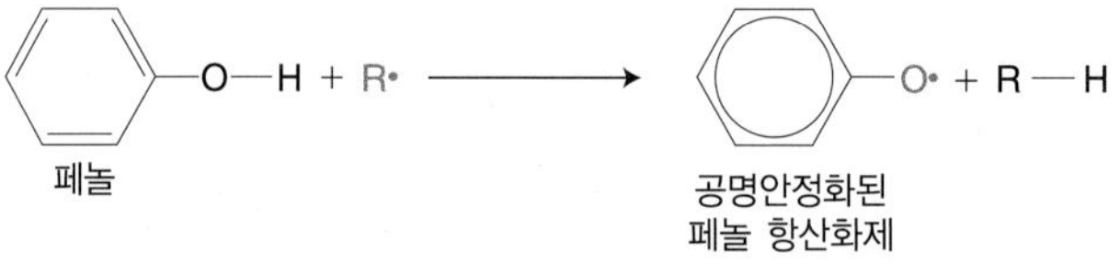
O—H + R•
O• + R—H
페놀
공명안정화된
페놀 항산화제

(b) 공명안정화된 페놀 항산화제

그림 9-14 여러 가지 폴리페놀과 공명안정화된 페놀 항산화제의 구조

(carotene)이 있다. 이 물질들이 풍부한 식품을 많이 섭취하는 것은 몇 가지 종류의 암이나 만성질환의 발병률 감소와 관련된다는 보고들이 있지만, 이들 물질을 단독적으로 보충하였을 때 건강에 유리한 효과는 아직 확실하지 않다. 따라서 채소와 과일을 섭취하는 이점은 단독 항산화제의 역할이라기보다는 다양한 폴리페놀(그림 9-14a) 등 여러 가지 물질들 사이의 복합적 상호작용인 것으로 보인다.

② 작용기전

이러한 항산화제들은 과산화물 라디칼을 제거하는 기능을 가지므로 그 작용은 일반적으로 다음과 같은 식으로 표시할 수 있다. 과산화물 라디칼을 환원시키면서 생성된 항산화제 라디칼은 스스로 안정한 분자로 전환될 수 있는 구조를 가진다.

ROO•	+	AH	⟶	ROOH	+	A•
유해한 라디칼		항산화제		덜 유해한 과산화물		항산화제 라디칼

③ 지용성 항산화제

α-토코페롤(비타민 E)과 β-카로틴은 세포막 지질을 ROS로부터 보호한다. α-토코페롤은 페놀 항산화제에 속하며 강력한 라디칼 소거제(scavenger)다. 페놀 화합물은 라디칼로 되었을 때 공명화되어 안정한 구조를 가지기 때문에 매우 효과적인 항산화제이다(그림 9-14b). β-카로틴은 등황색 및 진녹색 채소와 과일에서 발견되며 카로티노이드(carotenoids)에 속한다(그림 9-15).

④ 수용성 항산화제

아스코르브산(비타민 C)은 세포질에서 과산화 라디칼과 반응하여 세포막에 도달하지 못하게 함으로써 지질 과산화를 방지한다. α-토코페롤 라디칼을 환원형으로 재생함으로써 비타민 E의 활성을 유지하게 하여 간접적으로 세포막을 보호한다(그림 9-16).

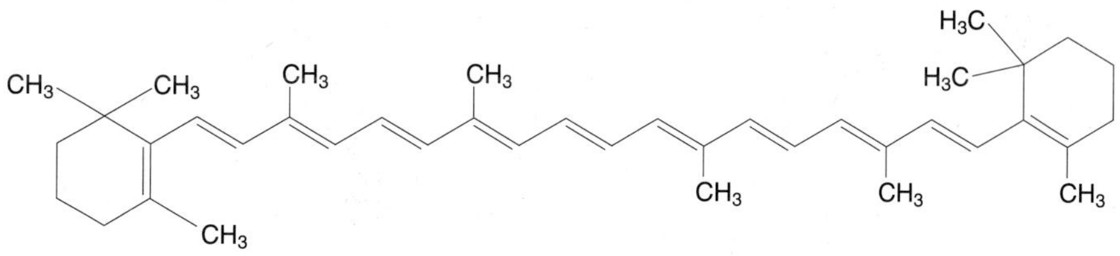

그림 9-15 β-카로틴의 구조

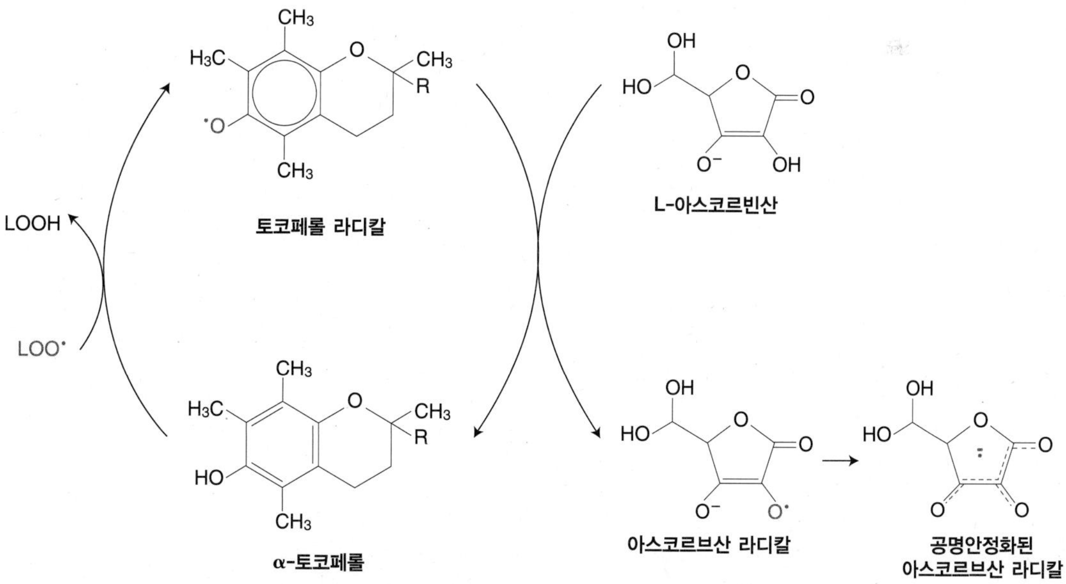

그림 9-16 α-토코페롤의 항산화작용과 아스코르브산에 의한 α-토코페롤의 재생

10

지질

CHAPTER 10
지질

지질은 비극성 성질을 가지고 있어 물에는 거의 녹지 않고 유기용매에 용해되는 유기물질이다. 지질은 다양한 생물학적 기능을 가지고 있다. 생체 내에서 효과적인 에너지 저장 형태이며, 생체막의 주요 구성 성분이고, 신호전달물질의 생성에 기질로 이용되기도 한다. 지질은 화학적으로 다양한 생체 화합물들의 집합으로서 물에 대한 불용성과 비극성기가 많다는 구조적 유사성 등의 공통점을 가지고 있다.

1. 지질의 종류 및 구조

1) 지방산

지방산은 한쪽 끝에는 메틸기($-CH_3$)를 가지고 있고 다른 한쪽 끝에는 카르복실기($-COOH$)를 가진 긴 탄화수소 사슬이다. 메틸기는 소수성(hydrophobic)의 성질을, 카르복실기는 친수성(hydrophilic)의 성질을 가진다.

- 생물계에 존재하는 대부분의 지방산은 짝수의 탄소를 가지고 있는데, 이는 지방산의 생합성이 탄소 2개의 단위들이 결합하여 이루어지기 때문이다. 식물과 동물에서 가장 흔한 지방산들은 탄소

표 10-1 지방산의 구분과 종류

구 분	송 류	지질의 예
탄소 수에 따라	• 짧은사슬지방산 (단쇄지방산, <C6) • 중간사슬지방산 (중쇄지방산, C6–C12) • 긴사슬지방산 (장쇄지방산, >C12)	프로피온산(C3), 부티르산(C4) 카프르산(C10), 라우르산(C12) 팔미트산(C16)
이중결합의 수에 따라	• 포화지방산 • 불포화지방산 : 단일불포화지방산 ; 다가불포화지방산	스테아르산 올레산 ; 리놀레산, α-리놀렌산
이중결합의 위치에 따라	• ω-3 지방산 • ω-6 지방산 • ω-9 지방산	α-리놀렌산 리놀레산, λ-리놀렌산 올레산
체내 합성 여부에 따라	• 필수지방산 • 비필수지방산	리놀레산, 리놀렌산 필수 지방산 이외의 지방산들
이중결합을 중심으로 수소의 자리 배열(configuration)에 따라	• 시스(cis) 지방산 • 트랜스(trans) 지방산	리놀레산 엘라이딕산

수가 12~24개인 지방산들이다.

- 지방산 중에는 탄소와 탄소 사이에 이중결합이 있는 것들이 있는데, 이중결합들은 대개 입체화학적으로 시스(cis)의 형태를 유지하며, 이중결합이 여러 개 있을 때는 메틸렌기(methylene, $-CH_2-$)에 의해 분리되어 [$-CH=CH-CH_2-CH=CH-$]와 같은 구조를 유지하는 것이 일반적이다(표 10-1).

- 지방산의 표시는 탄소의 수와 이중결합의 수를 이용하여 표시하며, 이중결합의 위치를 표시하기도 한다. 이중결합의 위치를 표시할 때 쓰이는 탄소의 번호는 카르복실기로부터 매기기 시작한다.

- 지방산의 명칭은 보통 일반명이 많이 사용되나, 탄소의 수, 이중결합의 수와 위치를 이름에 내포하는 계통명이 사용되기도 한다(표 10-2).

지방산은 이중결합의 유무에 따라 이중결합이 없는 포화지방산과 이중결합이 있는 불포화지방산으로 구분한다.

- 불포화지방산 중에서 올레산과 같이 이중결합이 한 개만 있을 경우에는 단일불포화지방산이라고 하고, 이중결합이 두 개 이상 있는 경우에는 다가불포화지방산이라고 한다.

- 메틸기로부터 몇 번째 위치에 처음으로 이중결합이 나타나느냐에 따라 ω

리놀렌산이라 해도 α-리놀렌산은 ω-3 지방산인 반면, γ-리놀렌산은 ω-6 지방산임에 주의

표 10-2 자연계에 존재하는 지방산들의 예

지방산 표시		일반명	계통명	구 조	녹는점(℃)
포화지방산	12:0	라우르산 (Lauric acid)	도데칸산 (Dodecanoic acid)	$CH_3(CH_2)_{10}COOH$	44.2
	14:0	미리스트산 (Myristic acid)	테트라데칸산 (Tetradecanoic acid)	$CH_3(CH_2)_{12}COOH$	52.0
	16:0	팔미트산 (Palmitic acid)	헥사데칸산 (Hexadecanoic acid)	$CH_3(CH_2)_{14}COOH$	63.1
	18:0	스테아르산 (Stearic acid)	옥타데칸산 (Octadecanoic acid)	$CH_3(CH_2)_{16}COOH$	69.6
	20:0	아라키드산 (Arachidic acid)	에이코산산 (Eicosanoic acid)	$CH_3(CH_2)_{18}COOH$	75.4
불포화지방산	16:1(Δ^9)	팔미토올레산 (Palmitoleic acid)	시스-9-헥사데센산 (Hexadecenoic acid)	$CH_3(CH_2)_5CH=CH(CH_2)_7COOH$	−0.5
	18:1(Δ^9)	올레산 (Oleic acid)	시스-9-옥타데센산 (Octadecenoic acid)	$CH_3(CH_2)_7CH=CH(CH_2)_7COOH$	13.4
	18:2 ($\Delta^{9,12}$)	리놀레산 (Linoleic acid)	시스, 시스-9,12-옥타데카다이엔산 (Octadecadienoic acid)	$CH_3(CH_2)_4(CH=CHCH_2)_2(CH_2)_6COOH$	−9.0
	18:3 ($\Delta^{9,12,15}$)	알파-리놀렌산 (α-Linolenic acid)	시스,시스,시스-9,12,15- 옥타데카트리엔산(Octadecatrienoic acid)	$CH_3CH_2(CH=CHCH_2)_3(CH_2)_6COOH$	−17.0
	18:3 ($\Delta^{6,9,12}$)	감마-리놀렌산 (γ-Linolenic acid)	시스,시스,시스-6,9,12-옥타데카트리 엔산(Octadeactrienoic acid)	$CH_3(CH_2)_4(CH=CHCH_2)_3(CH_2)_3COOH$	−11.0
	20:4 ($\Delta^{5,8,11,14}$)	아라키돈산 (Arachidonic acid)	올 시스-5,8,11,14-에이코사 테트라엔산(Eicosatetraenoic acid)	$CH_3(CH_2)_4(CH=CHCH_2)_4(CH_2)_2COOH$	−49.5
	20:5 ($\Delta^{5,8,11,14,17}$)	EPA	올 시스-5,8,11,14,17-에이코사펜타 엔산(Eicosapentaenoic acid)	$CH_3CH_2(CH=CHCH_2)_5(CH_2)_2COOH$	−54.0
	22:6 ($\Delta^{4,7,10,13,16,19}$)	DHA	올 시스-4,7,10,13,16,19-도코사 헥사엔산(Docosahexaenoic acid)	$CH_3CH_2(CH=CHCH_2)_6CH_2COOH$	−44.5

자료: Voet D & Voet JG, Biochemistry, 3rd edition, chapter 12, John Wiley & Sons, Inc. (2004)

−3, ω−6, ω−9 등으로 구분하기도 한다.

• 동물 세포에서는 합성이 되지 않아 반드시 식물성 식품으로부터 섭취하여야 하는 지방산을 필수 지방산이라 하는데 리놀레산(linoleic acid)과 α-리놀렌산(α-linolenic acid)이 이에 해당된다.

지방산의 물리적 성질은 탄소의 수, 이중결합의 수와 형태에 따라 영향을 받는다.

- 탄소 수가 많아질수록 녹는점이 높아지고 물에 대한 용해도가 낮아진다.

- 같은 탄소 수를 가지고 있을 경우 이중결합이 많아질수록 녹는점이 낮아진다. 일자형의 구조를 가지고 있어 조밀한 배열을 형성할 수 있는 포화지방산과는 달리 불포화지방산의 이중결합은 30° 정도의 꺾임을 유발하여 빽빽하게 채워지는 것을 방해하기 때문에 탄화수소 사슬 간의 반데르발스 힘(van der Waals force)을 약화시켜 녹는점을 낮추게 된다.

- 불포화지방산이라 하더라도 이중결합의 형태가 트랜스(*trans*) 형인 경우, 일자형의 구조를 갖게 되어 물리적 성질과 생물학적 영향이 포화지방산과 더 유사함을 보이게 된다.

지방산의 계통명에서 사용되는 접두사와 접미사에 대한 이해
- Do, Di : 2
- Tetra : 4
- Hexa : 6
- Octa : 8
- Deca : 10
- Eico : 20(그리스어의 Eikosi, twenty에서)
- Enoic : unsaturated

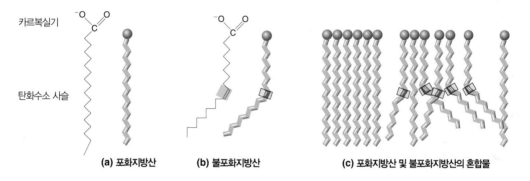

카르복실기

탄화수소 사슬

(a) 포화지방산　　**(b) 불포화지방산**　　**(c) 포화지방산 및 불포화지방산의 혼합물**

그림 **10-1** 포화지방산과 불포화지방산의 비교

알아두기

지방산 명명법의 비교: 델타(delta) 시스템과 오메가(omega) 시스템

- α-리놀렌산

$$CH_3-CH_2-\overset{15}{C}H=\overset{}{C}H-CH_2-\overset{12}{C}H=\overset{}{C}H-CH_2-\overset{9}{C}H=\overset{}{C}H-(CH_2)_7-COOH$$

18:3 $\varDelta^{9,12,15}$ (델타 시스템, 카르복실기로부터 9번째, 12번째, 15번째 탄소에 이중결합이 있음을 표시)

18:3 ω-3 (오메가 시스템, 메틸기로부터 3번째 탄소에 처음으로 이중결합이 나타남을 표시)

- γ-리놀렌산

$$CH_3-(CH_2)_4-\overset{12}{C}H=\overset{}{C}H-CH_2-\overset{9}{C}H=\overset{}{C}H-CH_2-\overset{6}{C}H=\overset{}{C}H-(CH_2)_4-COOH$$

18:3 $\varDelta^{6,9,12}$ (델타 시스템, 카르복실기로부터 6번째, 9번째, 12번째 탄소에 이중결합이 있음을 표시)

18:3 ω-6 (오메가 시스템, 메틸기로부터 6번째 탄소에 처음으로 이중결합이 나타남을 표시)

2) 중성지방과 왁스

(1) 중성지방

중성지방(neutral fat) 또는 트리글리세라이드(triglyceride)라고도 지칭되는 트리아실글리세롤(triacylglycerol)은 3개의 수산기(hydroxyl, -OH)를 가진 글리세롤(glycerol)에 3개의 지방산이 에스테르(ester, $\overset{\underset{\parallel}{O}}{-C-O-}$) 결합을 통해 붙어있는 화합물이다. 지방산의 카르복실기는 친수성이지만 글리세롤의 수산기와 에스테르 결합을 하기 때문에 트리아실글리세롤은 그 구조에 있어서 비극성 부분만을 가지게 되어 물에 불용성이다.

- 트리아실글리세롤은 글리세롤에 결합되어 있는 지방산의 종류에 따라 단순 트리아실글리세롤(simple triglycerol)과 혼합 트리아실글리세롤(mixed triacylglycerol)로 구분된다.
- 단순 트리아실글리세롤은 글리세롤에 결합된 3개의 지방산이 모두 한 가지 종류일 경우이며, 혼합 트리아실글리세롤은 두 가지 이상의 다른 지방산들이 결합되어 있는 경우이다.
- 자연계에 존재하는 대부분의 트리아실글리세롤은 혼합 트리아실글리세롤의 형태이다.
- 혼합 트리아실글리세롤은 각 지방산의 이름 및 글리세롤에 결합되어 있는 위치를 표시하여 지칭한다(그림 10-2).

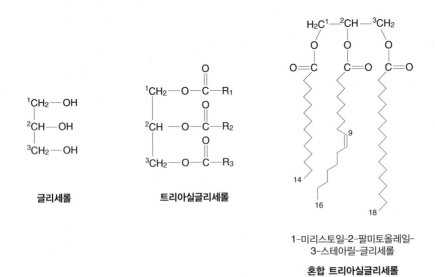

글리세롤

트리아실글리세롤

1-미리스토일-2-팔미토올레일-
3-스테아릴-글리세롤

혼합 트리아실글리세롤

그림 10-2 글리세롤과 트리아실글리세롤의 구조

트리아실글리세롤은 에너지의 주요 저장 수단이다. 생체막의 구조 성분은 아니다.

(2) 왁스

왁스는 긴사슬알코올과 긴사슬지방산의 에스테르결합으로 이루어져 있다. 왁스에 결합되어 있는 지방산은 대개 포화지방산이며 긴사슬알 코올은 포화 또는 불포화 형태를 띠고 있다. 그림 10-3의 경우, 스테 아르산에 올레오일 알코올이 에스테르결합되어 있는 것이다. 왁스는 에스테 르결합 머리 부분이 약한 극성을 띠고 있는 반면 긴 지방산 꼬리가 비극성 을 띠고 있어 물에 불용성이다. 이러한 불용성 성질은 동물의 피부, 털, 날개 및 식물의 줄기나 잎에서 방수 특성을 제공한다.

그림 10-3 왁스의 구조

3) 복합지질

(1) 인지질

인지질(글리세리드인산, phosphoglyceride, 또는 글리세로인산지질, glyc- erophospholipid)은 글리세롤의 1번과 2번 탄소의 수산기에 지방산이 결합 되어 있고 3번째 탄소에는 인산이 결합되어 있으며, 인산에 결합되는 알코올 의 종류에 따라 그 이름이 달라진다(표 10-3).

인지질의 인산기는 중성 pH 7.0에서 음성 전하를 띠고 있으며, 인산에 결 합되어 있는 알코올은 그 종류에 따라 음성(마이오 이노시톨), 중성(세린), 또는 양성(에탄올아민, 콜린)의 전하를 띠게 된다. 따라서, 인지질은 2개의 지방산이 소수성(hydrophobic)의 꼬리를 형성하고 인산기와 인산기에 붙어 있는 작용기가 친수성(hydrophilic)의 머리를 이루어 양쪽친매성 (amphiphilic 또는 amphipathic)을 가지게 된다. 인지질의 이러한 양쪽성 성질이 바로 인지질이 생체막의 주요 지질 성분이 될 수 있는 요인이다.

친수성
hydro (water) + philos (loving)

소수성
hydro (water) + phobos (fear)

양쪽성
amphi (both) + pathos (passion)
양쪽성 = 친수성 + 소수성

표 10-3 인지질의 종류와 구조

인지질의 일반 구조

$$R_2-\overset{\overset{\displaystyle O}{\|}}{C}-O-\overset{\displaystyle CH}{\underset{\displaystyle CH_2}{\overset{\displaystyle |}{|}}}-\overset{CH_2-O-\overset{\overset{\displaystyle O}{\|}}{C}-R_1}{\underset{O-\overset{\overset{\displaystyle O}{\|}}{\underset{\displaystyle O^-}{P}}-O-X}{}}$$

인지질의 이름	치환체(X)의 이름	치환체(X)의 구조
포스파티드산(phosphatidic acid)		—H
포스파티딜에탄올아민 (phosphatidylethanolamine)	에탄올아민	$-CH_2CH_2N^+H_3$
포스파티딜콜린, 레시틴 (phosphatidylcholine, lecithin)	콜린	$-CH_2CH_2N^+(CH_3)_3$
포스파티딜세린(phosphatidylserine)	세린	$-CH_2CH(N^+H_3)COO^-$
포스파티딜이노시톨 (phosphatidylinositol)	마이오 이노시톨	(마이오 이노시톨 고리 구조)
포스파티딜글리세롤 (phosphatidylglycerol)	글리세롤	$-CH_2CH(OH)CH_2OH$
다이포스파티딜글리세롤, 카디오리핀* (diphosphatidylglycerol, cardiolipin)	포스파티딜 글리세롤	(포스파티딜글리세롤 구조)

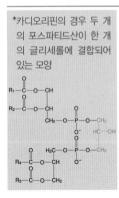

*카디오리핀의 경우 두 개의 포스파티드산이 한 개의 글리세롤에 결합되어 있는 모양

(2) 스핑고지질

세라미드(ceramide)는 스핑고신(sphingosine)의 2번 탄소의 아미노기(–NH$_2$)에 지방산이 결합되어 있는 것으로서 모든 스핑고지질(sphingolipid)의 구조적 기초라고 할 수 있다. 스핑고지질은 글리세롤을 함유하고 있지 않으며, 아미노알코올인 스핑고신 또는 다이하이드로스핑고신(dihydrosphingosine)의

표 10-4 스핑고지질의 종류와 구조

스핑고지질의 일반 구조

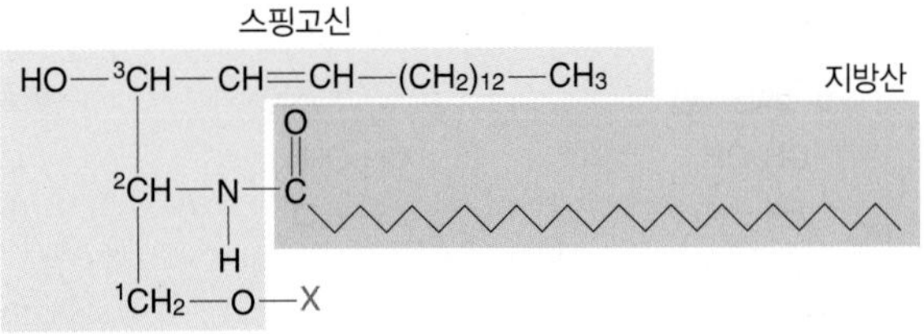

스핑고지질의 이름	치환체(X)의 이름	치환체(X)의 구조
세라미드(ceramide)		—H
스핑고미엘린 (sphingomyelin)	인산콜린(phosphocholine)	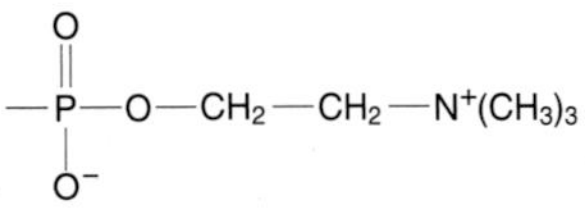
	인산에탄올아민(phosphoethanolamine)	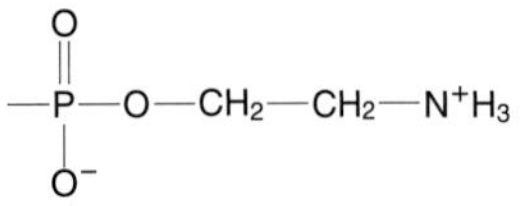
글루코세레브로시드 (glucocelebroside)	글루코오스 (β–D–glucose)	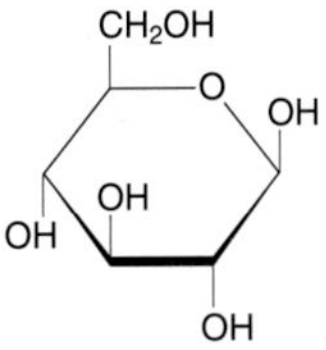
갈락토세레브로시드 (galactocerebroside)	갈락토오스 (β–D–galactose)	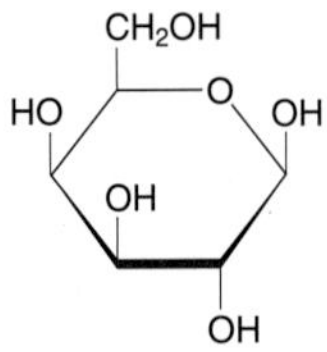
강글리오시드 (ganglioside)	복합당	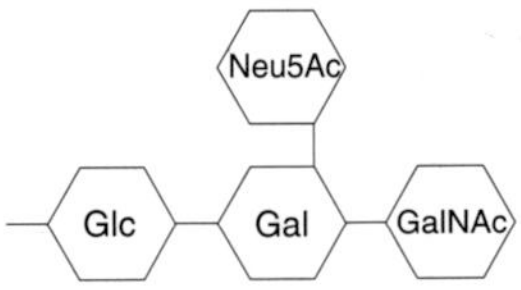

2번 탄소의 아미노기(–NH$_2$)에 지방산이 결합되어 있고, 1번 탄소에 글리코시드(glycoside)결합 또는 인산다이에스테르(phosphodiester)결합을 통해 당 또는 알코올이 결합되어 있다. 스핑고지질의 1번 탄소에 결합되어 있는 머리부분의 구조에 따라 스핑고지질의 종류가 결정된다(표 10-4).

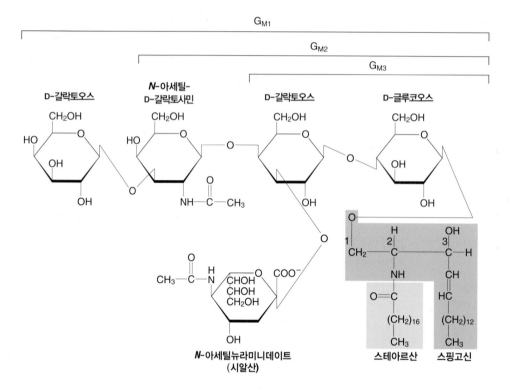

그림 **10-4** 강글리오시드 G_{M1}, G_{M2}, G_{M3}의 구조

- 스핑고미엘린(sphingomyelin)은 특히 신경세포의 축삭을 둘러싸서 절연시키는 작용을 하는 미엘린(myelin)에 많이 함유되어 있다.
- 세레브로시드(cerebroside)는 세라미드에 한 개의 당이 결합되어 있는 것으로서, 글루코세레브로시드(glucocerebroside)에는 글루코오스가, 갈락토세레브로시드(galactocerebroside)에는 갈락토오스가 결합되어 있다. 갈락토세레브로시드는 주로 뇌의 신경세포막에 많이 존재하며 글루코세레브로시드는 다른 조직들의 막에 존재한다.
- 강글리오시드(ganglioside)는 가장 복잡한 스핑고지질로 머리부분에 여러 개의 당과 1개 이상의 시알산(sialic acid, N-acetylneuraminic acid)이 결합되어 있다. 60개 이상의 강글리오시드가 알려져 있으며, 그 중 G_{M1}, G_{M2}, G_{M3}의 구조는 그림 10-4에 나와 있다. 강글리오시드는 신경세포의 말단에서 자극 전달에 중요한 역할을 하는 것으로 알려져 있다.

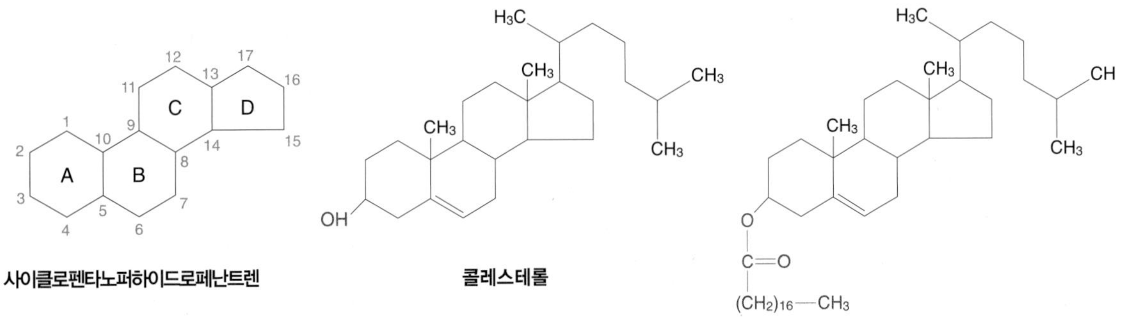

사이클로펜타노퍼하이드로페난트렌 콜레스테롤 콜레스테롤 스테아르산 (콜레스테롤 에스테르)

그림 10-5 콜레스테롤의 구조

(3) 당지질

당지질(glycolipid)은 당을 함유하고 있는 지질들로서 스핑고지질에서 언급된 세레브로시드와 강글리오시드가 이에 속한다. 또한 1번과 2번 탄소에 지방산이 결합된 다이아실글리세롤(diacylglycerol)의 3번째 탄소에 1개 또는 2개의 갈락토오스가 결합되어 있는 갈락토지질(galactolipid)도 당지질에 속한다. 갈락토지질은 주로 식물세포에 존재하며 엽록체(chloroplast)의 내막에 많이 함유되어 있다.

4) 스테로이드

스테로이드(steroid)는 사이클로펜타노퍼하이드로페난트렌(cyclopentanoperhydrophenanthrene)(그림 10-5)의 유도체로서 4개의 고리구조를 특징적으로 가지고 있는데, 이 중 3개의 고리구조는 6개의 탄소로 이루어진 고리이며 1개의 고리구조는 5개의 탄소로 이루어진 고리이다. 스테로이드 중에서 D 고리에 있는 17번 탄소에 8~10개의 탄화수소 곁사슬이 있고, A 고리에 있는 3번 탄소에 수산기가 있는 것을 스테롤(sterol)이라고 한다.

콜레스테롤은 3번 탄소에 있는 수산기로 인해 약한 친수성 성질을 가지는 한편, 고리구조와 탄화수소 곁사슬로 인해 비극성 성질과 낮은 유연성을 갖게 되어 생체막의 물리적 성질에 많은 영향을 준다.

- 콜레스테롤(cholesterol)은 동물의 생체막의 주요 구성 성분이며, 스테로이드 호르몬의 전구체이다.
- 콜레스테롤은 성적 성숙에 관여하는 테스토스테론(testosterone), 에스트라다이올(estradiol), 프로

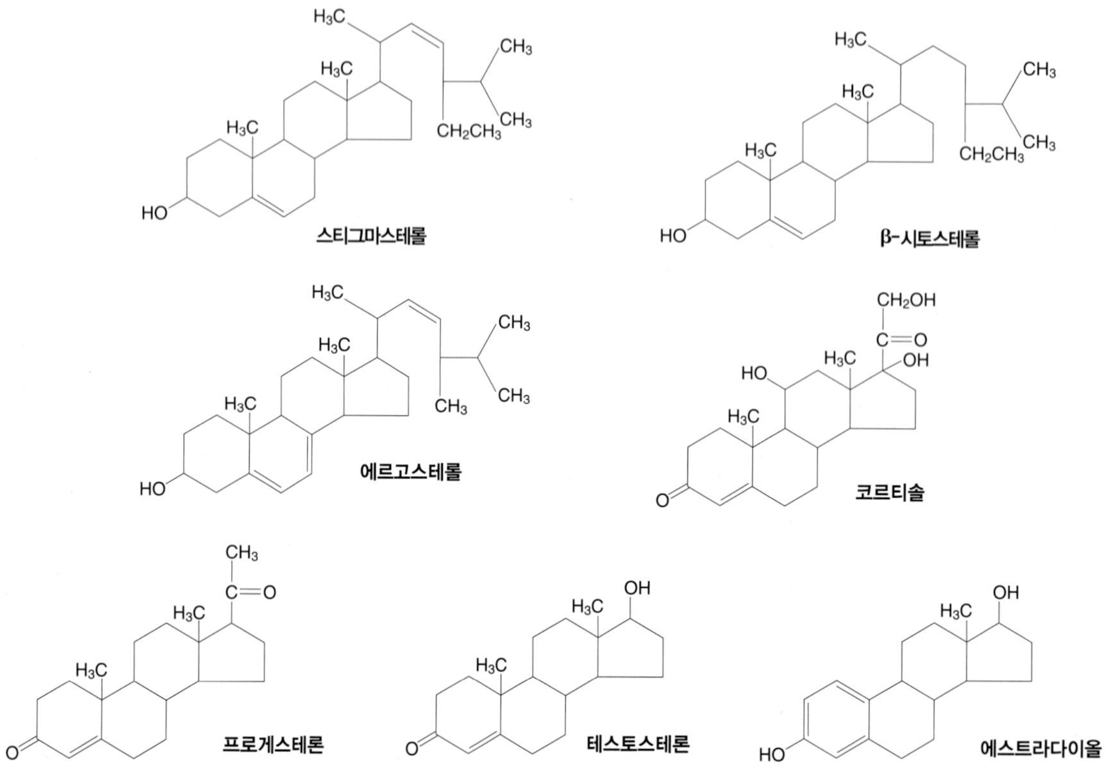

그림 10-6 식물 스테롤과 스테로이드 호르몬의 구조

게스테론(progesterone)과 같은 성호르몬의 합성에서 전구체로 이용된다.

- 콜레스테롤은 글루코코르티코이드(glucocorticoid)와 미네랄로코티코이드(mineralocorticoid) 등 호르몬의 합성에서 전구체로 이용된다.
- 콜레스테롤은 지방 흡수에 작용하는 담즙산의 생성에서 전구체로 이용된다.
- 비타민 D의 전구체(7-dehydrocholesterol)로 이용된다.
- 콜레스테롤은 동물의 조직에서만 발견되며, 유리 형태 또는 지방산과 에스테르 결합을 한 형태로 존재한다(그림 10-5).

식물 조직에서는 스티그마스테롤(stigmasterol)이나 β-시토스테롤(β-sitosterol)과 같은 스테롤들이 발견되며, 버섯류나 이스트에는 에르고스테롤(ergosterol)이 함유되어 있다. 식물 스테롤은 장내 점막 세포에서 흡수가 잘 안되며 콜레스테롤의 흡수도 저하시키는 것으로 알려져 있다(그림 10-6).

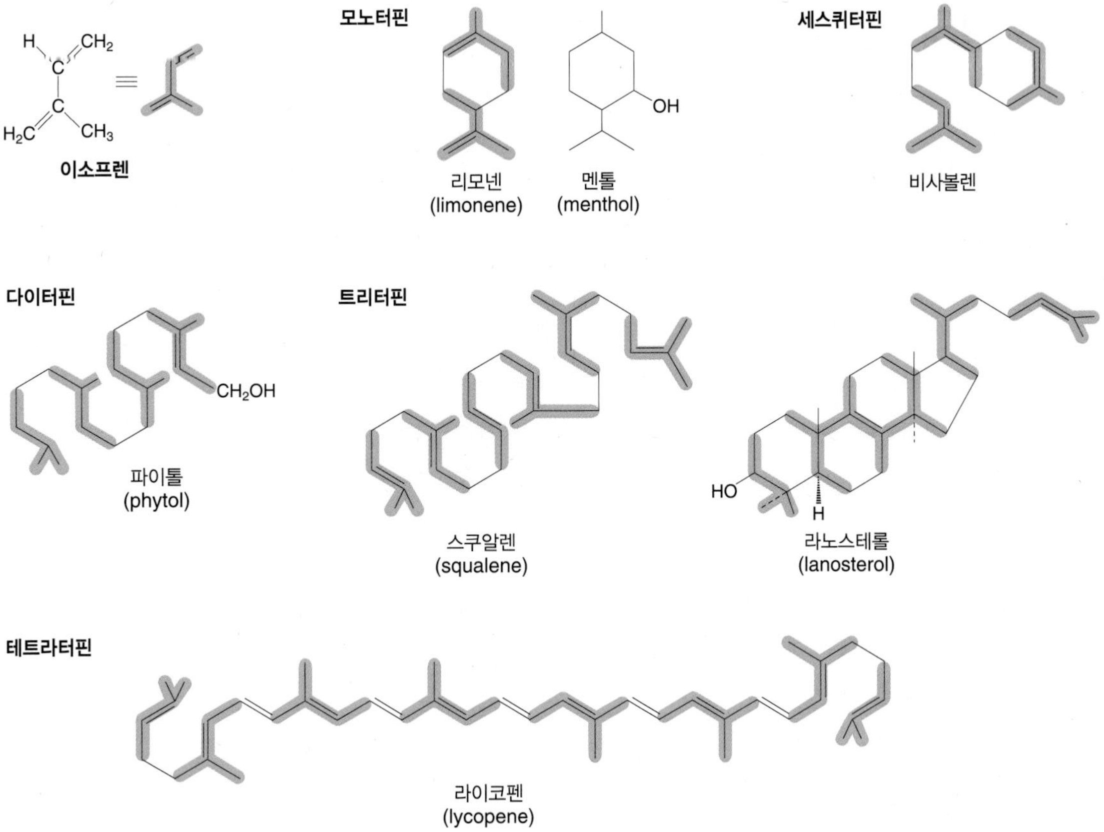

그림 **10-7** 이소프렌과 터핀의 구조

5) 터핀

터핀(terpene)은 2개 이상의 이소프렌(isoprene, 2-methyl-1,3-butadiene)이 결합되어 이루어진 지질이다. 이소프렌 2개가 결합되면 탄소 10개의 모노터핀(monoterpene)이 되고, 3개는 세스퀴터핀(sesquiterpene, C$_{15}$), 4개는 다이터핀(diterpene, C$_{20}$)을 만들게 된다. 모노터핀으로는 리모넨(limonene)과 멘톨(menthol)이 있고, 다이터핀에는 파이톨(phytol)이 있으며, 탄소 30개의 트리터핀에는 스쿠알렌(squalene)과 라노스테롤(lanosterol)이 있다(그림 10-7).

2. 지질의 역할

1) 에너지 저장 기능

지방은 효과적으로 생체 내에 에너지를 저장하는 방법이다.

- 지방은 탄수화물이나 단백질에 비하여 더 환원된 상태이기 때문에 산화되었을 때 같은 양의 탄수화물이나 단백질에 비하여 훨씬 더 많은 에너지를 생성하게 된다.
- 생체 내 에너지의 다른 저장 형태인 글리코겐은 수화된 상태로 저장되는 반면, 지방은 소수성 성질을 가지고 있어 수화되지 않은 상태로 저장되기 때문에 같은 무게로 훨씬 많은 에너지를 저장할 수 있다.

생체 내에서 지방으로 저장되는 에너지는 주로 지방세포 내에 중성지방의 형태로 저장된다. 지방세포는 피하층과 복강 내에 주로 분포되어 있으며, 보통 사람들이 가지고 있는 지방의 양은 두세 달 동안 필요한 에너지를 충족시킬 수 있는 양이다.

2) 생체막의 구성성분

지질 중에서도 인지질이나 당지질과 같이 양쪽성의 성질을 가지고 있는 것들은 수용액의 환경에서 미셀(micelle) 또는 지질 이중층(lipid bilayer)을 형성하여 친수성의 머리부분은 수용성 환경에 노출이 되고 꼬리 부분은 소수성의 내부를 형성하게 된다. 특히 인지질과 당지질들은 지방산 2개가 결합되어 있어 소수성의 꼬리 부분이 크기 때문에 내부 공간이 작은 미셀보다는 이중층을 형성하는 것을 선호하게 된다. 이중층을 형성하는 것은 생체막 생성의 기초가 된다.

생체막의 주요 성분은 단백질, 인지질, 스테롤이며 인지질의 이중층 구조에 단백질이 끼어 있는 구조로 되어 있다. 생체막은 세포나 세포 소기관을 규정하는 외벽의 역할뿐만 아니라 유기물질과 무기이온의 수송을 조절하고 세포에 전달된 신호를 감지하고 전달하는 역동적인(dynamic) 기능을 수행하기도 한다(그림 10-8).

생체막은 그 구조나 기능에 있어 다양하지만 다음과 같은 공통적인 특징들을 가진다.

- 이중층의 구조를 가진다.

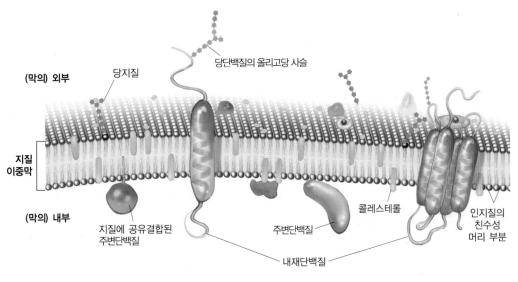

(막의) 외부

당지질

당단백질의 올리고당 사슬

**지질
이중막**

(막의) 내부

지질에 공유결합된
주변단백질

콜레스테롤

주변단백질

인지질의
친수성
머리 부분

내재단백질

그림 10-8 생체막의 구조

- 유동적인 구조를 가진다.
- 이중층이 비대칭적 구조를 가진다.
- 막의 종류에 따라 지질과 단백질의 조성이 다르다.
- 막에 존재하는 여러 막단백질이 다양한 역할(수송체, 수용체, 효소)을 한다.

(1) 이중막의 유동적 구조

수용성 환경에서 인지질이 이중층의 막구조를 형성하는 것은 아주 자연스러운 현상이다. 소수성 상호작용에 의해 이중층이 형성되며, 탄화수소 꼬리부분 간의 반데르발스 힘(van der Waals force)으로 인해 이중층의 막배열이 유지된다. 또한 친수성의 머리 부분과 물 분자 사이의 수소결합과 정전기적 상호작용이 막구조의 안정화에 기여한다. 전자 현미경이나 x-선 회절법으로 측정한 막 이중층의 두께는 60 Å 정도로 알려져 있다.

인지질 이중층으로 이루어진 막은 유동적 구조를 가진다.

- 친수성 머리 부분은 아래 위의 움직임을 보여주고 소수성의 지방산 꼬리 부분도 끊임없이 탄소와 탄소 결합의 회전을 포함한 유동적인 움직임을 보여준다.
- 단층막 내에서 지질은 수평적 이동 또는 측면확산(lateral diffusion)을 통해 자리 이동을 하기도 한다.

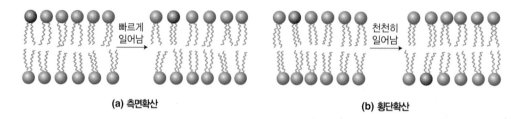

그림 10-9 지질의 확산 유형

- 지질이 한 쪽 단층에서 다른 쪽 단층으로 이동하는 횡단확산(transverse diffusion)도 일어나기는 하나 친수성의 머리 부분이 소수성의 이중막 내부를 가로질러 반대쪽으로 이동해야 하기 때문에 아주 느리게 일어나며, 에너지를 필요로 하는 경우가 많다(그림 10-9).

    이중층의 유동성은 지방산의 조성에 의한 영향을 많이 받는다. 지방산의 길이와 포화도에 따라 지방산의 녹는점이 달라지게 되어 유동성이 달라진다. 생체막의 지방산 조성은 식이, 환경, 생물학적 필요성의 영향을 받는다. 온도가 낮을 경우에는 짧은사슬지방산이나 불포화도가 높은 지방산을 합성하여 낮은 온도에서도 막의 유동성을 유지할 수 있도록 한다. 어유에 다가불포화지방산이 많이 함유된 것이 한 예로서 물고기가 생활하는 수온에서 막의 유동성을 유지할 수 있는 것은 녹는점이 낮은 다가불포화지방산이 많기 때문이다. 식이로 섭취한 지방산도 생체막의 지방산 조성에 변화를 주게 된다. 콜레스테롤은 고리구조의 딱딱한 판이 지방산의 움직임을 방해하여 유동성을 저하시킬 수도 있고 한편으로는 지방산들이 빽빽하게 포개지는 것을 방해하여 상 변화(phase transition)가 일어나는 것을 막아줌으로써 유동성을 유지시키는 역할을 할 수도 있다.

(2) 비대칭적 구조

생체막의 이중층 구조는 비대칭적이다. 비대칭성은 두 단층 사이에 존재할 뿐만 아니라 한 쪽 편의 단층 내에서도 존재한다.

- 인지질은 2개의 지질 단층에 비대칭적인 분포 양상을 보여준다. 인지질 조성의 비대칭성은 막단백질의 분포와 막 하전의 차이 등에 영향을 미치게 되어 막의 생물학적 변화 또는 기능의 차이가 생기도록 한다. 예를 들어 적혈구 형질막의 경우 세포 밖을 향하고 있는 단층은 스핑고미엘린과 포스파티딜콜린이 많은 반면, 세포질 쪽을 향하고 있는 내부 단층은 포스파티딜에탄올아민과 포스파티딜세린을 많이 함유하고 있다.

- 막단백질의 분포 또한 비대칭성과 방향성을 보여준다. 주변(peripheral) 또는 외재(extrinsic) 단백질의 경우 단백질의 역할에 따라 세포의 안쪽 또는 바깥쪽 지질단층에 부착되어 있다. 이중층을 관통하는 내재(intrinsic 또는 integral) 단백질이라 하더라도 단백질의 특정 영역이 이중층의 바깥쪽에 분포되고 다른 영역이 안쪽을 향하는 방향성을 보여준다.
- 이중층의 한 쪽 지질단층 내에서도 인지질과 단백질은 균등하게 분포되어 있기보다는 특정 종류의 지질 또는 단백질들이 모여 한 단층 내에서 하나의 집합을 형성하는 경우가 많다.

(3) 생체막의 조성

서로 다른 생체막들은 특징적인 지질과 단백질의 비율을 가지고 있다. 이러한 지질과 단백질의 조성 차이는 생체막의 기능을 반영한다고 할 수 있다. 생체막의 종류에 따라 지질과 단백질의 비율이 다를 뿐만 아니라 지질을 이루고 있는 지방산의 조성도 다른 양상을 보인다.

(4) 막단백질의 기능

막단백질에는 소수성 상호작용에 의해 지질 이중층 내에 단단하게 부착되어 있는 내재(intrinsic 또

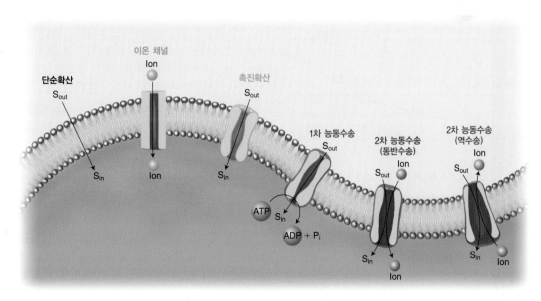

그림 10-10 막수송의 종류

는 integral) 단백질과 수소결합이나 정전기적 상호작용을 통해 이중층의 안쪽 또는 바깥쪽 표면에 헐겁게 부착되어 있는 주변(peripheral) 또는 외재(extrinsic) 단백질이 있다.

막단백질은 수송체, 수용체 및 효소의 기능을 한다.

① 수송체 역할

막단백질은 지질 이중층의 구조로 되어 있어 친수성 물질들의 통과가 어려운 생체막에서 수송체 기능을 함으로써 생체막의 내·외부로 물질들이 이동하는 것을 가능하게 해준다. 막단백질은 채널(channel)의 역할을 하거나 운반체(carrier)의 역할을 한다. 막단백질이 관여하는 수송 기전에는 촉진확산(facilitated diffusion)과 능동수송(active transport)이 있다(그림 10-10).

촉진확산은 농도구배에 의해 이동이 이루어지는데, 채널 또는 운반체를 통하여 물질이 운반된다. 능동수송에서는 농도의 차이를 거슬러서 낮은 농도에서 높은 농도로 물질의 이동이 이루어지기 때문에 에너지를 사용하여야 하며, 운반체를 통해 이동이 이루어진다. 능동수송은 다시 1차 능동수송(primary active transport)과 2차 능동수송(secondary active transport)으로 구분할 수 있다.

- 1차 능동수송에서는 수송에 필요한 에너지가 직접적으로 ATP와 같은 에너지가 높은 물질의 분해

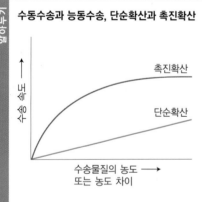

수동수송과 능동수송, 단순확산과 촉진확산

단순확산과 촉진확산에 의한 수송 속도의 비교

생명 유지를 위한 세포의 기능을 위해서는 세포막(세포소기관막 또는 원형질막)을 통한 분자와 이온의 이동이 필수적이다. 생체막을 통한 수송은 물질의 수송에 에너지가 필요하지 않은 수동수송(passive transport)과 에너지가 필요한 능동수송(active transport)으로 구분할 수 있다. 수동수송은 농도 차이로 인해 농도가 높은 쪽에서 농도가 낮은 쪽으로 이동이 이루어지는 것인데 물질이 바로 생체막을 통과하여 이동하는 단순확산(simple diffusion)과 채널(channel) 또는 운반체(carrier protein)를 이용하여 이동이 이루어지는 촉진확산(facilitated diffusion)이 있다. 단순확산으로 이동하는 것들의 예로는 O_2, N_2, CO_2와 같이 극성을 띠지 않는 작은 분자들이 있다. 촉진확산으로 이동하는 대표적인 예는 포도당이 글루코오스 투과효소(glucose permease)를 통해 적혈구 내로 이동하는 것이다. 촉진확산과 단순확산은 운반체의 이용 유무 차이 때문에 수송 속도에서 차이를 보인다. 둘 다 농도 차이에 의해 수송이 이루어지기 때문에 농도가 높을수록 수송 속도가 증가하지만, 촉진확산에서는 운반체 때문에 낮은 농도에서는 더 효과적으로 수송이 이루어지고 높은 농도에서는 포화되는 양상을 보여준다. 촉진확산에 의한 수송 속도는 마치 효소에 의한 반응과 같은 형태를 보여준다.

에 의해 제공된다. 1차 능동수송의 대표적인 예로는 Na^+-K^+ 펌프(sodium pump 또는 Na^+, K^+-ATPase)가 있다. 세포 안쪽(세포실)은 세포 바깥쪽에 비해 Na^+의 농도는 낮고 (Na^+ 농도는 세포질은 10~12 mM, 세포 밖은 100~140 mM), K^+의 농도는 높은 (K^+의 세포질 농도는 100~140 mM, 세포 밖은 4~10 mM) 상태를 유지하는데, 이러한 Na^+, K^+의 농도구배(concentration gradient)는 Na^+-K^+ 펌프에 의해 유지되며, Na^+, K^+의 농도구배는 다른 물질의 이동에 이용되기도 한다.

- 2차 능동수송은 1차 능동수송에 의해 이온의 농도차이가 우선적으로 형성되고, 이어서 이온의 이동과 짝지어져 물질의 이동이 이루어지는 것이다. 이온의 이동과 수송되는 물질의 이동이 같은 방향이면 동반수송(symport)이라고 하고, 반대 방향일 경우에는 역수송(antiport)이라고 한다. 2차 능동수송의 대표적인 예로는 소장세포(enterocyte)의 미세융모막(brush border membrane)에서 Na^+, K^+펌프와 공동수송(cotransport)되는 포도당의 수송이 있다.

② 수용체 역할

수용체 역할을 하는 막단백질들은 다른 물질들과 결합하여 세포 내부로 정보를 전달하는 기능을 하거나 세포와 세포 사이의 교신 또는 부착에 관여하기도 한다.

③ 효소의 역할

막단백질 중에는 세포막에서 효소의 역할을 하여 세포의 신호 전달 체계에 기여하는 것들도 있다.

3) 신호전달기능

지질은 생리적 기능을 조절하는 아이코사노이드(eicosanoid) 또는 스테로이드 호르몬(steroid hormone)과 같은 신호전달물질의 생성에 전구체로 이용된다. 또한 포스파티딜이노시톨과 스핑고신 유도체들은 세포 내 신호전달과정에서 중요한 중간물질로 작용한다. 세포가 수용체를 통해 외부 자극을 인지하였을 경우, 세포막의 안쪽(세포질 쪽) 단층에 존재하는 포스파티딜 4,5-이인산 (phosphatidyl-4,5-bisphospate, PIP_2)이 가수분해되어 다이아실글리세롤과 이노시톨 1,4,5-삼인산 (inositol-1,4,5-triphosphate, IP_3)이 세포 내로 방출된다. IP_3는 세포 내에서 2차 전령으로 작용한다.

아이코사노이드는 탄소 20개인 지방산이 산화되어 생성되며 적혈구를 제외한 모든 세포에서 합성된다.

- 아이코사노이드에는 프로스타글란딘(prostaglandin), 류코트라이엔(leukotriene), 트롬복산(thromboxane) 및 리폭신(lipoxin) 등이 있다(그림 10-11).
- 아이코사노이드에 의해 조절되는 생리적 작용들로는 통증과 발열 반응, 염증 반응, 혈소판 응집, 혈압, 평활근 수축 반응, 취침사이클(sleep-wake cycle) 등이 있다.

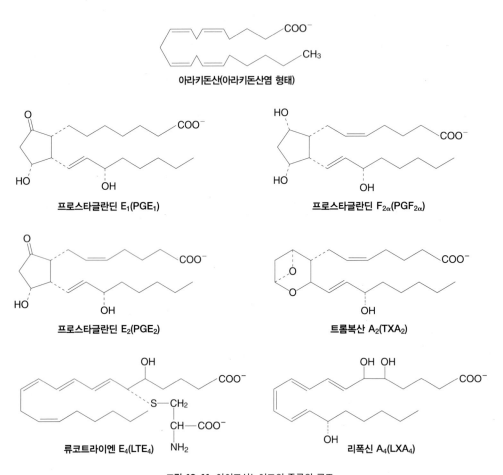

그림 **10-11** 아이코사노이드의 종류와 구조

>>>>>>> CHAPTER

11

지질 대사

CHAPTER 11
지질 대사

우리 몸에서 이용되는 지질들은 식사를 통해 공급되거나 체내에서 합성된다. 중성지방은 에너지의 주요 저장형태로서 대사를 통해 에너지를 공급하며, 콜레스테롤은 스테로이드 호르몬과 담즙 생성 및 비타민 D 합성에 기여하고, 탄소 20개의 불포화지방산은 생체기능을 조절하는 아이코사노이드와 같은 물질들의 생성에 이용되며, 체내에서 합성된 당지질과 인지질들은 주요 막 성분을 이루게 된다.

1. 지질의 소화·흡수와 이동

1) 지질의 소화

식사를 통해 섭취한 지방의 소화는 위에서부터 시작된다. 타액 리파아제(lingual lipase)와 위 리파아제(gastric lipase)의 작용에 의해 중성지방의 10~30% 정도가 위에서 소화된다. 위에서 분비되는 리파아제들은 산성 pH에서 안정적이다. 주로 탄소 수 12개 이하의 짧은사슬 또는 중간사슬 지방산을 함유한 중성지방의 소화에 관여하며, 3번 위치에 있는 지방산을 우선적으로 가수분해하여 유리 지방산과 1, 2번 위치에 지방산이 있는 다이아실글리세롤(diacylglycerol)이 생성되도록 한다. 이러한 특성들은 아직 십이지장의 기능이 완전히 발달되어 있지 않은 신생아에서 특히 유지방의 소화 흡수에 중요한 역할을 한다. 유지방에 많은 짧은사슬과 중간사슬 지방산들은 주로 숭성지방의 3번 위치에 결합되어 있으며, 이 지방산늘은 긴사슬지방산에 비하여 더 직접적으로 대사되기 때문이다.

부분적으로 가수분해된 지방(지방산과 다이아실글리세롤), 중성지방, 콜레스테롤, 콜레스테롤 에스테르, 인지질 등은 작은 기름 방울의 형태로 십이지장으로 들어오게 되며, 담낭에서 분비된 담즙에 있는 담즙산염(bile salt)의 도움으로 유화액(에멀전) 상태를 이루게 된다. 유화액의 형성은 기름 방울들이 크기가 작은 미셀(micelle)의 형태로 안정화될 수 있도록 하여 표면적을 증가시킴으로써 췌장에서 분비되는 소화효소의 작용을 잘 받을 수 있게 한다.

췌장에서 분비되는 소화효소인 췌장 리파아제(pancreatic lipase), 코리파아제(colipase), 콜레스테롤 에스터라아제(cholesterol esterase), 포스포리파아제 A_2(phospholipase A_2)가 지질의 소화에 관여한다.

- 췌장 리파아제의 작용에 의해 중성지방은 다이아실글리세롤, 모노아실글리세롤 및 유리지방산으로 분해된다.
- 식사로 섭취한 콜레스테롤 중 10~15%정도를 차지하는 콜레스테롤 에스테르는 유리콜레스테롤과 지방산으로 가수분해된다.
- 인지질은 포스포리파아제 A_2의 작용에 의해 리소인지질(lysophospholipid)과 유리지방산으로 분해된다(그림 11-1).

미셀 양쪽성을 가진 지질이 수용액 안에서 소수성인 꼬리는 안쪽을 향하고 친수성인 머리 부분이 수용액 쪽을 향하고 있는 구형의 집합체

알아두기

췌장에서 분비되는 지질 소화효소의 작용

- **코리파아제(colipase):** 프로코리파아제(procolipase)의 형태로 췌장에서 분비됨. 장에서 트립신(trypsin)의 작용에 의해 가수분해되어 코리파아제로 활성화됨. 췌장 리파아제와 1:1로 결합하여 췌장 리파아제가 담즙산염에 의해 안정화된 미셀에 고정될 수 있도록 도와주는 역할을 하고 췌장 리파아제가 활성형을 유지할 수 있도록 도와줌.
- **췌장 리파아제(pancreatic lipase):** 중성지방의 1번 또는 3번 위치에 결합된 지방산을 가수분해.
- **콜레스테롤 에스터라아제(cholesterol esterase):** 콜레스테롤 에스테르를 유리콜레스테롤과 지방산으로 가수분해.
- **포스포리파아제 A_2(phospholipase A_2):** 인지질의 2번 탄소에 결합된 지방산을 가수분해하여 리소인지질(lysophospholipid)과 유리지방산을 생성.

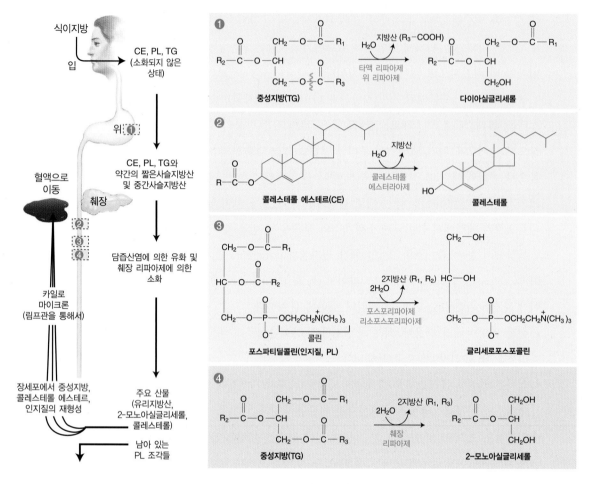

그림 **11-1** 지질의 소화와 흡수

2) 지질의 흡수

소화된 지방의 흡수는 주로 소장의 십이지장 말단과 공장 부분에서 이루어진다. 리파아제, 콜레스테롤 에스터라아제, 포스포리파아제의 작용에 의해 생성된 다이아실글리세롤, 모노아실글리세롤, 유리지방산, 콜레스테롤, 리소인지질 등은 미셀의 형태로 흡수되어 장세포 내의 소포체에서 다시 중성지방, 콜레스테롤 에스테르, 인지질로 재합성된다. 짧은사슬지방산과 중간사슬지방산은 미셀의 도움 없이도 장세포에 흡수될 수 있다(그림 11-1).

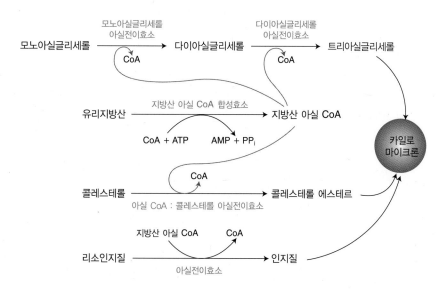

그림 11-2 장세포에서 카일로마이크론의 재합성

유리지방산은 지방산 아실 CoA 합성효소(fatty acyl-CoA synthetase, thiokinase)의 작용에 의해 지방산 아실 CoA로 활성화되며, 아실글리세롤 전이효소(acylglycerol acyltransferase)들의 작용에 의해 모노아실글리세롤에 지방산 아실 CoA들이 결합하여 중성지방이 생성된다. 아실전이효소(acyltransferase)의 작용에 의해 리소인지질과 지방산 아실 CoA로부터 인지질이 생성되고, 아실 CoA : 콜레스테롤 아실전이효소(acyl CoA : cholesterol acyltransferase)의 작용에 의해 콜레스테롤에 지방산이 결합하게 되어 에스테르 형태의 콜레스테롤이 만들어진다. 장세포에서 재합성된 지질들은 카일로마이크론(chylomicron)의 형태로 장세포를 나와 림프계를 거쳐 혈액 중으로 들어오게 된다(그림 11-2).

3) 지단백질의 구조와 종류

지단백질은 혈액 중에서 소수성인 지질의 주요 이동 수단으로서 간과 장에서 합성되며, 지질과 단백질로 구성되어 있다. 지단백질은 소수성인 중성지방과 콜레스테롤 에스테르가 중심부에 있고, 표면은 단층의 인지질(친수성인 인지질의 머리부분이 바깥쪽을 향하고 있음), 에스테르결합이 되어 있지 않은 유리 형태의 콜레스테롤, 그리고 아포지단백질로 이루어져 있어 수용성 환경에서도 비교적 구조적 안정성을 유지할 수 있다. 그림 11-3에 지단백질의 일반적인 구조가 나와 있다.

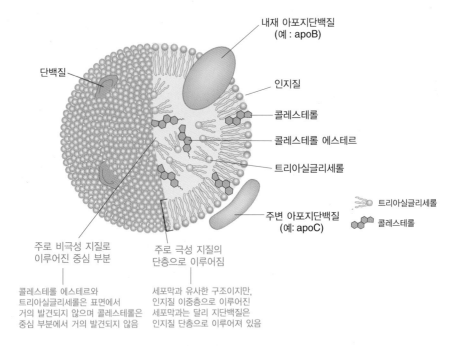

내재 아포지단백질
(예 : apoB)

단백질

인지질

콜레스테롤

콜레스테롤 에스테르

트리아실글리세롤

주변 아포지단백질
(예: apoC)

트리아실글리세롤

콜레스테롤

주로 비극성 지질로
이루어진 중심 부분

주로 극성 지질의
단층으로 이루어짐

콜레스테롤 에스테르와
트리아실글리세롤은 표면에서
거의 발견되지 않으며 콜레스테롤은
중심 부분에서 거의 발견되지 않음

세포막과 유사한 구조이지만,
인지질 이중층으로 이루어진
세포막과는 달리 지단백질은
인지질 단층으로 이루어져 있음

그림 11-3 지단백질의 구조

지단백질의 단백질 부분은 아포지단백질(apolipoprotein)이라고 하며 지단백질의 구성, 구조, 대사 및 기능에 중요한 역할을 한다.

• 아포지단백질들은 인지질과 결합하고 중성지방이 지단백질 내에서 용해되어 있을 수 있도록 도와 줌으로써 지방의 양이나 조성 변화에 따라 형태를 변화시킬 수 있게 해준다.

• 아포지단백질들은 수용체의 인식에 기여하는데, apoB100과 apoE는 LDL 수용체의 인식에 역할을 한다.

• 일부 아포지단백질들은 지질대사에 관여하는 효소들의 활성을 조절한다. apoAI, apoE, apoAIV, apoCI은 레시틴 콜레스테롤 아실전이효소(lecithin cholesterol acyltransferase, LCAT)를 활성화 시키고, apoCII는 지단백질 리파아제(lipoprotein lipase)를 활성화시킨다.

지단백질들은 보통 한 가지 이상의 아포지단백질을 가지고 있으며, 단백질과 지질의 조성에 따라 지단백질의 밀도가 달라지게 된다. 지단백질의 종류에는 카일로마이크론(chylomicron), 초저밀도 지 단백질(very low density lipoprotein, VLDL), 저밀도 지단백질(low density lipoprotein, LDL), 고밀 도 지단백질(high density lipoprotein, HDL)이 있다. 지단백질들의 종류에 따라 밀도, 크기, 지질과 단백질의 조성 및 아포지단백질의 종류가 다르며 표 11-1에 지단백질의 특성이 나와 있다.

표 11-1 지단백질의 종류와 특성

반응순서	카일로마이크론	VLDL	LDL	HDL
밀도(g/mL)	< 0.94	0.94~1.006	1.006~1.063	1.063~1.210
총지질(% 무게)	98~99	90~92	75~80	40~48
중성지방(% 지방 무게)	81~89	50~58	7~11	6~7
콜레스테롤 에스테르(% 지방 무게)	2~4	15~23	47~51	24~45
콜레스테롤(% 지방 무게)	1~3	4~9	10~12	6~8
인지질(% 지방 무게)	7~9	19~21	28~30	42~51
아포지단백질의 종류	apoAI, AII, AIV apoB48 apoCI, CII, CIII apoE	apoB100 apoCI, CII, CIII apoE	apoB100	apoAI, AII apoCI, CII, CIII apoD apoE

　　지질의 양이 많을수록 지단백질의 밀도가 낮아지며, 카일로마이크론과 VLDL의 경우 중성지방이 주요 성분이다. 이는 카일로마이크론이 식사를 통해 섭취한 지방을 장으로부터 조직으로 운반하는 역할을 하고, VLDL이 간에서 합성된 중성지방을 조직으로 운반하는 역할을 하기 때문이다.

4) 지단백질의 대사

(1) 카일로마이크론의 대사

카일로마이크론은 지단백질 중에서 가장 크기가 크고 중성지방이 많은 것으로 장에서 만들어지는 데, 혈중에서는 특히 식사 후에 증가한다.
- 보통 식후 30분에서 3시간 사이에 혈중 카일로마이크론이 최고치에 도달한다.
- 장에서 만들어진 카일로마이크론은 apoB48과 apoAI을 가지고 있으며, 림프계를 거쳐 혈액을 통해 이동하는 동안에, apoAI은 떨어져 나가고 HDL로부터 apoC와 apoE가 전달된다.
- 혈액을 통해 순환하던 카일로마이크론은 근육과 지방 조직의 모세혈관 내피세포에 있는 지단백질 리파아제(lipoprotein lipase, LPL)의 작용을 받아 지방산과 다이아실글리세롤을 내놓게 된다. 지

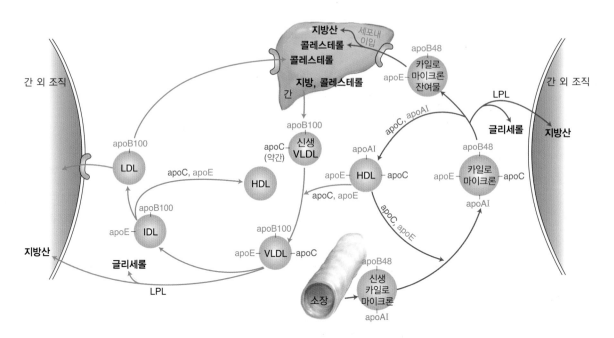

그림 **11-4** 카일로마이크론과 VLDL의 대사

방산과 다이아실글리세롤은 근육조직이나 지방조직으로 들어가 각각 에너지 생성과 중성지방으로
의 저장에 이용된다.

중성지방을 내놓음에 따라 카일로마이크론은 크기가 작아지고 중성지방의 양이 감소한 대신에 상
대적으로 콜레스테롤과 콜레스테롤 에스테르 함량의 비율이 높은 카일로마이크론 잔여물
(chylomicron remnant)이 된다. 간조직에는 LPL이 없어 카일로마이크론에 있는 중성지방을 제거하
지는 못하나, 카일로마이크론 잔여물에 대한 수용체가 있어 카일로마이크론 잔여물을 혈중에서 제거
함으로써 그 안에 있는 중성지방과 콜레스테롤을 제거하게 된다(그림 11-4).

(2) VLDL의 대사

VLDL은 간에서 생성되는데, 체내에서 합성된 중성지방을 조직으로 운반하는 역할을 한다.
• 간의 골지체에서 생성된 VLDL은 apoB100을 가지고 있으며 약간의 apoC도 가지고 있다.
• 간에서 나와 혈중으로 들어온 VLDL은 HDL로부터 apoC와 apoE를 전달받게 된다.
• VLDL도 LPL의 작용에 의해 내부에 있던 중성지방이 가수분해되어 근육과 지방조직에 지방산과

다이아실글리세롤을 공급해 주게 된다.

- 중성지방이 분해되면서 VLDL의 크기가 작아지면 apoC가 떨어져 나가게 되는데, LPL의 활성을 위해서는 apoC가 필요하기 때문에 결과적으로 LPL의 작용이 감소하게 된다.

- 중성지방의 양이 줄어든 VLDL의 일부는 간에서 LDL 수용체에 의해 제거되고 (apoE와 apoB100이 LDL 수용체에 의해 인식되는데 기여함), 일부는 LPL에 의해 중성지방이 더 감소되어 중성지방의 함량은 낮고 콜레스테롤과 콜레스테롤 에스테르가 주요 지질인 LDL로 전환된다.

2. 지방산의 산화

지방세포에 저장되어 있던 중성지방에 호르몬 민감성 리파아제(hormone sensitive lipase, HSL)가 작용을 하면 중성지방의 1 또는 3번 탄소에 붙어 있던 지방산이 가수분해되어 유리지방산의 형태로 떨어져 나오게 되고, 유리지방산이 혈액 내의 알부민과 결합하여 지방산을 에너지원으로 사용하는 조직으로 이동하게 된다.

지방산은 세포 내로 들어와 세포질에서 지방산 아실 CoA의 형태로 활성화된 후 카르니틴(carnitine)에 결합되어 수송단백질을 통해 미토콘드리아 내막을 통과하여 미토콘드리아 내로 들어온다. 지방산 아실 CoA는 미토콘드리아의 기질(matrix) 내에서 일어나는 β-산화(β-oxidation) 과정을 거쳐 카르복실기 쪽으로부터 탄소 두 개 단위로 떨어져 나가 아세틸 CoA를 생성하고, 이는 구연산회로를 통해 산화되면서 에너지를 생성한다.

지단백질 리파아제(LPL)
- 지단백질 안에 있는 중성지방을 지방산과 글리세롤로 분해
- 지방조직과 근육의 모세혈관에 존재
- 지단백질 표면에 있는 apoCII에 의해 활성화됨
- 식사를 통해 섭취하거나 간에서 생성된 중성지방을 간 이외의 조직에서 이용하는 데 작용함

호르몬 민감성 리파아제(HSL)
- 지방세포 안에 있는 중성지방을 지방산과 글리세롤로 분해
- 지방세포의 세포질에 있다가 지방방울 표면으로 이동하여 중성지방을 분해
- 에피네프린과 글루카곤에 의해 활성 증가
- 지방조직에 저장된 중성지방을 분해하여 다른 조직에서 이용될 수 있도록 하는 데 작용함

1) 지방조직으로부터 지방산의 유리

지방조직에 저장된 중성지방에서 지방산이 유리되는 것은 호르몬의 영향을 받는다. 부신 수질 호르몬인 에피네프린(epinephrine, 아드레날린이라고도 함)과 췌장에서 분비되는 글루카곤(glucagon)은 HSL을 활성형인 인산화 형태로 전환시켜 지방세포에서 중성지방의 가수분해가 증가하도록 함으로써 혈중 지방산의 농도가 증가하고 간과 근육조직에서의 지방산 산화가 증가하도록 한다. 혈중 인슐린이나 포도당의 농도가 증가하였을 때는 HSL이 불활성 형태(탈인산화 형태)로 되어 저장지방으로부터의 지방산 유리가 억제된다.

　유리지방산은 알부민과 결합되어 혈액 내에서 이동하다가 세포막을 통과하여 세포 내로 들어오게 된다.

2) 지방산의 활성화 및 미토콘드리아 안으로의 이동

세포 내로 들어온 지방산(탄소 10개 이상의 지방산)은 세포질에서 아실 CoA 합성효소(Acyl-CoA synthetase)의 작용에 의해 지방산의 카르복실기와 조효소 A(CoA)의 황화수소기(thiol group) 사이에 티오에스테르(thioester) 결합이 형성되어 아실 CoA 형태의 활성화된 지방산이 된다. 이 반응에서는 ATP가 사용되어 AMP와 피로인산으로 전환된다(그림 11-5). 아실 CoA 합성 효소는 미토콘드리아의 외막, 소포체, 또는 퍼옥시좀과 결합되어 있으며, 포화지방산과 불포화지방산 모두에 작용할 수 있고, 지방산의 사슬 길이에 따라 특이성이 다른 몇 가지 효소가 존재한다.

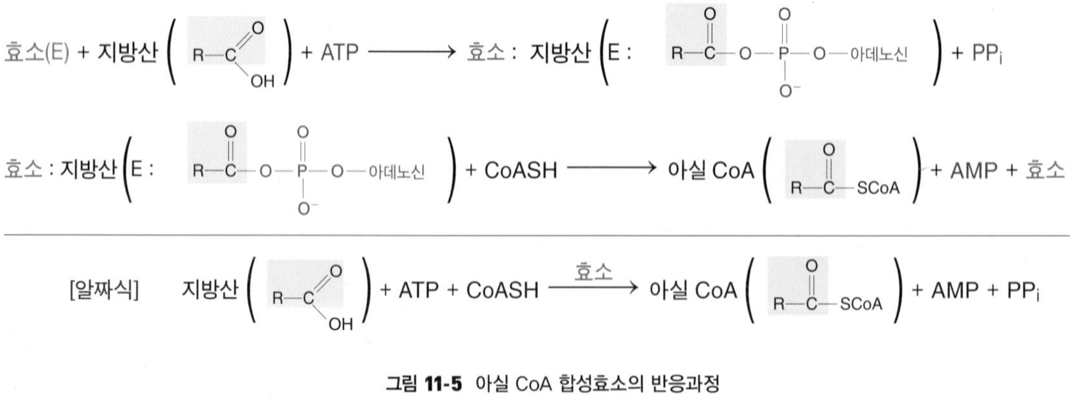

그림 **11-5** 아실 CoA 합성효소의 반응과정

세포질에서 활성화된 지방산이 미토콘드리아 내에서 β-산화과정에 의해 내사되기 위해서는 미토콘드리아 내막을 통과하여야 하는데, 신사슬지방산 아실 CoA(long chain fatty acyl-CoA)는 미토콘드리아 내막을 직접 통과할 수 없기 때문에 카르니틴의 도움을 받아 아실 카르니틴의 형태로 통과한다.

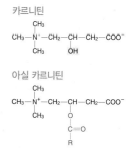

- 미토콘드리아의 외막에 있는 카르니틴 아실전이효소 I(carnitine acyltrans-ferase I)에 의해 아실 CoA가 아실 카르니틴(acyl carnitine)으로 전환된다.
- 카르니틴 전위효소(carnitine translocase)라는 미토콘드리아 내막에 존재하는 카르니틴/아실 카르니틴 수송 단백질에 의해 아실 카르니틴이 미토콘드리아 내막 안쪽으로 수송된다.
- 내막의 기질 쪽(matrix 쪽)에 있는 카르니틴 아실전이효소 II(carnitine acyltransferase II)의 작용에 의해 다시 아실 카르니틴이 아실 CoA와 카르니틴으로 전환된다.

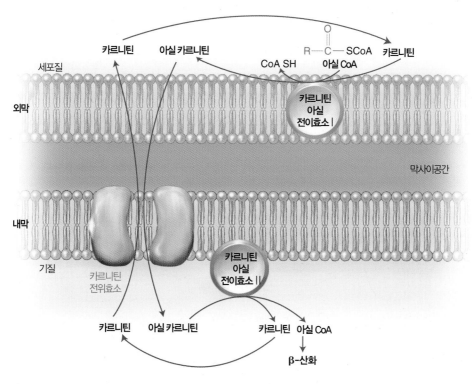

그림 **11-6** 미토콘드리아 내막을 통한 아실 CoA 수송

• 카르니틴은 카르니틴 전위효소에 의해 다시 세포질로 이동된다(그림 11-6).

  탄소 10개 이하의 지방산은 카르니틴의 도움 없이 지방산의 형태로 미토콘드리아 내로 들어올 수 있으며, 미토콘드리아 기질에 존재하는 아실 CoA 합성효소에 의해 활성화된다. 따라서, 탄소 10개 이하의 지방산은 세포질이 아니라 미토콘드리아 내에서 아실 CoA로 활성화된다. 카르니틴은 식사를 통해 얻거나 간 또는 신장에서 리신과 메티오닌으로부터 합성되기도 한다.

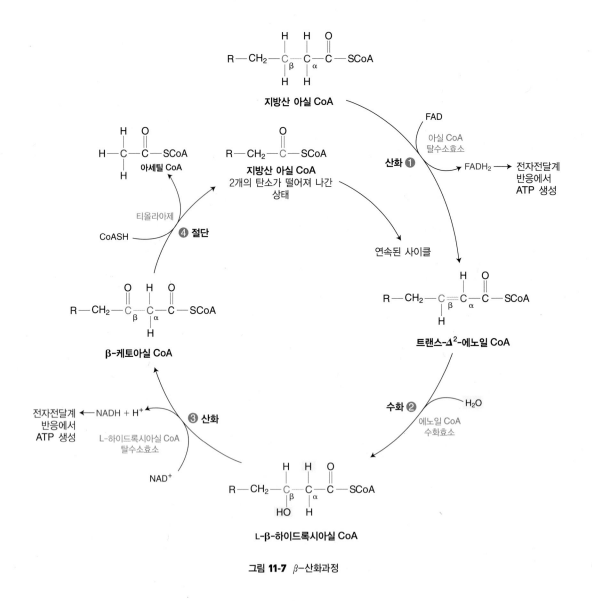

그림 **11-7** β-산화과정

표 11-2 β-산화의 4개 반응

작용 효소	반응	
① 아실 CoA 탈수소효소 (acyl-CoA dehydrogenase)	탈수소화(dehydrogenation): 트랜스-α, β 이중결합 생성됨	• 효소에 결합된 FAD가 $FADH_2$로 환원됨 • $FADH_2$는 전자전달계 반응에 의해 FAD로 산화되면서 ATP 생성
② 에노일 CoA 수화효소 (enoyl-CoA hydratase)	수화(hydration): 이중결합의 β 위치에 −OH 첨가됨	
③ L-하이드록시아실 CoA 탈수소효소 (L-hydroxyacyl-CoA dehydrogenase)	탈수소화(dehydrogenation): β 위치에 케토 형태 생성됨	• NAD^+가 NADH로 환원됨 • NADH는 전자전달계 반응을 통해 NAD로 산화되면서 ATP 생성
④ 티올라아제(thiolase)	절단(thiolysis): α와 β-탄소간의 결합이 끊어짐	• CoASH가 필요

3) 지방산의 산화

(1) 포화지방산의 β-산화

β-산화에서는 4개의 반응을 통해 지방산 아실 CoA의 카르복실기 끝으로부터 탄소 2개가 아세틸 CoA의 형태로 떨어져 나가고 탄소 2개만큼 짧아진 지방산 아실 CoA가 다시 β-산화를 거치게 된다 (그림 11-7). β-산화의 4개 반응은 표 11-2와 같다.

포화지방산은 (탄소수/2)-1 회의 β-산화 과정을 거쳐 탄소수/2개의 아세틸 CoA를 생성하고, 각 β-산화 과정에서 1개씩의 $FADH_2$와 NADH를 생성한다. 따라서 탄소 18개의 스테아르산이 산화되면 9개의 아세틸 CoA, 8개의 $FADH_2$ 및 8개의 NADH가 생성된다.

아실 CoA 합성효소에 의해 활성화된 스테아르산의 산화를 식으로 써 보면 다음과 같다.

$$CH_3(CH_2)_{16}\overset{O}{\overset{\|}{C}}\text{-SCoA} + 8\ FAD + 8\ NAD + 8\ H_2O + CoASH \longrightarrow$$

$$9\ CH_3\text{-}\overset{O}{\overset{\|}{C}}\text{-SCoA} + 8\ FADH_2 + 8\ NADH + 8\ H^+$$

① 아실 CoA 탈수소효소의 작용에 의한 트랜스 α, β 이중결합의 생성

지방산 아실 CoA   트랜스 Δ^2 에노일 CoA

생성된 $FADH_2$는 전자전달계에 전달되어 ATP를 생성한다.

② 에노일 CoA 수화효소의 작용에 의한 β-하이드록시아실 CoA의 생성

트랜스 Δ^2 에노일 CoA   L-β-하이드록시아실 CoA

에노일 CoA 수화 효소의 작용에 의해 생성되는 β-하이드록시아실 CoA는 L형이다.

③ L-하이드록시아실 CoA 탈수소효소의 작용에 의한 β-케토아실 CoA의 생성

L-β-하이드록시아실 CoA β-케토아실 CoA

생성된 NADH는 전자전달계에 전달되어 ATP를 생성한다.

④ 티올라아제의 작용에 의한 아세틸 CoA와 탄소 2개가 짧아진 지방산 아실 CoA의 생성

티올라아제의 티올기가 β-탄소에 있는 케토기에 결합하고, 아세틸 CoA가 떨어져 나온 뒤에 CoASH
가 티올라아제의 티올기와 치환되면서 지방산 아실 CoA가 형성된다.

표 11-3 스테아르산(18:0)이 산화될 때 생성되는 ATP

스테아르산이 활성화되는 과성	ATP → AMP	−2	ATP
활성화된 스테아르산이 8회의 β-산화과정 거침	8개의 $FADH_2$ 생성 (8×1.5 ATP)	12	ATP
	8개의 NADH 생성 (8×2.5 ATP)	20	ATP
	9개의 아세틸 CoA 생성		
9개의 아세틸 CoA가 구연산회로를 통해 대사됨	9×1개의 $FADH_2$ 생성 (9×1.5 ATP)	13.5	ATP
	9×3개의 NADH 생성 (27×2.5 ATP)	67.5	ATP
	9×1개의 GTP 생성	9	ATP
총 생성되는 에너지		120	ATP

에노일 CoA 수화효소, 하이드록시아실 CoA 탈수소효소, 티올라아제는 미토콘드리아 내막에 다중 효소복합체의 형태로 존재한다. β-산화 과정에서 생성된 아세틸 CoA는 구연산회로를 거쳐 에너지를 생성하게 된다. 한 개의 아세틸-CoA는 구연산회로를 통하여 1개의 $FADH_2$, 3개의 NADH 및 1개의 GTP를 생성하게 된다. 결과적으로 탄소 18개의 탄소를 가진 스테아르산이 산화되면 120 ATP가 생성 되게 된다(표 11-3).

(2) 불포화지방산의 산화

불포화지방산의 산화과정에서는 시스 형태의 이중결합과 이중결합의 위치 때문에 β-산화과정에서 작용하는 에노일 CoA 수화효소(enoyl-CoA hydratase)가 작용하지 못하고 에노일 CoA 이성질화효 소(enoyl-CoA isomerase)와 2,4 다이에노일 CoA 환원효소(2,4-dienoyl-CoA reductase)의 도움을 받아 반응을 진행시켜 나간다. 이는 에노일 CoA 수화효소(enoyl-CoA hydratase)가 α, β 이중결합에 만 특이적으로 작용하기 때문이다. 불포화지방산이 산화되면 불포화지방산에 원래 있던 이중결합 때 문에 $FADH_2$가 생성되는 아실 CoA 탈수소효소 과정을 한번 건너 뛰게 되어 포화지방산(불포화지방 산과 같은 수의 탄소인 경우)의 산화에 비해 ATP가 덜 생기게 된다(그림 11-8).

(3) 홀수 지방산의 산화

탄소 수가 홀수인 지방산은 흔히 존재하지는 않으나 간혹 식물이나 해양 생물에서는 홀수 지방산이 생성되기도 한다. 홀수 지방산이 산화되면 마지막에 아세틸 CoA가 아닌 프로피오닐 CoA (propionyl-CoA)가 생기게 된다. 따라서 홀수 탄소 수를 가진 지방산은 산화되면 (탄소수−3)/2 개의

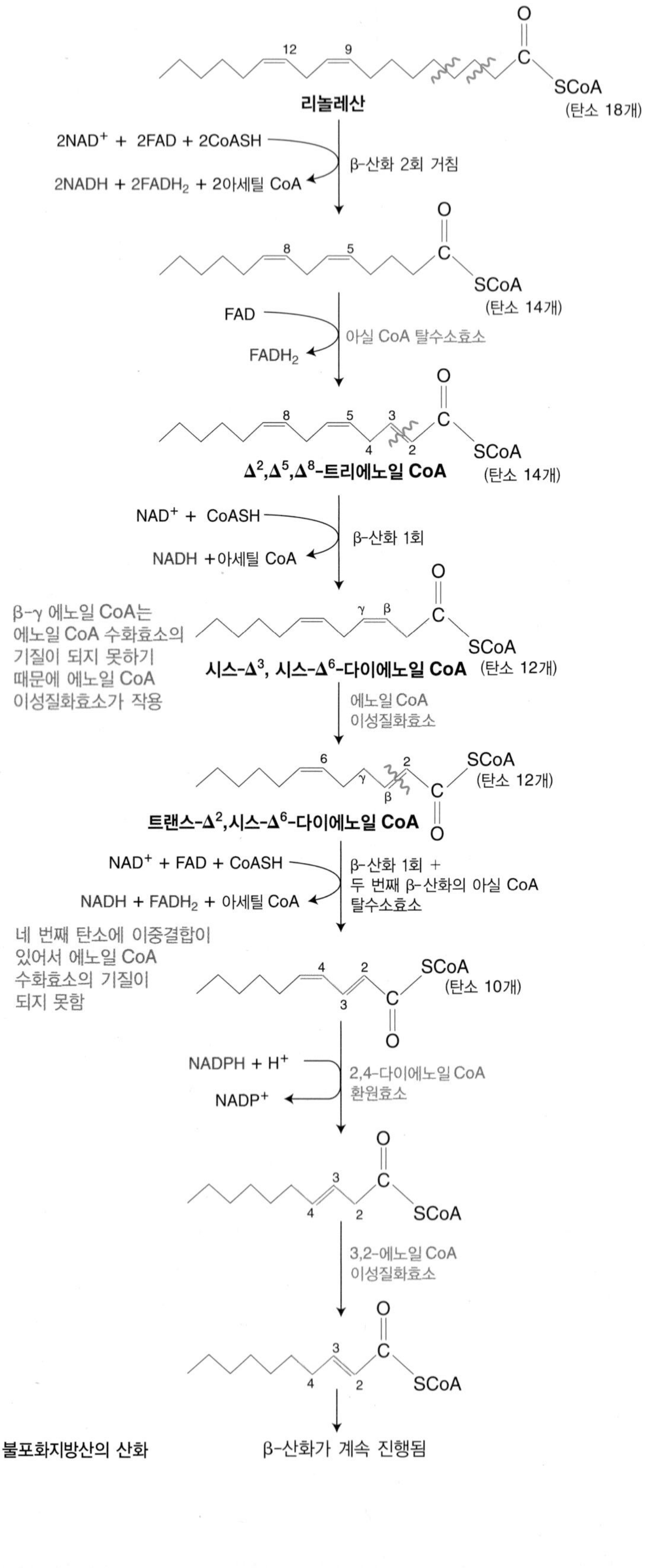

그림 **11-8** 불포화지방산의 산화

아세틸 CoA와 1개의 프로피오닐 CoA를 생성하게 된다. 프로피오닐 CoA는 그림 11-9에서와 같은 과정을 통해 숙시닐 CoA(succinyl-CoA)로 전환되어 구연산회로에서 대사된다. 그러나 숙시닐 CoA가 바로 구연산회로에서 대사되는 것은 아니고, 구연산회로에서 전환된 뒤, 말산이 세포질로 나와 피루브산이 되고, 피루브산이 다시 아세틸 CoA가 되어 구연산회로에서 대사된다.

(4) 퍼옥시좀의 β-산화

탄소 수 22개 이상의 지방산은 일차적으로 퍼옥시좀(peroxisome) 막의 수송단백질에 의해 퍼옥시좀으로 들어가서 퍼옥시좀 내에 있는 매우 긴사슬지방산 아실 CoA 합성효소(peroxisomal very long chain acyl-CoA synthetase)에 의해 활성화된 후에 산화되고, 결과적으로 생긴 탄소 수가 적어진 지방산이 미토콘드리아로 이동하여 β-산화가 일어난다. 퍼옥시좀에서 일어나는 β-산화와 미토콘드리아에서 일어나는 β-산화는 그 첫 번째 과정에서 차이

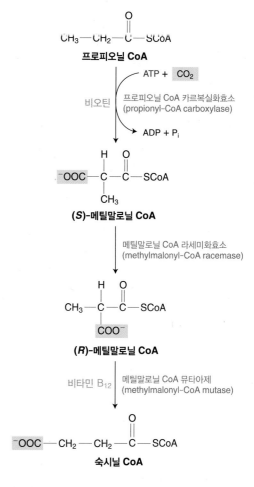

그림 11-9 프로피오닐 CoA의 숙시닐 CoA로의 전환

가 있다. 퍼옥시좀에서는 아실 CoA가 아실 CoA 산화효소(oxidase)의 작용을 받아 트랜스-Δ^2-에노일 CoA(trans-Δ^2-enoyl-CoA)를 생성한다. FAD가 보조인자로 작용하기는 하나 전자가 전자전달계로 전달되지 않고 바로 산소로 전달되어 과산화수소가 생성되며, 퍼옥시좀 카탈라아제(peroxisomal catalase)의 작용에 의해 과산화수소는 물과 산소로 전환된다.

퍼옥시좀에 있는 티올라아제(thiolase)는 탄소 8개 이하의 아실 CoA에는 작용을 하지 못하기 때문에 탄소 수가 작아진 지방산은 미토콘드리아로 이동하여 산화된다.

(5) 곁가지 지방산의 α-산화

곁가지가 있는 지방산의 경우 바로 β-산화가 일어나지를 못하고 퍼옥시좀에서 α-산화와 β-산화를 통해 대사가 이루어진다. 곁가지가 있는 지방산의 대표적인 예로는 피탄산(phytanic acid)이 있으며, 피탄산은 클로로필의 대사과정에서 생기는 물질로서 반추동물로부터 얻는 지방과 유제품 등에 존재한다. 피탄산이 산화되면 2-메틸-프로피오닐 CoA(2-methyl-propionyl-CoA, isobutyryl-CoA), 아세틸 CoA 및 프로피오닐 CoA가 생성된다.

4) 지방산 산화의 조절

지방산 산화는 혈중 유리지방산의 농도에 의해 조절되며, 혈중 유리지방산의 농도는 호르몬 민감성 리파아제(hormone sensitive lipase)의 작용에 의해 지방조직으로부터 유리되어 나오는 지방산의 영향을 받는다.

- 위급한 상황을 인식했을 때 분비되는 에피네피린이나 혈중 포도당 농도가 낮아졌을 때 분비되는 글루카곤은 지방세포에서 cAMP의 농도를 증가시켜 단백질 키나아제 A(protein kinase A)에 의해 호르몬 민감성 리파아제의 인산화가 일어나도록 한다.
- 인산화에 의해 호르몬 민감성 리파아제의 활성이 증가된다.
- 호르몬 민감성 리파아제의 작용에 의해 지방조직으로부터의 지방산 유리가 증가하여 혈중 유리지방산이 증가하고 간과 근육 조직에서 β-산화가 증가하게 된다.
- 간에서 β-산화과정을 통해 과다하게 생성된 아세틸 CoA는 케톤체를 생성한다.

지방산 생합성 과정의 첫 번째 중간대사물인 말로닐 CoA(malonyl-CoA)의 농도 또한 지방산의 산화를 조절한다. 말로닐 CoA의 생성은 아세틸 CoA 카르복실화효소(acetyl-CoA carboxylase)의 작용으로 이루어지며, 이 효소의 활성은 호르몬에 의해 조절된다. 아세틸 CoA 카르복실화효소의 활성 조절 기전은 지방산의 생합성 부분에서 자세하게 다루어진다. 세포질 내의 말로닐 CoA 농도가 증가하게 되면 카르니틴 아실전이효소 I(carnitine acyl-transferase I)의 작용이 억제되어 지방산이 미토콘드리아 내로 적게 이동하고, 결과적으로 지방산의 β-산화도 감소하게 된다. 이러한 조절 기전은 지방산의 합성이 일어나는 경우에는 지방산의 산화가 동시에 일어나지 않도록 조절하는 역할을 한다(그림 11-10).

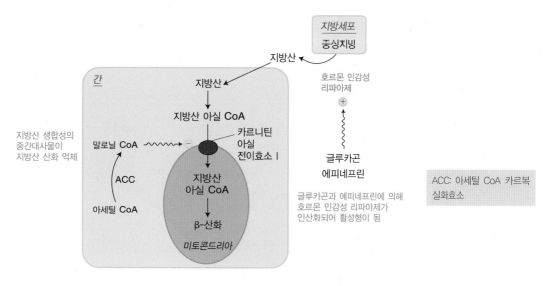

그림 11-10 지방산 산화의 조절

3. 케톤체의 생성과 이용

아세토아세트산(acetoacetate), β-하이드록시부티르산(β-hydroxybutyrate), 아세톤(acetone)을 케톤체라고 한다. 케톤체는 간의 미토콘드리아에서 아세틸 CoA로부터 생성되며, 혈액을 통해 말초조직으로 이동하여 에너지원으로 사용된다. 심장과 근육에서 주요 에너지원으로 사용되며 포도당이 부족할 때는 뇌조직에서도 중요한 에너지원으로 이용된다. 케톤체는 수용성이어서 혈액 내에서 다른 물질에 결합되지 않은 자유 형태로 이동할 수 있는 장점이 있다.

1) 케톤체의 생성

케톤체의 생성은 간에서 이루어지는데, 기아 시와 같이 체내 포도당 농도가 낮아졌을 경우나 당뇨병이 심해 혈중 포도당 농도는 높으나 조직으로 포도당이 들어가지 못할 경우에 지방산이 산화되어 생성된 아세틸 CoA의 농도가 높아져서 일어나게 된다. 아세틸 CoA의 농도가 높아지면 피루브산 탈수

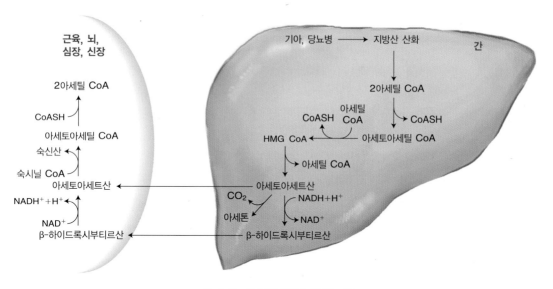

그림 11-11 케톤체의 생성과 이용의 개요

소효소 키나아제(pyruvate dehydrogenase kinase)가 활성화되어 피루브산 탈수소효소의 인산화가 일어나 활성이 저하된다. 따라서 피루브산염이 아세틸 CoA로 전환되는 정도가 감소한다. 또한 아세틸 CoA에 의해 피루브산 카르복실화효소(pyruvate carboxylase)의 활성이 증가되어 피루브산이 옥살로아세트산(oxaloacetate)으로 전환되어 당신생에 이용될 수 있게 된다. 결과적으로 지방산이 산화되어 아세틸 CoA 농도가 증가하고 케톤체가 생성되면 뇌조직과 같이 포도당을 필요로 하는 조직에서 케톤체를 에너지원으로 이용하고 간에서는 당신생이 증가하여 체내 포도당을 유지하는 데 도움을 주게 된다(그림 11-11).

케톤체의 생성은 그림 11-12에 있는 과정에 의해 일어난다. 두 개의 아세틸 CoA가 티올라아제(thiolase)의 작용에 의해 결합하여 아세토아세틸 CoA가 생성된다. 아세토아세틸 CoA가 또 한 개의 아세틸 CoA와 결합하여 β-하이드록시-β-메틸글루타릴 CoA(β-hydroxy-β-methylglutaryl-CoA, HMG CoA)를 생성하게 되는데 이 과정에는 HMG CoA 합성효소(HMG CoA synthase)가 작용한다. HMG CoA는 HMG CoA 분해효소(HMG-CoA lyase)의 작용에 의해 아세토아세트산과 아세틸 CoA로 분해된다. 이 과정에서 생성된 아세토아세트산은 β-하이드록시부티르산 탈수소효소(D-β-hydroxybutyrate dehydrogenase)가 작용하고 NADH가 이용되는 환원반응에 의해 β-하이드록시부티르산이 되기도 한다. 아세토아세트산은 아세토아세트산 탈카르복실효소(acetoacetate decarboxylase)의 작용에 의한 반응 또는 효소의 작용이 필요하지 않은 탈탄산 반응에 의해 아세톤으로 전환되기도 한다.

2) 케톤체의 이용

케톤체 중에서 아세토아세트산과 β-하이드록시부티르산(β-hydroxybutyrate)은 혈액을 통해 근육, 심장, 뇌 및 신장 등 다른 조직으로 이동하여 미토콘드리아 내에서 아세틸 CoA를 생성하여 에너지원을 제공한다. 간에서는 β-케토아실 CoA 전이효소(β-ketoacyl-CoA transferase)가 없어 케톤체를 이용하지 못한다(그림 11-13).

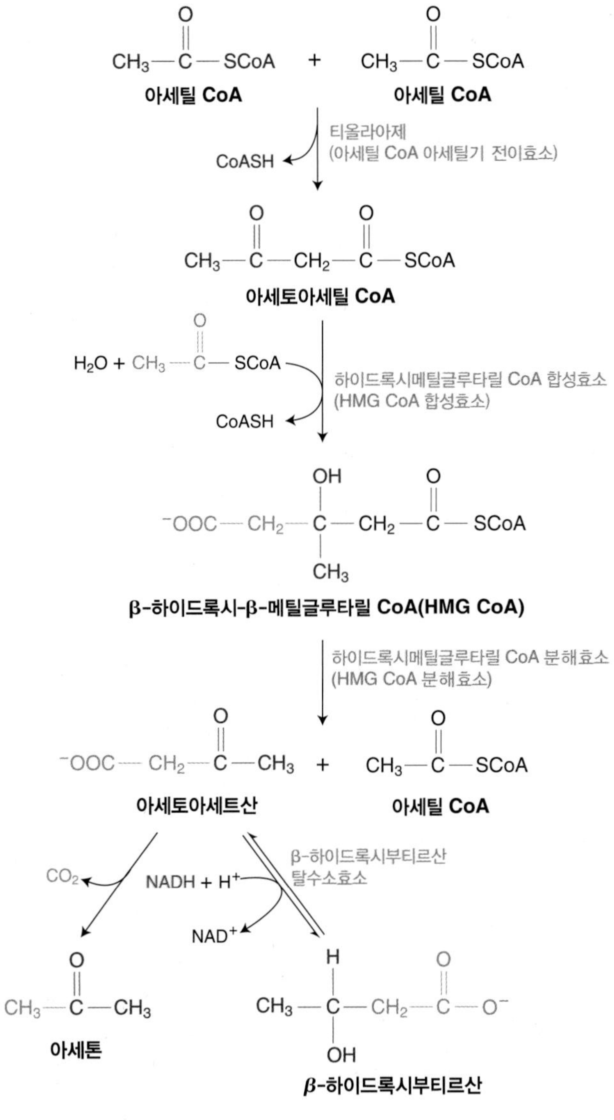

그림 **11-12** 케톤체의 생성

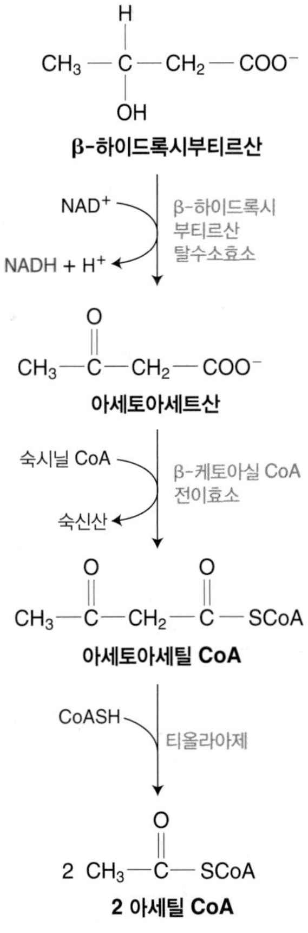

그림 **11-13** 케톤체의 이용

4. 지방산의 생합성

체내에서 이용되는 지방산의 상당량은 식사를 통해 섭취하는 지방으로부터 공급된다. 체내에서 합성되지 못해 식사를 통해 섭취해야 하는 필수지방산인 리놀레산(linoleic acid)과 α-리놀렌산(α-linolenic acid)을 제외하고 대부분의 지방산들이 체내에서 합성될 수 있다. 지방산의 생합성은 아세틸 CoA에 탄소 2개 단위씩 결합하여 이루어지는데, 탄소 2개 단위인 아세틸 CoA를 결합시켜 지방산의 길이를 늘려 나가는 과정은 말로닐 CoA(malonyl-CoA, 탄소 3개)의 형태로 탄소 2개가 전달되고 이산화탄소(탄소 1개)가 떨어져 나가는 반응에 의해 일어난다. 지방산의 생합성 과정도 탄소가 2개씩 결합하여 일어나고, 지방산의 산화과정에서도 탄소가 2개씩 떨어져 나가지만 두 과정은 단순한 반대 반응이 아니다. 지방산의 생합성은 간, 지방조직, 그리고 젖을 분비하는 유선에서 일어나며, 세포 내의 세포질에서 이루어진다. 지방산의 생합성과 산화의 비교는 표 11-4에 나와 있다.

지방산 합성 과정의 대부분을 담당하는 지방산 합성효소(fatty acid synthase)는 다중효소복합체(multienzyme complex)로 동일한 폴리펩티드 두 개로 이루어져 있으며 여러 가지 효소 작용을 한다. 한 개의 폴리펩티드가 7개의 효소 활성을 가지고 있으

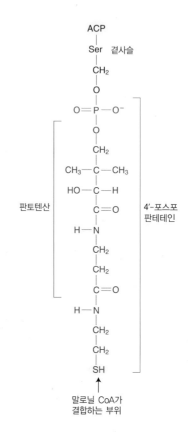

그림 11-14 ACP의 포스포판테테인

표 11-4 지방산의 산화와 합성 비교

구분	지방산의 β-산화	지방산의 합성
세포 내 소기관	미토콘드리아에서 일어남	세포질에서 일어남
아실기 운반체	CoA	ACP
전자전달에 관여하는 조효소	FAD, NAD$^+$	NADPH
탄소 2개 단위의 전달체	아세틸 CoA의 형태로 떨어져 나옴	말로닐 CoA로부터 전달됨
하이드록시아실기의 입체이성질체 특이성	L-β-하이드록시아실기만 이용 가능	D-β-하이드록시아실기가 생성됨

며, 아세틸기와 아실기가 결합하게 되는 4′-포스포판테테인(4′-phosphopantetheine)이 있는 부분이 있다. 지방산의 생합성은 아세틸기가 지방산 합성효소에 있는 아실운반단백질(acyl carrier protein, ACP) 부분의 4′-포스포판테테인(그림 11-14)에 결합하였다가 β-케토아실합성효소 (β-ketoacyl synthase, KSase)의 시스틴 잔기에 있는 티올(thiol)기로 잠시 옮겨 가고, 말로닐 CoA가 4′-포스포판 테테인에 결합한 뒤 아세틸기와 말로닐 CoA의 탄소 2개 단위가 결합하는 반응을 반복하면서 지방산 의 길이를 늘려나간다.

1) 지방산의 생합성 과정

(1) 미토콘드리아에서 세포질로 아세틸 CoA의 이동

대사과정에서 생기는 대부분의 아세틸 CoA는 미토콘드리아에서 생성된다. 포도당의 산화, 지방산의

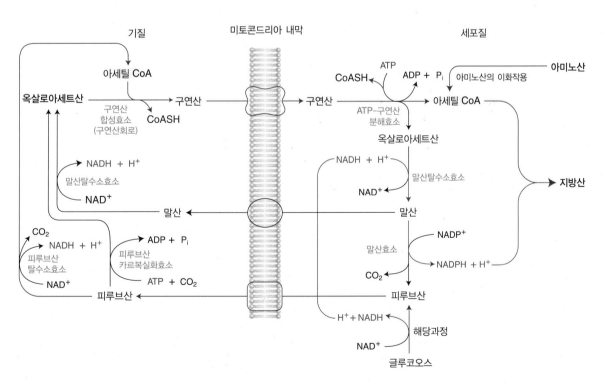

그림 11-15 미토콘드리아 내에서 아세틸 CoA의 세포질로의 이동

산화, 케톤체의 대사 및 일부 아미노산의 대사 과정에서 아세틸 CoA가 생성된다. ATP를 생성할 필요
성이 적어져서 아세틸 CoA가 구연산회로로 들어가는 정도가 감소되었을 경우에는 아세틸 CoA를 지
방의 형태로 저장할 필요성이 생기게 된다. 아세틸 CoA는 CoA 부분 때문에 미토콘드리아막을 건너
가지 못한다. 반면에 아세틸 CoA로부터 지방산이 생합성되는 과정은 세포질에서 일어난다. 따라서
잉여의 아세틸 CoA가 세포질로 이동하여 지방산 합성에 이용되어야 할 경우, 아세틸 CoA가 옥살로
아세트산과 결합하여 구연산의 형태로 전환되어 미토콘드리아 밖으로 나오게 된다(그림 11-15). 구연
산이 미토콘드리아 밖으로 나오는 것은 미토콘드리아 내의 구연산 농도가 높을 때 일어나는데, ATP
가 충분할 경우에는 구연산으로부터 α-케토글루타르산(α-ketoglutarate)이 생성되는 데 작용하는 이
소구연산 탈수소효소(isocitrate dehydrogenase)의 작용이 저해되어 구연산이 축적되면서 농도가
높아진다.

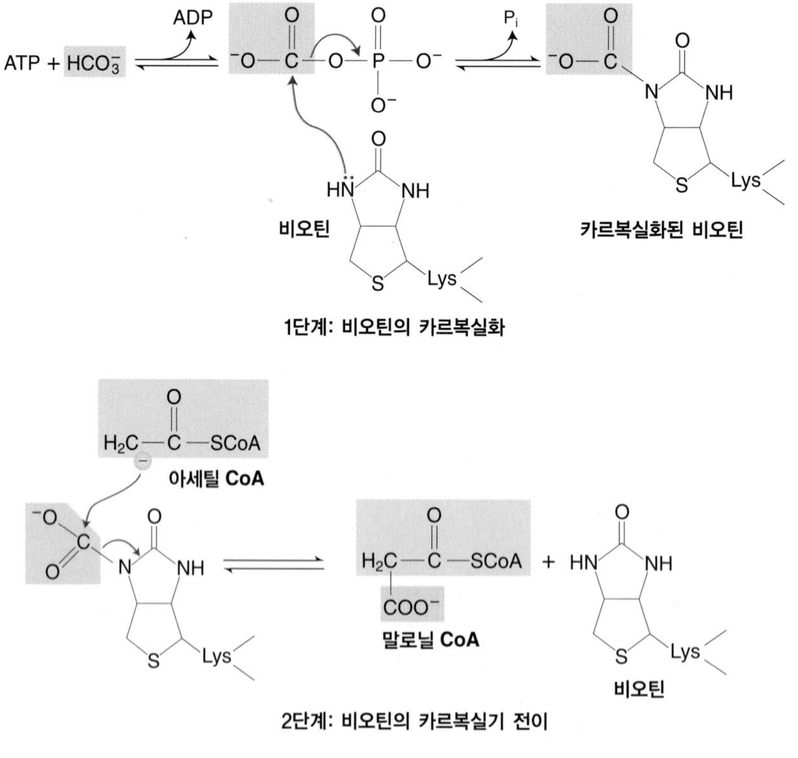

1단계: 비오틴의 카르복실화

2단계: 비오틴의 카르복실기 전이

그림 **11-16** 아세틸 CoA 카르복실화효소의 작용에 의한 말로닐 CoA의 생성

(2) 아세틸 CoA 카르복실화효소의 작용에 의한 아세틸 CoA로부터 말로닐 CoA의 생성

지방산 생합성에서 첫 번째 단계는 아세틸 CoA가 아세틸 CoA 카르복실화효소의 작용에 의해 말로닐 CoA(malonyl-CoA)로 되는 것이다. 이 반응은 두 단계의 과정으로 일어나는데, 먼저 카르복실화효소의 리신 잔기에 결합되어 있는 조효소인 비오틴이 카르복실화되고, 이어서 아세틸 CoA가 비오틴에 결합되어 있던 카르복실기를 전달받아 말로닐 CoA를 생성하게 된다(그림 11-16).

$$\text{아세틸 CoA} + CO_2 + \text{ATP} \longrightarrow \text{말로닐 CoA} + \text{ADP} + P_i$$

아세틸 CoA 카르복실화효소에 의해 말로닐 CoA가 생성되는 과정은 지방산의 생합성에서 중요한 조절 반응으로서 여러 가지 방법에 의해 조절된다. 아세틸 CoA 카르복실화효소 반응의 조절 기전은 지방산 합성의 조절 부분에 자세히 나와있다.

(3) 지방산 합성효소의 작용

지방산 합성효소(fatty acid synthase, FAS)의 작용에 의해 팔미트산이 생성되는 과정은 7단계의 효소반응에 의해 일어나며 전체 반응식은 다음과 같다.

$$\text{아세틸 CoA} + 7 \text{ 말로닐 CoA} + 14 \text{ NADPH} + 14 \text{ H}^+ \longrightarrow$$
$$\text{팔미트산} + 7 CO_2 + 8 \text{ CoA} + 14 \text{ NADP}^+ + 6 H_2O$$

위의 반응식에서 7개의 말로닐 CoA는 아세틸 CoA 카르복실화효소의 작용에 의해 생긴 것이다.

지방산 생합성 사이클에서 각 1분자의 H_2O가 생성되고, 팔미트산이 생성되기 위해서는 7번의 사이클을 거쳐야 됨에도 불구하고 물이 6분자 생성되는 것은 7회의 사이클 후 팔미토일-ACP로부터 팔미트산이 떨어져 나올 때 H_2O가 사용되기 때문이다.

지방산 합성효소의 작용에 의한 지방산의 생합성 과정은 그림 11-17에 나와 있으며, 각각의 반응들을 살펴보면 다음과 같다.

① 아세틸 CoA의 아세틸기가 지방산 합성효소의 아실운반단백질(ACP)에 결합한다(아세틸 CoA-ACP 아실전이효소(acetyl-CoA-ACP transacylase)의 작용)

② ACP에 결합되어 있던 아세틸기가 β-케토아실 합성효소(β-ketoacyl synthase, KSase)의 시스틴 잔기에 있는 -SH기로 이동한다.

③ 말로닐 CoA가 ACP에 결합한다(말로닐 CoA-ACP 아실전이효소의 작용).

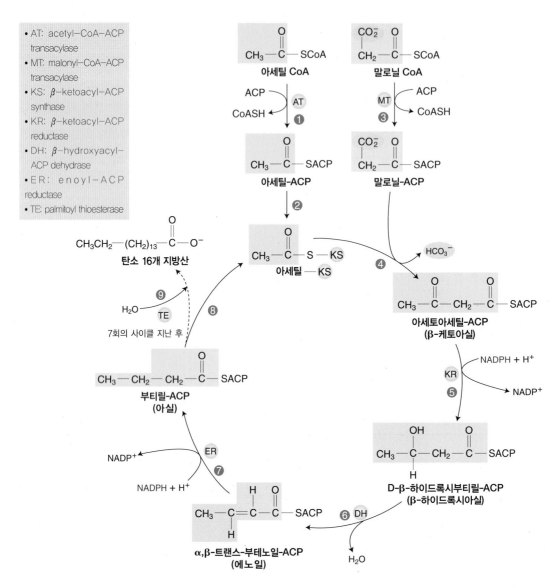

그림 **11-17** 지방산 합성효소의 작용에 의한 지방산의 생합성

④ 말로닐 CoA에서 CO_2가 떨어져 나온다. 이때 떨어져 나오는 CO_2는 ACC(acetyl-CoA carboxylase)의 작용에 의해 아세틸 CoA에 결합되었 던 것이다. β-케토아실 합성효소에 결합되어 있던 아세틸기가 ACP에 결합되어 있는 탄소 2개에 결합하여 ACP에는 탄소 4개의 아세토아세 틸 CoA가 결합되어 있게 된다.

⑤ ACP에 결합되어 있는 케토아실기가 β-케토아실 환원효소(β-ketoacyl reductase)의 작용에 의해 환원되어 (NADPH 사용) D-β-하이드록시부티릴-ACP(D-β-hydroxybutyryl-ACP)가 된다.

⑥ β-하이드록시아실-ACP 탈수효소(β-hydroxyacyl-ACP dehydrase)의 작용에 의해 물 분자가 빠져나오면서 탄소 2번과 3번 사이에 이중결합이 생겨 α, β-트랜스-부테노일-ACP(α, β-trans-Butenoyl-ACP)가 생성된다.

⑦ 에노일-ACP 환원효소(enoyl-ACP reductase)의 작용에 의해 환원되어(NADPH 사용) 아실기로 전환되어 부티릴-ACP(butyryl-ACP)가 생성된다.

⑧ 탄소 4개의 아실기가 β-케토아실 합성효소의 시스틴 잔기에 있는 -SH기로 이동하고 ACP에 말로닐 CoA가 다시 와서 결합하면서 다시 위와 같은 반응을 반복하여 탄소 6개의 아실기를 생성한다.

⑨ 7회의 사이클을 거치면 탄소 16개의 팔미토일-ACP가 생성되고, 팔미토일 티오에스터라아제(palmitoyl thioesterase)의 작용에 의해 팔미토일기가 ACP로부터 떨어져 나와 팔미트산이 생성된다. 이때 한 분자의 H_2O가 필요하다.

아세틸 CoA로부터 말로닐 CoA가 생성되고, 아세틸 CoA와 말로닐 CoA로부터 지방산이 생성되는 전체 반응식을 팔미트산을 예로 들면 다음과 같다.

$$8 \text{ 아세틸 CoA} + 14 \text{ NADPH} + 14 \text{ H}^+ + 7 \text{ ATP} \longrightarrow$$
$$\text{팔미트산} + 8 \text{ CoA} + 14 \text{ NADP}^+ + 6 \text{ H}_2\text{O} + 7 \text{ ADP} + 7 \text{ P}_i$$

2) 지방산 생합성의 조절

(1) 아세틸 CoA 카르복실화효소(acetyl-CoA carboxylase, ACC)의 조절

ACC는 지방산의 생합성에서 속도조절단계(rate limiting step)에 작용하는 효소로서, 생리적·환경적 변화에 반응하여 지방산의 합성을 조절하기 위해 그 활성이 몇 가지 다른 기전에 의해 조절된다.

① 다른자리입체성(알로스테릭) 조절

구연산은 ACC의 활성을 증가시킨다. 구연산은 ACC의 효소활성 최대 속도를 증가시키며, 효소 활성 억제제의 결합을 막고, 중합체가 형성되도록 하여 ACC를 활성화시킨다. ACC는 중합체를 형성하면 활성형이 된다. 미토콘드리아 내의 아세틸 CoA의 농도가 증가하면 세포질 내의 구연산의 농도도 증가하게 되어 지방산 생합성이 증가한다. 지방산 합성 과정의 산물인 긴사슬 아실 CoA는 ACC의 활성을 억제한다.

② 인산화에 의한 조절

ACC는 인산화(phosphorylation)가 되면 불활성형이 되고, 탈인산화(dephosphorylation)가 되면 활성형이 된다. ACC의 인산화와 탈인산화는 호르몬에 의해 조절된다. 글루카곤과 에피네프린은 인산화가 일어나게 하여 ACC의 활성을 감소시킨다. 인슐린은 탈인산화가 일어나게 하여 활성을 증가시킨다.

AMP에 의해 활성화되는 단백질 키나아제(AMP-activated protein kinase, AMPK) 또한 ACC가 인산화되도록 한다. AMPK는 기아 시, 운동을 할 때, 그리고 저산소증이 있을 때 활성화되어 이화작용은 촉진하고 동화작용은 억제하는 데 관여한다. 세포 내 에너지 상태가 낮아지면 AMPK가 활성화되어 ACC를 인산화시킴으로써 ACC의 활성이 감소하여 지방산 합성이 적어지게 된다.

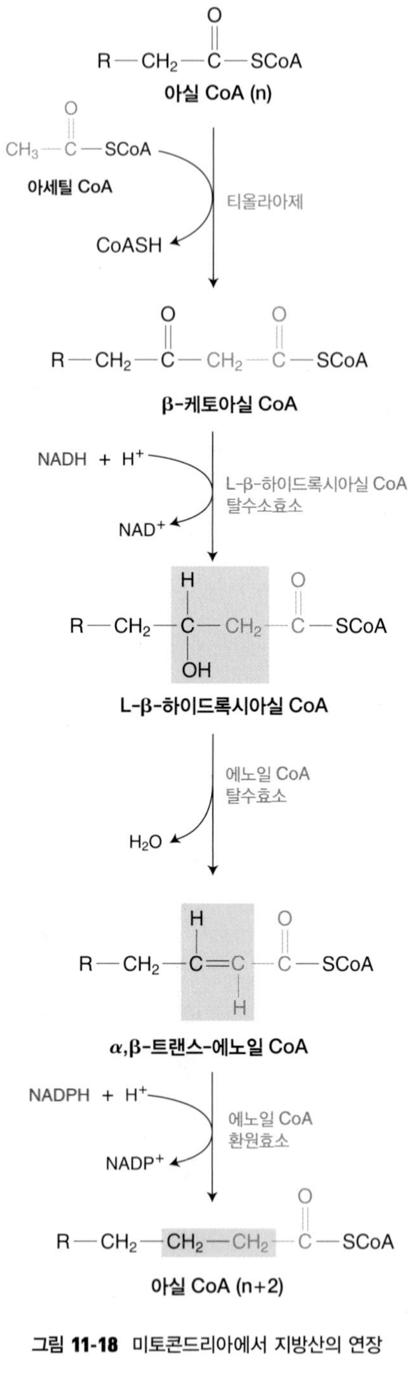

(2) 지방산 생합성에 관여하는 효소의 발현 조절

그림 **11-18** 미토콘드리아에서 지방산의 연장

ACC와 FAS의 발현은 호르몬과 열량 섭취에 의해 조절될 수 있다. 고당질식을 장기간 섭취하면 지방산 생합성에 관여하는 효소의 양이 간에서 증가하고, 열량이 적은 식이를 섭취하거나 기아 시에는 이

효소들의 양이 감소한다. 또한 다가불포화지방산을 섭취하면 지방산 생합성에 관여하는 효소들의 양이 감소한다는 보고도 있다.

3) 지방산의 연장과 불포화지방산의 합성

(1) 지방산의 연장

세포질에서 지방산 합성효소(fatty acid synthase, FAS)에 의한 반응에서 생성되는 것은 탄소 16개의 팔미트산이다. 탄소 16개보다 더 긴 지방산은 팔미트산에 탄소 2개씩을 덧붙이는 반응에 의해 만들어지는데, 소포체와 미토콘드리아에서 장쇄화효소(elongase)의 작용에 의해 일어난다. 아실 CoA의 카르복실기에 두 개의 탄소가 더해지는 반응이 일어나는데, 소포체에서는 탄소 2개가 말로닐 CoA와의 탈탄산반응에 의해 공급되는 반면 미토콘드리아에서는 직접 아세틸기가 더해지게 된다. 따라서 소포체에서 일어나는 반응은 지방산 생성효소의 반응과 유사하며, 미토콘드리아에서 일어나는 반응은 지방산의 β-산화의 반대 과정과 비슷하다(그림 11-18).

(2) 불포화지방산의 합성

불포화지방산의 생성은 소포체의 막에서 탈포화효소(desaturase)의 작용에 의해 포화지방산에 이중결합이 만들어져서 일어난다. Δ^9-, Δ^6-, Δ^5-, Δ^4-지방산 아실 CoA 탈포화효소가 있으며, C9 위치 이후에는 이중결합을 만들 수가 없다. 따라서 스테아르산(18:0)으로부터 올레산(18:1 Δ^9)의 합성은 가능하나 리놀레산(18:2 $\Delta^{9,\,12}$)의 합성은 불가능하다. 탈포화효소는 비헴철(non-heme iron)을 가지고

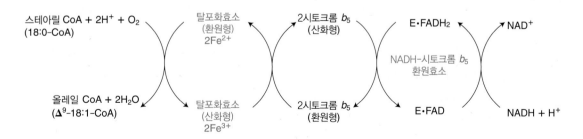

그림 11-19 Δ^9- 지방산 아실 CoA 탈포화효소 시스템에 의한 반응

있는 막효소로서 전자전달계 시스템의 일부이다. 시토크롬 b_5와 NADH-시토크롬 b_5 환원효소도 관여하는데, 산화적 인산화 과정과는 무관한 반응이다(그림 11-19). 식사로부터 섭취한 리놀레산과 α-리놀렌산은 장쇄화효소와 탈포화효소의 작용에 의해 리놀레산은 γ-리놀렌산과 아라키돈산으로, α-리놀렌산은 EPA와 DHA로 전환될 수 있다(그림 11-20).

5. 복합지질의 대사

복합지질은 골격구조에 지방산이 공유결합된 것으로 글리세롤(glycerol)이 골격구조인 글리세롤지질 (glycerolipids)과 스핑고신(sphingosine)이 골격구조인 스핑고지질(sphingolipids)을 포함한다. 주요 글리세롤지질로는 글리세롤인지질(glyceropho-

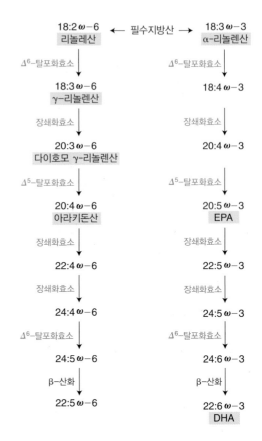

그림 **11-20** 필수지방산의 장쇄화와 불포화 반응

spholipid)과 트리아실글리세롤(중성지질, triacylglycerol)이 있다. 글리세롤인지질과 스핑고미엘린 (sphingomyelin)은 인지질에 포함되며 막 구조의 주요한 구성요소이다. 또한 인지질은 포스파티딜이노시톨(phosphatidylinositol)과 같은 신호전달물질과 아이코사노이드(eicosanoids)의 전구체이다.

생물체에 의해 합성되거나 섭취한 대부분의 지방산은 에너지의 저장을 위한 중성지방으로 되거나 세포막 인지질 구성성분으로 결합된다. 생물체의 빠른 성장 동안 새로운 막의 합성은 막 인지질의 생성을 필요로 하는 반면, 활발하게 성장하고 있지 않으면서 지방산의 공급이 많을 때는 대부분이 저장 지방으로 저장된다. 두 경로는 공통의 중간대사물, 즉 글리세롤의 지방 아실 에스테르(fatty acyl esters of glycerol)의 생성으로부터 시작한다.

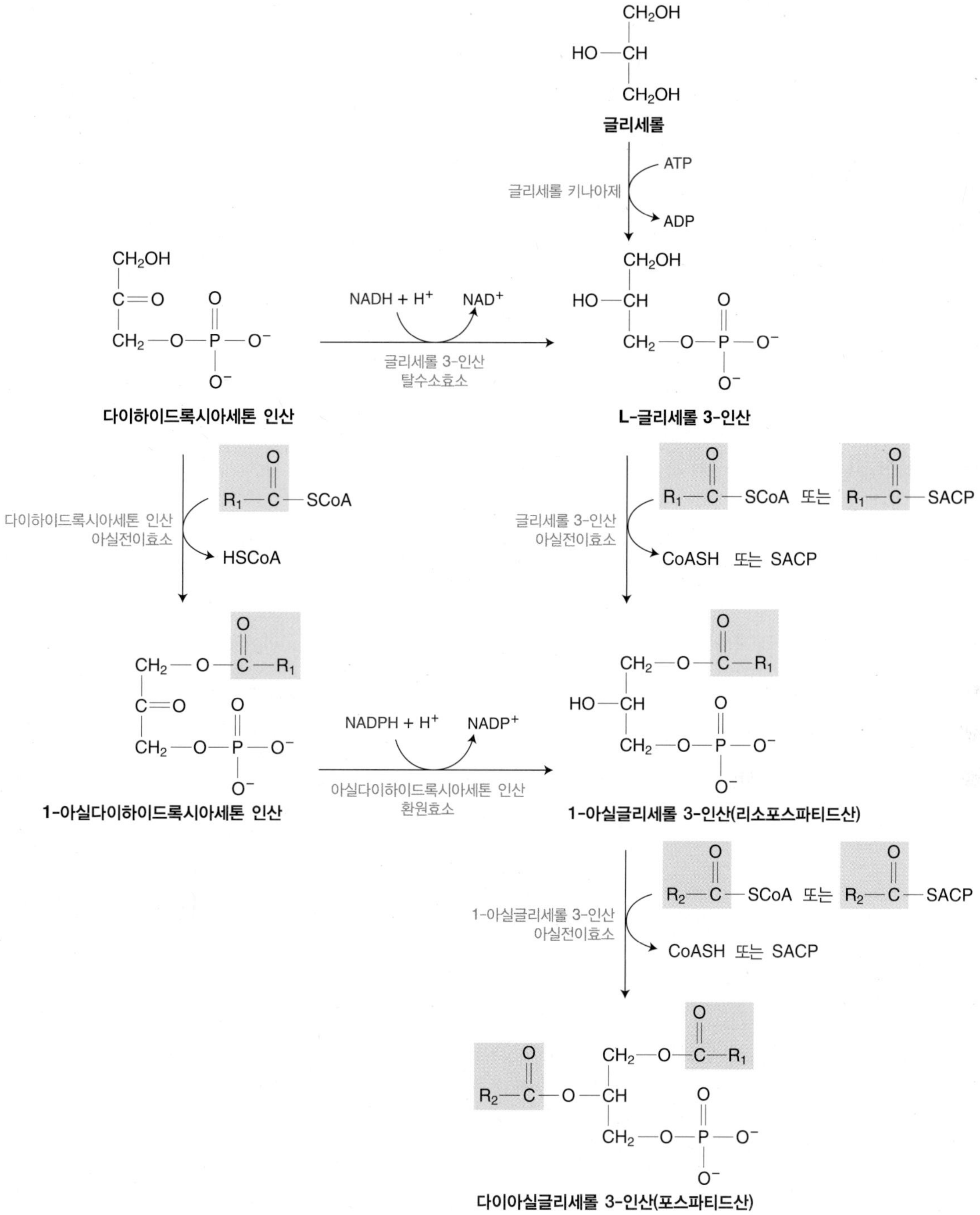

그림 **11-21** 포스파티드산의 생합성

1) 글리세롤지질의 생합성

글리세롤 3-인산(glycerol 3-phosphate)은 대부분이 해당과정의 대사산물인 다이하이드록시아세톤 인산(dihydroxyacetone phosphate, DHAP)으로부터 NAD와 연관된 글리세롤 3-인산 탈수소효소 (glycerol 3-phosphate dehydrogenase)의 촉매작용에 의해 생성되고, 간과 신장에서 소량은 글리세롤 키나아제(glycerol kinase)의 작용에 의해 글리세롤이 인산화(phosphorylation)되어 형성된다.

 중성지질 생합성의 첫 번째 단계에서 글리세롤 3-인산(glycerol 3-phosphate)의 2개의 유리 하이드록시기가 2분자의 지방산 아실 CoA와의 아실화반응(acylation)을 통해 다이아실글리세롤 3-인산 (diacylglycerol 3-phosphate, 포스파티드산(phosphatidic acid))을 생성한다(그림 11-21).

(1) 중성지방(트리아실글리세롤, triacylglycerol)의 생합성

포스파티드산(phosphatidic acid)은 세포에 소량만 존재하지만 지질 생합성에서 중요한 중간물질로서 중성지질이나 글리세롤인지질로 전환될 수 있다. 진핵세포에서 포스파티드산은 다이아실글리세롤 이나 CDP-다이아실글리세롤(cytidine diphophodiaclyglycerol, CDP-diacylglycerol)로 전환된다. 이 두 개의 전구체로부터 모든 다른 글리세롤인지질(glycerophospholipid)이 합성된다. 다이아실글리세롤은 트리아실글리세롤(triacylglycerol)은 물론 글리세롤인지질인 포스파티딜에탄올아민 (phosphatidylethanolamine, PE)과 포스파티딜콜린(phosphatidylcholine, PC)의 전구체이다.

- 중성지방은 주로 지방조직, 간 및 소장에서 합성되고 주요 에너지 저장물질로서 작용한다. 간과 지방 조직에서 중성지방의 생합성은 소포체의 세포질 표면에 결합된 효소인 다이아실글리세롤 아실전이효소(diacylglycerol acyltrans-ferase)에 의해 일어난다(그림 11-22).
- 식사로부터 온 중성지방은 리파아제(lipase)에 의해 2-모노아실글리세롤(2-monoacylglycerols)로 분해되고, 2-모노아실글리세롤의 아실화반응(acylation)을 촉매하는 아실전이효소 (acyltransferases)에 의해 새로운 중성지방이 합성된다(그림 11-23).

(2) 글리세롤인지질(glycerophospholipid)의 대사

① 글리세롤인지질의 생합성

포스파티딜에탄올아민(phosphatidylethanolamine, PE)은 다이아실글리세롤(diacylglycerol)과

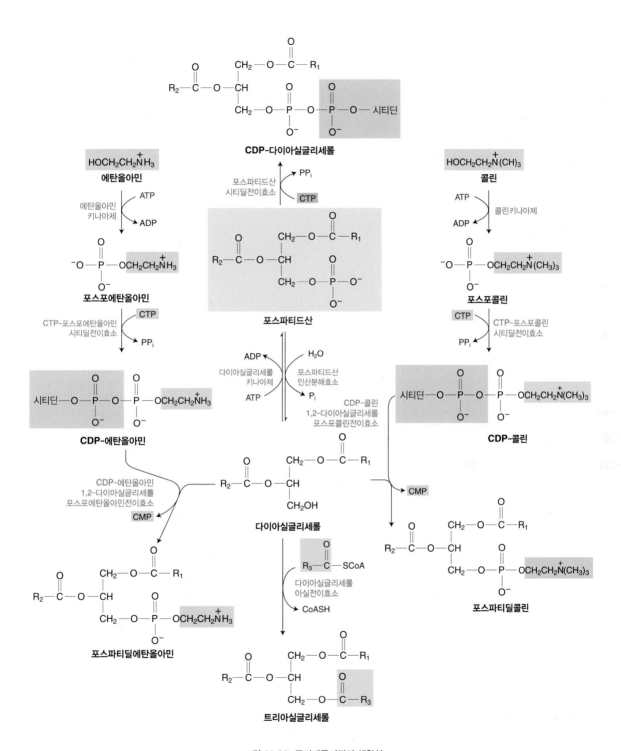

그림 11-22 글리세롤지질의 생합성

CDP-에탄올아민(CDP-ethanolamine)으로부터 합성된다. 포스파티딜에탄올아민의 생합성은 에탄올아민(ethanolamine)의 인산화에 의해 포스포에탄올아민(phosphoethanolamine)의 형성으로부터 시작된다. 다음 반응은 CTP로부터 시티딜기(cytidyl group)의 이동에 의해 CDP-에탄올아민과 피로인산(pyrophosphate, PP_i)의 생성인데, PP_i의 가수분해는 항상 이 반응이 일어나도록 한다. 특이적인 포스포에탄올아민 전이효소(phosphoethanolamine transferase)의 촉매작용에 의해 포스포에탄올아민을 다이아실글리세롤 골격에 연결시킨다(그림 11-22).

포스파티딜콜린의 생합성은 포스파티딜에탄올아민 생합성 과정과 유사하다. 이 경로에서 필요한 모든 콜린은 식사로부터 얻어져야 한다.

포스파티딜세린(phosphatidylserine, PS)은 포스파티딜에탄올아민의 에탄올아민을 세린(serine)으로 교환하는 반응에 의해 생성된다.

진핵세포는 CDP-다이아실글리세롤(CDP-diacylglycerol)을 경유하여 포스파티딜이노시톨(phosphatidylinositol, PI), 포스파티딜글리세롤(phosphatidylglycerol, PG) 및 카디오리핀(cardiolipin)을 포함한 몇몇 다른 중요한 인지질을 합성한다. PI는 대부분의 동물 세포막에서 지질의 약 2~8%만을 구성하지만 이노시톨-1,4,5-삼인산(inositol-1,4,5-triphosphate)과 다이아실글리세롤을 포함한 PI의 분해 생성물은 다양한 세포 신호전달과정에서 2차 전령(second messenger)으로 작용한다.

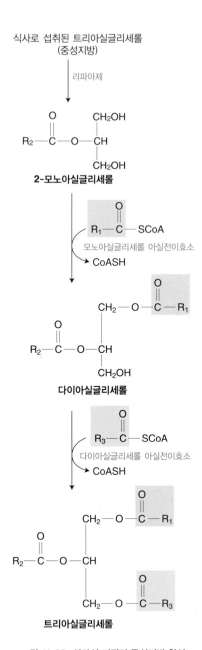

그림 **11-23** 식사성 지질의 중성지방 합성

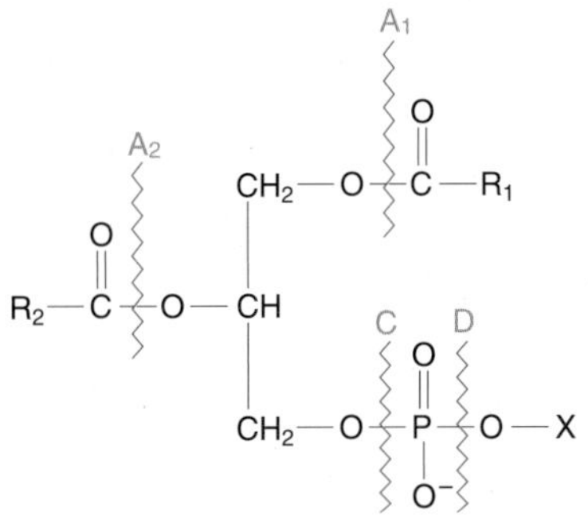

포스포리파아제 A_2

- 포유류의 조직 및 췌장액에 존재
- 포스포리파아제 A_2는 포스파티딜이노시톨에 작용하여 아라키돈산 (프로스타글란딘의 전구체)을 방출
- 췌장액에서는 불활성상태의 포스포리파아제 A_2가 풍부. 트립신은 이들을 활성화된 상태로 만들고, 담즙산염은 이들의 효소작용을 도움
- 포스포리파아제 A_2는 코르티솔 같은 글루코코르티코이드에 의해 억제됨

포스포리파아제 A_1

- 많은 포유류의 조직에 존재

포스포리파아제 C

- 간의 리소좀과 클로스트리듐균 및 다른 간균의 알파 독소에서 발견됨
- 막과 결합된 상태의 포스포리파아제 C는 PIP_2 시스템에 의해 활성화 되어 2차 전령들을 생성

포스포리파아제 D

- 주로 식물조직에서 발견됨

그림 **11-24** 포스포리파아제의 종류에 따른 글리세롤인지질의 분해

2) 글리세롤인지질의 분해

글리세롤인지질의 분해는 모든 조직과 체액에서 발견되는 포스포리파아제(phospholipase)에 의해 글리세롤인지질의 포스포다이에스터(phosphodiester)결합을 가수분해하여 이루어진다. 포스포리파아제의 종류에 따라 인지질 내에서 가수분해되는 부위가 다른데, 주요 효소의 종류와 작용 부위 등은 그림 11-24와 같다. 글리세롤인지질의 1번 또는 2번 탄소로부터 지방산이 떨어져나가면 리소포스포글리세리드(lysophophoglyceride)가 생성되고 리소포스포리파아제(lysophospholipase)의 작용을 받게 된다. 포스포리파아제의 작용에 의해 전령으로 작용하는 물질(다이아실글리세롤과 이노시톨 1,4,5-삼인산) 또는 전령의 전구체 물질(아라키돈산, arachoidonic acid)을 방출한다.

3) 스핑고지질의 대사

(1) 스핑고지질의 생합성

스핑고지질(sphingolipids)은 신경조직에 고농도로 존재한다. 신경 축색돌기(axon)의 절연체인 미엘

린 수초(myelin sheath)는 특히 스핑고미엘린
(sphingomyelin)과 다른 관련된 지질이 풍부하
다. 스핑고지질은 글리세롤(glycerol) 대신 스핑
고신(sphingosine)을 골격으로 만들어진다.

- 세린(serine)과 팔미토일 CoA(palmitoyl-CoA)
  의 축합반응과 중탄산염(bicarbonate)의 방출
  이 일어나는 첫 반응에는 3-케토스핑가닌 합성
  효소(3-ketosphinganine synthase, PLP-의존
  형 효소)가 작용한다(그림 11-25).
- 다음 단계에서 케토스핑가닌이 탈포화되어 스
  핑가닌(sphinganine)이 된다.
- 스핑가닌은 아실화반응(acylation)에 의해 N-
  아실스핑가닌(N-acylsphinganine)으로 되고, 스
  핑가닌 부분이 탈포화되어 세라미드(ceramide,
  N-acylsphingosine)를 생성한다.

세라미드는 모든 다른 스핑고지질(sphingo-
lipid)의 기본 골격이다. 예를 들면, 스핑고미엘린
은 포스파티딜콜린으로부터 포스포콜린
(phosphocholine)의 이동에 의해 생성된다.

세라미드에 당뉴클레오티드(sugar nucleotides)
로부터 당잔기가 전달되어 당화반응이 일어나면
세레브로시드(cerebroside)가 생성된다. 세레브로
시드는 미엘린 수초를 구성하는 지질의 약 15%를
구성한다.

(2) 스핑고지질의 분해

스핑고미엘린은 리소좀 효소(lysosomal enzyme)

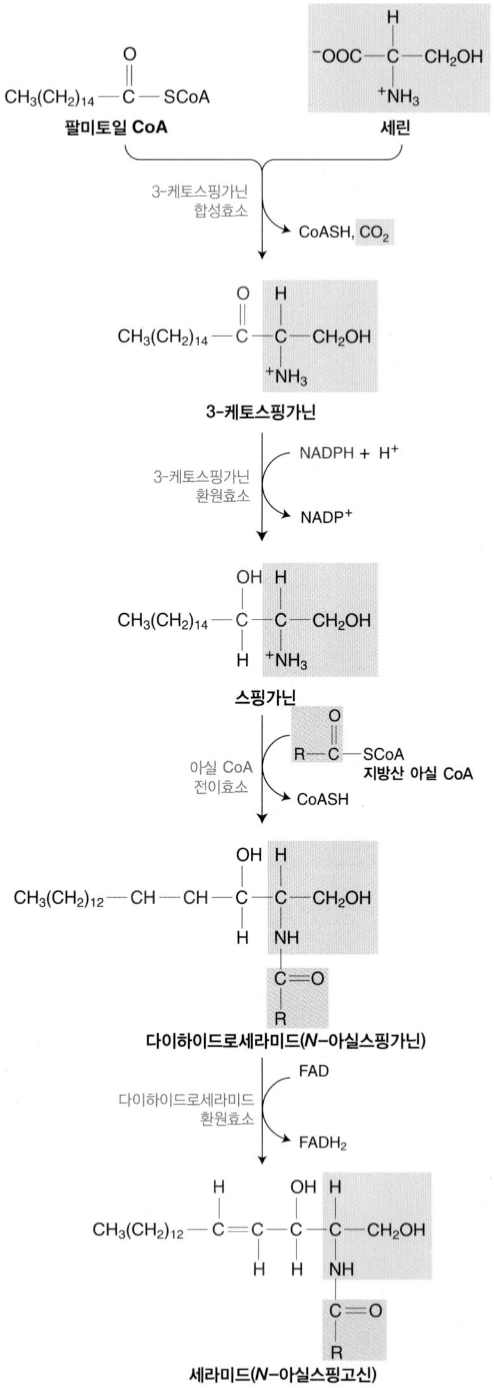

그림 **11-25** 세라미드의 생합성

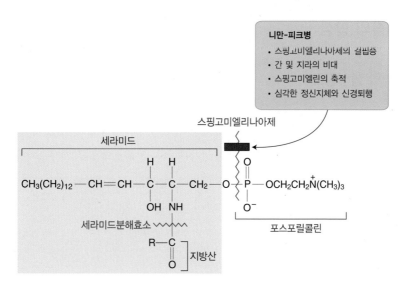

그림 **11-26** 스핑고미엘린의 분해

인 스핑고미엘리나아제(sphingomyelinase)에 의해 가수분해되어 포스포릴콜린(phosphorylcholine)을 제거하고 세라미드로 변한다. 세라미드는 세라미드분해효소(ceramidase)에 의해 스핑고신(sphingosine)과 유리지방산으로 분해된다(그림 11-26). 세라미드와 스핑고신은 세포 내 전령으로서 중요한 역할을 한다. 세라미드는 스트레스에 대한 반응에 관여하고 스핑고신은 단백질 키나아제 C(protein kinase C)의 활성을 억제한다.

6. 콜레스테롤의 대사

콜레스테롤은 혈중 농도가 증가하면 심혈관계질환 발생 위험률이 높아진다는 사실이 알려지면서 건강을 위협하는 위험한 물질로 주목받아 왔다. 그러나 콜레스테롤은 세포막의 주요성분이 되고 스테로이드 호르몬, 비타민 D 및 담즙산 생성의 전구체로 작용하는 매우 필수적인 물질이다. 따라서 체내 세포는 식사로부터의 섭취와 생합성을 통해 콜레스테롤을 지속적으로 공급받으며 그 과정은 적절한 기전에 의해 조절된다.

1) 콜레스테롤의 합성

(1) 콜레스테롤의 합성경로

거의 대부분의 조직에서 콜레스테롤 합성이 가능하나 간, 장, 부신, 정소 및 난소에서의 합성량이 많은 비율을 차지하며, 특히 간은 가장 대표적인 합성기관이다. 콜레스테롤은 긴사슬지방산처럼 아세틸 CoA와 NADPH로부터 합성되나 그 과정은 매우 다르다. 합성은 소포체막과 세포질에 존재하는 효소들에 의해 이루어지며 합성경로는 그림 11-27과 같이 요약할 수 있다.

① 1단계: HMG CoA의 합성

피루브산이나 지방산 산화에 의해 생성된 아세틸 CoA 세 분자가 티올라아제(thiolase)와 HMG CoA 합성효소(HMG-CoA synthase)의 작용에 의해 순차적으로 축합하여 HMG CoA를 합성한다(그림 11-28). 케톤체 합성경로에서의 HMG CoA 합성과 매우 유사하나 케톤체 합성은 미토콘드리아에서 진행되는 반면 이 과정은 세포질에서 일어나는 차이점이 있다.

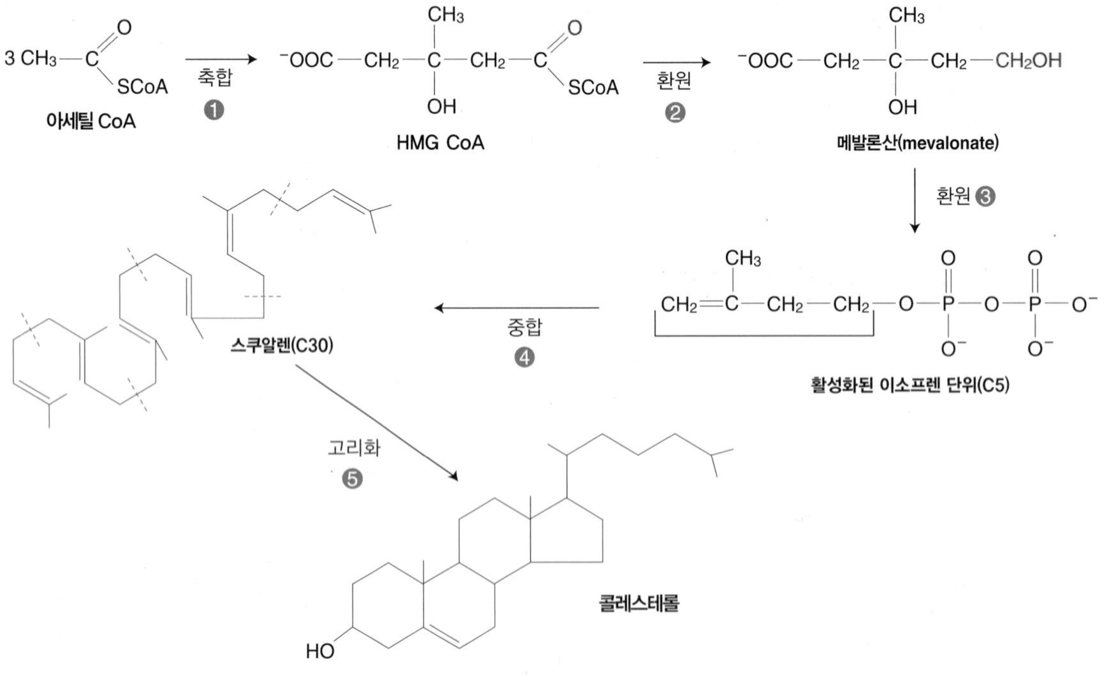

그림 **11-27** 콜레스테롤 생합성경로

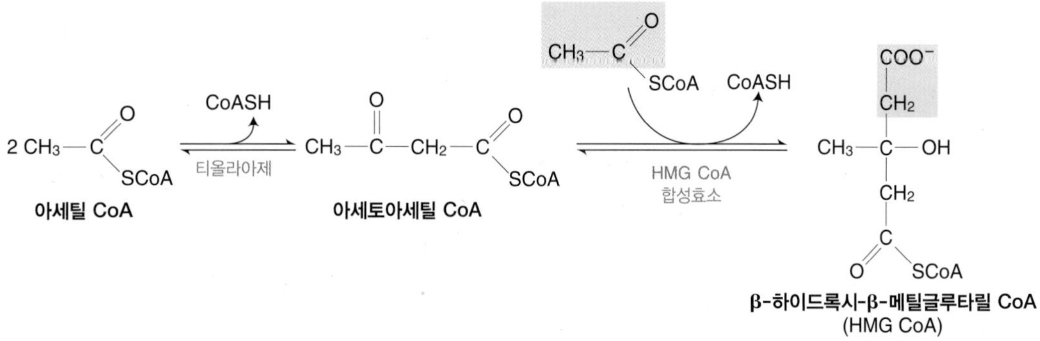

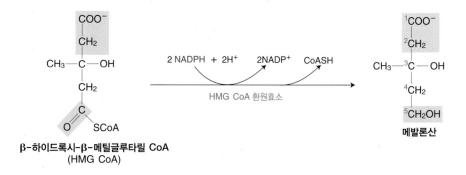

그림 **11-28** HMG CoA의 합성 (1단계)

② 2단계: 메발론산의 합성

HMG CoA 환원효소에 의해 두 분자의 NADPH가 이용되면서 HMG CoA가 메발론산(mevalonate)으로 환원된다(그림 11-29). 이 단계는 콜레스테롤 합성의 속도조절단계(rate-limiting step)이며, 활면소포체의 세포질 쪽 표면에 위치하는 HMG CoA 환원효소가 반응률을 조절하는 주요 효소이다. HMG CoA 환원효소는 콜레스테롤의 공급 수준에 의해 조절되며, 고콜레스테롤혈중 치료에 사용되는 스타틴의 작용대상이기도 하다.

③ 3단계: 활성화된 이소프렌 단위로의 전환

세 개의 ATP를 투입하여 탈탄산반응과 인산기 전이에 의해 메발론산을 두 종류의 활성화된 이소프렌 단위로 전환한다(그림 11-30). 이러한 연속적 인산화반응은 분자의 용해성을 증가시킨다. 이소프렌 단위는 탄소 5개로 이루어진 화합물로 먼저 이소펜티닐 피로인산(isopentenyl pyrophosphate,

그림 **11-29** 메발론산의 합성 (2단계)

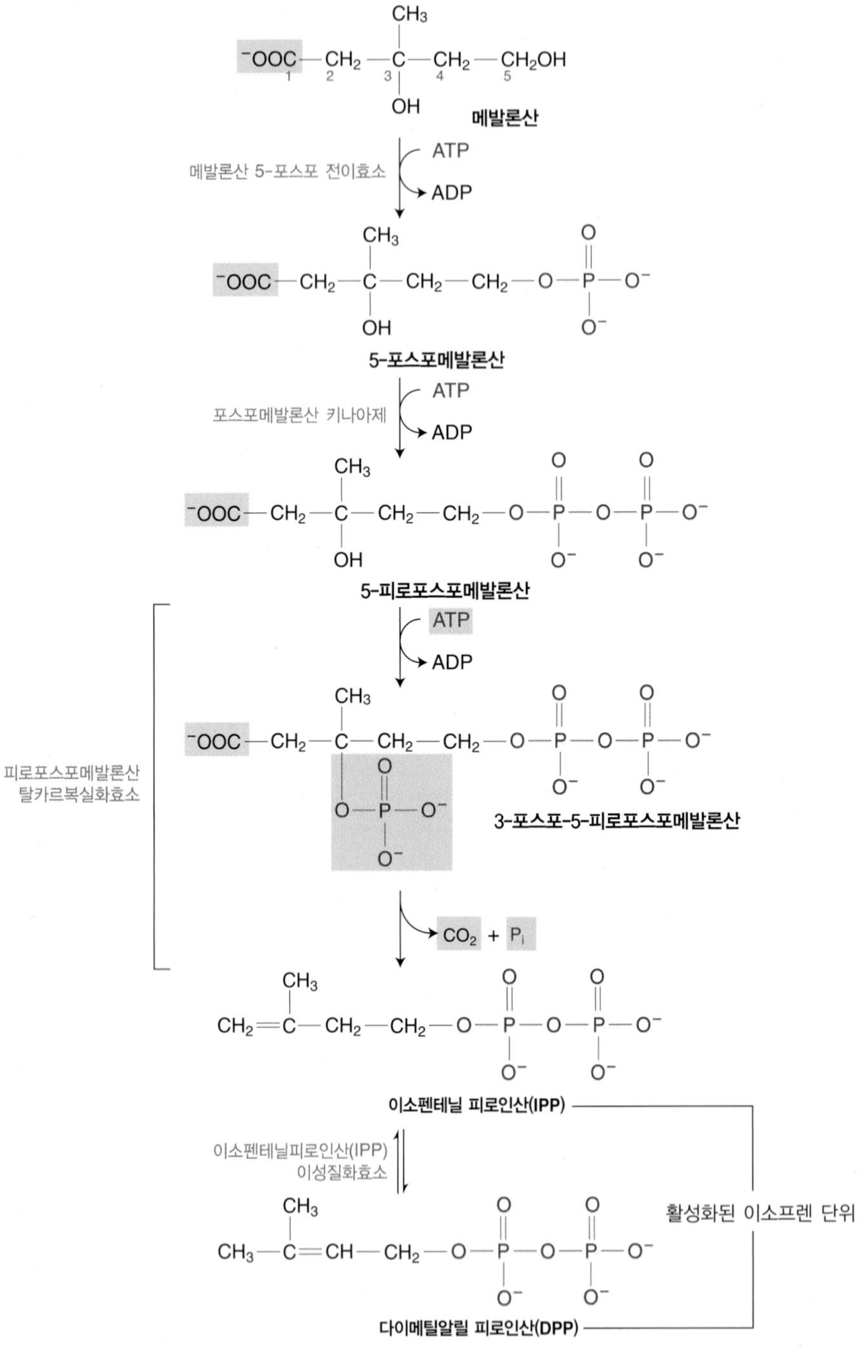

그림 **11-30** 활성화된 이소프렌 단위로의 전환 (3단계)

IPP)을 만든 후 이성질화효소(isomerase)에 의해 다이메틸알릴 피로인산 (dimethylallyl pyrophosphate, DPP)으로 전환될 수 있다.

④ 4단계: 스쿠알렌의 합성

활성화된 이소프렌 단위 6개가 축합하여 스쿠알렌(C30)을 합성한다(그림 11-31). 먼저 IPP와 DPP가 축합하여 게라닐 피로인산(geranyl pyrophosphate, GPP: C10)을 만드는데, 방출된 피로인산이 가수분해되므로 반응은 비가역적이다. 그 다음 GPP와 IPP가 축합하여 파네실 피로인산(farnesyl pyrophosphate, FPP: C15)이 합성되는데, 전이효소(transferase)가 작용한다. 마지막으로 두 분자의 FPP가 축합하여 스쿠알렌(squalene: C30)이 합성되는데, 전자공여체로 NADPH를 사용하며 스쿠알렌 합성효소 (squalene synthase)가 작용한다.

IPP(C5) + DPP(C5)
$\xrightarrow[\text{프레닐 전이효소}]{PP_i}$ GPP(C10)

GPP(C10) + IPP(C5)
$\xrightarrow[\text{프레닐 전이효소}]{PP_i}$ FPP(C15)

FPP(C15) + FPP(C15)
NADPH + H⁺ → NADP⁺ + 2PP_i
$\xrightarrow[\text{스쿠알렌 합성효소}]{}$ 스쿠알렌

⑤ 5단계: 콜레스테롤의 합성

스쿠알렌은 산소와 NADPH를 이용하여 고리화된 첫 스테롤 화합물인 라노스테롤(lanosterol)을 만들고 여러 연속적인 단계를 거쳐 콜레스테롤로 전환된다.

- 스쿠알렌 일산화효소(squalene monooxygenase)가 산소분자로부터 한 개의 산소원자를 스쿠알렌 고리에 붙여 스쿠알렌 에폭시드(squalene 2,3-epoxide)를 형성한다.
- 옥시도스쿠알렌 고리화효소(oxidosqualene cyclase, 또는 라노스테롤 합성효소, lanosterol synthase)의 작용에 의해 고리화가 진행되어 스테로이드 핵의 특징인 4개의 융합된 고리구조를 갖는 라노스테롤이 된다.
- 라노스테롤이 콜레스테롤로 전환되는 데는 약 20개의 후속반응이 필요하며 이 과정 동안 4번 위치의 메틸기 2개와 14번 위치의 에틸기 1개 제거, 이중결합의 이동(8→5), 이중결합(24번 위치)의 환원이 일어나면서 탄소고리가 30개에서 27개로 짧아진다(그림 11-32).

콜레스테롤은 소포체 표면에 위치한 아실 CoA:콜레스테롤 아실전이효소

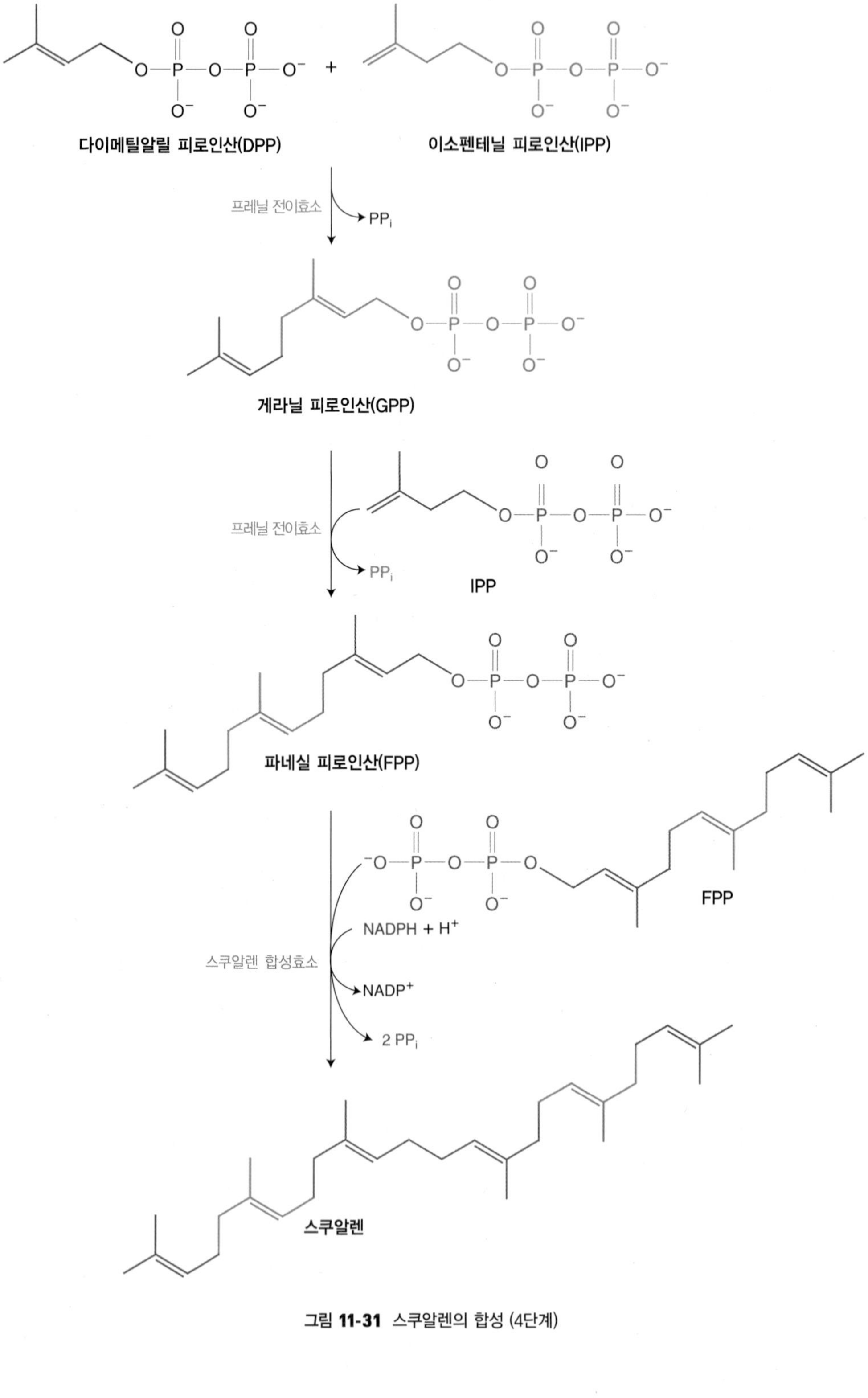

그림 **11-31** 스쿠알렌의 합성 (4단계)

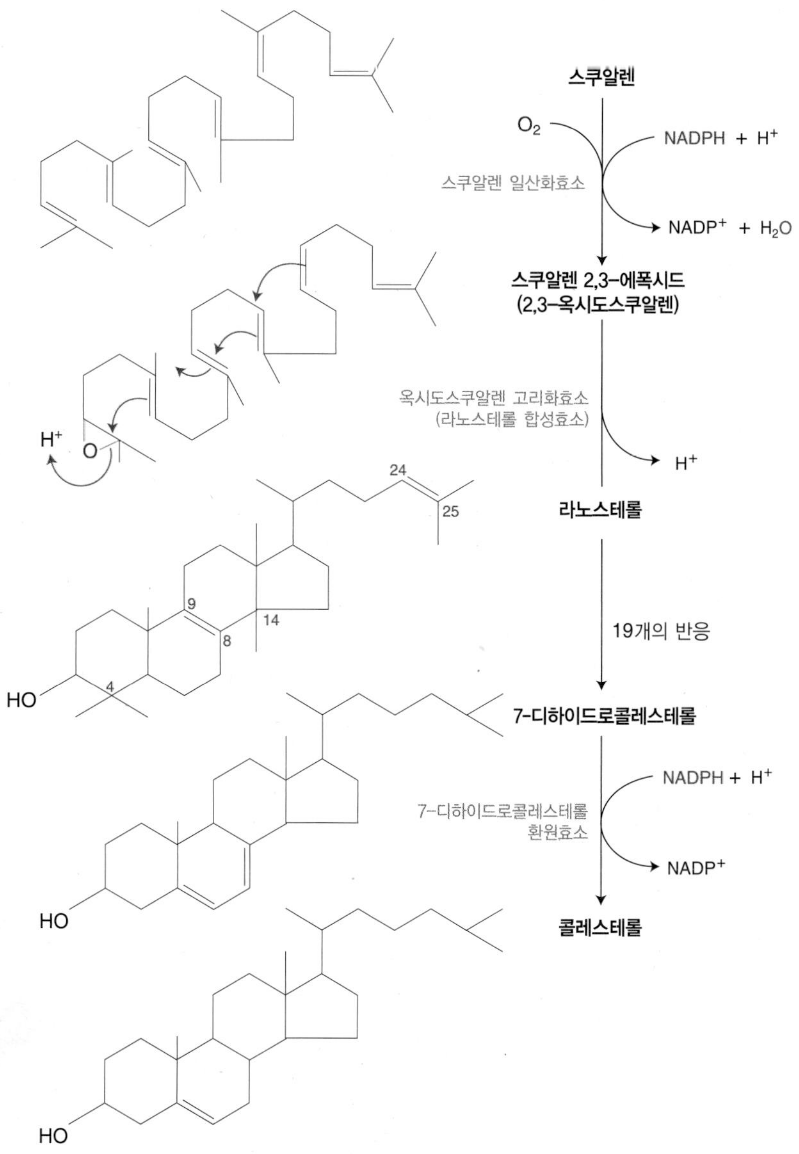

그림 11-32 콜레스테롤의 합성 (5단계)

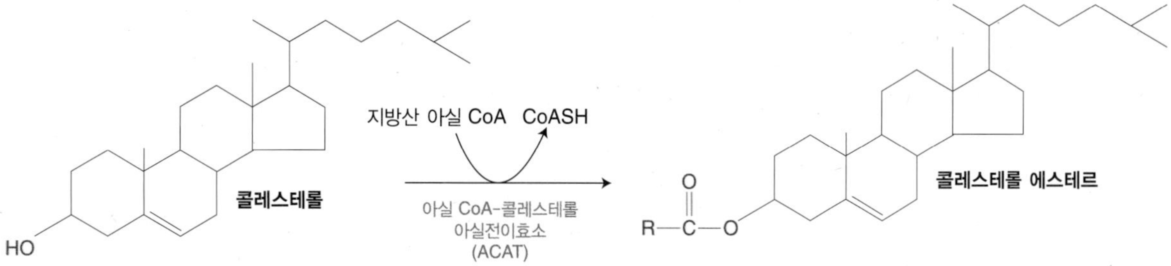

그림 11-33 ACAT에 의한 콜레스테롤 에스테르 합성

(acyl CoA:cholesterol acyltransferase, ACAT)에 의해 지방산이 전이되어 콜레스테롤 에스테르를 만들 수 있다(그림 11-33). 콜레스테롤 에스테르는 콜레스테롤보다 더 소수성인 형태로 간세포 내에 저장되거나 지단백질에 포함되어 필요한 다른 조직으로 이동된다.

(2) 콜레스테롤 생합성의 조절

콜레스테롤 생합성과 이동은 여러 기전에 의해 조절된다. 콜레스테롤 생합성 과정은 HMG CoA를 메발론산으로 전환시키는 HMG CoA 환원효소가 주요 속도조절단계로 작용하며 여러 기전에 의해 대사적 조절이 이루어진다.

① 유전자 발현 변화에 의한 조절

세포 내 콜레스테롤 수준이 낮아지면 HMG CoA 환원효소의 발현이 증가하여 콜레스테롤 합성이 증가하게 된다. 반면, 세포 내 콜레스테롤 수준이 높아지면 HMG CoA 환원효소의 전사가 활성화되지 못한다. 또한, 세포 내 콜레스테롤 수준이 높아지면 LDL수용체의 유전자 전사가 감소되어 혈액으로부터의 콜레스테롤 유입이 줄어든다.

② 호르몬에 의한 조절

인슐린은 HMG CoA 환원효소의 발현을 증가시키고, 글루카곤은 억제하는 효과가 있다.

③ 인산화에 의한 효소 활성 변화에 의한 조절

세포 내 ATP 수준이 낮아지면 AMP의 농도가 높아지게 되면서 AMP에 의해 활성화되는 단백질 키나아제(AMP-activated protein kinase, AMPK)가 활성화되어 HMG CoA 환원효소가 인산화되기 때문에 효소 활성이 억제되어 콜레스테롤 합성이 억제된다.

④ 효소의 분해에 의한 조절

세포 내 콜레스테롤 수준이 높아지면 HMG CoA 환원효소의 분해가 촉진된다. 또한, 콜레스테롤 생합성의 전구체인 라노스테롤이 증가하는 경우에도 HMG CoA 환원효소의 분해가 촉진된다.

(3) 스테로이드 호르몬의 합성

콜레스테롤은 모든 스테로이드 호르몬의 전구물질이다.

- **스테로이드 호르몬**   부신피질에서 만들어지는 것(미네랄로코르티코이드, 글루코코르티코이드)과 정소, 난소 등의 성선에서 만들어지는 성호르몬(프로게스테론, 안드로겐, 에스트로겐)의 두 종류가 있다.
- **미네랄로코르티코이드(mineralocorticoid)**   신장에서 무기이온(Na^+, Cl^-, HCO_3^-)의 재흡수를 조절하는 역할을 한다.

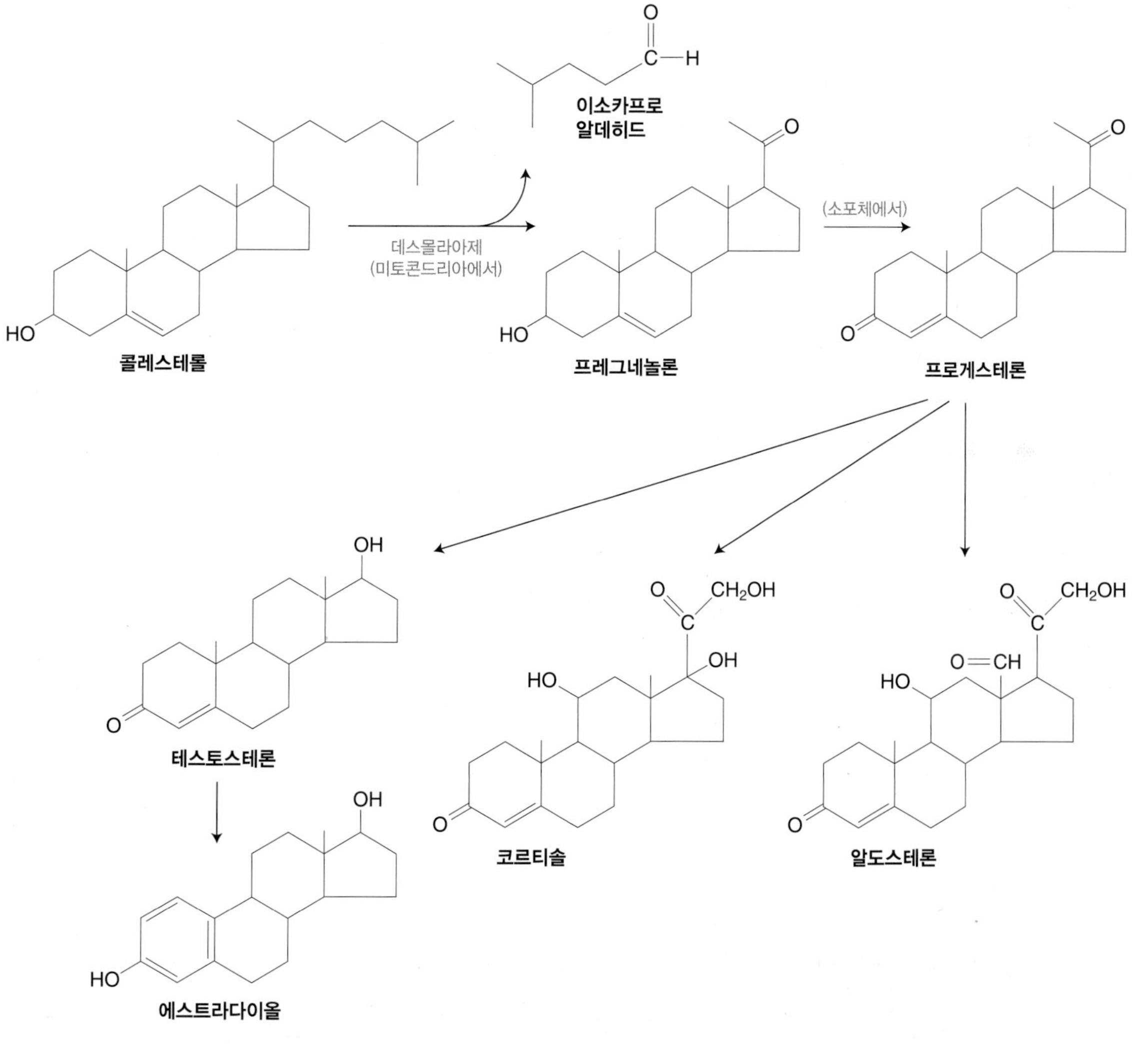

이소카프로 알데히드

콜레스테롤 — 데스몰라아제 (미토콘드리아에서) → **프레그네놀론** — (소포체에서) → **프로게스테론**

테스토스테론

↓

에스트라다이올

코르티솔

알도스테론

그림 **11-34** 주요 스테로이드 호르몬의 합성

- **글루코코르티코이드(glucocorticoid)**   당신생을 조절하여 단백질과 탄수화물 대사에 영향을 주고 면역반응과 염증반응에 참여한다.
- **성호르몬**   주로 이차성징을 발현시키고 여성의 생리주기를 조절하는 역할을 한다.

스테로이드 호르몬들은 모두 콜레스테롤에서 전환된 프레그네놀론(pregnenolone)과 프로게스테론(progesterone)이라는 공통의 전구물질을 통해 만들어진다(그림 11-34).

- 첫 반응인 콜레스테롤의 프레그네놀론으로의 전환은 미토콘드리아의 데스몰라아제(desmolase) 효소에 의해 촉매되며 속도조절단계로 작용한다. 데스몰라아제는 2개의 수산화효소(hydroxylase)로 구성된 효소복합체로, 콜레스테롤의 곁사슬에 NADPH와 산소분자를 이용하여 수산화를 유도한 후 그 사이의 결합을 끊어 곁사슬을 제거한다.
- 합성된 프레그네놀론은 소포체로 운반되어 산화되고 이성질화되어 프로게스테론(progesterone)이 된다.
- 프로게스테론은 다른 스테로이드 호르몬의 전구체가 될 뿐 아니라 그 자신이 호르몬으로서 작용한다. 주로 수정란의 착상과 성숙을 돕고 임신기간 동안 태반에서 다량 생산되어 자궁평활근의 수축을 막아 임신을 유지시킨다.

2) 콜레스테롤의 수송과 지단백질의 대사

콜레스테롤은 수용성이 아니라서 조직 내에 저장되거나 호르몬, 담즙산 및 비타민 D 등으로 합성되기 위해서는 중성지방처럼 지단백질의 형태로 운반되어야 한다. 지단백질 중 저밀도지단백질(low density lipoprotein, LDL)과 고밀도지단백질(high density lipoprotein, HDL)이 콜레스테롤의 수송과 대사에 중요한 역할을 한다.

(1) LDL의 대사

LDL은 혈중 콜레스테롤의 약 60%가 포함된 콜레스테롤의 주요 운반체이다. LDL은 간에서 만들어진 VLDL이 말초조직에서 지단백질 리파아제(lipoprotein lipase, LPL)에 의해 주요성분인 중성지방이 제거되면서 전환된 것이다. 따라서 중성지방의 함량은 적고 콜레스테롤과 콜레스테롤 에스테르가 주요

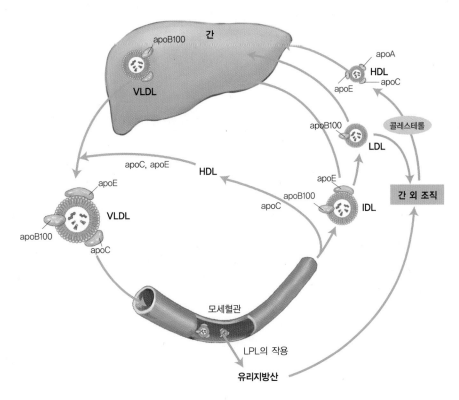

그림 11-35 지단백질의 대사

성분이며 apoB100을 주요 아포지단백질로 가지고 있어 apoB100을 인지하는 세포막 LDL수용체가 있는 간 외 조직으로 콜레스테롤을 운반한다. 간세포도 LDL수용체를 가지고 있지만 혈액에서 LDL을 효과적으로 제거하지 못하므로 그 영향은 크지 않다(그림 11-35).

　LDL의 apoB100과 LDL수용체 간의 상호작용이 LDL의 세포내이입(endocytosis)에 결정적으로 중요하다. LDL수용체는 소포체에서 합성되고 골지체에서 가공 및 성숙된 후 세포막으로 표적화된다. LDL과 LDL수용체가 결합되면 세포 내로 함입되면서 엔도좀(endosome)을 만들고 리소좀과 융합되어 콜레스테롤, 지방산, 아미노산 및 인지질 등으로 가수분해된 후에 LDL수용체는 세포 표면으로 돌아가 다시 LDL 흡수에 다시 이용될 수 있다(그림 11-36). 이렇게 세포 내에 들어온 콜레스테롤은 세포막의 구성물질이나 스테로이드 호르몬 및 담즙산의 전구체로 사용되거나 ACAT에 의해 콜레스테롤 에스테르로 전환되어 세포 내에 저장된다. 충분한 양의 콜레스테롤이 세포 내로 들어오면 콜레스테롤의 생합성 속도를 낮출 뿐 아니라 LDL수용체 합성을 억제함으로써 세포 내에 더 이상 과량의 콜레스테롤이 들어오지 못하도록 조절한다.

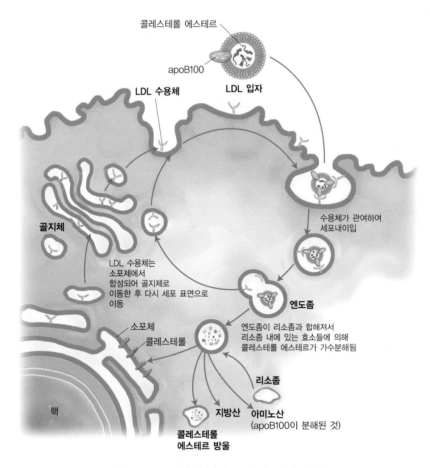

콜레스테롤 에스테르

apoB100

LDL 입자

LDL 수용체

수용체가 관여하여
세포내이입

골지체

LDL 수용체는
소포체에서
합성되어 골지체로
이동한 후 다시 세포 표면으로
이동

엔도좀

엔도좀이 리소좀과 합해져서
리소좀 내에 있는 효소들에 의해
콜레스테롤 에스테르가 가수분해됨

소포체
콜레스테롤

리소좀

지방산

아미노산
(apoB100이 분해된 것)

핵

콜레스테롤
에스테르 방울

그림 **11-36** LDL 수용체에 의한 콜레스테롤의 세포내이입

그러나 이러한 조절작용은 손상된 혈관벽의 대식세포에서는 제대로 기능하지 못한다. 혈관 상피세포에 손상이 생기면 단핵구가 상피세포에 부착되어 내막 쪽으로 이동하면서 대식세포로 전환된다. 대식세포에 있으며 산화된 LDL과 친화도가 높은 수용체는 그 합성이 콜레스테롤 농도에 의해 조절되지 않기 때문에 대식세포 내에 콜레스테롤이 축적되고 거품세포(foam cell)로 변형되어 동맥경화성 플라크(plaque)를 형성한다.

(2) HDL의 대사

LDL이 콜레스테롤을 조직으로 운반하는 역할을 하는 반면, HDL은 콜레스테롤을 조직에서 간으로 이동시켜 담즙산으로 전환되어 배출될 수 있게 하므로 조직 내의 과다한 콜레스테롤 축적을 막을 수 있다.

- HDL은 간과 소장에서 콜레스테롤이 거의 없고 단백질이 풍부한 작고 납작한 원반형의 지단백실로 생성되어 혈류로 배출된다.

- 신생 HDL(nascent HDL)에 있는 apo AI이 혈장 효소인 레시틴 : 콜레스테롤 아실전이효소(lecithin:cholesterol acyltransferase, LCAT)를 활성화한다. LCAT는 레시틴(포스파티딜콜린)의 2번 위치에 부착된 지방산을 콜레스테롤로 전이시켜 콜레스테롤 에스테르를 생성하는 효소이다(그림 11-37).

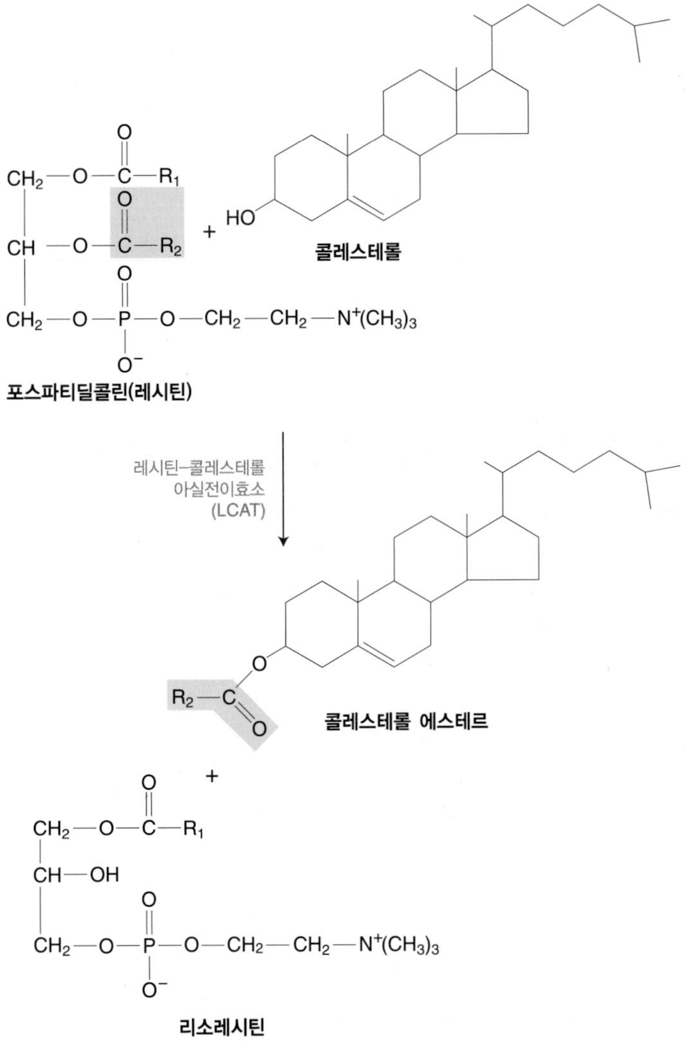

그림 **11-37** 레시틴 : 콜레스테롤 아실전이효소(LCAT)의 작용

- 생성된 콜레스테롤 에스테르는 소수성이므로 HDL중심부에 축적되며, 납작한 원반형의 신생 HDL 형태로는 점차로 둥근 미셀 형태의 HDL로 전환된다.
- 콜레스테롤 에스테르가 풍부한 HDL은 수용체의존성 세포내이입 방법으로 직접적으로 간세포 내로 들어가거나, 스테로이드 호르몬을 만드는 세포 또는 간세포의 막수용체에 결합하여 콜레스테롤을 세포 내로 이동시킨다.

HDL은 간 외 조직의 콜레스테롤과 결합한 뒤 이를 간으로 운반하여 담즙 생성에 사용할 수 있게 하는 콜레스테롤 역수송(reverse cholesterol transport)역할을 하므로 조직의 콜레스테롤 과다 축적을 막기 때문에 항동맥경화성 콜레스테롤 수송체로 작용한다.

(3) 콜레스테롤의 분해

콜레스테롤의 고리구조는 다른 분자와는 달리 더 작은 분자로 분해되지 않는다. 그 대신 스테롤 핵이 용해성이 더 좋은 담즙산과 담즙산염을 형성하여 대변에 섞여 체외로 배설될 수 있다. 담즙은 간세포에서 생산되어 지질의 소화를 돕는 물질로서 콜레스테롤, 인지질, 담즙산염 및 헴의 분해산물인 담즙색소로 구성된다. 생성된 담즙은 담관을 통해 담낭으로 가서 저장되어 있다가 지질의 소화를 위해 필요할 때 십이지장으로 분비되어 지질을 작은 기름방울로 분산시켜 유지하는 유화제로서 작용한다. 담즙의 구성 성분 중 담즙산염은 담즙산이 접합(conjugation)되어 만들어진 물질로 높은 용해성과 양쪽친매성(amphipathic) 특성을 가져 지질의 소화과정 중 유화제로서의 기능을 가진다.

3) 담즙산과 담즙산염의 합성

담즙산의 합성은 콜레스테롤의 분해와 제거에서 가장 중요한 반응으로 간에서 진행된다(그림 11-38). 담즙산의 합성에서 가장 중요한 속도조절단계는 첫 단계인 콜레스테롤이 7-α-하이드로콜레스테롤 (7-α-hydrocholesterol)이 되는 반응으로 소포체에 존재하는 콜레스테롤 7-α-수산화효소 (cholesterol 7-α-hydroxylase)에 의해 촉매된다. 이어서 여러 단계의 반응을 거쳐 수산기(-OH)가 더 첨가되고 이중결합이 환원되며 탄화수소사슬이 짧아지면서 카르복실기(-COO⁻)가 곁사슬에 첨가되어 담즙산이 생성된다. 담즙산은 한 분자 내에 극성과 비극성 부분을 모두 가지는 양쪽성 물질로

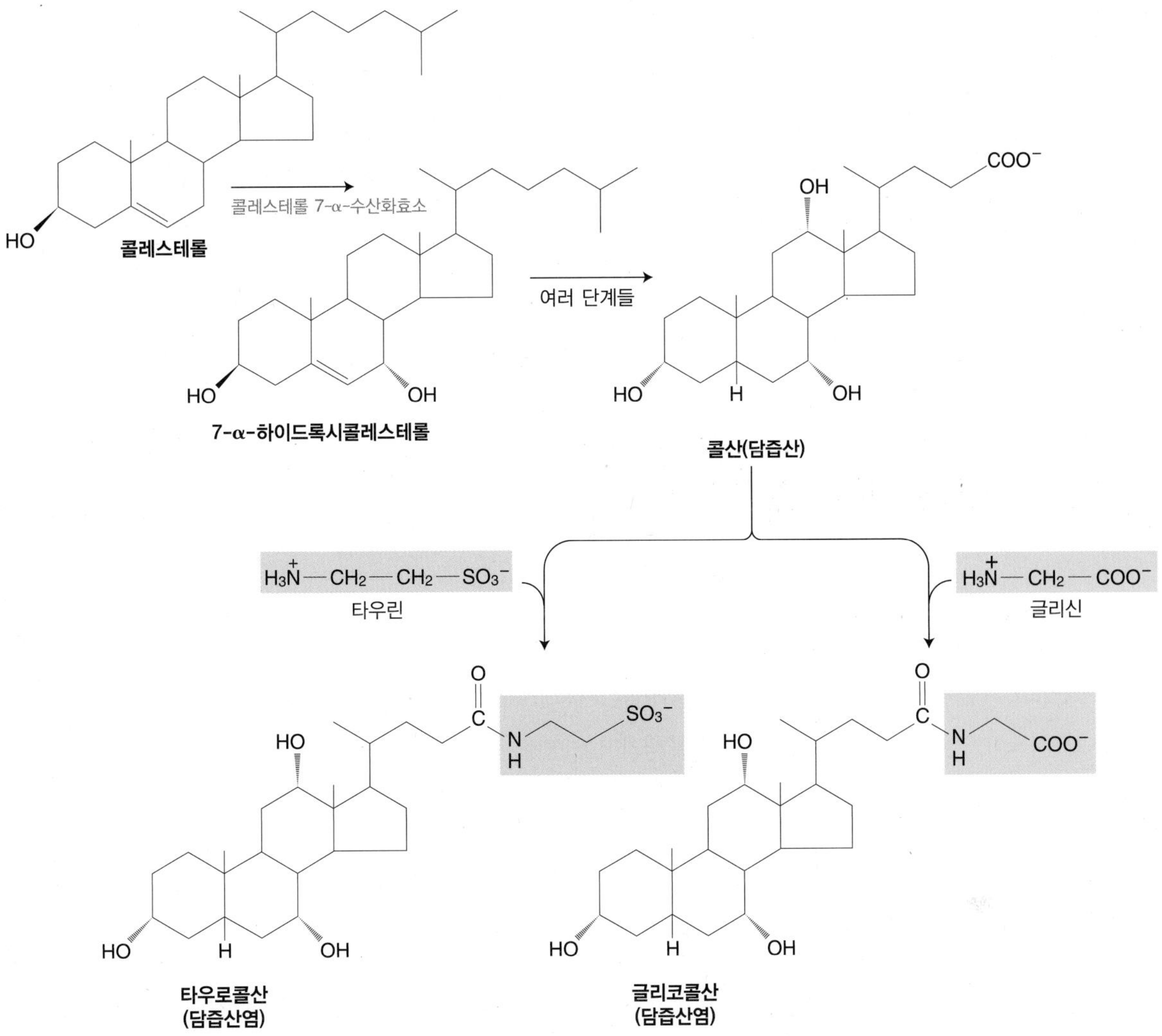

그림 11-38 담즙산과 담즙산염의 합성

콜산(cholic acid)과 디옥시콜산(deoxycholic acid)이 대표적인 담즙산이다. 속도조절단계인 콜레스테롤 7-α-수산화효소의 활성은 기질인 콜레스테롤에 의해 촉진되고 최종생성물인 콜산에 의해 억제된다.

생성된 담즙산은 간에서 글리신(glycine) 또는 타우린(taurine)과 접합하여 담즙산염을 만든다. 담즙산염은 글리신의 카르복실기나 타우린의 황산기(SO_4^-)가 생리적 pH에서 이온화하므로 양쪽성이 더욱 커져 담즙에서 유화제로 작용할 수 있게 된다.

4) 담즙산염의 장간순환

소장에서 지질의 유화에 이용된 담즙산염은 회장에서 효율적으로 재흡수되어 문맥을 통해 간으로 들어간다. 간에서 다시 다른 담즙 성분과 함께 담관으로 분비되어 지질의 유화에 재사용되는 현상을 '담즙산염의 장간순환(enterohepatic circulation)'이라고 한다. 하루에 15~30g의 담즙산염이 간에서 십이지장으로 분비되는데 95% 이상이 재흡수되고 약 0.5g만이 대변으로 손실된다고 알려져 있다.

7. 아이코사노이드의 대사

아이코사노이드(eicosanoid)는 탄소 수가 20개인 지방산이 산화되어 생긴 물질로서 프로스타사이클린 (prostacyclin), 트롬복산(tromboxane), 류코트라이엔(leukotriene), 리폭신(lipoxin) 등이 여기에 속한다. 아이코사노이드들은 낮은 농도로도 다양한 생리적 기능을 수행한다. 아이코사노이드들의 기능으로는 염증성 반응, 통증과 발열, 혈압 조절, 혈액 응고, 분만 신호, 수면 기상 주기의 조절 등이 있다.

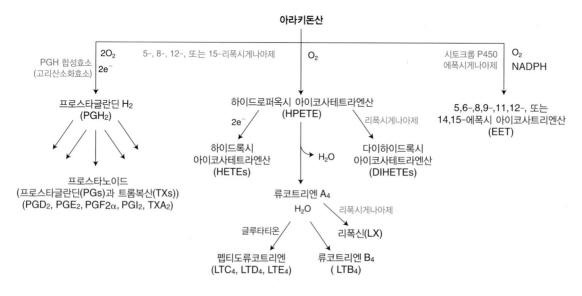

그림 11-39 아라키돈산으로부터 여러 가지 아이코사노이드들이 생성되는 경로

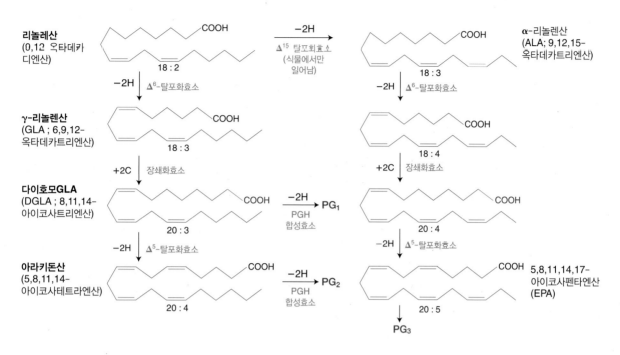

그림 **11-40** 프로스타글란딘 전구체의 생성과 기질에 따라 생성되는 프로스타노이드의 종류

탄소 수 20개인 지방산으로부터 다양한 아이코사노이드가 생성되는데, 고리산소화효소 (cyclooxygenase, COX), 리폭시게나아제(lipoxygenase, LO), 에폭시게나아제(epoxygenase)가 작용하는 세 가지의 다른 경로를 통해 생성된다(그림 11-39).

1) 아이코사노이드 전구체의 생성과 이용

대부분의 아이코사노이드들은 아라키돈산으로부터 생성되는데, 아라키돈산은 ω-6 지방산인 리놀레산(linoleic acid)으로부터 생성된다. 그림 11-40에서 보는 바와 같이 아라키돈산은 탈포화효소 (desaturase)와 장쇄화효소(elongase)의 작용에 의해 생성되며 세포막의 인지질에 결합된 상태로 존재한다. 포스포리파아제 A_2(phospholipaseA_2, PLA$_2$)가 인지질의 2번 탄소에 있는 아실기를 가수분해하여 아라키돈산이 떨어져 나오도록 한다.

탄소 수 20개인 지방산 중에서도 어떤 종류의 지방산이 기질로 이용이 되느냐에 따라 생성되는 프로스타노이드의 종류가 달라진다(그림 11-40). 이중결합이 3개인 다이호모 γ-리놀렌산(dihomo-γ-

linolenic acid, DGLA)이 기질로 이용되면 1계열의 프로스타노이드(prostanoid)가 생성되고 이중결합이 4개인 아라키돈산이 이용되면 2계열이, 그리고 이중결합이 5개인 아이코사펜타엔산 (eicosapenaenoic acid, EPA)가 이용되면 3계열의 프로스타노이드가 생성된다.

2) 고리산소화효소에 의한 아이코사노이드의 생성

고리산소화효소(cyclooxygenase, COX)의 작용에 의해 생성되는 프로스타노이드(prostanoid)에는 프로스타글란딘(prostaglandin, PG), 프로스타사이클린(prostacyclin) 및 트롬복산(thromboxane, TX)이 있다. 고리산소화효소는 프로스타글란딘 H 합성효소(prostaglandin H synthase, PGHS, 또는 prostaglandin endoperoxide synthase라고도 함)의 일반명이며, 두 가지의 효소 활성을 가지고 있다. 하나는 고리산소화효소로서 이 작용에 의해 아라키돈산에 O_2 두 분자가 첨가되어 사이클로펜탄 고리(cyclopentane ring) 구조를 가진 PGG_2가 생성되는데, PGG_2는 15번 탄소에 과산화기 (peroxide)를 가지고 있다. PGHS의 두 번째 효소활성은 과산화효소(peroxidase)로서 PGG_2에 작용하여 15번 탄소의 과산화기($-OOH$)를 수산기($-OH$)로 전환하여 PGH_2가 생성되도록 한다. PGH_2는 조직에 따라 또 작용하는 효소의 종류와 활성 정도에 따라 여러 가지 다른 프로스타글란딘과 트롬복산으로 전환된다.

고리산소화효소(COX)에는 COX-1과 COX-2의 두 가지 동위효소(isoenzyme)가 있다. COX-1은 거의 대부분의 조직에서 항상 발현되며, COX-2는 사이토카인(cytokine), 엔도톡신(endotoxin), 성장인자(growth factor) 등에 의해 발현이 유발되는 효소이다. COX-1에 의해 생성되는 프로스타글란딘들은 위점막 조직의 항상성 유지, 혈소판 응집, 신장기능의 항상성 유지 등에 필요하며, COX-2의 유도 발현에 의해 생성된 프로스타글란딘들은 통증, 발열, 염증 반응 등에 관여한다.

아스피린과 같은 소염제(nonsteroidal antiinflammatory drugs, NSAIDs)들은 COX의 작용을 억제하여 염증 반응을 완화시킴으로써 통증이나 열을 낮추게 되는데 이때 COX-2 뿐만 아니라 COX-1의 작용도 억제한다. COX-1의 작용 억제로 인해 위점막의 약화나 혈액 응고 시간 지연 등 소염제의 부작용이 나타난다.

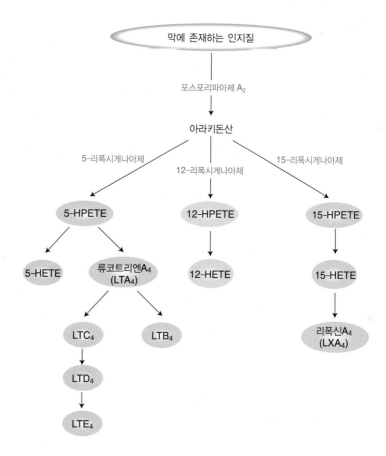

그림 11-41 리폭시게나아제의 작용에 의한 아이코사노이드의 생성

3) 리폭시게나아제에 의한 아이코사노이드의 생성

아라키돈산이 리폭시게나아제(liposygenase)의 작용을 받게 되면 류코트리엔(leukotriene), 하이드로페록시아이코사테트레노인산(hydroperoxyeicosatetraenoic acid, HPETE), 리폭신(lipoxin) 등이 생성된다. 리폭시게나아제에 의한 작용은 사이클로펜탄 고리 구조의 생성이 일어나지 않기 때문에 직선형 경로(linear pathway)라고도 하며, 리폭시게나아제에는 5-, 12-, 15- 리폭시게나아제가 있다(그림 11-41).

4) 아이코사노이드들의 기능

몇 가지 대표적인 아이코사노이드들의 기능은 표 11-5와 같다.

표 11-5 아이코사노이드의 종류와 기능

종류	생성 조직	기능
PGE_2	대부분의 조직, 특히 신장	혈관 확장
PGD_2	뇌	수면 조절
PGI_2	혈관의 내피세포	혈관 확장, 혈소판 응집 억제
$PGF_{2\alpha}$	대부분의 세포	혈관 수축
TxA_2	혈소판	혈관 내피 밑층에 혈소판이 부착되고 응집, 혈관의 수축
LTA_4	백혈구, 혈소판, 비만세포, 심장과 폐의 혈관조직	
LTB_4	호중구	혈관 내피세포에 호중구가 부착
리폭신(lipoxin)	혈관의 상피세포와 내피세포	항염증

아미노산 및 질소 대사

아미노산 및 질소 대사

지방산이나 포도당과 달리 단백질은 생체분자를 합성하고 남은 아미노산이 그대로 저장되지 않고 에너지원으로 이용되거나 글리코겐이나 지방 등으로 저장된다. 분해작용에서 아미노산의 α-아미노기는 요소로 전환되어 제거되며, 탄소 골격은 아세틸 CoA, 아세토아세틸 CoA, 피루브산이 되거나 구연산회로의 중간대사물로 전환된다.

　질소는 생물에서 매우 중요한 역할을 하지만 생물학적으로 유용한 질소는 충분하지 않다. 몇몇 질소고정 미생물은 질소 기체를 암모니아로 환원하지만, 동물들은 질소 기체로부터 질소 함유 분자를 합성할 수 없기 때문에 식이로부터 유기질소를 얻어야 한다. 아미노산은 단백질의 구성요소이고 생리적으로 중요한 질소 함유 분자들인 신경전달물질, 글루타티온, 뉴클레오티드 및 헴의 전구물질이다.

1. 질소회로

지구 대기의 약 80%를 구성하는 질소분자는 몇몇 종만이 생명체에 유용한 형태로 전환할 수 있다. 이러한 것들에는 시아노박테리아(cyanobacteria), 메탄생성고세균(methanogenic archaea) 및 아조토박터(azotobacter) 같은 자유생활 토양박테리아와 콩과 식물의 뿌리혹의 공생체인 질소고정세균(nitrogen-fixing bacteria) 등이 있다.

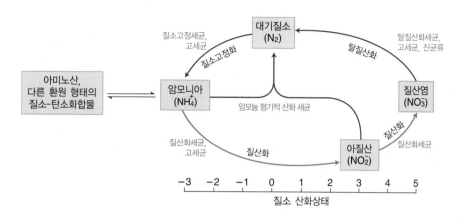

그림 12-1 질소회로

생물권에서 대사과정은 상호의존적으로 작용하여 거대한 질소회로(nitrogen cycle)에서 생물학적으로 유용한 질소를 재사용한다(그림 12-1).

- **질소고정화** 질소고정세균과 고세균(archaea)에 의한 대기 질소의 암모니아로의 고정(환원)
- **질산화반응(nitrification)** 질산화세균(nitrifying bacteria)에 의한 암모니아의 아질산(NO_2^-)과 질산염(NO_3^-)으로의 전환
- **탈질산화반응(denitrification)** 탈질산화세균(denitrifying bacteria), 고세균, 진균류(fungi)에 의한 질산염의 질소로의 탈질산화
- **암모니아의 혐기적 산화** 혐기적으로 암모니아의 산화를 촉진하는 세균에 의한 암모니아와 아질산염의 질소로의 전환
- **아미노산 합성** 모든 생명체에 의한 암모니아로부터 아미노산 합성

2. 아미노산 분해

아미노산의 분해과정의 경로는 대부분의 생물체에서 유사하다. 탄수화물과 지방의 분해과정과는 달리 아미노산의 분해과정은 탈아미노반응 후 아미노산의 탄소골격(α-케토산)이 구연산회로로 들어가서 대사되는 특징이 있다(그림 12-2).

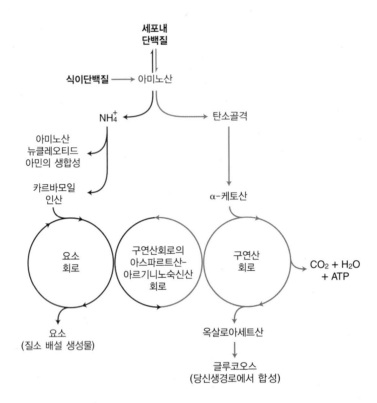

그림 12-2 아미노산 분해과정의 개요

- 첫 단계에서는 아미노산에서 α-아미노기가 제거되어 암모니아와 α-케토산이 형성된다. 유리 암모니아는 일부 소변으로 배설되지만 대부분은 요소로 합성되며, 요소는 체내에서 질소를 처리하는 가장 중요한 대사산물이다.
- 두 번째 단계에서는 생성된 α-케토산의 탄소골격이 탄수화물이나 지방과 같이 에너지 생성대사 경로의 중간산물로 전환되어 이산화탄소와 물로 분해되거나 포도당, 지방산 및 케톤체로 전환된다.

1) 아미노산에서 질소의 제거

(1) 아미노기 전이반응

간에 도달한 대부분의 아미노산은 분해과정의 첫 단계에서 α-아미노기를 α-케토글루타르산으로 전이하여 α-케토산과 아미노산을 형성하는데, 이 반응은 아미노전이효소(transaminase, aminotransferase)에 의해 촉매된다.

$$R_1 - \overset{\overset{+}{N}H_3}{\underset{H}{\underset{|}{C}}} - COO^- \; + \; R_2 - \overset{O}{\overset{\|}{C}} - COO^- \; \xrightarrow[\text{PLP}]{\text{아미노전이효소}} \; R_1 - \overset{O}{\overset{\|}{C}} - COO^- \; + \; R_2 - \overset{\overset{+}{N}H_3}{\underset{H}{\underset{|}{C}}} - COO^-$$

- 아미노전이효소는 조효소로 피리독살인산(pyridoxal phosphate, PLP)을 필요로 한다. 아미노전이효소는 아미노산의 아미노기를 조효소의 피리독살(pyridoxal) 부위로 전이시켜 피리독사민(pyridoxamine)을 생성하고, 피리독사민은 α-케토산과 반응하여 아미노산을 형성함과 동시에 조효소의 원래 알데히드 형태로 재생성된다(그림 12-3).
- 아미노전이효소는 아미노기 수용체인 α-케토글루타르산에 특이적이지만, 아미노기 공여체인 L-아미노산에 대한 특이성이 다르기 때문에 아미노기 공여체에 따라 효소의 이름을 붙인다(알라닌 아미노전이효소, 아스파르트산 아미노전이효소 등).
- 대부분의 아미노기 전이반응의 평형상수는 거의 1에 가까우므로, 아미노산의 분해(α-아미노기 제거)와 아미노산의 합성(α-케토산의 탄소골격에 아미노기 첨가) 모두에서 아미노기 전이반응이 작용할 수 있다.

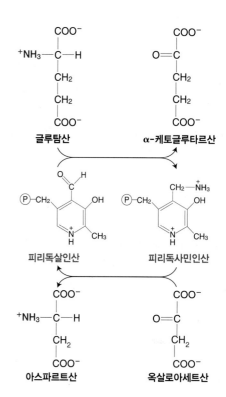

그림 12-3 아미노기 전이반응(아스파르트산 아미노전이효소)

(2) 산화적 탈아미노반응

아미노기 전이반응에 의해 생성된 글루탐산은 세포질에서 미토콘드리아로 운반되고 글루탐산 탈수소효소(glutamate dehydrogenase)에 의해 산화적 탈아미노반응을 한다.

$$\text{글루탐산} \xrightleftharpoons[\substack{NADP^+ \;\; NADPH \; + \; NH_4^+ \\ + \; H^+}]{\substack{NAD^+ \;\; NADH \; + \; H^+}} \alpha\text{-케토글루타르산}$$

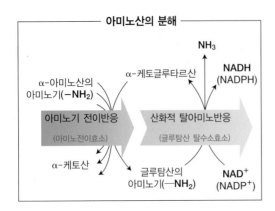 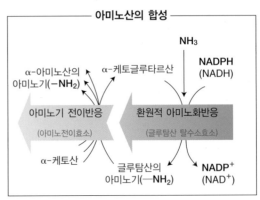

그림 12-4 아미노전이효소와 글루탐산 탈수소효소의 반응

- 글루탐산 탈수소효소는 조효소로 NAD^+와 $NADP^+$를 이용할 수 있다. $NAD^+(NADP^+)$는 산화적 탈아미노반응(oxidative deamination)에서 이용되고 $NADH(NADPH)$는 환원적 아미노화반응 (reductive amination)에서 이용된다(그림 12-4).
- 글루탐산 탈수소효소는 다른자리입체성 효소로서 GTP(음성 조절인자) 또는 ADP(양성 조절인자)에 의해 조절된다. 그러므로 세포에서 에너지수준이 낮을 때 글루탐산 탈수소효소에 의한 아미노산의 분해가 증가하여, 아미노산의 탄소골격으로부터 에너지 생성이 촉진된다.

(3) 암모니아의 운반

간 외 조직에서 간으로 암모니아를 운반하는 데에는 두 가지 기전이 있다.

- 첫 번째는 대부분의 조직에서 일어나는데, 글루타민 합성효소(glutamate synthetase)에 의해 암모니아와 글루탐산이 결합하여 암모니아의 독특한 운반 형태인 글루타민이 형성된다. 글루타민은 혈액을 통해 간으로 운반되어 글루타민 분해효소(glutaminase)에 의해 글루

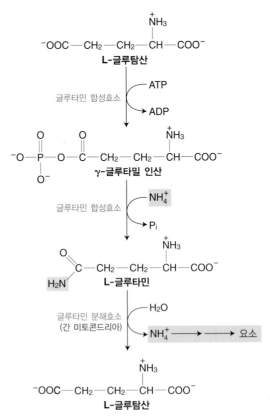

그림 12-5 글루타민 형태로 암모니아의 운반(대부분의 조직)

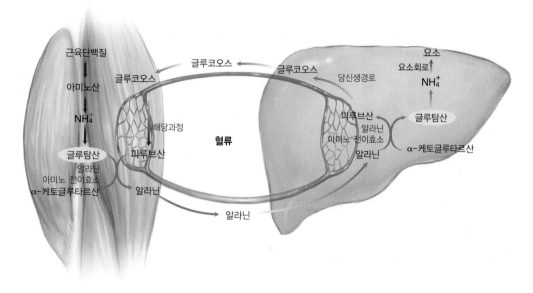

그림 12-6 글루코오스-알라닌회로

탐산과 암모니아로 전환된다(그림 12-5).

- 두 번째는 근육에서 주로 일어나는데, 피루브산이 아미노기 전이반응에 의해 알라닌을 형성한다. 알라닌은 혈액을 통해 간으로 운반되어 아미노전이효소에 의해 피루브산으로 전환된다. 피루브산은 당신생경로를 통해 포도당으로 합성된 후 근육으로 이동되어 에너지원으로 이용된다(그림 12-6).

2) 요소회로

재사용되지 않은 아미노기는 배설 최종산물을 형성하게 된다.

- 어류와 같은 대부분의 수생동물들은 암모니아로 배설하기 때문에 암모니아배설성(ammonotelic) 생물이라고 한다. 암모니아는 유독하지만 주변의 물로 희석될 수 있다.
- 육지에 사는 동물들은 독성과 수분 손실을 최소화하는 요소 형태로 배설하기 때문에 요소배설성 (ureotelic) 생물이라고 한다.
- 조류와 파충류는 요산 형태로 배설하기 때문에 요산배설성(uricotelic) 생물이라고 한다.

알아두기

시프 염기 일반구조식은, R₁R₂C=NR₃. 아민이 알데히드나 케톤과의 탈수축합반응으로 생성

피리독살인산(PLP)에 의해 촉진되는 반응

피리독살인산(PLP)은 아미노산의 α-, β-, γ-탄소의 여러 반응에 참여한다. α-탄소에서의 반응은 아미노기 전이(transamination), 라세미화(racemization) 및 탈카르복실화(decarboxylation) 반응을 포함한다. PLP는 일반적으로 효소와 비공유결합으로 시프 염기(Schiff base)를 형성한다. 이 활성화된 PLP 형태는 아미노기 전이반응을 하여 새로운 시프 염기를 형성한다. 이 활성화된 PLP는 세 가지 반응을 일으킬 수 있다.

PLP에 의해 촉진되는 일부 아미노산의 α-탄소에서의 반응

요소배설성 생물에서 요소는 아미노산으로부터 유도된 아미노기의 주요 배설 형태이고 소변의 질소 함유 화합물의 약 90%에 해당된다.

- 요소는 간에서 생성된 후 혈액을 통해 신장으로 운반되어 소변으로 배설된다.
- 요소 합성의 처음 두 반응은 미토콘드리아에서 일어나지만 나머지 반응은 세포질에서 일어난다(그림 12-7).

(1) 카르바모일 인산의 합성

미토콘드리아의 기질에서 암모니아와 이산화탄소의 축합반응에 의해 카르바모일 인산이 형성되면서 요소회로가 시작된다. 이 반응은 카르바모일 인산 합성효소 I(carbamoyl phosphate synthetase I)에 의해 촉매되고 2ATP의 가수분해가 필요하다.

카르바모일 인산

카르바모일 인산의 암모니아 부분은 주로 미토콘드리아의 글루탐산 탈수소효소(glutamate dehydrogenase)에 의한 글루탐산의 산화적 탈아미노반응(그림 12-4)에 의해 제공된다.

글루탐산   **α-케토글루타르산**

(2) 시트룰린의 합성

카르바모일 인산은 카르바모일기를 오르니틴(ornithine)에 전달하여 시트룰린(citrulline)을 형성하고 인산(Pᵢ)을 방출한다. 이 반응은 오르니틴 카르바모일전이효소(ornithine transcarbamoylase)에 의해 촉매되고 생성된 시트룰린은 미토콘드리아에서 세포질로 운반된다.

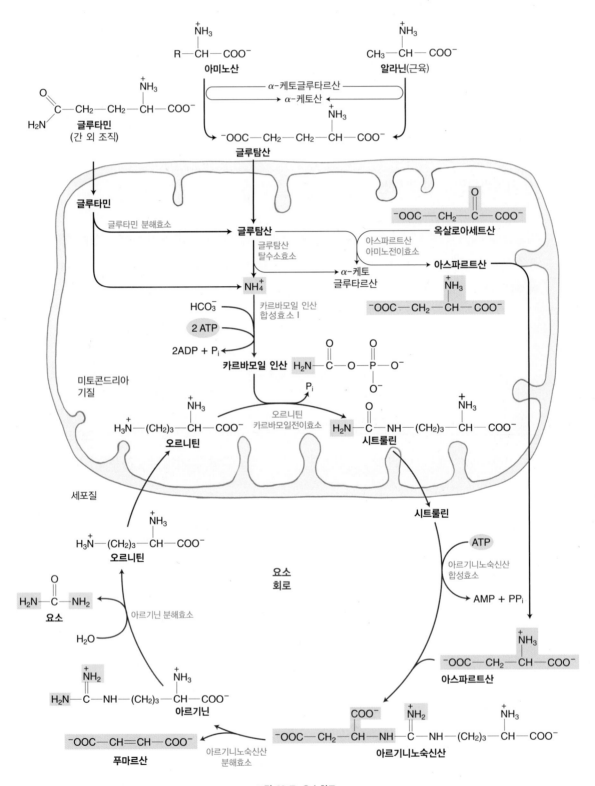

그림 **12-7** 요소회로

카르바모일 인산 + 오르니틴 → (오르니틴 카르바모일 전이효소, Pi) → 시트룰린

(3) 아르기니노숙신산의 합성

두 번째 아미노기는 미토콘드리아에서 아미노기 전이반응에 의해 생성되어 세포질로 운반된 아스파르트산으로부터 제공되며, 아스파르트산의 아미노기와 시트룰린의 카르보닐 간의 축합반응에 의해 아르기니노숙신산(argininosuccinate)이 생성된다. 이 반응은 아르기니노숙신산 합성효소(argininosuccinate synthetase)에 의해 촉매되고, ATP가 AMP와 피로인산(pyrophosphate, PPi)으로 가수분해된다.

시트룰린 + 아스파르트산 → (아르기니노숙신산 합성효소, ATP → AMP + PPi) → 아르기니노숙신산

(4) 아르기니노숙신산의 분해

아르기니노숙신산은 아르기니노숙신산 분해효소(argininosuccinase)에 의해 분해되어 아르기닌(arginine)과 푸마르산(fumarate)을 생성하고, 푸마르산은 미토콘드리아의 구연산회로의 중간산물로 반응에 참여한다.

아르기니노숙신산 → (아르기니노숙신산 분해효소) → 아르기닌 + 푸마르산

(5) 요소의 생성

요소회로의 마지막 반응에서 아르기닌은 아르기닌 분해효소(arginase)에 의해 분해되어 요소와 오르니틴을 생성하고, 오르니틴은 미토콘드리아로 운반되어 또 다른 회전을 시작한다.

$$H_2N-\overset{\overset{+}{N}H_2}{\underset{}{C}}-NH-(CH_2)_3-\overset{\overset{+}{N}H_3}{\underset{}{CH}}-COO^- \xrightarrow{\text{아르기닌 분해효소}} H_2N-\overset{O}{\underset{}{C}}-NH_2 + H_3\overset{+}{N}-(CH_2)_3-\overset{\overset{+}{N}H_3}{\underset{}{C}}-COO^-$$

아르기닌   요소   오르니틴

요소회로의 반응을 요약하면 다음과 같다.

아스파르트산 + NH_3 + CO_2 + 3ATP $\longrightarrow$

요소 + 푸마르산 + 2ADP + AMP + 2P_i + PP_i + 3H_2O

- 한 분자의 요소를 합성하는 데에는 4분자의 ATP가 필요하다. 카르바모일 인산을 합성하는 데 2분자의 ATP가 필요하고 아스파르트산으로부터 아르기니노숙신산을 합성하는 데 2분자의 ATP가 필요하다.
- 요소 분자 내 한 개의 아미노기는 유리 암모니아에 의해, 다른 한 개의 아미노기는 아스파르트산에 의해 제공된다. 글루탐산은 암모니아(글루탐산 탈수소효소에 의한 산화적 탈아미노반응)와 아스파르트산 질소(아스파르트산 아미노전이효소에 의한 옥살로아세트산의 아미노기 전이반응)의 직접적인 전구체이다.
- 아르기니노숙신산 분해효소에 의해 구연산회로의 중간산물인 푸마르산이 생성되어 요소회로와 구연산회로가 서로 연결되기 때문에 이 회로를 크렙스 이회로(Krebs bicycle)라고 부른다(그림 12-8).

(6) 요소회로 활성의 조절

요소회로의 활성은 장기와 단기의 두 수준에 의해 조절된다. 요소회로의 활성은 간의 5개 효소의 합성속도에 의해 장기적으로 조절되는데, 이는 대부분 단백질 식사에 의해 영향을 받는다. 요소회로의 활성은 요소회로의 속도조절단계인 카르바모일 인산 합성효소 I에 의해 단기적으로 조절된다.

- 카르바모일 인산 합성효소 I은 다른자리입체성 효소로, 양성 조절인자인 N-아세틸 글루탐산(N-acetyl glutamate)에 의해 활성화된다.

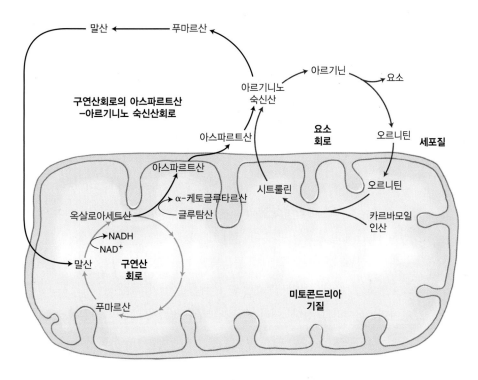

그림 12-8 크렙스 이회로

- N-아세틸 글루탐산은 N-아세틸 글루탐산 합성효소(N-acetyl glutamate synthase)에 의해 아세틸 CoA와 글루탐산으로부터 합성된다.
- N-아세틸 글루탐산 합성효소는 양성 조절인자인 아르기닌에 의해 활성화 된다. 단백질 식사 후 글루탐산과 아르기닌 농도가 올라가면 N-아세틸글 루탐산 합성이 증가되어 카르바모일 인산 합성효소 I이 활성화되고, 요소 합성속도가 증가된다.

3) 아미노산 탄소골격의 분해

아미노산의 분해는 α-아미노기의 제거 후 탄소골격의 분해로 옥살로아세트 산, α-케토글루타르산, 피루브산, 푸마르산, 숙시닐 CoA, 아세틸 CoA 및 아세 토아세트산의 7가지 중간산물들이 생성된다. 중간산물들은 포도당이나 지질의 합성에 이용되거나, 구연산회로를 통해 이산화탄소와 물로 산화되어 에너지를 생성한다(그림 12-9).

(1) 글루코오스생성형 아미노산과 케톤생성형 아미노산

아미노산의 탄소골격의 분해과정에서 생성되는 중간산물에 따라 글루코오스생성형(glucogenic amino acid), 케톤생성형(ketogenic amino acid) 또는 글루코오스와 케톤생성형(glucogenic & ketogenic amino acid) 아미노산의 세 가지로 분류할 수 있다(그림 12-9).

• 피루브산 또는 구연산회로의 중간물질인 α-케토글루타르산, 숙시닐 CoA, 푸마르산 및 옥살로아세트산으로 분해하는 아미노산은 글루코오스생성형 아미노산이라고 한다. 이러한 중간산물은 당신생과정의 기질이므로 포도

글루코오스생성형 아미노산 피루브산이나 옥살로아세트산으로 분해되어 글루코오스로 전환될 수 있는 아미노산. 알라닌, 아르기닌, 아스파라긴, 아스파르트산, 시스테인, 글루탐산, 글루타민, 글리신, 히스티딘, 메티오닌, 프롤린, 세린, 발린

캐톤생성형 아미노산 아세틸 CoA나 아세토아세틸 CoA로 분해되어 케톤체를 생성하는 아미노산. 루신, 리신

글루코오스와 케톤생성형 아미노산 이소루신, 페닐알라닌, 트레오닌, 트립토판, 티로신

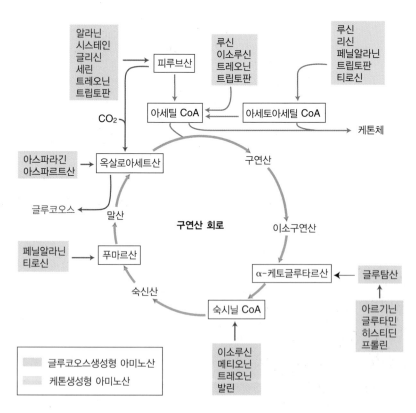

그림 **12-9** 아미노산 이화과정

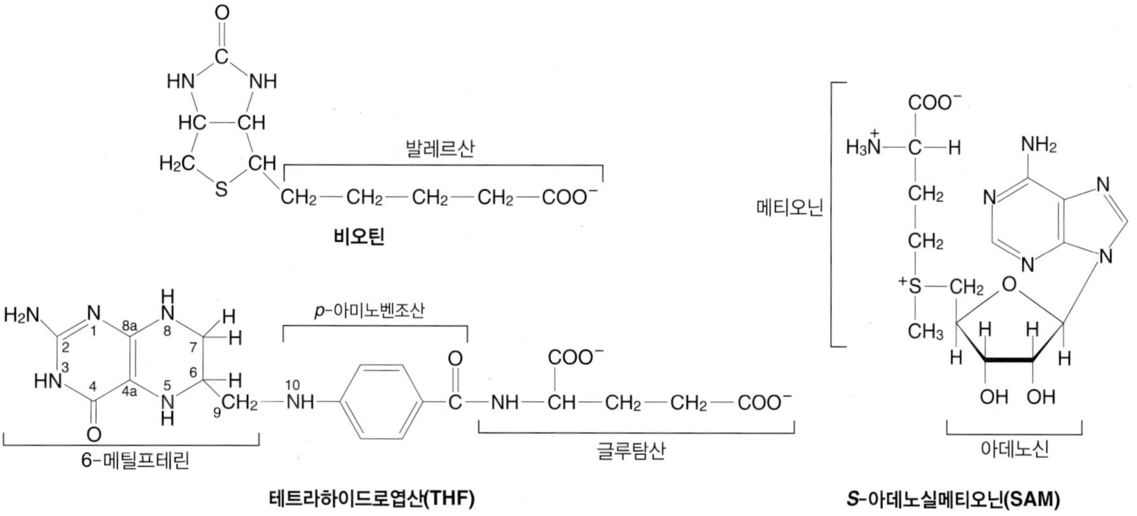

발레르산

비오틴

p-아미노벤조산

6-메틸프테린

글루탐산

테트라하이드로엽산(THF)

메티오닌

아데노신

S-아데노실메티오닌(SAM)

그림 **12-10** 1-탄소 전이반응에 중요한 효소 보조인자

당을 생성하거나 더 나아가 간과 근육의 글리코겐을 생성
한다.

- 아세틸 CoA나 아세토아세틸 CoA로 분해하는 아미노산은
  케톤생성형 아미노산이라고 한다. 이러한 생성물은 간에
  서 아세토아세트산, 아세톤 및 β-하이드록시부티르산의 케
  톤체로 전환할 수 있다.

- 포도당과 케톤체 생성이 모두 가능한 몇몇 아미노산은 글
  루코오스와 케톤생성형 아미노산이라고 한다.

(2) 아미노산 분해과정에서 조효소

아미노산 분해과정에서 1-탄소단위 전달반응은 보조인자
로서 비오틴(biotin), 테트라하이드로엽산(tetrahydrofolate,
THF) 또는 S-아데노실메티오닌(S-adenosylmethionine,
SAM)이 관여한다(그림 12-10).

- 비오틴은 가장 산화된 상태의 탄소인 CO_2를 운반하고
  THF는 다양한 1-탄소단위, 때때로 메틸기(—CH_3)를 운반

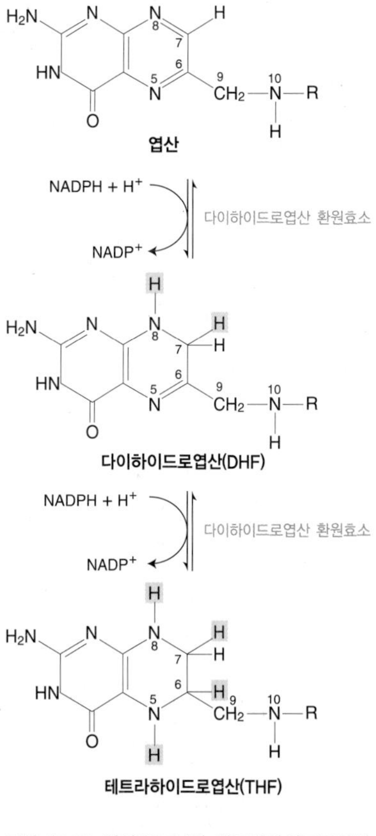

엽산

NADPH + H$^+$

다이하이드로엽산 환원효소

NADP$^+$

다이하이드로엽산(DHF)

NADPH + H$^+$

다이하이드로엽산 환원효소

NADP$^+$

테트라하이드로엽산(THF)

그림 **12-11** 엽산으로부터 테트라하이드로엽산
(THF) 생성

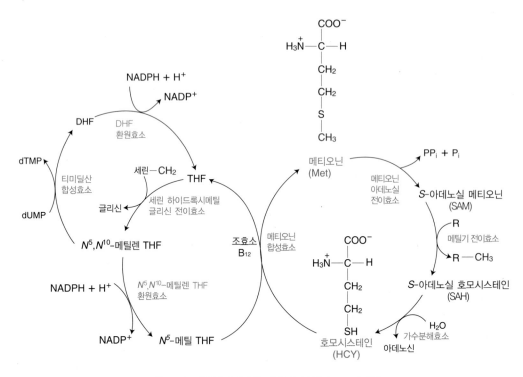

그림 **12-12** 활성화된 메틸회로에서 메티오닌과 SAM의 합성

하며 SAM은 가장 환원된 상태의 메틸기를 운반한다.

- 다이하이드로엽산 환원효소(dihydrofolate reductase)의 2단계 반응에 의해 엽산으로부터 활성형인 THF가 생성되며 이때 2분자의 NADPH를 필요로 한다(그림 12-11).

- THF에 의해 운반되는 1-탄소단위인 메틸($-CH_3$), 메틸렌($-CH_2-$), 메테닐($-CH=$), 포르밀($-CHO$)기는 THF의 N^5, N^{10} 또는 두 개 모두에 결합한다. 여러 형태의 THF는 상호전환이 가능하고 다양한 대사반응에서 1-탄소단위들을 제공한다(그림 12-12).

- SAM은 메틸기 전달에 중요한 보조인자이다.

- 코발아민(cobalamin, 비타민 B_{12})과 엽산은 대사경로에서 서로 밀접하게 연결된다. N^5-메틸 THF의 메틸기가 우선 코발아민에 전달되어 메틸코발아민(methyl-cobalamin)이 형성되고 메틸기 공여체로 작용하여 메티오닌을 생성한다. 이 반응은 포유류에서 N^5-메틸 THF를 이용하는 유일한 반응이다. 비타민 B_{12}가 결핍되면, N^5-메틸 THF는 다른 형태의 THF로 전환될 수 없기 때문에 엽산은 N^5-메틸 형태로 갇히게 되어 축적되고 다른 형태의 THF는 감소된다(엽산 트랩, folate trap).

- 비타민 B_{12} 결핍은 뉴클레오티드 합성에 필요한 N^5, N^{10}-메틸렌 THF와 N^{10}-포르밀 THF가 부족하

엽산이야기

엽산은 1-탄소 대사에서 필수적인 역할을 하며, 여러 생합성과정에 필요하다.

THF에 의해 운반되는 1-탄소단위는 메틸기, 메틸렌기, 메테닐기, 포르밀기 및 포르이미노기로 THF의 N^5-, N^{10}- 또는 2개 모두에 결합한다.

THF는 일부 아미노산과 퓨린 및 티미딘 일인산 합성 등 1-탄소단위 전달반응에 관여한다. 엽산결핍은 거대적아구성 빈혈을 일으킨다. 엽산결핍 시 뉴클레오티드 합성에 필요한 N^5,N^{10}-메틸렌 THF와 N^{10}-포르밀 THF의 고갈로 인해 DNA를 합성하지 못해 적혈구 전구체 세포가 분열할 수 없으므로 크고 미성숙한 거대적아구세포가 된다.

테트라하이드로엽산(THF)에 1-탄소단위의 결합 형태

1-탄소기	THF에 결합위치	THF에 1-탄소단위의 결합 형태
메틸기(–CH₃)	N^5	N^5-메틸 THF
메틸렌기(–CH₂–)	N^5, N^{10}	N^5, N^{10}-메틸렌 THF
메테닐기(–CH=)	N^5, N^{10}	N^5, N^{10}-메테닐 THF
포르밀기(–CHO)	N^5 또는 N^{10}	N^5 또는 N^{10}-포르밀 THF
포르이미노기 (–HC=NH)	N^5	N^5-포르이미노 THF

게 되어 퓨린과 티미딜산(dTMP)이 충분히 합성될 수 없다. 따라서 적혈구의 전구체 세포가 DNA를 합성하지 못해 분열할 수 없으므로 성숙한 적혈구 수는 감소하고 크고 미성숙한 거대적아구세포(megaloblast)가 되어 거대적아구성 빈혈이 발생한다.

거대적아구성 빈혈
비타민 B_{12} 또는 엽산의 결핍으로 인해 적혈구의 DNA 합성이 저해되어 성숙한 적혈구 수는 감소하고 적혈구가 비정상적으로 커짐으로써 생기는 빈혈

- 엽산결핍도 N^5, N^{10}-메틸렌과 N^{10}-포르밀 THF 고갈로 적혈구 발달에 영향을 주어 거대적아구성 빈혈이 발생한다. 또한 엽산결핍은 메티오닌 합성에 필요한 N^5-메틸 THF 감소로 혈액에 호모시스테인 농도를 증가시켜 고혈압, 동맥경화, 뇌졸중과 같은 심혈관질환의 발생과도 관련된다.

(3) 탄소골격의 분해

① 피루브산 생성 아미노산

피루브산 생성 아미노산
알라닌, 트립토판, 시스테인, 세린, 글리신, 트레오닌

알라닌, 트립토판, 시스테인, 세린, 글리신 및 트레오닌은 탄소골격이 분해되어 피루브산으로 전환된다(그림 12-13).

- 알라닌은 α-케토글루타르산과 아미노기 전이반응에 의해 피루브산을 생성한다.
- 트립토판은 곁사슬기가 분해되어 알라닌을 생성한 후 피루브산으로 전환된다.
- 시스테인은 황원자를 제거하고 아미노기 전이반응에 의해 피루브산으로 전환된다.
- 세린은 세린 탈수효소(serine dehydratase)에 의해 피루브산으로 전환된다.
- 글리신은 하이드록시메틸기의 효소적 첨가로 세린으로 전환된다. 동물에서 글리신은 CO_2, $^+NH_4$ 메틸렌으로 산화적으로도 분해된다.
- 트레오닌은 글리신을 생성하여 피루브산으로 전환된다. 이 경로는 사람에서 상대적으로 적은 (트레오닌 분해의 10~30%) 부경로이고 숙시닐 CoA로 전환되는 것이 주 경로이다(그림 12-17).

② 아세틸 CoA 생성 아미노산

아세틸 CoA 생성 아미노산
트립토판, 리신, 페닐알라닌, 티로신, 루신, 이소루신, 트레오닌

트립토판, 리신, 페닐알라닌, 티로신, 루신, 이소루신 및 트레오닌은 탄소골격

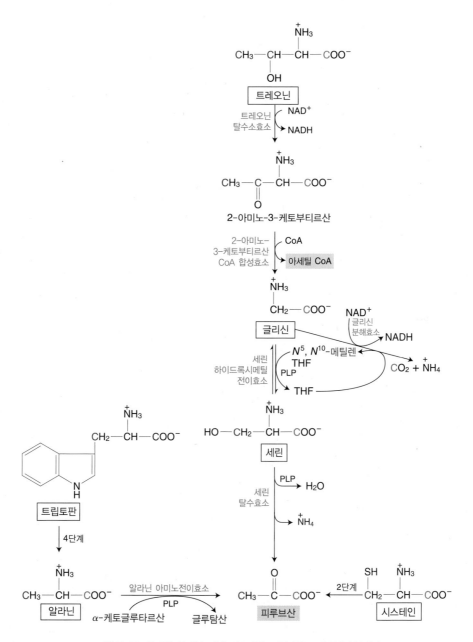

그림 12-13 알라닌, 글리신, 세린, 시스테인, 트립토판, 트레오닌의 분해경로

이 분해되어 아세틸 CoA와 아세토아세틸 CoA로 전환된다(그림 12-14).

- 트립토판은 복잡한 단계를 거쳐 아세토아세틸 CoA를 생성하여 아세틸 CoA로 전환된다.
- 페닐알라닌과 그 산화생성물인 티로신은 두 부분으로 분해되어 모두 구연산회로에 들어갈 수 있다.

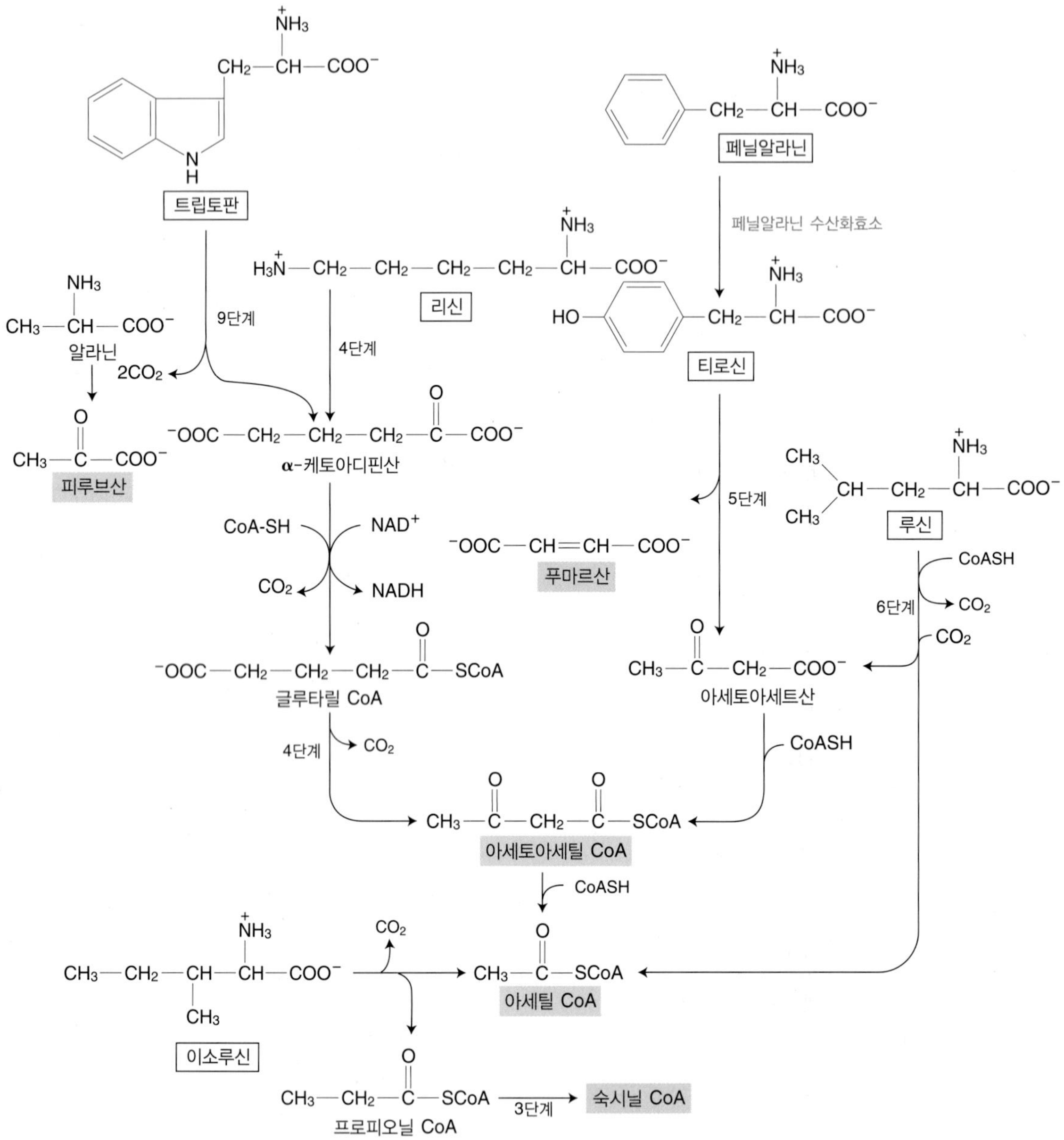

그림 **12-14** 트립토판, 리신, 페닐알라닌, 티로신, 루신, 이소루신의 분해경로

9개 탄소 중 4개는 유리 아세토아세트산을 생성하여 아세토아세틸 CoA를 생성하고 아세틸 CoA로 전환되며, 4개 탄소는 푸마르산을 생성하여 구연산회로에 들어가고 나머지 탄소는 CO_2 형태로 잃게 된다. 사람에서 페닐알라닌 분해 경로에서 효소의 결손은 유전적 질환을 일으킨다(그림 12-15).

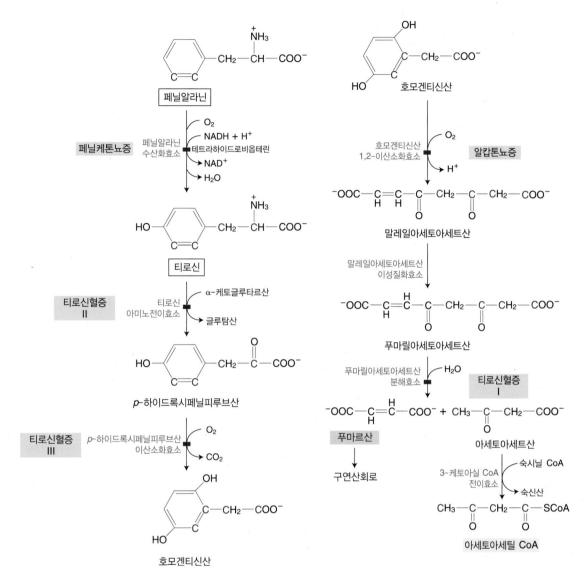

그림 12-15 페닐알라닌과 티로신의 분해경로와 효소의 유전적 결함

- 리신은 아세토아세틸 CoA를 거쳐 아세틸 CoA를 생성한다.
- 루신은 아세틸 CoA와 아세토아세틸 CoA을 생성한다.
- 이소루신은 아세틸 CoA와 숙시닐 CoA를 생성한다. 이소루신 대사에서 첫 세 단계는 다른 곁가지 아미노산(branched chain amino acid, BCAA)인 발린과 루신 분해의 초기 단계와 같다(그림 12-19).

페닐케톤뇨증(phenylketouria, PKU)

페닐알라닌 수산화효소(phenylalanine hydroxylase)의 활성 저하로 인해 체내에 페닐알라닌과 그 대사산물이 과도하게 축적되고 요중에 다량의 페닐케톤을 배설하는 상염색체 열성 질환이다. 페닐케톤뇨증 환자에서 페닐아세트산(phenylacetate)과 페닐젖산(phenyllactate)이 축적되어 혈액과 소변에서 그 농도가 현저히 증가하고 멜라닌(melanin) 생성이 감소한다. 소변 중 페닐아세트산 배설로 인해 특유의 자극적인 냄새가 난다.

페닐케톤뇨증에서 페닐알라닌의 분해경로

- 트레오닌은 부경로를 통해 아세틸 CoA로 전환된다(그림 12-13).

α-케토글루타르산 생성 아미노산 프롤린, 글루탐산, 글루타민, 아르기닌, 히스티딘

③ α-케토글루타르산 생성 아미노산

프롤린, 글루탐산, 글루타민, 아르기닌 및 히스티딘은 탄소골격이 분해되어 α-케토글루타르산으로 전환된다(그림 12-16).

- 글루타민은 글루타민 분해효소(glutaminase)에 의해 글루탐산과 암모니아로 전환된다.
- 글루탐산은 아미노기 전이반응 또는 산화적 탈아미노반응에 의해 α-케토글루타르산으로 전환된다.
- 아르기닌은 아르기닌 분해효소(arginase)에 의해 오르니틴으로 분해되고(요소회로), 오르니틴은 후속반응으로 α-케토글루타르산으로 전환된다.
- 히스티딘은 여러 단계를 거쳐 글루탐산으로 전환되고 1-탄소단위는 테트라하이드로엽산(THF)을 보조인자로 이용하는 단계에서 제거된다.

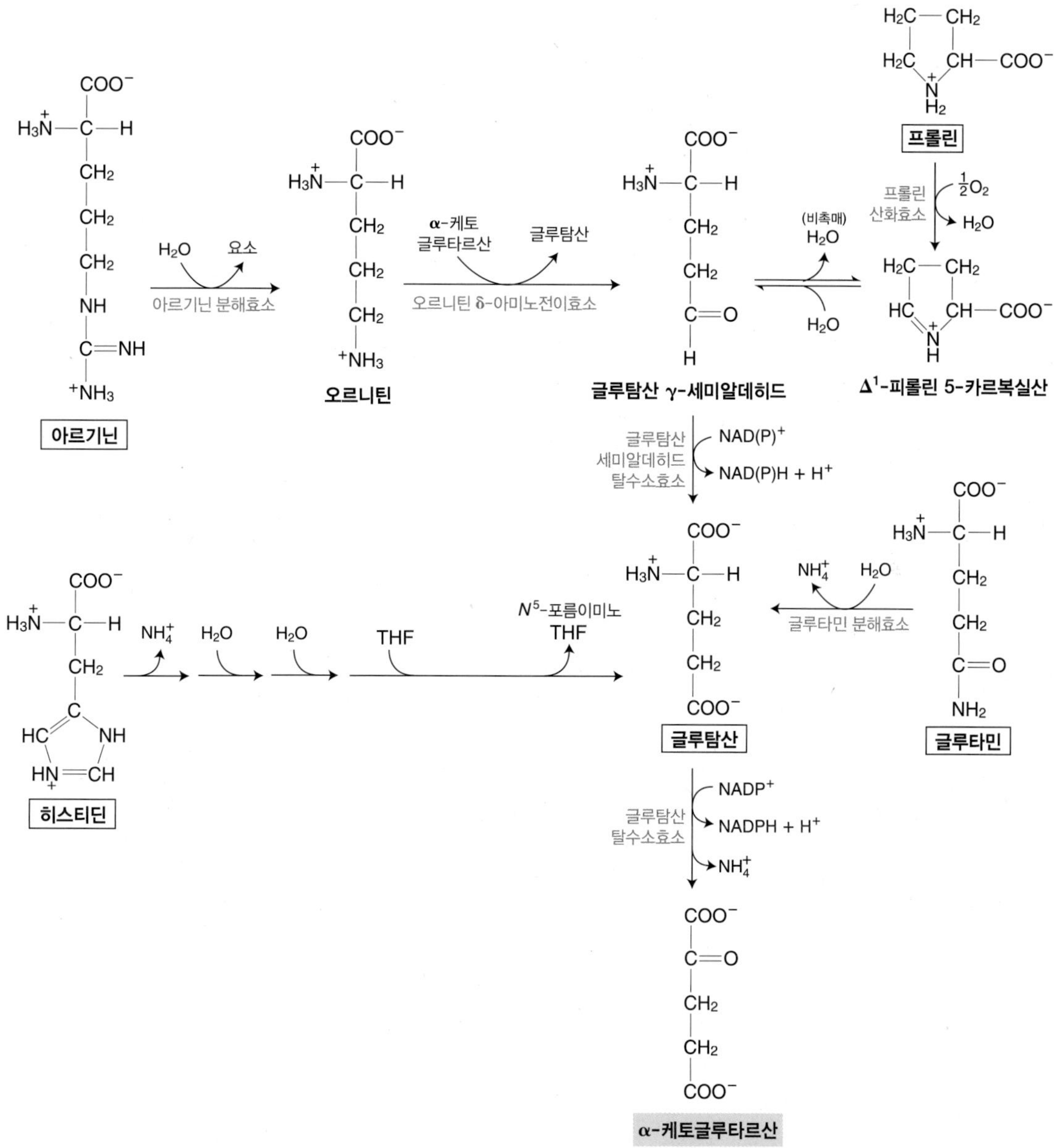

그림 **12-16** 아르기닌, 히스티딘, 글루탐산, 글루타민, 프롤린의 분해경로

④ 숙시닐 CoA 생성 아미노산

메티오닌, 이소루신, 발린, 트레오닌은 탄소골격이 분해되어 숙시닐 CoA로
전환된다(그림 12-17).

• 메티오닌은 SAM으로 전환되어 메틸기를 수용체에 전달하고 남아 있는 4

숙시닐 CoA 생성 아미노산
메티오닌, 이소루신, 발린, 트
레오닌

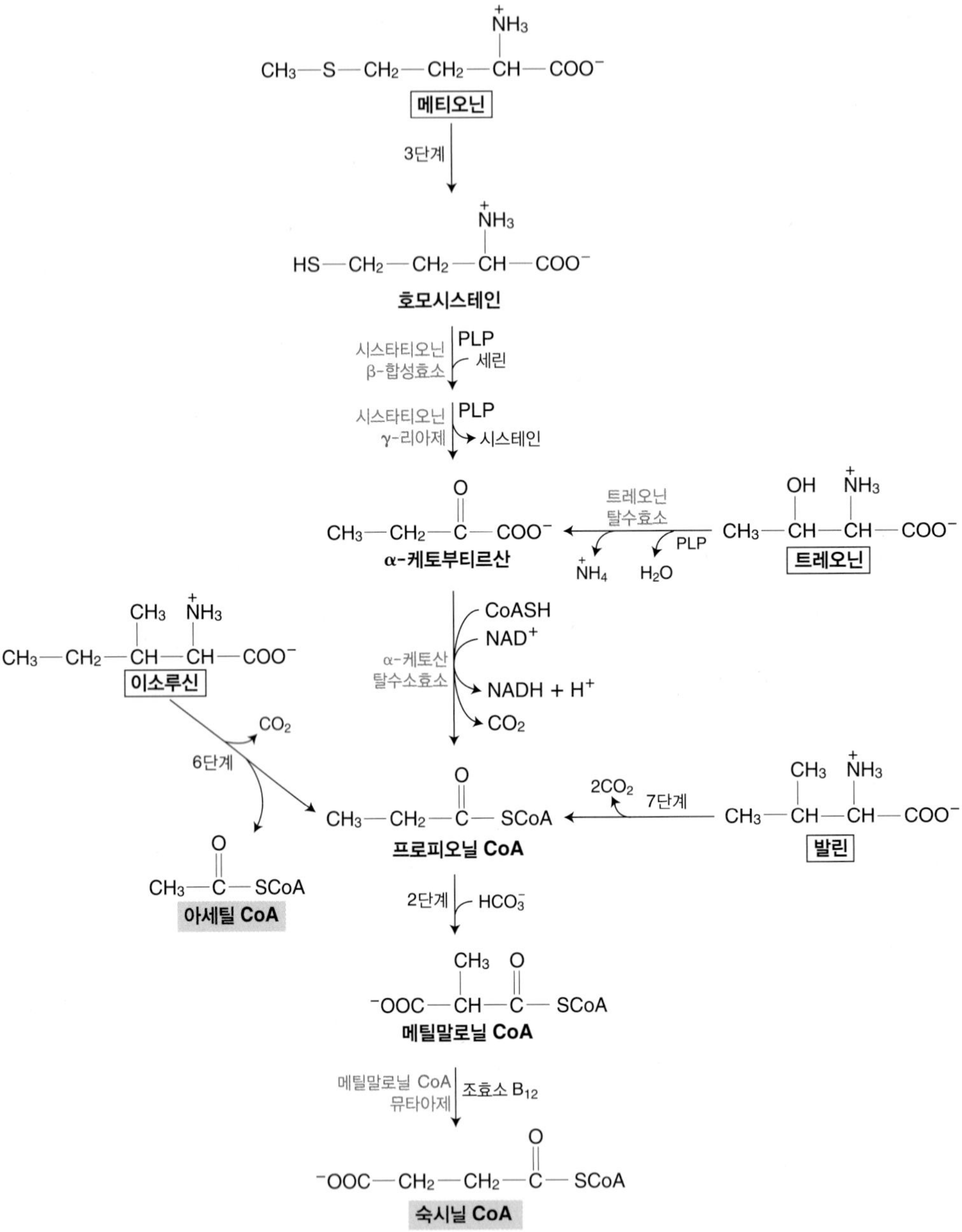

그림 **12-17** 메티오닌, 이소루신, 트레오닌, 발린의 분해경로

개의 탄소원자 중 3개가 프로피오닐 CoA(propionyl-CoA)로 전환된다.

- 이소루신은 아미노기 전이반응 후 산화적 탈카르복실화 반응을 한다. 나머지 5개 탄소골격은 더 산화되어 아세틸 CoA와 프로피오닐 CoA로 된다.

- 발린은 아미노기 전이반응과 산화적 탈카르복실화 반응 후 일련의 산화반응으로 프로피오닐 CoA로 전환된다.
- 트레오닌은 2단계를 거쳐 프로피오닐 CoA로 전환된다. 이 경로는 사람에서 트레오닌 분해의 주 경로이다.
- 프로피오닐 CoA는 카르복실화(carboxylation) 반응과 에피머화(epimerization) 반응 및 이성질화 반응으로 숙시닐 CoA로 전환된다.

⑤ 옥살로아세트산 생성 아미노산

옥살로아세트산 생성 아미노산
아스파라긴, 아스파르트산

아스파라긴과 아스파르트산은 탄소골격이 분해되어 옥살로아세트산을 생성한다(그림 12-18). 아스파라긴 분해효소(asparaginase)에 의해 아스파라긴이 아스파르트산으로 가수분해되고, 아스파르트산은 α-케토글루타르산과 아미노기 전이반응을 거쳐 글루탐산과 옥살로아세트산으로 된다.

⑥ 곁가지아미노산

대부분의 아미노산의 분해는 간에서 일어나지만 곁가지아미노산(branched chain amino acid, BCAA)은 간에서 분해되지 않고 주로 근육, 지방조직, 신장, 뇌에서 분해된다(그림 12-19). 이러한 조직은 간에는 없는 아미노전이효소를 가지고 있다.

- BCAA는 아미노전이효소에 의해 산화되어 곁가지 α-케토산(branched chain α-keto acid)이 된다.
- 곁가지 α-케토산은 곁가지 α-케토산 탈수소효소 복합체(branched chain a-keto acid dehydrogenase complex)에 의해 탈카르복실화되어 아세틸 CoA 유도체가 된다. 이 반응은 피루브산 탈수소효소 복합체와 α-케토글루타르산 탈수소효소 복합체에 의한 반응과 유사하게 5개의 보조인자(TPP, FAD, NAD, 리포산, CoA)를 필요로 한다.
- 아세틸 CoA 유도체는 FAD-의존형 탈수소효소에 의해 산화되어 α, β-불포화 아세틸 CoA 유도체(α, β-unsaturated acetyl-CoA)가 된다.

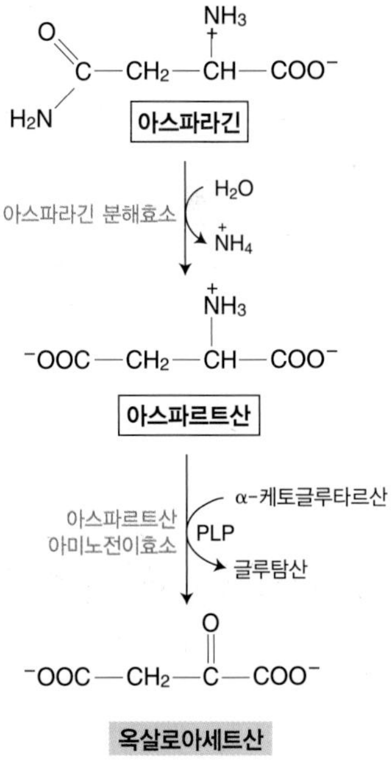

그림 **12-18** 아스파라긴과 아스파르트산의 분해경로

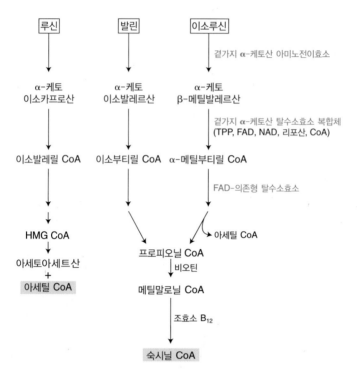

그림 12-19 곁가지아미노산의 분해경로

⑦ 아미노산 분해효소의 결손으로 인한 유전적 질환

아미노산 분해효소의 결손은 아미노산 분해대사에 결함이 있는 유전질환을 일으키고 세포에 치명적인 독성을 일으켜 생명을 위협할 수 있다. 아미노산 분해효소의 결손으로 인한 대표적인 유전적 질환이 표 12-1에 나타나 있다.

3. 아미노산 합성

일부 아미노산은 해당과정, 구연산회로 또는 오탄당 인산회로의 중간산물로부터 합성된다(그림 12-20).
• 질소는 글루탐산과 글루타민 형태로 생합성경로에 들어간다.
• 아미노산과 뉴클레오티드의 생합성경로는 조효소인 피리독살인산(PLP), 테트라하이드로엽산(THF),

표 12-1 아미노산분해효소의 결손으로 인한 유전적 질환

질환	이환율[1]	결손과정	결손효소	증상 및 증후군
백색증 (albinism)	< 3	티로신에서 멜라닌 합성	티로신 3-일산화효소 (tyrosine 3-monooxygenase, tyrosinase) 티로신 ↛ 다이하이드록시페닐알라닌	멜라닌 색소 부족, 시력 결함 (광선공포*, 안구진탕증**), 피부 머리카락·눈의 색소 부족
알캅톤뇨증 (alkaptonuria)	< 0.4	티로신 분해	호모겐티신산 1,2-이산소화효소 (homogentisate 1, 2-dioxygenase) 호모겐티신산 ↛ 4-말레일아세토아세트산	호모겐티신산 축적, 검은색 소변, 후발성 관절염
호모시스틴뇨증 (homocystinuria)	< 0.5	메티오닌 분해	시스타티오닌 β-합성효소 (cystathionine β-synthase) 호모시스테인 ↛ 시스타티오닌	호모시스테인 축적, 정신지체
단풍나무시럽뇨증 (maple syrup urine disease)	< 0.4	곁가지아미노산의 분해	곁가지 α-케토산 탈수소효소 복합체 (branched chain α-keto acid dehydrogenase complex) 곁가지 α-케토산 ↛ 아세틸 CoA 유도체	곁가지아미노산 축적, 구토, 경련, 정신지체, 조기 사망
메틸말론산혈증 (methylmalonic acidemia)	< 0.5	메티오닌, 트레오닌, 이소루신, 발린의 분해	메틸말로닐 CoA 뮤타아제 (methylmalonyl CoA mutase) 메틸말로닐 CoA ↛ 숙시닐 CoA	프로피오닐 CoA의 축적, 구토, 경련, 정신지체, 조기 사망
페닐케톤뇨증 (phenylketouria)	< 8	페닐알라닌의 분해	페닐알라닌 수산화효소 (phenylalanine hydroxylase) 페닐알라닌 ↛ 티로신	페닐알라닌, 페닐피루브산 및 그 대사산물 축적, 소변으로 페닐케톤 배설, 신생아의 구토, 정신지체

*광선공포(photophobia): 빛에 대한 극도의 민감성 증상
**안구진탕증(nystagmus): 안구의 빠른 불수의 운동(눈이 저절로 좌우 상하방향으로 계속 움직이는 것)
1(10만 명 출생당 발생빈도)

S-아데노실메티오닌(SAM)을 반복적으로 이용한다. PLP는 글루탐산을 포함한 아미노기 전이반응과 다른 아미노산으로의 전환에 필요하며, THF와 SAM은 1-탄소단위 전달 반응에 필요하다.

• 대부분의 박테리아와 식물은 모든 20개의 표준아미노산을 합성할 수 있지만 포유류는 표준아미노산의 약 반만을 합성할 수 있다.

• 비필수아미노산은 대사의 중간산물 또는 필수아미노산으로부터 충분히 합성될 수 있는 반면, 필수아미노산은 체내에서 합성될 수 없으므로 정상적으로 단백질이 합성되려면 식이로부터 공급되어야 한다.

• 대사 전구물질을 기초로 아미노산 생합성 경로를 6개의 계보로 나눌 수 있다. 비필수아미노산의 합성을 중심으로 살펴보기로 한다.

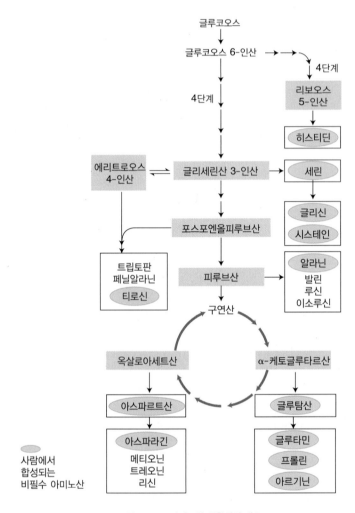

그림 **12-20** 아미노산 생합성의 개요

1) α-케토글루타르산으로부터 글루탐산, 글루타민, 프롤린, 아르기닌의 생합성

- 글루탐산은 글루탐산 합성효소(glutamate synthase ; 박테리아와 식물, 그림 12-21)와 글루탐산 탈수소효소(그림 12-22)에 의해 α-케토글루타르산으로부터 합성된다.
- 글루타민은 글루타민 합성효소(glutamine synthetase)에 의해 글루탐산의 γ-카르복실기와 암모니아가 아미드결합(amide linkage)을 형성함으로써 합성된다(그림 12-22). 이 반응은 ATP의 가수분

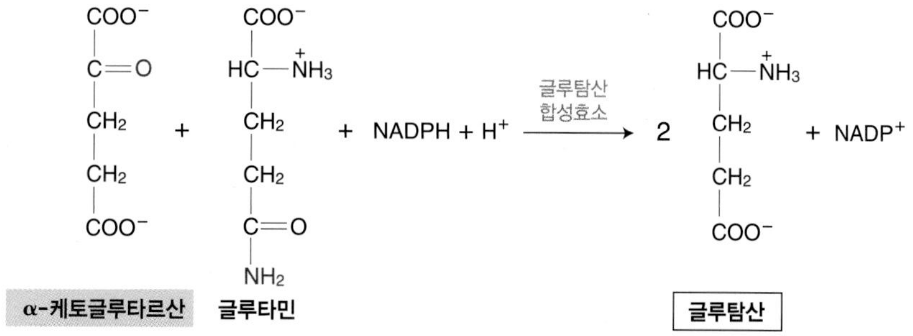

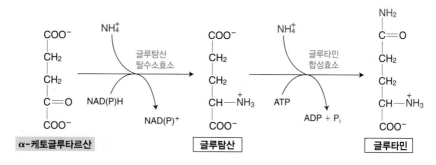

그림 **12-21** 글루탐산 합성효소에 의한 글루탐산의 합성

그림 **12-22** 글루탐산과 글루타민의 합성

해를 필요로 하며, 글루타민을 합성하는 것 외에 뇌와 간에서 암모니아의 해독화를 위한 중요한 기전이다.

- 프롤린은 글루탐산의 고리화반응(cyclization)과 환원반응에 의해 합성된다. 아르기닌은 오르니틴과 요소회로를 경유하여 글루탐산으로부터 합성된다(그림 12-23).

2) 글리세린산 3-인산으로부터 세린, 글리신, 시스테인의 합성

- 세린은 글리세린산 3-인산(3-phosphoglycerate)의 산화로 생성된 3-포스포하이드록시피루브산 (3-phosphohydroxypyruvate)의 아미노기 전이반응과 인산에스테르의 가수분해에 의해 합성된다(그림 12-24).
- 글리신은 PLP를 조효소로 필요로 하는 세린 하이드록시메틸 전이효소(serine hydroxymethyl transferase)에 의해 세린으로부터 하이드록시메틸기의 제거로 합성된다. 이때 세린의 β-탄소는

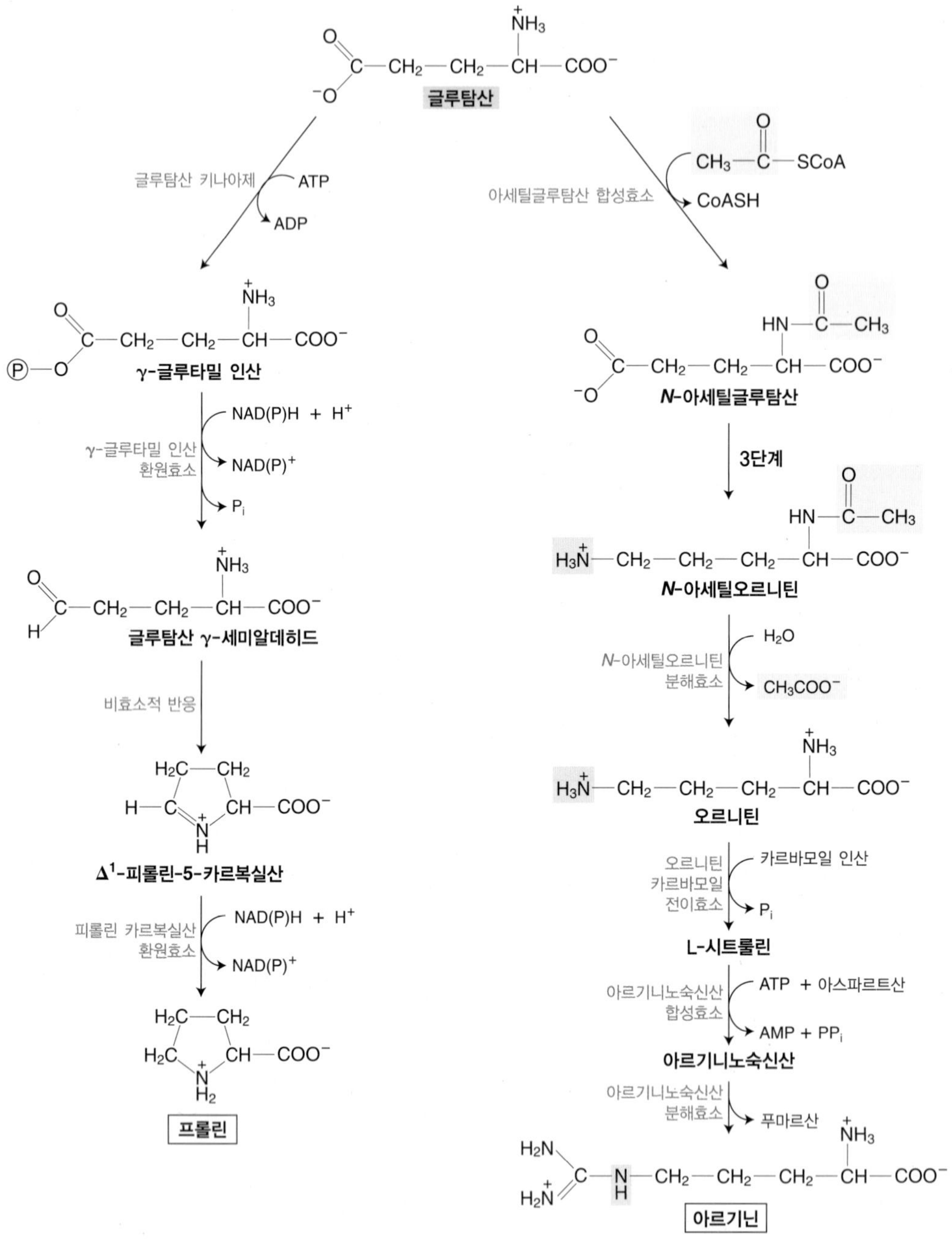

그림 **12-23** 글루탐산으로부터 아르기닌의 합성

THF에 전달되어 N^5, N^{10}-메틸렌 THF이 생성된다(그림 12-24).

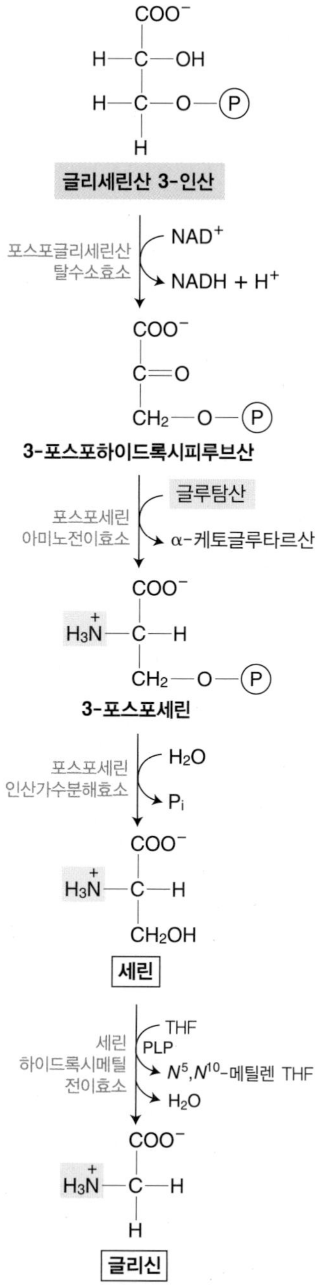

그림 12-24 글리세린산 3-인산으로부터 세린의 합성과 세린으로부터 글리신의 합성

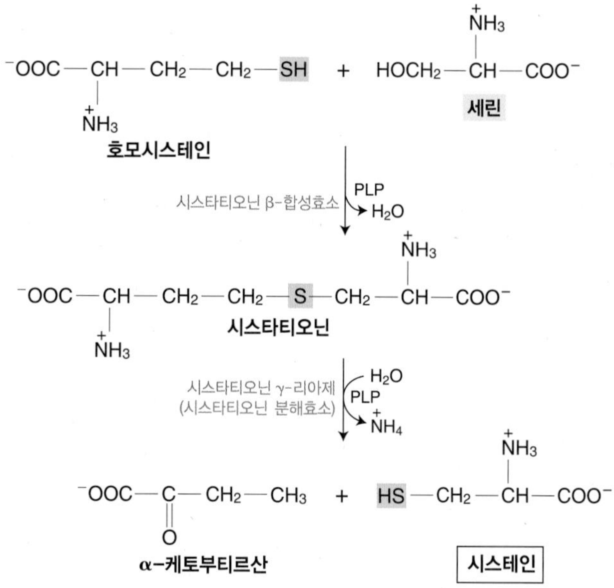

그림 12-25 시스테인의 생합성

- 시스테인은 2개의 아미노산으로부터 합성되는데, 메티오닌은 황 원자를 제공하고 세린은 탄소골격을 제공한다(그림 12-25).

3) 피루브산으로부터 알라닌의 합성

알라닌은 피루브산과 글루탐산으로부터 알라닌 아미노전이효소 (alanine transaminase, ALT)에 의해 합성된다(그림 12-26).

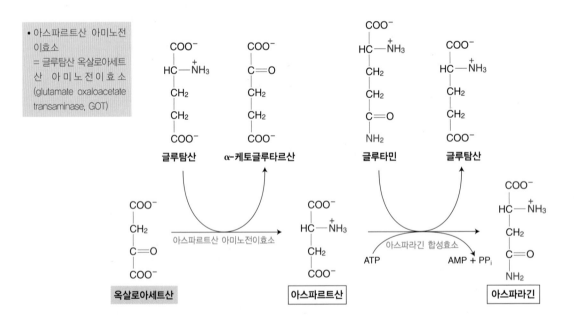

• 알라닌 아미노전이효소
= 글루탐산 피루브산 아미노전이효소(glutamate pyruvate transaminase, GPT)

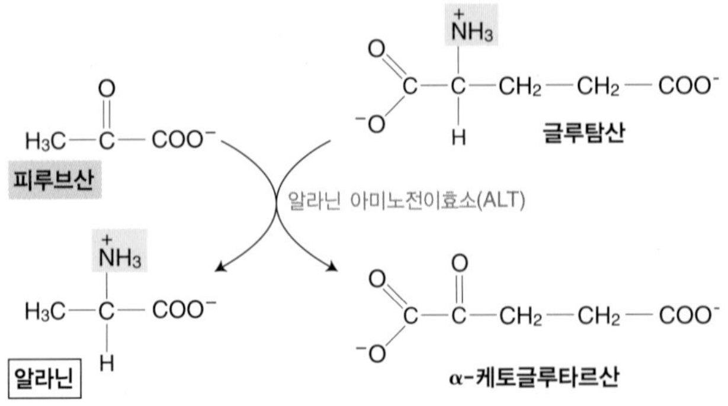

그림 **12-26** 알라닌 아미노전이효소(ALT)의 작용에 의한 알라닌의 합성

4) 옥살로아세트산으로부터 아스파르트산과 아스파라긴의 합성

• 아스파르트산은 옥살로아세트산과 글루탐산으로부터 아스파르트산 아미노전이효소(aspartate aminotransferase, AST)에 의해 합성된다(그림 12-27).

• 아스파라긴은 아스파르트산으로부터 아스파라긴 합성효소(asparagine synthetase)에 의해 합성되고 아미드 공여체로서 글루탐산이 필요하며 ATP의 가수분해를 필요로 한다(그림 12-27).

• 아스파르트산 아미노전이효소
= 글루탐산 옥살로아세트산 아미노전이효소(glutamate oxaloacetate transaminase, GOT)

그림 **12-27** 옥살로아세트산으로부터 아스파르트산과 아스파라긴의 합성

5) 리보오스 5-인산으로부터 히스티딘의 합성

- 히스티딘은 5-인산리보실 1-피로인산(5-phosphoribosyl-1-pyrophosphate, PRPP)(5개 탄소 공급원), ATP의 퓨린고리(1개의 질소와 1개의 탄소), 글루타민(1개의 질소공급원)으로부터 합성된다.
- 속도조절단계는 ATP 포스포리보실전이효소(ATP phosphoribosyl transferase)에 의한 PRPP와 ATP의 축합반응이다(그림 12-28).

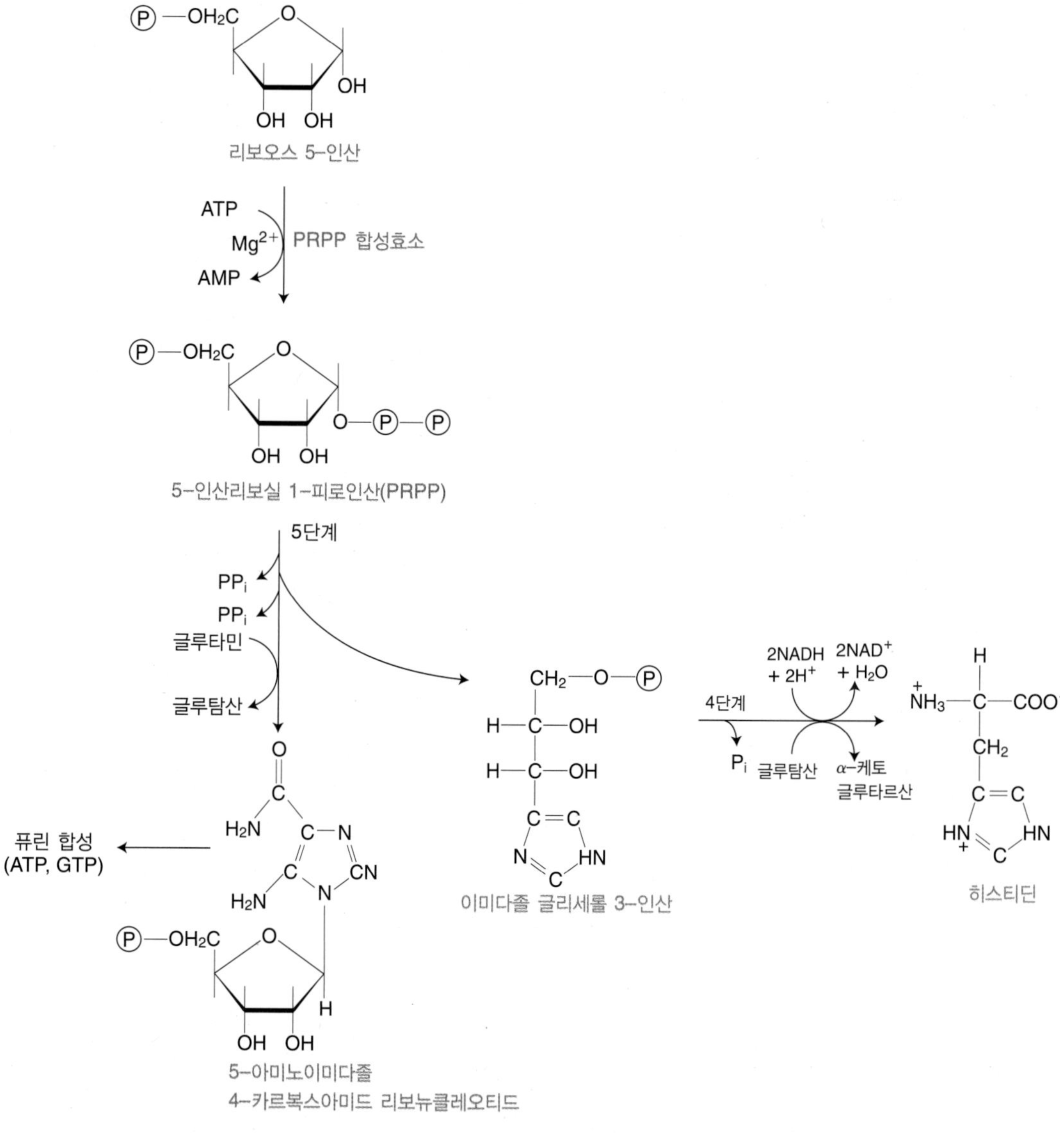

그림 **12-28** 히스티딘의 합성

6) 페닐알라닌으로부터 티로신의 합성

동물에서 티로신은 페닐알라닌 수산화효소(phenylalanine hydroxylase)에 의한 페닐알라닌의 페닐기 4번 탄소의 수산화반응을 통해 직접 합성될 수 있다. 이 효소는 테트라하이드로비옵테린(tetrahydrobiopterin, BH_4)을 조효소로 필요로 한다(그림 12-15).

4. 뉴클레오티드 대사

1) 뉴클레오티드의 구조

뉴클레오티드는 질소염기, 오탄당 및 1~3개의 인산기로 구성되어 있다. 질소 함유 염기는 퓨린과 피리미딘에 속한다.

(1) 퓨린과 피리미딘 구조

DNA와 RNA는 퓨린염기인 아데닌(adenine, A)과 구아닌(guanine, G)을 포함한다. DNA와 RNA 모두 피리미딘 염기인 시토신(cytosine, C)을 포함하지만 DNA는 티민(thymine, T)을 포함하고 RNA는 우라실(uracil, U)을 포함한다(그림 12-29).

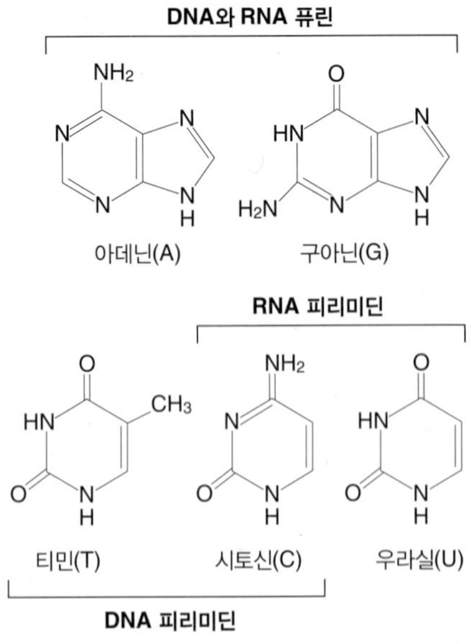

(2) 뉴클레오시드

염기에 오탄당이 첨가되면 뉴클레오시드(nucleoside)가 된다. 당이 리보오스라면 리보뉴클레오시드(ribonucleoside)이고 당이 디옥시리보오스라면 디옥시리보뉴클레오시드

그림 **12-29** 퓨린과 피리미딘 염기

(deoxyribonucleoside)이다.

- A, G, C, U의 리보뉴클레오시드는 각각 아데노신(adenosine), 구아노신 (guanosine), 시티딘(cytidine), 우리딘(uridine)이다.

- A, G, C, T의 디옥시리보뉴클레오시드는 각각 디옥시아데노신 (deoxyadenosine), 디옥시구아노신(deoxyguanosine), 디옥시시티딘 (deoxycytidine), 디옥시티미딘(deoxythymidine, 간단히 티미딘)이다.

- 염기와 당 고리에서 탄소는 질소원자와 다르게 번호가 붙여진다. 오탄당의 탄소는 1′∼ 5′로 번호가 붙여진다(그림 12-30).

리보뉴클레오티드 일인산 (ribonucleotide monophosphate)
- 아데닐산(adenylate)
  =AMP (adenosine monophosphate)
- 구아닐산(guanylate)
  =GMP (guanosine monophosphate)
- 우리딜산(uridylate)
  =UMP (uridine monophosphate)
- 시티딜산(cytidylate)
  =CMP (cytidine monophosphate)

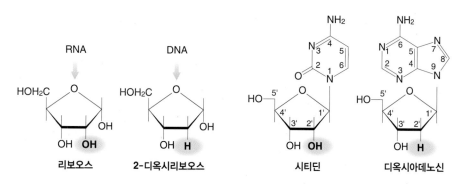

그림 **12-30** 핵산의 오탄당과 퓨린과 피리미딘 함유 뉴클레오시드의 번호

(3) 뉴클레오티드

뉴클레오시드에 하나 이상의 인산기가 첨가되면 뉴클레오티드(nucleotide)가 된다. 첫 번째 인산기는 오탄당의 5′탄소의 −OH에 에스테르결합에 의해 결합되고 뉴클레오시드 5′-인산 또는 5′-뉴클레오티드라고 부른다.

- 1개의 인산기가 당의 5′-탄소의 −OH에 결합하면 뉴클레오시드 일인산 (nucleoside monophosphate, NMP)이라고 한다.

- 2개 또는 3개의 인산기가 결합하면 각각 뉴클레오시드 이인산(nucleoside diphosphate, NDP), 뉴클레오시드 삼인산(nucleoside triphosphate, NTP)이 된다(그림 12-31, 표 13-1 참조).

디옥시리보뉴클레오티드 일인산 (deoxyribonucleotide monophosphate)
- 디옥시아데닐산 (deoxyadenylate)
  =dAMP (deoxyadenosine monophosphate)
- 디옥시구아닐산 (deoxyguanylate)
  =dGMP (deoxyguanosine monophosphate)
- 디옥시티미딜산 (deoxythymidylate)
  =dTMP (deoxythymidine monophosphate)
- 디옥시시티딜산 (deoxycytidylate)
  =dCMP (deoxycytidine monophosphate)

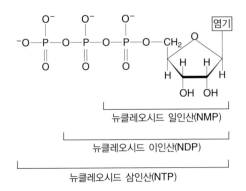

그림 12-31 리보뉴클레오시드 일인산, 이인산 및 삼인산의 구조

(4) 뉴클레오티드의 기능

뉴클레오티드는 모든 세포에서 여러 가지 중요한 기능을 한다.

- 뉴클레오티드는 핵산인 DNA와 RNA의 구성단위이다.
- 뉴클레오티드는 화학에너지의 운반체인데, 주로 ATP가 화학에너지의 운반체이고 GTP도 일부 반응에서 화학에너지의 운반체 역할을 한다.
- 뉴클레오티드는 조효소인 NAD, FAD, SAM 및 조효소 A(CoA)의 구성 성분이다.
- UDP-글루코오스와 CDP-다이아실글리세롤(CDP-diacylglycerol)과 같은 생합성 중간산물의 구성 성분이다.
- cAMP(cyclic AMP)와 cGMP(cyclic GMP)는 세포의 2차 전령(second messenger)으로도 작용한다.

2차 전령 세포 표면에 수용체에 결합하는 호르몬에 반응하여 세포가 방출하는 물질로 세포 내 실질적인 반응을 유도

2) 뉴클레오티드 분해

(1) 퓨린 뉴클레오티드의 분해

식이로 섭취한 핵산의 분해는 소장에서 일어나고 췌장효소가 뉴클레오티드를 뉴클레오시드와 유리 질소 염기로 가수분해한다. 퓨린 뉴클레오티드는

특정 효소에 의해 연속적으로 분해되어 최종산물인 요산이 생성된다.

- RNA와 DNA는 췌장에서 분비되는 리보뉴클레아제(ribonuclease)와 디옥시리보뉴클레아제(deoxyribonuclease)에 의해 올리고뉴클레오티드(oligonucleotides)로 분해된다.
- 올리고뉴클레오티드는 췌장 포스포다이에스터라아제(phosphodiesterase)에 의해 좀 더 가수분해되어 3′-, 5′-모노뉴클레오티드의 혼합물을 생성한다.
- 뉴클레오티다아제는 모노뉴클레오티드의 인산기를 제거하여 뉴클레오시드를 방출하고 소장 점막세포에서 흡수되거나 유리 염기로 분해될 수 있다.
- 식이 퓨린은 조직의 핵산 합성에 많이 이용되지 않아, 대부분은 소장 점막세포에서 요산으로 전환되어 소변으로 배설된다(그림 12-32).

요산의 생성단계는 그림 12-33에 나와 있다.

- AMP는 AMP 탈아미노효소(AMP deaminase)에 의해 아미노기가 제거되어 IMP로 되거나 5′-뉴클레오시다아제(5′-nucleosidase)와 아데노신 탈아미노효소(adenosine deaminase)에 의해 이노신(inosine)으로 된다.
- IMP와 GMP는 5′-뉴클레오시다아제(5′-nucleosidase)에 의해 뉴클레오시드 형태인 이노신(inosine)과 구아노신(guanosine)으로 전환된다.
- 이노신과 구아노신은 퓨린 뉴클레오시드 가인산분해효소(purine nucleoside phosphorylase)에 의해 각각의 퓨린 염기인 히포크산틴(hypoxanthine)과 구아닌(guanine)으로 전환된다.
- 구아닌은 탈아미노반응에 의해 크산틴(xanthine)을 형성한다. 히포크산틴은 크산틴 산화효소(xanthine oxidase)에 의해 산화되어 크산틴(xanthine)이 된다.
- 크산틴은 크산틴 산화효소에 의해 더 산화되어 퓨린 분해의 최종산물인 요산이 되어 소변으로 배설된다.

퓨린 분해대사의 결함으로 몇 가지 질환이 생길 수 있는데, 통풍(gout)은 요산의 과잉 생성 또는 요산의 배설 저하로 혈액에 요산농도가 높은 것이 특

퓨린 뉴클레오시드 가인산분해효소 5 퓨린 뉴클레오시다제(purine nucleosidase)

통풍 요산의 과잉 생성 또는 요산의 배설 저하로 요산이 체내에 축적되어 생기는 질환. 고요산 혈증으로 관절, 힘줄, 조직에 요산염이나 요산 결정이 침착하여 염증반응이 일어나고 강한 고통을 수반함

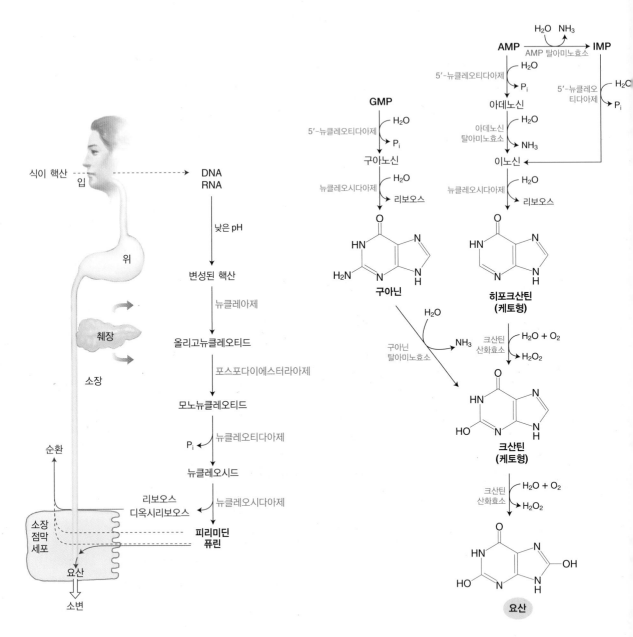

그림 **12-32** 핵산의 소화

그림 **12-33** 퓨린 뉴클레오티드의 분해과정

징인 질환이다. 이러한 고요산혈증은 관절에 요산염(monosodium urate) 결정의 침착으로 급성 염증
반응을 일으킨다. 요산염 결정은 부드러운 조직에 침착되어 만성 결절성 통풍(chronic tophaceous
gout)을 일으킬 수 있고 신장에 요산 결석을 형성할 수도 있다.

  요산이 과잉 생성되는 경우 요산 합성의 저해제인 알로퓨리놀(allopurinol)이 치료에 이용된다. 알로퓨리놀은 체내에서 옥시퓨리놀(oxypurinol)로 전환되어 크산틴 산화효소를 저해하여 히포크산틴과 크산틴이 축적되고 이 물질들은 요산보다 잘 녹기 때문에 염증반응이 시작되지 않는다(그림 12-34).

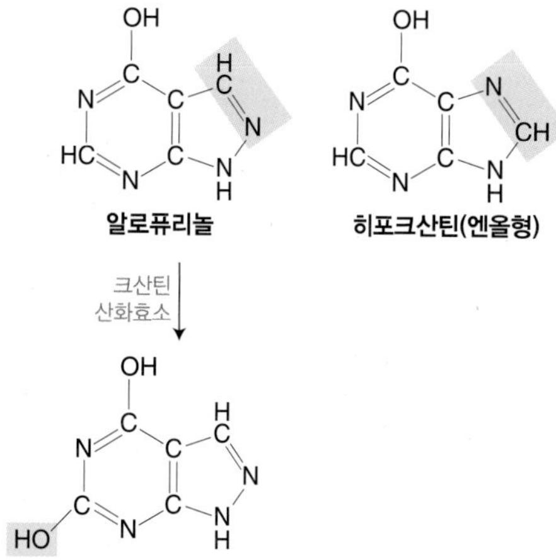

(2) 피리미딘 뉴클레오티드의 분해

사람에서 분해되지 않는 퓨린고리와는 달리, 피리미딘고리는 분해되어 매우 잘 녹는 생성물인 β-알라닌(β-alanine)과 β-아미노이소부티르산(β-aminoisobutyrate)이 되어(그림 12-35) 최종적으로 NH_3와 CO_2를 생성한다.

그림 **12-34** 알로퓨리놀의 구조와 작용

- 시티딘(cytidine)과 디옥시시티딘(deoxycytidine)은 시티딘 탈아미노효소(cytidine deaminase)에 의해 촉매되는 탈아미노반응을 통해 우리딘(uridine)과 디옥시우리딘(deoxyuridine)으로 전환된다.
- 우리딘과 디옥시우리딘은 뉴클레오시드 가인산분해효소(nucleoside phosphorylase)의 촉매작용에 의해 우라실로 분해된다.
- 디옥시시티딘 일인산(dCMP)은 탈아미노반응을 통해 디옥시우리딘 일인산(dUMP)으로 된다.
- 디옥시우리딘 일인산(dUMP)은 5′-뉴클레오티다아제(5′-nucleotidase)에 의해 디옥시우리딘으로 된다.
- 디옥시티미딘 일인산(dTMP)은 5′-뉴클레오티다아제와 뉴클레오시드 가인산분해효소에 의해 티민(T)이 된다.
- 우라실과 티민은 최종산물인 β-알라닌과 β-아미노이소부티르산으로 각각 전환된다.
- 첫 단계에서 우라실과 티민은 다이하이드로피리미딘 탈수소효소(dihydropyrimidine dehydrogenase)의 촉매작용에 의해 다이하이드로 유도체로 환원된다.
- 이들 유도체의 가수분해로 고리가 열리면서 각각 N-카르바밀-β-알라닌(N-carbamyl-β-alanine)과 N-카르바밀-β-아미노이소부티르산(N-carbamyl-β-aminoisobutyric acid)이 된다.
- β-우레이도프로피나아제(β-ureidopropinase)의 촉매에 의한 탈아미노반응으로 각각 β-알라닌과 β-아미노이소부티르산이 생성된다.
- 이들은 계속 분해되어 NH_3와 CO_2가 생성된다.

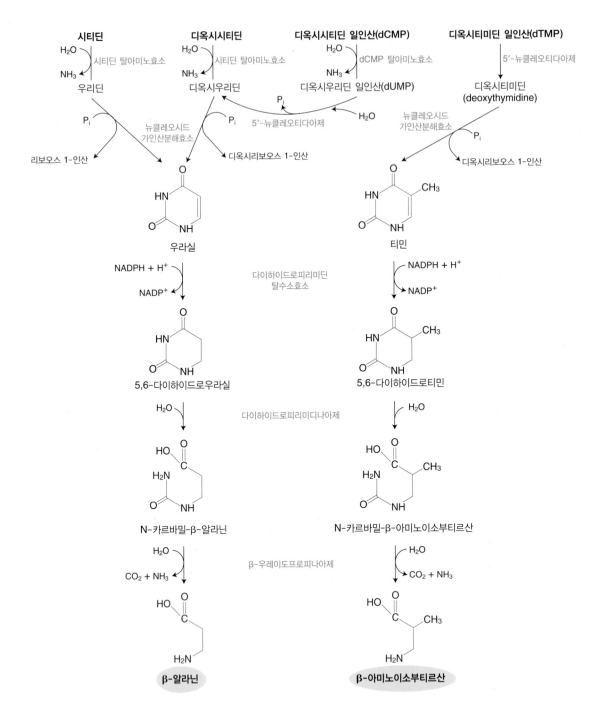

그림 12-35 피리미딘 뉴클레오티드의 분해

3) 뉴클레오티드 합성

뉴클레오티드 합성에는 신생합성경로(de novo pathway)와 구제경로(salvage pathway)의 2가지가 있다.

- 신생합성경로는 아미노산, 리보오스 5-인산(ribose 5-phosphate), CO_2, NH_3의 대사전구체로부터 시작하는 합성경로이다.
- 구제경로는 핵산 분해로 방출된 유리 염기와 뉴클레오시드를 재사용하는 경로이다.

(1) 퓨린 뉴클레오티드 합성

① 퓨린의 신생합성경로

ⓐ IMP의 합성

퓨린 신생합성경로에서 퓨린고리는 아스파르트산, 글리신, 글루타민, 이산화탄소(CO_2), N_{10}-포르밀 THF으로부터 합성된다(그림 12-36).

퓨린 합성은 그림 12-37에 나와 있다.

- 퓨린 합성의 첫 단계는 리보오스 5-인산으로부터 5-인산리보실 1-피로인산(5-phosphoribosyl-1-pyrophosphate, PRPP)을 생성하는 반응이다. 이 반응은 PRPP 합성효소(PRPP synthetase)에 의해 촉매되며, 다른자리입체성 조절에 의해 조절된다.

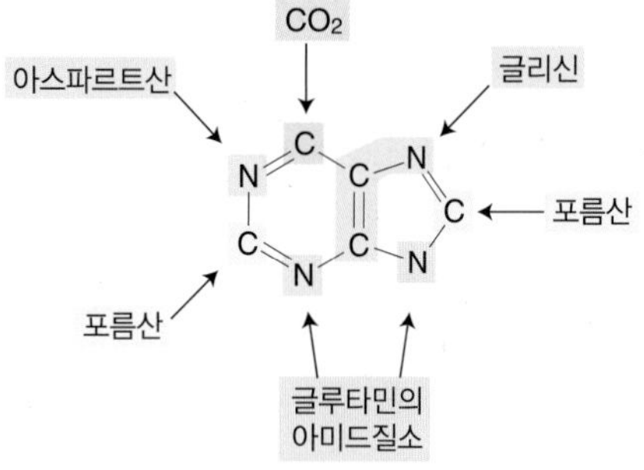

그림 **12-36** 퓨린고리를 구성하는 원자의 근원

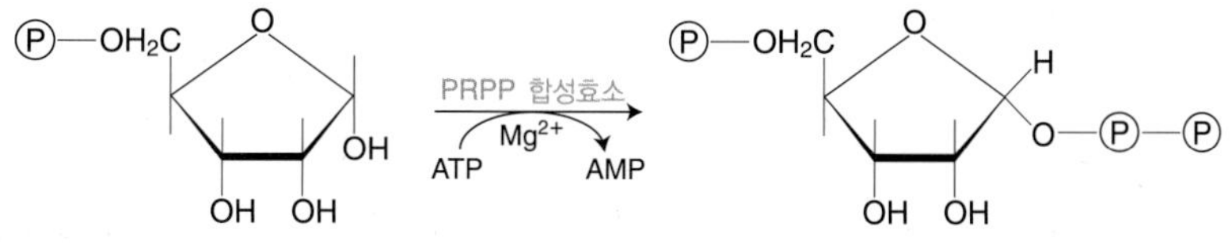

리보오스 5-인산   5-인산리보실 1-피로인산(PRPP)

- PRPP에 글루타민의 아미노기 전이로 5-인산리보실아민이 합성되는데, 이 반응은 글루타민-PRPP 아미도전이효소(glutamine-PRPP amidotransferaes)에 의해 촉매되며, 되먹임 억제에 의해 조절된다.
- 5-인산 리보실아민은 글리신아미드 리보뉴클레오티드 합성효소(glycineamide ribonucleotide

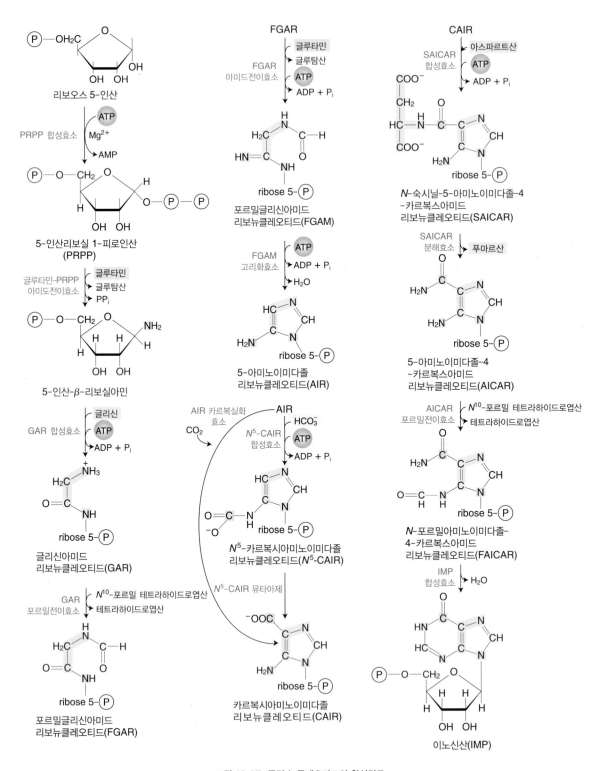

리보오스 5-인산

PRPP 합성효소
ATP
Mg²⁺
AMP

5-인산리보실 1-피로인산
(PRPP)

글루타민-PRPP
아미도전이효소
글루타민
글루탐산
PPᵢ

5-인산-β-리보실아민

GAR 합성효소
글리신
ATP
ADP + Pᵢ

글리신아미드
리보뉴클레오티드(GAR)

GAR
포르밀전이효소
N¹⁰-포르밀 테트라하이드로엽산
테트라하이드로엽산

포르밀글리신아미드
리보뉴클레오티드(FGAR)

FGAR

FGAR
아미드전이효소
글루타민
글루탐산
ATP
ADP + Pᵢ

포르밀글리신아미드
리보뉴클레오티드(FGAM)

FGAM
고리화효소
ATP
ADP + Pᵢ
H₂O

5-아미노이미다졸
리보뉴클레오티드(AIR)

AIR 카르복실화
효소
CO₂

AIR

N⁵-CAIR
합성효소
HCO₃⁻
ATP
ADP + Pᵢ

N⁵-카르복시아미노이미다졸
리보뉴클레오티드(N⁵-CAIR)

N⁵-CAIR 뮤타아제

카르복시아미노이미다졸
리보뉴클레오티드(CAIR)

CAIR

SAICAR
합성효소
아스파르트산
ATP
ADP + Pᵢ

N-숙시닐-5-아미노이미다졸-4
-카르복스아미드
리보뉴클레오티드(SAICAR)

SAICAR
분해효소
푸마르산

5-아미노이미다졸-4
-카르복스아미드
리보뉴클레오티드(AICAR)

AICAR
포르밀전이효소
N¹⁰-포르밀 테트라하이드로엽산
테트라하이드로엽산

N-포르밀아미노이미다졸-
4-카르복스아미드
리보뉴클레오티드(FAICAR)

IMP
합성효소
H₂O

이노신산(IMP)

그림 12-37 퓨린 뉴클레오티드의 합성경로

synthase)에 의해 글리신의 카르복실기와 5-인산 리보실아민의 아미노기 사이에 아미드결합을 형성하여 글리신아미드 리보뉴클레오티드가 된다.

- 다음 8단계의 후속반응을 통해 이노신산(IMP)이 합성된다.

ⓑ IMP에서 AMP 또는 GMP로의 전환

IMP에서 아데닐산(AMP) 또는 구아닐산(GMP)으로의 전환은 2단계 반응이고 에너지를 필요로 하는데, AMP의 합성은 GTP를, GMP의 합성은 ATP를 사용한다(그림 12-38).

- IMP에서 AMP로의 전환은 먼저 아데닐로숙신산을 생성한다. 아데닐로숙신산은 아데닐로숙신산 분해효소(adenylosuccinate lyase)에 의해 푸마르산이 제거되어 AMP로 된다.
- IMP에서 GMP로의 전환은 먼저 IMP 탈수소효소(IMP dehydrogenase)에 의해 XMP(xanthosine monophosphate, 크산토신 일인산)를 생성한다. XMP는 XMP-글루타민 아미도전이효소(XMP-glutamine amidotransferase)에 의해 글루타민의 아미노 질소를 받아 GMP로 된다.

ⓒ 퓨린 뉴클레오티드 합성의 조절

퓨린 합성은 다른자리입체성 조절과 되먹임 억제에 의해 조절된다.

- 다른자리입체성 조절기전은 PRPP 합성효소에 의한 PRPP 합성의 조절이다. 이 효소는 음성 조절인

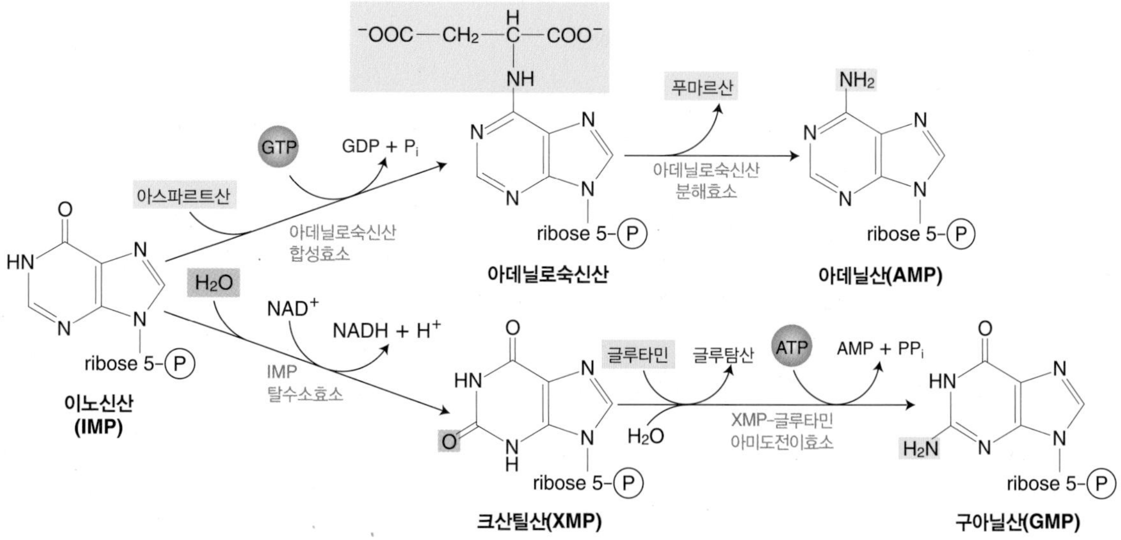

그림 **12-38** IMP에서 AMP와 GMP의 합성

자인 ADP와 GDP에 의해 저해된다.

- 3가지 되먹임 억제 기전이 퓨린 뉴클레오티드의 전체 속도와 2개의 최종생성물인 AMP와 GMP 생성의 상대적인 속도를 조절하는 데 협동적으로 작용한다(그림 12–39).

- 첫 번째 조절기전은 퓨린 합성의 공통된 반응인 첫 단계 반응에 작용한다. 글루타민–PRPP 아미도전이효소(glutamate–PRPP amidotransferase)는 최종생성물인 IMP, AMP 및 GMP에 의해 저해된다. AMP와 GMP는 협동적인 저해로 AMP 또는 GMP가 과잉축적될 때 글루타민–PRPP 아미도전이효소는 부분적으로 저해된다.

- 두 번째 조절기전에서 과량의 GMP는 IMP 탈수소효소를 저해하지만 AMP 생성에는 영향을 주지 않는다. 역으로 AMP의 축적은 아데닐로숙신산 합성효소를 저해하지만, GMP 생합성에는 영향을 주지 않는다.

- 세 번째 조절기전에서 GTP는 IMP에서 AMP로의 전환에 필요하고 ATP는 IMP에서 GMP로의 전환에 필요하다. 이러한 상호 조정으로 두 가지 뉴클레오티드 합성의 균형을 맞춘다.

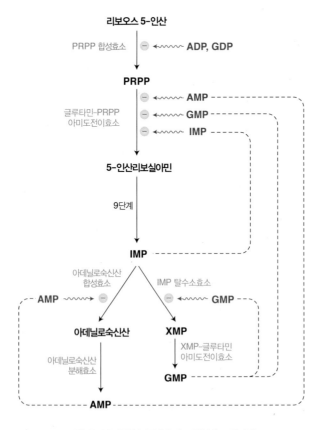

그림 12-39 퓨린 뉴클레오티드 합성의 조절기전

② 퓨린의 구제경로

핵산이 분해되어 생성된 퓨린이나 식이로 섭취하여 분해되지 않은 퓨린은 구제경로를 통해 체내에서 이용될 수 있다. 퓨린 염기의 뉴클레오티드 전환에 아데닌 포스포리보실 전이효소(adenine phosphoribosyl transferase, ARPT)와 히포크산틴-구아닌 포스포리보실 전이효소(hypoxanthine-guanine phosphoribosyl transferase, HGPRT)의 2가지 효소가 관여하고 PRPP를 리보오스 5-인산기의 급원으로 이용한다.

$$아데닌 + PRPP \xrightarrow{\text{아데닌 포스포리보실 전이효소}} AMP + PP_i$$

$$히포크산틴 + PRPP \xrightarrow{\substack{\text{히포크산틴-구아닌}\\\text{포스포리보실 전이효소}}} IMP + PP_i$$

$$구아닌 + PRPP \xrightarrow{\substack{\text{히포크산틴-구아닌}\\\text{포스포리보실 전이효소}}} GMP + PP_i$$

③ 뉴클레오시드 일인산의 뉴클레오시드 삼인산으로의 전환

일반적으로 생합성에 사용되는 뉴클레오티드 일인산은 뉴클레오시드 삼인산으로 전환된다. 이 전환 경로는 모든 세포에 공통이다.

- 뉴클레오시드 일인산은 뉴클레오시드 일인산 키나아제(nucleoside monophosphate kinase)에 의해 다른 뉴클레오시드 이인산으로 전환된다. 이 효소들은 염기에 특이적이지만 당(리보오스 또는 디옥시리보오스)에는 비특이적이다.

$$NMP + ATP \rightleftharpoons NDP + ADP$$

- 뉴클레오시드 이인산은 뉴클레오시드 이인산 키나아제(nucleoside diphosphate kinase)에 의해 뉴클레오시드 삼인산으로 전환된다.

$$NDP_A + NTP_D \rightleftharpoons NTP_A + NDP_D$$

D: 인산기 공여체
A: 인산기 수용체

이 효소는 염기(퓨린 또는 피리미딘) 또는 당(리보오스 또는 디옥시리보오스)에 비특이적이다. 호기적 상태에서 ATP가 다른 뉴클레오시드 삼인산보다

뉴클레오시드 일인산 키나아제
- AMP 키나아제(AMP kinase)
 $AMP + ATP \rightleftharpoons 2ADP$
- GMP 키나아제(GMP kinase)
 $GMP + ATP \rightleftharpoons GDP + ADP$

뉴클레오시드 이인산 키나아제
- $GDP + ATP \rightleftharpoons GTP + ADP$
 $CDP + ATP \rightleftharpoons CTP + ADP$

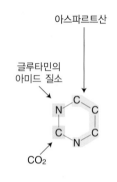

아스파르트산

글루타민의
아미드 질소

CO_2

그림 12-40 피리미딘 고리
를 구성하는 원
자의 근원

높은 농도로 존재하기 때문에 대부분 ATP가 인산기 공여체로 이용된다.

(2) 피리미딘 뉴클레오티드 합성

퓨린고리가 먼저 리보오스 5-인산에 결합되어 합성되는 것과는 달리, 피리미딘 고리는 리보오스 5-인산에 결합하기 전에 합성된다. 피리미딘 고리의 원자는 글루타민, CO_2, 아스파르트산에서 유래한다. 피리미딘 리보뉴클레오티드는 시티딘 5′-일인산(cytidine 5′-monophosphate, CMP)과 우리딘 5′-일인산(uridine 5′-monophosphate, UMP)이다(그림 12-40).

① 피리미딘 뉴클레오티드의 신생합성경로
ⓐ 피리미딘 염기와 뉴클레오티드의 합성경로
피리미딘 뉴클레오티드 합성은 그림 12-41에 나와 있다.

- 피리미딘 뉴클레오티드 생합성은 글루타민과 CO_2로부터 카르바모일 인산의 합성으로부터 시작하는데, 이 반응은 카르바모일 인산 합성효소 II(carbamoyl phosphate synthetase II)에 의해 촉매된다.
- 카르바모일 인산 합성효소 II는 피리미딘 생합성 조절효소로, 최종생성물인 UTP에 의해 저해되거나, ATP나 5-인산 리보실 1-피로인산(PRPP)에 의해 활성화된다(표 12-2). 다른 카르복실화효소와 달리 카르바모일 인산 합성효소는 비오틴을 필요로 하지 않는다.
- 피리미딘 뉴클레오티드 합성의 두 번째 단계에서는 아스파르트산 카르바모일전이효소(aspartate transcarbamoylase)에 의해 카르바모일 인산과 아스파르트산이 반응하여 N-카르바모일 아스파르트산(N-carbamoly aspartate)을 생성한다.
- N-카르바모일 아스파르트산은 다이하이드로오로타아제(dihydroortase)에 의해 가수분해되어 피리미딘 고리가 닫혀 다이하이드로오로트산(dihydroorotate)이 된다.
- 다이하이드로오로트산은 다이하이드로오로트산 탈수소효소(dihydroorotate dehydrogenase)에 의해 산화되어 오로트산(orotate)이 된다.
- 오로트산은 오로트산 포스포리보실 전이효소(orotate phosphoribosyl transferase)에 의해 오로티딘 5′-일인산(orotidine 5′-monophosphate, OMP)을 생성한다.
- OMP는 OMP 탈카르복실화효소(OMP decarboxylase, orotidylate decarboxylase)에 의해 우리딘 일인산(uridine monophosphate, UMP)으로 전환된다.

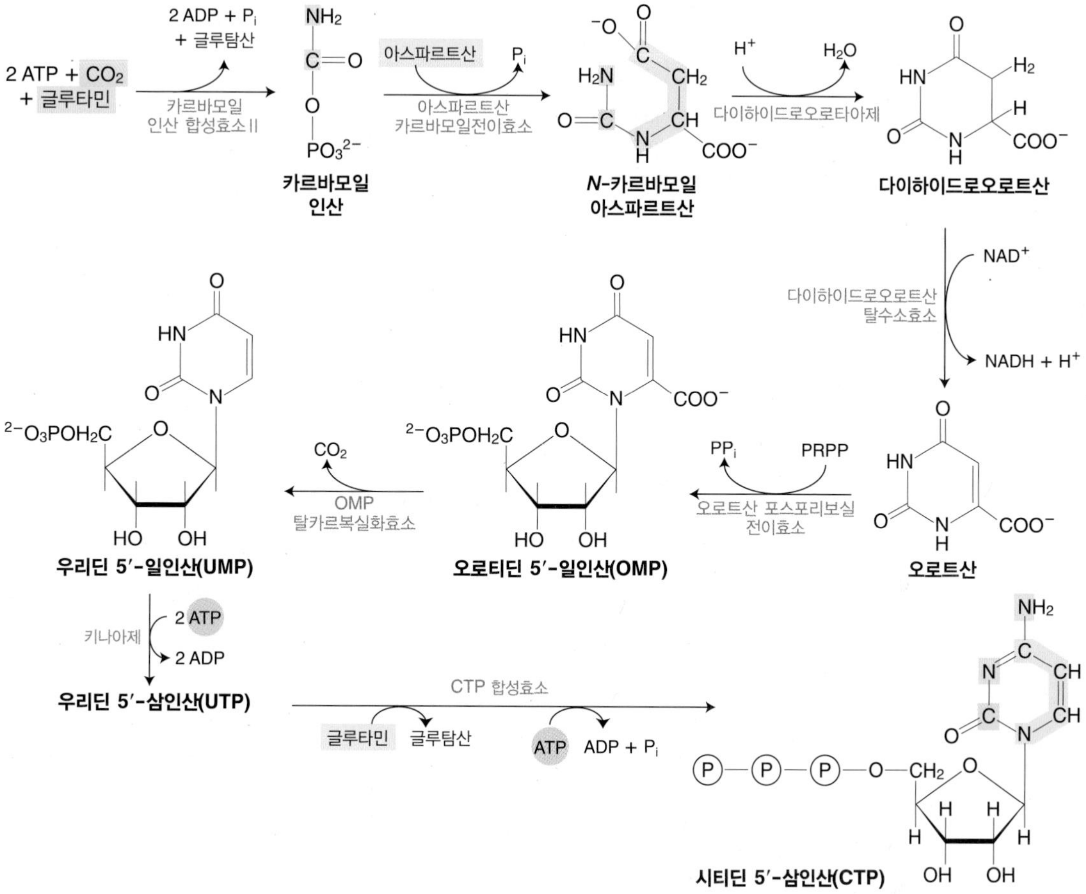

그림 **12-41** 피리미딘 뉴클레오티드 합성경로

- UMP는 키나아제에 의해 인산화되어 UTP가 생성된다. UTP가 CTP 합성효소(CTP synthetase)의 작용을 받아 CTP가 생성되며, 1개의 ATP와 질소공여체인 글루타민을 필요로 한다.

표 12-2 카르바모일 인산 합성효소 I 과 II의 비교

구 분	카르바모일 인산 합성효소 I	카르바모일 인산 합성효소 II
세포 위치	미토콘드리아	세포질
관련 경로	요소회로	피리미딘 합성
질소의 급원	암모니아	글루타민의 γ-아미드기
조절인자	활성제 ; N-아세틸 글루탐산	활성제 ; ATP, 저해제 ; UTP

ⓑ 리보뉴클레오티드로부터 디옥시리보뉴클레오티드로의 전환

DNA 합성에 필요한 뉴클레오티드는 2′-디옥시리보뉴클레오티드이고 리보뉴클레오티드 이인산으로부터 리보뉴클레오티드 환원효소(ribonucleotide reductase)에 의해 생성된다.

리보뉴클레오티드 환원효소는 뉴클레오시드 이인산(ADP, GDP, CDP, UDP)을 디옥시 형태(dADP, dGDP, dCDP, dUDP)로 환원하는 데 특이적이다. 2′-수산화기(2′-hydroxyl group)의 환원에 필요한 수소원자는 효소 자체에 있는 2개의 술프하이드릴기(sulfhydryl group)에 의해 공급된다.

티미딜산(dTMP)은 dCMP와 dUMP로부터 합성된다(그림 12-42).

- dUMP에서 dTMP로의 전환은 티미딜산 합성효소(TMP synthase)에 의해 촉매된다. 이 반응은 테트라하이드로엽산(THF)이 다이하이드로엽산(DHF)으로 산화가 일어나면서 1-탄소단위 전달과 환원반응이 일어나는 특이적인 반응으로, 메틸기의 공급원은 N^5, N^{10}-메틸렌 THF이다.

- 티미딜산 합성효소는 항암제인 5-플루오로우라실(5-fluorouracil)과 같은

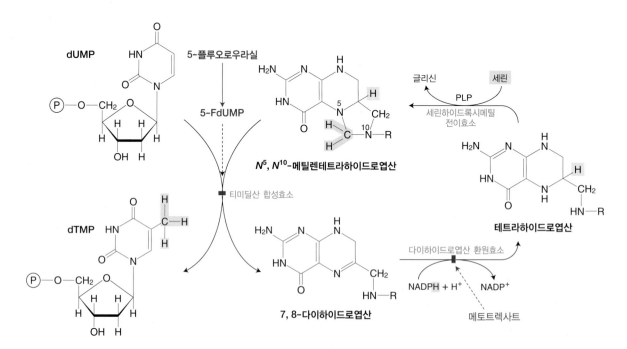

그림 **12-42** dTMP의 합성과 항암제의 작용부위

티민 유사물질에 의해 저해되고, 다이하이드로엽산 환원효소는 항암제인 메토트렉사트(methotrexate) 같은 엽산 유사물질에 의해 저해된다 (그림 12-42).

② 피리미딘의 구제경로

피리미딘 염기만의 구제경로는 거의 없지만 피리미딘 뉴클레오시드는 뉴클레오시드에서 뉴클레오티드로의 인산화 과정에서 ATP를 이용하는 뉴클레오시드 키나아제에 의해 재사용될 수 있다.

5. 신경전달물질 대사

1) 신경전달물질의 분해

많은 중요한 신경전달물질은 아미노산에서 유도되는 1차 또는 2차 아민이다. 신경전달물질은 정보전달에 중요한 역할을 하며, 신경전달물질은 방출후 시냅스 간극으로부터 신속히 분해되거나 제거되어야 정보전달이 원활하게 된다.

도파민(dopamine), 노르에피네프린(norepinephrine)과 에피네프린(epinephrine)은 카테콜아민(catecholamine)이라고 부르는 생체 활성아민이다. 노르에피네프린은 교감신경계의 신경전달 작용을 하는 부신수질의 크로마핀(chromaffin) 세포에 있는 티로신으로부터 합성되는 호르몬으로, 간의 중성지질과 글리코겐의 분해를 촉진할 뿐만 아니라 심박출량과 혈압을 증가시킨다. 에피네프린은 스트레스를 받을 때 부신수질에서 분비되는 호르몬으로 심박출량과 혈압을 증가시키고 간의 글리코겐과 지질의 분해를 촉진한다.

- 카테콜아민은 모노아민 산화효소(monoamine oxidase, MAO)에 의한 산

- 노르에피네프린(= 노르 아드레날린)
- 에피네프린(= 아드레날린)

카테콜아민
- 부신에서 스트레스에 반응 하여 분비되는 교감신경자 극작용 호르몬
- 1개의 카테콜기(catechol group)를 포함하고 티로신(tyrosine)으로부터 유도되기 때문에 카테콜아민이라고 부름

화적 탈아미노 반응과 카테콜-O-메틸전이효소(catechol-O-methyl transferase, COMT)에 의한 O-메틸화 반응에 의해 불활성화된다. MAO 반응의 알데히드 생성물은 산화하여 각각의 산으로 된다. 이 반응으로 에피네프린과 노르에피네프린으로부터 바닐릴만델산(vanillylmandelic acid)을, 도파민(dopamine)으로부터 호모바닐릴산(homovanillic acid)을 생성하여 소변으로 배설된다(그림 12-43).

세로토닌(serotonin, 5-hydroxytryptamine, 5-HT)은 뇌의 시상하부에서 분비되는 신경전달물질로, 섭식을 저해하는 중추신경계의 다양한 세포에서 발견된다. 세로토닌은 기분, 체온 조절, 고통인식 및 수면 등에 영향을 주는 것으로 알려져 있다.

- 세로토닌은 MAO에 의해 산화되어 5-하이드록시인돌 3-아세트알데히드(5-hydroxyindole 3-acetaldehyde)를 생성한 후 알데히드 탈수소효소에 의해 5-하이드록시인돌 3-아세트산 (5-hydroxyindole 3-acetic acid)으로 산화된다(그림 12-44).

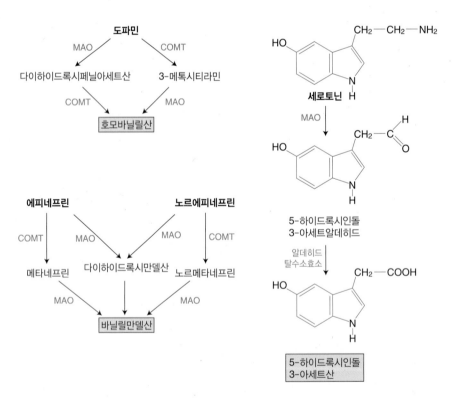

그림 **12-43** 신경전달물질의 분해

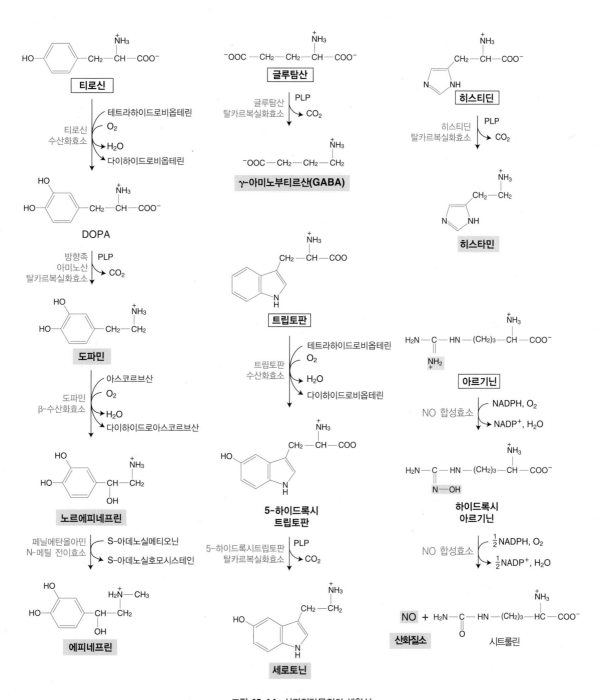

그림 12-44 신경전달물질의 생합성

2) 신경전달물질의 합성

신경전달물질의 합성은 그림 12-44에 나와 있다.

　도파민, 노르에피네프린, 에피네프린은 티로신으로부터 합성된다.

- 티로신은 먼저 티로신 수산화효소(tyrosine hydroxylase)에 의해 수산화되어 3, 4-다이하이드록시페닐알라닌(3, 4-dihydroxyphenylalanine, DOPA)을 합성한다. 이 반응은 테트라하이드로비옵테린(tetrahydro-biopterin, BH_4)이 필요하며 속도조절단계이다.

- DOPA는 DOPA 탈카르복실화효소(DOPA-decarboxylase)에 의해 도파민(dopamine)을 형성한다.

- 도파민은 구리를 함유한 도파민 β-수산화효소(dopamine β-hydroxylase)에 의한 수산화반응으로 노르에피네프린을 생성한다.

- 노르에피네프린은 페닐에탄올아민 N-메틸전이효소(phenylethanol-amine-N-methyl-transferase)에 의한 N-메틸화 반응에 의해 에피네프린이 생성된다.

　γ-아미노부티르산(γ-aminobutyrate, GABA)은 중추신경계에서 억제성 신경전달물질로 글루탐산의 탈카르복실화 반응에 의해 생성된다. 이 반응은 피리독살인산(PLP)을 조효소로 필요로 하는 글루탐산 탈카르복실화효소에 의해 촉매된다.

　세로토닌(serotonin)은 5-하이드록시트립타민(5-hydroxytryptamine)으로도 불리는데, 체내 여러 부위에서 트립토판으로부터 합성되고 저장된다. 트립토판 수산화효소(tryptophan hydroxylase)에 의한 수산화반응과 5-하이드록시트립토판 탈카르복실화효소(5-hydroxytryptophan decarboxylase)에 의한 탈카르복실화반응에 의해 세로토닌이 생성된다.

　히스타민(histamine)은 알레르기와 염증반응, 위산분비 자극, 뇌의 부위에서 신경전달을 중재하는 화학적 전령(chemical messenger)으로, PLP를 조효소로 필요로 하는 히스티딘 탈카르복실화효소에 의한 히스티딘의 탈카르복실화 반응에 의해 생성된다.

화학적 전령　전달암호(message)를 전달하는 화합물. 호르몬, 신경전달물질, 신경펩티드를 포함

일산화질소(nitric oxide, NO)는 신경전달물질, 혈관 확장, 혈소판 응집의 저해제 및 대식세포의 살균 등에서 중요한 역할을 하고 있는 광범위한 생리적 매개물질이다. NO는 NO 합성효소(nitric oxide synthase)에 의해 촉매되는 NADPH-의존성 반응에 의해 아르기닌으로부터 합성된다.

6. 헴 대사

1) 헴의 분해

포르피린(porphyrin)은 금속이온, 보통 Fe^{2+} 또는 Fe^{3+}와 쉽게 결합하는 고리화합물이다. 사람에서 가장 풍부한 철 함유 금속포르피린은 헴(heme)이다. 헴은 헤모글로빈, 미오글로빈, 시토크롬, 카탈라아제 및 트립토판 피롤라아제(tryptophan pyrrolase)의 보결분자단이다. 이러한 헴단백질은 쉽게 합성되고 분해된다. 적혈구는 생성된 지 약 120일 후 간과 지라의 망상내피계(reticuloendothelial system)에 의해 분해된다(그림 12-45).

- 헴의 분해에서 첫 번째 단계는 망상내피세포의 헴 산화효소계(heme oxygenase system)에 의해 촉매된다. 이 효소계는 NADPH와 O_2의 존재하에 2개의 피롤고리(pyrrole ring) 사이의 메테닐 다리(methenyl bridge)에 수산기를 첨가하고, Fe^{2+}는 Fe^{3+}로 산화된다.

- 헴 산화효소계에 의한 두 번째 산화로 포르피린 고리(porphyrin ring)가 분해된다. Fe^{3+}와 CO가 방출되기 때문에 초록색 색소인 빌리버딘(biliverdin)이 생성된다.

- 빌리버딘은 빌리버딘 환원효소에 의해 환원되어 적황색인 빌리루빈(bilirubin)을 생성한다. 빌리루빈과 그 유도체는 총체적으로 담즙색소라고 부른다.

- 빌리루빈은 혈장에서 약간만 용해되므로 유화제 역할을 하는 알부민과 비

포르피린 α-탄소원자들에서 4개의 변형된 피롤고리가 메테닐 다리(methenyl bridges)로 연결된 이종고리 고분자(heterocyclic molecule)

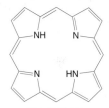

포르피린의 구조

피롤고리 이종고리(heterocyclic) 방향족 유기화합물, C_4H_4NH의 5원자로 된 고리 구조

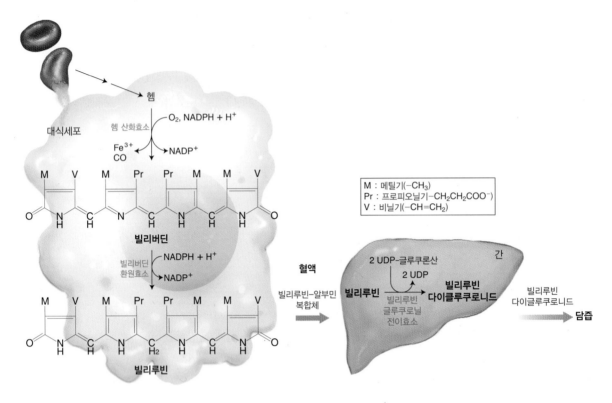

그림 12-45 헴으로부터 빌리루빈의 형성

공유결합하여 간으로 운반된다.

• 빌리루빈은 운반체 알부민으로부터 분리되어 간세포로 들어가고 빌리루빈 글루쿠로닐 전이효소 (bilirubin glucuronyl transferase)에 의해 2분자의 글루쿠론산(glucuronic acid)이 빌리루빈에 첨 가됨으로써 빌리루빈 다이글루쿠로니드가 된다.

2) 헴의 합성(포르피린의 생합성)

헴은 주로 간에서 합성되는데, 골수의 적혈구 생성세포가 헤모글로빈 합성을 활성화한다. 간에서 헴 합성속도는 매우 다양하지만 적혈구에서 헴 합성속도는 상대적으로 일정하고 글로빈 합성속도에 맞 추어 진행된다. 포르피린 생합성의 첫 단계와 마지막 세 단계는 미토콘드리아에서 일어나지만 그 외 중간단계는 세포질에서 일어난다(그림 12-46).

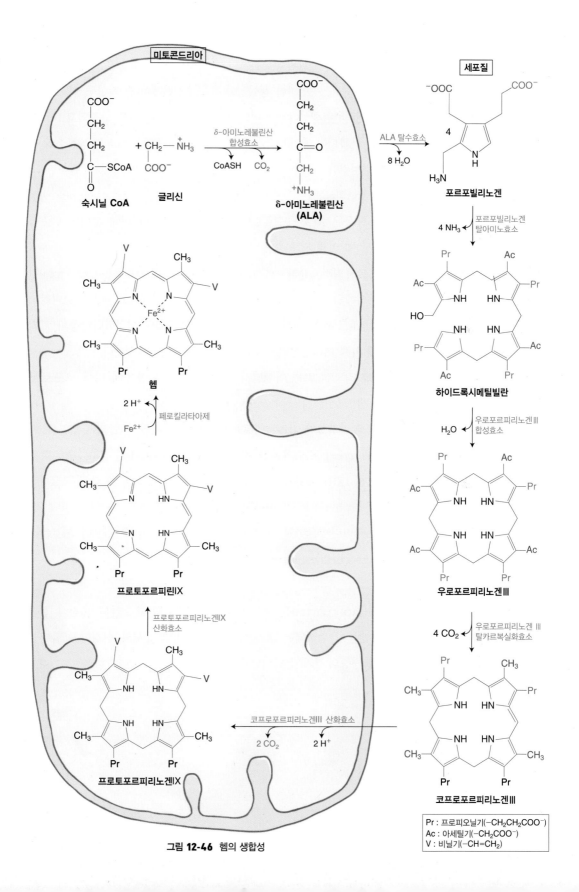

그림 12-46 헴의 생합성

- δ-아미노레불린산(δ-aminolevulinic acid, ALA) 합성효소에 의해 글리신과 숙시닐 CoA의 축합반응으로 ALA를 형성한다. 이 반응은 조효소로 PLP를 필요로 하고, 포르피린 생합성의 속도조절단계이다. 적혈구 합성이 감소하여 포르피린 생성이 글로빈의 농도를 초과할 때 헴은 축적되고 Fe^{2+}가 Fe^{3+}으로 산화되어 헤민(hemin)으로 전환된다. 헤민은 ALA 합성효소의 활성을 감소시킨다.

- 2분자의 ALA의 축합반응으로 포르포빌리노겐(porphobilinogen)을 생성한다. 이 반응은 ALA 탈수효소(ALA dehydratase)에 의해 촉매되고 중금속 이온(납)에 의해 저해된다.

- 4개의 포르포빌리노겐의 축합반응으로 선형의 테트라피롤(tetrapyrrole)인 하이드록시메틸빌란(hydroxymethylbilane)을 생성하고 우로포르피리노겐 III 합성효소(uroporphyrinogen III synthase)의 이성질화반응과 고리화반응에 의해 비대칭성인 우로포르피리노겐 III가 생성된다.

- 우로포르피리노겐 III은 아세틸기의 탈카르복실화 반응에 의해 코프로포르피리노겐 III(coproporphyrinogen III)이 된다.

- 코프로포르피리노겐 III은 미토콘드리아로 들어가서 탈카르복실화 반응에 의해 2개의 프로피온산 곁사슬이 비닐기(vinyl)가 되어 프로토포르피리노겐 IX(protoporphyrinogen IX)이 생성되고 프로토포르피린 IX(protoporphyrin IX)로 산화된다.

- 프로토포르피린 IX로 철(Fe^{2+})이 자발적으로 삽입될 수 있으나 페로킬라타아제(ferrochelatase)에 의해 그 속도가 빨라진다.

포르피린증
헴의 체내 합성과정에서 유전자의 결함으로 헴 합성효소가 부족하게 되어 중간산물이 적혈구, 체액 및 간에 축적되어 생기는 질환

포르피린증(porphyria)은 포르피린 생합성경로의 효소들의 유전적 결손으로 중간산물이 축적되어 생기는 질환으로 빈혈 증세와 신경학적 합병증 또는 피부합병증의 증세가 나타난다.

13

핵산의 구조와 생화학적 기능

CHAPTER 13
핵산의 구조와 생화학적 기능

핵산은 화학적으로 질소를 함유하는 방향족 고리 구조의 염기(base)와 오탄당인 리보오스(ribose) 또는 디옥시리보오스(deoxyribose)가 연결된 뉴클레오시드(nucleoside) 구조에 인산기(P_i)가 연결된 뉴클레오티드(nucleotide)가 연속적으로 결합된 폴리뉴클레오티드인 RNA 또는 DNA를 지칭한다. 단위체 뉴클레오티드들은 세포 대사과정에서도 사용되며, 호르몬이나 외부 자극에 대한 세포들의 반응에도 관련하고, 조효소와 중간대사물의 구조적 구성 성분일 뿐만 아니라, 유전정보의 저장, 전달 및 단백질 합성 등에 관련된 정보를 제공하는 DNA 및 RNA의 기본단위이다.

이 장에서는 모든 세포에서 발견되고 있는 핵산의 물리화학적 구조와 그들의 생물학적 기능인 유전자, 그리고 그들의 발현과 조절에 대하여 상세히 설명하고자 한다.

1. 핵산의 기본 구조와 물리화학적 특성

뉴클레오티드(nucleotide)는 뉴클레오시드의 5′-CH_2OH의 −H와 인산 그룹의 −OH 사이에 물 분자 하나가 탈수되면서 결합한 구조이다. 순차적으로 물 분자가 탈수되면서 인산기가 3개까지 뉴클레오시드에 결합한다. 핵산(Nucleic Acid, NA)은 이러한 뉴클레오티드들이 인산다이에스테르 결합으로 연결된 중합체 분자이다. 일련의 연결된 뉴클레오티드 순서에 유전적 정보가 내장되어 있다. 핵산에

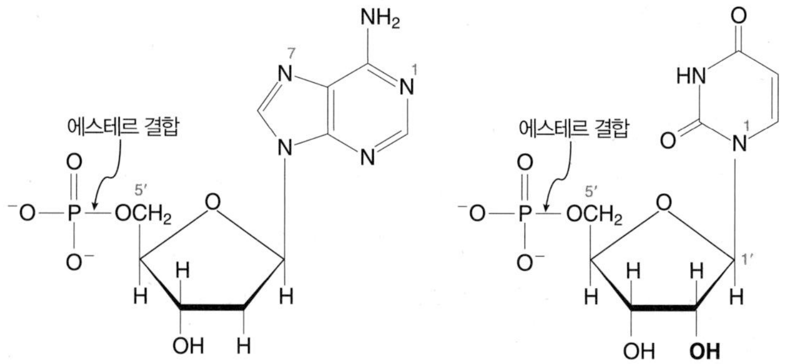

(a) 2′-디옥시아데노신 5′-일인산(dAMP)   **(b) 우리딘 5′-일인산(UMP)**

그림 **13-1** 인산기가 결합된 뉴클레오티드의 예: dAMP와 UMP 구조

는 디옥시리보핵산(DNA)과 리보핵산(RNA)이 있다.

1) 뉴클레오티드

뉴클레오티드는 세 가지 구성성분을 갖는데, 질소를 함유한 염기, 리보오스 또는 디옥시리보오스 오탄당 그리고 인산 등이다. 뉴클레오티드는 뉴클레오시드에 인산이 1개에서 3개까지 에스테르결합으로 결합된 것으로서, 인산은 오탄당의 5번째 탄소 -CH₂OH와 에스테르결합을 하고 있다(그림 13-1).

DNA와 RNA 핵산의 뉴클레오티드들의 인산기들이 음이온을 띠고 있어 전기적 양이온을 띠는 금속이온(예: Mg^{2+}, Zn^{2+})이나 단백질 등이 쉽게 결합할 수 있다. 5′-디옥시뉴클레오시드삼인산(dNTP) 또는 5′-뉴클레오시드삼인산(NTP)들은 에너지 대사과정의 저장이나 분해에도 쓰이고, DNA 및 RNA 핵산 합성에서 그 전구체로 쓰인다. cAMP(cyclic AMP)나 cGMP(cyclic

뉴클레오티드 뉴클레오시드에 인산기가 하나에서 세 개까지 에스테르 결합된 구조이며, 핵산의 기본단위가 됨

핵산 DNA 또는 RNA 형태로서 첫 번째 뉴클레오티드의 3′-OH와 다음 번 뉴클레오티드의 α-위치 인산기 사이에 인산다이에스테르 결합으로 연결되고, 또 두 번째 뉴클레오티드의 3′-OH와 세 번째 뉴클레오티드의 α-위치 인산기 사이에 또 인산다이에스테르 결합이 계속 연결되어가는 분자로서 그것을 하나의 가닥(strand)이라 함

알아두기

오탄당 D-리보오스의 3′-탄소와 5′-탄소에 인산이 각각 하나씩 결합한 것은 biphosphate (또는 bisphosphate), 인산기가 연속해서 두 개가 결합한 것은 diphosphate라고 식별하는데, 모두 이인산이라 부른다. 또한 무기인산은 Pi(inorganic phosphate)로 표시하는데, 두 개가 서로 결합된 것은 피로인산 (pyrophosphate), 세 개가 결합된 것은 삼인산(triphosphate)이라 한다.

GMP) 등은 호르몬과 유사하게 세포 내에서 조절작용으로 쓰인다. 뉴클레오시드 5′-이인산(NDP) 등은 조효소 일부로도 쓰이며, 아데노신 5′-이인산(ADP) 등은 산화환원반응에 쓰인다.

2) 뉴클레오티드의 인산다이에스테르 결합

인산다이에스테르 결합

DNA나 RNA 핵산은 뉴클레오티드의 중합체(폴리머)로서, 뉴클레오티드들은 인산기를 '연결다리'로 삼아 공유결합되어 있는데, 이는 오탄당의 3′-OH 그룹의 ―O―와 다음에 연결되는 뉴클레오티드의 5′-CH₂OH에 결합되어 있는 인산기 사이에 인산다이에스테르(phosphodiester) 결합이 일어난 것이다 (그림 13-2).

(1) 인산다이에스테르 결합

에스테르결합

에스테르(ester) 결합은 -OH기를 가진 알코올과 산 그룹 간의 결합이다. 뉴클레오티드도 오탄당의 5′-CH₂OH와 인산이라는 산 그룹 사이에 에스테르 결합이 형성된 것이다. 인산다이에스테르 결합은 인산이 두 개의 당과 결합되기 때문인데, 첫 에스테르는 3′ 위치의 탄소와 연결된 것이고 다음 에스테르는 5′ 위치의 탄소와 연결된 것이다. 결국 핵산의 골격을 보면, 오탄당과 오탄당 사이에 인산이 결합된 것으로서 서로 다른 염기가 오탄당의 1′-탄소마다 하나씩 결합되어 나온다.

질소를 함유한 염기들은 일정 간격으로 오탄당 골격의 1′-탄소 β-위치에 결합된다. 오탄당의 여러 -OH 기들은 물 분자와 쉽게 수소결합이 이루어져 매우 친수성이 높게 나타난다. 인산기도 중성용액에서 완전히 이온화되어 전기적으로 음성을 띤다. 이들의 전기적 음성 부분은 세포 내에서 단백질, 금속이온, 폴리아민 등의 양성 분자들과 이온-이온 간의 끌어당기는 힘으로 중성화될 수 있다.

(2) 5′→3′ 방향성

인산다이에스테르 연결은 5′→3′의 방향성을 나타내는 일직선의 핵산을 만들어냄으로써 양쪽 끝을 5′-말단(5′-end)과 3′-말단(3′-end)이라고 표시한다. DNA 복제 시 기질로 사용되는 각 dNTP 분자에서 dNMP 분자가 결합되고, 떨어져 나온 피로인산기(pyrophosphate, PP_i)는 피로인산분해효소(pyrophosphatase)에 의해 두 개의 무기인산(P_i)으로 분해된다. 그러므로 복

5′-말단 핵산 가닥의 첫 뉴클레오티드 5′-탄소에 붙은 인산기를 5′-끝 또는 5′-말단이라 함. 그래서 핵산 방향을 5′→3′이라 표시함

3′-말단 5′→3′ 방향 핵산 가닥의 마지막 뉴클레오티드에서 3′-OH를 3′-끝 또는 3′-말단이라 표시함

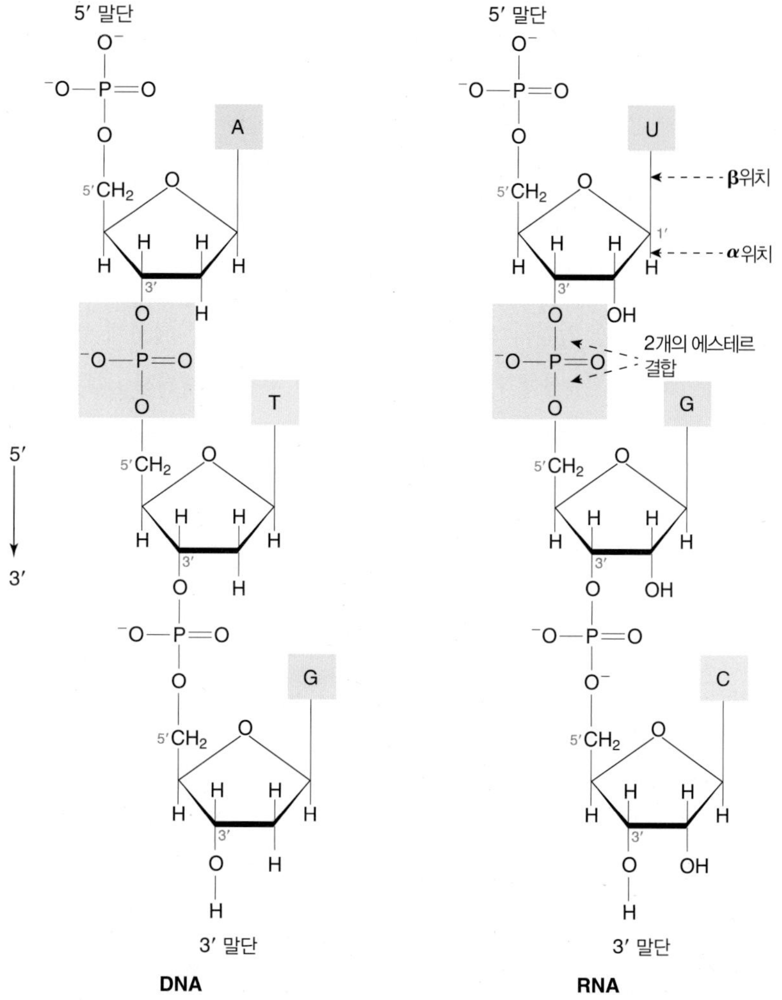

그림 **13-2** DNA 또는 RNA에 나타나는 뉴클레오티드의 인산다이에스테르 결합의 예(A, T, G, C, U는 각각 염기를 나타냄)

제효소는 dNTP에서 dNMP를 3′-OH에 붙이고, 떨어져 나온 PP_i는 pyrophosphatase에 의해 $2P_i$로 분해되면서 반응의 방향이 5′→3′쪽으로 계속되게 한다.

3) 핵산의 구조

케토-형과 엔올-형의 호변이성(tautomerisation)

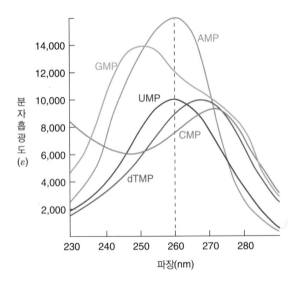

케토형   엔올형

피리미딘이나 퓨린이 홀로 있는 구조는 약한 염기성 분자이기 때문에 염기(base)라 부른다. 뉴클레오티드 속의 염기들은 방향족 화합물로서 핵산의 구조, 전자적 분포와 자외선 파장 흡수도 등에 중요한 영향을 미치고 있다. 모든 뉴클레오티드의 염기는 케토-형(keto-form)과 엔올-형(enol-form)간의 상호전환으로 인하여 부분적 이중결합의 공명구조를 가지면서 260 nm 파장의 자외선 빛을 가장 강하게 흡수하는 특성이 있다(그림 13-3).

뉴클레오티드의 인산기는 생리적인 pH 조건에서 양성자가 해리되어 음이온을 띤다. 이러한 인산의 음이온과 극성을 가진 오탄당 때문에 핵산은 물을 가까이 하는 친수성이 된다. 그에 비해 염기 부분은 생리적 pH 조건에서 약염기성 질소의 아미노기가 이온화되지 않아 전하를 띠지 않는 소수성이

그림 **13-3** 여러 뉴클레오티드들의 자외선 파장 흡수도

된다. 그래서 친수성 부분과 소수성 부분의 극성 차이가 핵산을 3차원적 나선형으로 이끈다. 친수성 부분은 표면으로 나오고, 소수성 부분은 안쪽으로 들어가서 이중가닥의 염기들 간에 수소결합이 이루어지게 하여 나선형을 이루게 하는 데 주요 역할을 한다. 염기 고리에 있는 –NH 또는 –NH₂는 다른 가닥에 나와 있는 염기의 –C=O 또는 –N와 수소결합이 양쪽 DNA 가닥 사이에 형성되게 한다(그림 13-4). 두 가닥의 핵산이 서로 상보적인 염기쌍을 이루려면 서로 역평행을 이루어 염기와 염기가 서로 마주보는 이중나선을 형성하게 된다.

　퓨린과 피리미딘 염기들은 세포 내 중성 pH 조건에서 소수성이어서 물에 잘 녹지 않지만, 산성 또는 알칼리성 pH 조건에서는 전하를 띠면서 물에 녹는 정도가 증가한다. 세포 내 중성 조건에서는 마치 동전이 쌓이듯이 염기의 편평한 환 구조가 서로 평행으로 겹쳐져 위치한다. 염기들은 염기와 염기 사이에 반데르발스 힘과 쌍극자–쌍극자 간의 인력이 작용해서 겹쳐진다. 소수성 염기는 서로 겹쳐져서 물과 가까이하지 못함으로써 핵산의 3차 구조를 안정화시키는 데 아주 중요하다. 수소결합은 핵산의 서로 다른 두 개 가닥 간에 상보적 염기쌍을 이루어 A와 T, 그리고 G와 C 사이에 수소결합이 각각 2개와 3개씩 이루어진다(그림 13-4). 수소결합이 가닥과 가닥 간의 짝을 이루게 하지만, 이중나선

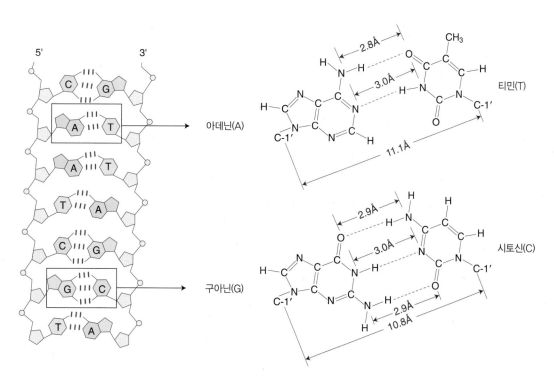

그림 13-4 이중나선 DNA 염기쌍 사이의 수소결합(A=T와 G≡C)

형이 안정을 이루는 것은 소수성 염기쌍이 서로 겹쳐지는 것에 크게 좌우된다. 염기쌍이 같은 평면에 위치한다.

(1) 핵산의 종류

DNA는 유전정보를 저장하고 있는 이중나선 구조의 유연한 폴리뉴클레오티드 구조이다. 원핵세포의 DNA는 이중나선의 둥근 환상구조이지만, 진핵세포 DNA는 히스톤 단백질 덩어리를 둘러싼 뉴클레오좀(nucleosome)을 형성하는 기다란 막대기 구조이다.

RNA는 유전정보를 전달하는 전달체로서 DNA로부터 전사되어 DNA와 단백질 사이의 중요한 연결자 역할을 한다. rRNA는 리보좀 단백질들과 함께 2차구조 형태로 리보좀(ribosome)을 형성한다. mRNA는 단백질을 합성할 수 있는 유전적 정보(codon)로 전사된 것이고, tRNA는 20가지 아미노산을 단백질 합성하는 장소인 리보좀으로 옮겨다 주는 일을 한다. 특히 tRNA에 있는 안티코돈(anti-codon)은 단백질 합성 시 mRNA의 코돈과 상보적으로 결합한 코돈-안티코돈을 잠시 형성한다. 그밖에 작은 크기의 snRNA(small nuclear RNA), RNAi(interference RNA) 등은 전사조절이나 세포활동을 조절하고 있다.

(2) DNA 구조

DNA의 1차 구조는 폴리뉴클레오티드가 연결된 순서를 말한다. 2차 구조는 뉴클레오티드 상호 간의 상보적 염기쌍을 이루는 구조이다. 원핵세포의 경우 3차 구조는 세포질에 있는 핵양체(nucleoid)라 불리는 수없이 접혀져 있는 원형 DNA이고, 진핵세포의 염색질 구조는 핵 속에서 복잡하게 접혀진 구조로 존재한다.

DNA 구조에 관한 실마리는 1940년대 말에 어윈 샤가프(E. Chargaff)가 제공하였다. 서로 다른 생물체에서 나온 DNA는 4개 염기 비율이 서로 다르다는 것과 어떤 염기는 다른 염기와 거의 1:1의 비율로 존재한다고 하였다. 이를 요약하면 다음과 같다.

• DNA 염기 구성은 다른 종 간에 서로 다르다.
• 같은 종의 서로 다른 조직에서 분리된 DNA 시료는 같은 염기 구성을 갖는다.
• 어떤 주어진 종에서 나온 DNA의 염기 구성은 나이, 영양상태 또는 환경에 따라 달라지지 않는다.
• 종에 관계없이 모든 세포 내 DNA에는 아데닌 숫자와 티민 숫자 그리고 구아닌 숫자와 시토신 숫자

가 서로 같다. [A]=[T] 그리고 [G]=[C]이다. 이러한 관계에서 퓨린 염기 총 숫자와 피리미딘 염기 총 숫자는 같다. 즉, [A + G]=[T + C]라는 것이다.

플랭크린(R. Franklin)과 윌킨스(M. Wilkins)는 X-선 회절분석법을 사용하여, DNA 분자는 기다란 축에 따라 0.34nm의 1차 주기성과 3.4nm의 2차 주기성을 갖는 나선형임을 밝혔다. 왓슨(J. Watson)과 크릭(F. Crick)은 DNA 구조를 밝히기 위해 DNA에 관한 모든 정보를 이용하여 공간적 입체 구조를 모델링하여 1953년 DNA의 이중나선 3차 구조를 발표하였다(그림 13-5).

우선성   오른쪽 손을 펴서 약간 오므리면 손가락의 방향이 좌에서 우로 올라가는 모습을 보임

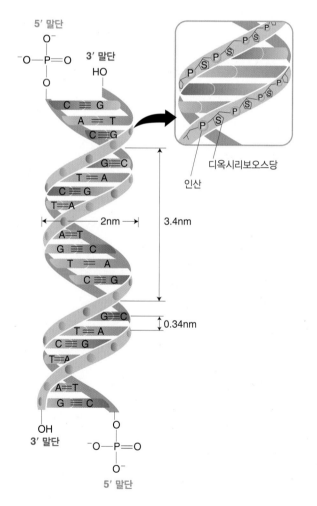

디옥시리보오스당

인산

2nm

3.4nm

0.34nm

DNA가 나선형을 유지시키는 힘
① 인산의 친수성과 염기의 소수성 사이의 극성 차이
② 양쪽 가닥의 소수성 염기들 간의 수소결합: 상보적 염기쌍
③ 소수성 염기들이 겹쳐져서 DNA 3차 구조를 안정화시킴: 반데르발스 힘

왓슨과 크릭의 DNA 이중나선 구조 모델
• 두 가닥의 DNA는 우선성으로 나선을 그린다.
• 디옥시리보오스와 인산은 바깥쪽으로 나가 있으면서 전기적 음성을 갖는다.
• 두 가닥은 서로 역평행 상태로 두 개의 협곡을 만든다.
• 두 가닥 사이에 축에 대해 직각으로 염기쌍을 이루면서 염기쌍 사이는 36° 돌아가 있다.
• 퓨린 염기와 피리미딘 염기 간에 쌍을 이루며 수소결합을 이루고 있다.

그림 13-5 왓슨과 크릭의 이중나선 DNA

그들이 제시한 DNA 3차 구조 모델은 다음과 같다.

- DNA는 우선성(right-handed)의 이중나선으로서 동일한 축을 둘러싸는 2개의 나선형 DNA 가닥이 좌측에서 우측으로 나란하게 돌아 올라가는 나선형 계단 모양이다.
- 연속적으로 나오는 디옥시리보오스와 인산의 친수성 골격은 주변의 물 분자를 마주하며 이중나선의 바깥에 위치한다.
- 두 가닥의 염기쌍들은 평면에서 보면, 큰 협곡(major groove)과 작은 협곡(minor groove)을 이루고, 서로 반대 방향의 5'→3' 방향성을 유지하여 역평행 관계이다. 이 두 개의 협곡은 쌍을 이룬 염기들이 서로 만나는 각도에 의해 만들어지고, DNA 결합 단백질들이 협곡에 묻혀 있는 염기에 접근하기 쉽게 해주고 있다.
- 한쪽 가닥의 각 뉴클레오티드 염기는 다른 쪽 가닥의 한 염기와 동일한 평면에서 염기쌍을 이루며, 아래위 염기쌍은 0.34nm 간격으로 떨어지면서 서로 약 36°씩 어긋나 한 바퀴 돌아오면 10개의 염기쌍 계단을 이루게 된다.
- 수소결합이 G와 C 사이에 3개, A와 T 사이에 2개씩 각각 이루어 샤가프 법칙과 일치한다.

DNA 이중나선은 상보적 염기쌍 사이의 수소결합과 소수성 염기들이 서로 겹쳐지는 반데르발스 힘 등으로 형성된다. DNA 두 가닥 사이의 상보성(complementary)은 염기쌍 사이의 수소결합 때문이고, 이 수소결합은 DNA의 복제와 전사에서 그대로의 유전정보를 보존하고 전달하는데 중요하다. 염기들이 겹쳐져서 생긴 반데르발스 힘은 이중나선을 안정화시키는 데 결정적이다.

(3) 서로 다른 형태의 DNA 이차구조

DNA는 상당히 유연한 분자이다. 여러 종류의 결합이 가능하도록 오탄당과 인산 사이가 회전되기도 하고, 열역학적으로 가닥이 구부러지기도 하고 늘어나기도 하며, 때로는 수소결합이 끊어져서 염기쌍이 서로 떨어지기도 한다.

샤가프 법칙
- 종이 다르면 염기구성 비율이 다르다.
- 같은 종의 서로 다른 조직에서의 DNA 시료 속 염기구성이 동일하다.
- 주어진 종의 염기구성은 환경변화에 따라 변하지 않는다.
- 모든 생물체의 DNA에서 퓨린 염기 숫자와 피리미딘 염기 숫자는 1:1로 같다.

상보성 DNA의 두 가닥 폴리뉴클레오티드는 안쪽으로 각각의 소수성 염기들이 위치하면서 서로 마주보며 A와 T, G와 C 염기가 항상 염기쌍을 이룸

연습문제

이중나선 DNA 분자가 40%는 시토신을 갖는다면, 티민은 몇 %인가?

풀이　　시토신이 40%이면, 구아닌도 40%이다. 그러면 아데닌과 티민의 합은 나머지 20%이며 이 중에서 티민은 10%를 차지한다.

왓슨과 크릭의 구조에 맞는 DNA는 B-형 DNA 또는 B-DNA라 하며, 이것은 생리적 조건 하에서 가장 안정된 구조이고, 세포 내 DNA 구조를 연구하는 데 표준이 되는 형태이다. 그밖에 A-DNA와 Z-DNA가 있는데(그림 13-6, 표 13-1), A-DNA는 약간 수분이 적은 조건에서 나타나는 우선성의 나선형 DNA이고, B-DNA보다 약간 넓은 모습으로 1 회전당 11개의 염기쌍을 갖는다. 염기쌍의 평면은 나선 축에 대해 약 20° 정도 기울어

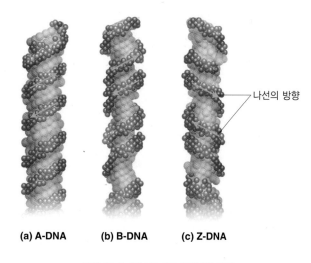

(a) A-DNA　　**(b) B-DNA**　　**(c) Z-DNA**

나선의 방향

그림 **13-6** DNA의 서로 다른 2차 구조

져 있어서, 넓은 협곡이 더 깊게 보이고, 좁은 협곡은 좀 더 얕게 보인다. Z-DNA는 나선의 방향이 우선성 DNA에서 뒤틀려서 좌선성으로 보인다. 1회전 당 12개 염기쌍이 들어가고, 외관은 훨씬 가늘어 지그재그 모양으로 뒤틀어져 있다. GC가 많은 부분에서 Z-DNA가 나타난다.

표 13-1 세 가지 형태의 DNA 구조 특성

DNA	A-DNA	B-DNA	Z-DNA
나선 방향	우선성	우선성	좌선성
직경	~2.6nm	~2.0nm	~1.8nm
회전당 염기쌍	11개	10.5개	12개
염기쌍당 나선 길이	0.26 nm	0.34 nm	0.37 nm
정상 나선 축에 대한 염기쌍의 기울기	20°	6°	7°

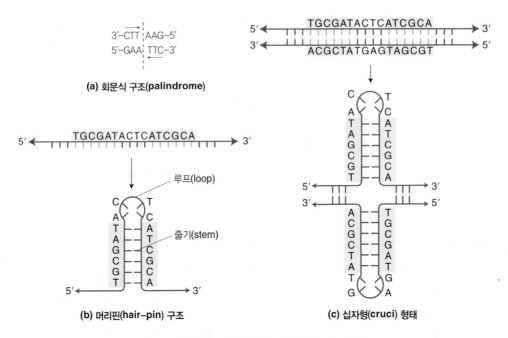

그림 **13-7** 특이한 DNA 염기서열에 의한 다양한 구조의 변이

그 밖의 특이한 DNA 구조에는 회문식(palindrome) 구조가 있는데, 두 가닥의 DNA상에서 축을 중심으로 위쪽 가닥 염기서열(예: GAA)이 상보적인 아래쪽 가닥의 같은 중심축으로부터 반대 방향에서 염기가 GAA 서열로 배열되어 있는 구조이며, 특정한 제한효소에 의해 인식되어 인산다이에스테르 결합이 끊어져 DNA가 결국 절단된다(그림 13-7a).

또 다른 특이한 구조로는 한쪽 가닥의 어느 기준점에서 보면 서로 상보적인 서열을 갖는 DNA가 있다. 예를 들면, … TGCGATACTCATCGCA… 같은 구조에서 내부적으로 TGCGAT와 ATCGCA 부분이 서로 수소결합하여 줄기(stem) 구조를 이루고, ACTC 부분은 수소결합이 없는 루프(loop) 구조를 이루어 그림 13-7의 (b)와 (c)에서와 같이 머리핀 형태 또는 십자형 형태를 이룬다.

(4) DNA의 세포 내 모습

원핵세포인 대장균 염색체 DNA는 약 4.64×10^6개의 염기쌍을 갖고 있고, 이중나선의 직경은 2nm이며 DNA 분자 길이는 1.6×10^6 nm(1.6 mm)이지만, 대장균의 외형 길이는 2~3μm 이다. 그래서 DNA는 상당히 접혀져서 포장되어야 한다. 원핵세포의 염색체 DNA는 대개 하나의 원형 모양 분자인데, 실제 세포 내에서 특정한 단백질들과 약간의 RNA들이 DNA와 연관되면서 수많은 루프(loop) 구조를 이루어 질서 있는 핵양체(nucleoid) 구조를 이룬다.

진핵세포의 DNA는 여덟 개의 히스톤 단백질 덩어리를 휘감아 뉴클레오좀 (nucleosome) 구조를 이루고, 이 수많은 구조들이 연속적으로 연결되어 염색질(chromatid) 구조로 핵 안에 존재한다.

진핵세포는 세포주기에 따라 상당히 밀집되게 포장된 이질염색질(hete-rochromatin) 부분과 어느 정도 풀어진 상태의 진정염색질(euchromatin) 부분을 가지며, 이질염색질 상태의 DNA는 유전자가 발현되지 않고 뉴클레오좀 구조가 좀 더 밀집된 상태를 유지하지만, 진정염색질은 자주 그 주변의 DNA들이 밀집된 염색질 상태에서 풀린 상태의 염색질 덩어리로 바뀐다. 시간이 변하면서 이 부분은 다시 이질염색질의 촘촘히 포장된 상태로 돌아갈 수 있다. 이러한 모습의 변환은 살아 있는 세포 내에서 상당히 역동적으로 일어난다. 특히, 세포가 분열할 때에는 뉴클레오좀이 상당히 밀집하여 완전한 염색체를 이룬다(그림 13-9). 염색약에 염색되는 단백질 때문에 현미경하에서 히스톤은 염색되어 보이지만, DNA는 염색되지 않는다.

이질염색질 세포주기에서 아주 진하게 염색되는 부분의 DNA들은 뉴클레오좀이 밀집되어 뭉쳐 있는 모습으로 염색됨

진정염색질 간기 세포주기의 염색체 DNA들은 유전정보가 자주 발현되어야 하므로 역동적으로 염색질이 많이 풀린 상태로 염색되는 부분의 DNA가 보임

(5) RNA 구조

DNA에서 전사된 RNA는 항상 단일가닥의 염기들이 우선성 나선구조를 보인다. RNA 또는 DNA 가닥과 상보적으로 결합할 수 있으며, RNA 자체 내에서도 일부 염기쌍을 이루어 2차 구조의 더 안정된 구조가 되기도 한다.

염기쌍들이 겹쳐져 생긴 약한 인력들도 RNA를 안정화시키기도 한다. RNA의 3차원적 구조는 복잡하고 독특하다. 단일가닥의 염기들이 쌓여서 생긴 힘은 RNA 구조를 오히려 안정화시킨다. 머리핀(hair-pin) 모양의 루프를 이룬 RNA는 서로 상보적인 RNA 염기 간에 이중나선형을 이룬다(그림 13-8). 일부 바이러스들은 ssRNA 또는 dsRNA를 유전체로 갖는다.

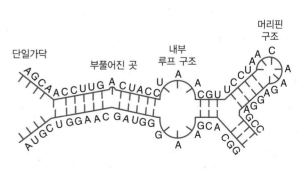

그림 13-8 RNA 구조에서 보이는 2차 구조

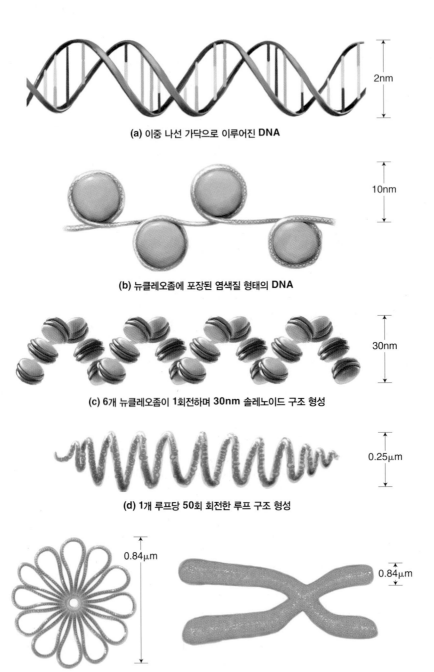

(a) 이중 나선 가닥으로 이루어진 **DNA**

2nm

(b) 뉴클레오좀에 포장된 염색질 형태의 **DNA**

10nm

(c) 6개 뉴클레오좀이 1회전하며 30nm 솔레노이드 구조 형성

30nm

(d) 1개 루프당 50회 회전한 루프 구조 형성

0.25μm

(e) 18개 루프로 형성된 1개 미니밴드

0.84μm

(f) 수많은 미니밴드가 겹쳐 만들어진 염색체 구조

0.84μm

그림 **13-9** 진핵세포 DNA의 염색체 형성 단계

4) 핵산의 물리화학적 특성

DNA는 유전정보를 저장하고 전달해야 하기 때문에 그 안정성을 오랫동안 유지해야 한다. A와 T 또는 G와 C 염기쌍 사이의 수소결합은 화학적으로 약한 결합이지만, DNA가 복제되고 전사될 때는 쉽게 가닥 간의 분리가 일어나기에 적합하다. 생명체들이 오랫동안 DNA에 유전정보를 저장해 올 수 있었던 점은 염기쌍 간의 수많은 수소결합의 강력한 상보성 유지와 함께 쉽게 깨지고 형성되는 수소결합의 양면성에 기인한다. 그러한 특성 때문에 DNA 정보가 서서히 변경되면서 진화하는 역량을 보여왔다. 암의 발생과 세포 노화 과정 등은 DNA의 비가역적인 변화가 서서히 축적되어 발생하는 것으로 알려져 있다. 세포들은 복제되고 전사되는 중에 발생하는 DNA의 변화를 받아들이거나, 재빨리 교정하는 능력으로 변화를 조절하거나 복구하고 있다.

이에 반해 RNA 분자의 변화에는 세포들이 DNA처럼 교정하거나 복구하지 않고 RNA 분자를 많이 만들어 그들 중에서 온전한 것만 사용한다. DNA 분자에서의 교정이나 에러 복구과정이 RNA 분자에서는 일어나지 않는다.

(1) DNA 및 RNA의 변성

세포로부터 분리된 DNA 용액은 실온의 pH 7.0에서 상당히 점성이 높다. pH가 높거나 80℃ 이상의 온도에서는 그 점성이 크게 감소하는데, 이중나선 DNA 염기쌍 사이의 수소결합이 끊어져 각각의 가닥으로 분리되기 때문이다. 이를 DNA 변성(denaturation)이라 한다.

온도나 pH 값이 원래대로 되돌아오면, 떨어져 있던 두 가닥의 DNA 또는 RNA는 다시 원래대로 서서히 되돌아와 재결합(annealing)하면서 이중나선 DNA 또는 이중나선 RNA로 돌아간다. 이를 재생(renaturation)이라 한다.

DNA 분자들은 액체 내에서 서서히 열을 가하면 서서히 변성된다. 각각의 DNA들은 독특한 변성온도 또는 녹는점(Tm: melting temperature)을 갖는데, GC 염기쌍은 AT 염기쌍보다 더 많은 수소결합을 갖고 있기 때문에 GC

Tm 값 온도 상승에 따라 두 가닥 DNA 나선의 1/2 길이 만큼의 수소결합을 끊는 온도

염기쌍을 많이 갖는 DNA의 녹는점이 더 높다. 고정된 pH와 이온세기의 조건하에서 DNA 종류의 Tm 값을 측정하면 그것의 염기 구성을 추정해 볼 수 있다. AT 염기쌍이 특별히 많은 부분은 그 부분이 먼저 변성된다.

(2) 핵산의 하이브리드화

서던 블롯 전기영동으로 크기에 따라 분리된 DNA 조각을 알칼리 용액에서 변성시켜 단일가닥으로 분리된 상태에서 전기적으로 니트로셀루로즈 종이 막에 옮겨 놓은 후 이미 염기서열이 알려진 단일가닥의 DNA 또는 RNA(이들은 대개 동위원소로 표지되어 있다)를 서로 하이브리드화시킴. 그 결과를 X-ray 필름에 노출시켜(autoradiography) 확인함

노던 블롯 서던 블롯과 유사한 하이브리드화 기술이지만, 다른 점은 니트로셀루로즈 종이 막 위에 DNA가 아닌 변성 또는 단일가닥의 RNA를 아가로즈 젤에서 옮기는 점이 다름

DNA나 RNA의 하이브리드화(hybridization)는 가닥과 가닥 사이에 서로 짝을 이룰 수 있는 능력을 이용하여 서로 다른 생물의 유전체 사이에 유사한 서열이 있는가를 찾을 때에 사용된다. 예를 들어, 인체 세포와 생쥐 세포에서 분리된 두 종류의 DNA에 열을 가해 변성시킨 후 혼합하여 온도를 서서히 낮추면 각각의 DNA 가닥들은 상보적인 DNA 가닥끼리 재결합하는데, 사람 DNA 가닥들이 쥐의 DNA 가닥과 상보적인 부분이 있으면, 사람과 쥐의 DNA 간에 하이브리드 이중가닥이 만들어진다.

이러한 분석은 서로 다른 두 종 간의 유전적·진화적 관련성 여부를 분석하게 한다. 서던 블롯 하이브리드화(southern blot hybridization) 방법은 특정 DNA를 찾는 데 사용한다. 특정한 유전자 및 RNA를 분리하여 확인할 때는 노던 블롯 하이브리드화(northern blot hybridization) 기술을 활용한다.

(3) 뉴클레오티드 및 핵산의 변형

퓨린과 피리미딘 염기들은 공유결합 구조에 여러 가지 자연적 변형이 생길 수 있다. 세포는 자신의 유전정보에 변화가 생기는 것을 쉽게 용납하지 않기

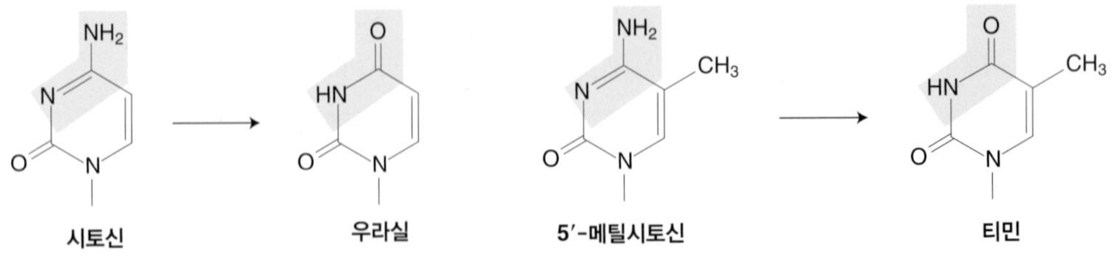

그림 13-10 염기의 탈아미노화 과정

시토신 → 우라실   5'-메틸시토신 → 티민

때문에, 그 변화 속도는 일반적으로 매우 느리다. 유전정보에 영원한 변화가 생기는 DNA 구조변경을 돌연변이(mutation)라 한다. 이러한 돌연변이의 축적은 노화 및 발암과정 등과 밀접한 관계가 있다는 증거가 많다.

① 탈아미노화

많은 염기들은 밖에 나와 있는 아미노(-NH₂)기를 스스로 상실한다. 예를 들면, DNA의 시토신은 탈아미노 작용으로 우라실이 되는 경우가 있다(그림 13-10). 아데닌과 구아닌에서의 탈아미노 현상도 시토신 탈아미노화의 약 1/100 빈도로 발생하지만, 이러한 변화가 일어나면 DNA 복구시스템이 이를 다시 바꾸어 놓는다.

복구작업이 일어나지 않으면 DNA 복제 시 변형된 우라실이 아데닌과 결합하고, 다음 번 DNA 복제 시 티민과 결합하는 변화가 생기게 하여 시토신 탈아미노화 과정은 모든 세포의 DNA에 GC염기쌍이 줄어들고, AT 염기쌍이 증가하게 한다.

② 탈염기 반응

다른 중요한 변형은 염기와 오탄당 사이의 글리코실 결합의 가수분해반응으로서 피리미딘 염기보다 퓨린 염기에서 더 높게 발생하는데, 산성 조건에서 더 빨리 일어나 pH 3.0에 DNA를 넣어두면 퓨린 염기가 제거되어 퓨린이 없는 것(apurinic acid)이 나온다(그림 13-11). 이것도 다음 세대에서 DNA를 돌연변이 시킨다.

자외선에 의한 DNA 변형도 있는데, 같은 가닥 위에 서로 인접한 티민과 티민 사이에 티민-티민 이합체(dimer)를 형성시킨다. 이온화 방사선(X-선과 감마선 등)은 이러한 염기 구조를 깨뜨려버린다. 거의 모든 생

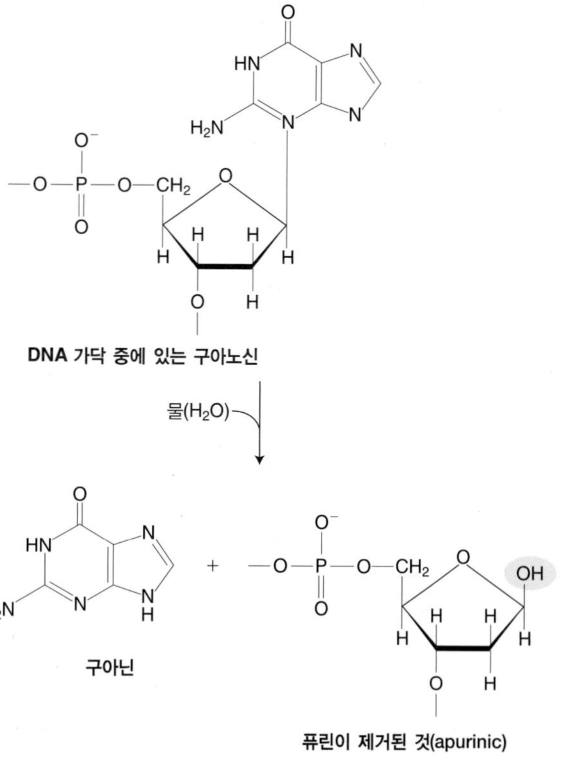

DNA 가닥 중에 있는 구아노신

물(H₂O)

구아닌

퓨린이 제거된 것(apurinic)

그림 **13-11** 염기의 탈퓨린화

명체들은 DNA에 이러한 화학적 변화를 일으킬 수 있을 정도로 에너지가 풍부한 빛의 파장에 노출될 수 있다.

③ 화학적 반응

DNA는 반응성이 높은 화학물질에 의해 손상받는다. 세포 내 대사과정에서 손상을 주는 물질은 두 종류로 나뉘는데, 아질산(HNO_2) 또는 질산염 같은 탈아미노 물질과 알킬화시키는 물질 등이 있다. 질소가 함유한 여러 유기분자에서 나온 아질산은 특히 염기의 탈아미노 작용을 강력히 촉진한다. 이러한 이유로 독성이 강한 세균의 증식을 막기 위해 이러한 화합물들을 식품방부제로 쓰고 있으며, 소량만 사용할 경우 식품보존에는 효과적인 것으로 알려져 있다.

④ 산화적 반응

DNA에 가장 돌연변이성이 강한 것은 산화적 손상이다. 과산화수소(H_2O_2), 하이드록시 라디칼(OH•), 그리고 초과산화물(superoxide radical, O_2^-) 같은 활성화 산소들은 유기호흡이나 빛에 의해 증가한다. 그러나 세포들은 카탈라아제(catalase), SOD(superoxide dismutase) 효소, 과산화효소(peroxidase) 등의 작용으로 활성산소들의 독성을 제거한다. 일부 활성산소들은 DNA에 산화를 일으켜 결국 DNA 가닥들을 끊어 놓기도 한다.

⑤ 효소적 반응

세포 내에서 DNA의 어떤 부분들은 효소에 의해 변형되기도 한다. 메틸화효소(methylase)에 의한 변형으로 아데닌과 시토신은 구아닌과 티민보다 더 자주 메틸화된다. 특히, 대장균 세포 내에 외부 생물체의 DNA가 들어오면, 자신의 DNA는 메틸화 효소에 의해 메틸화시켜 제한효소에 보호되게 하고, 메틸화되지 않은 외부 DNA는 제한효소에 의해 끊어지게 한다.

(4) DNA의 염기서열 분석

전기영동 기술을 이용한 긴 사슬의 DNA 염기순서를 결정하는, 즉 1차 구조를 밝히는 염기서열 서열화(sequencing)가 발달하여 유전자 구조분석에 획기적인 방법으로 사용되어왔다. A, T, G, C 염기를 가진 뉴클레오티드를 선별적으로 자르거나(화학적 시퀀싱 방법), dideoxy NTP 중에서 어느 하나가 DNA 사슬에 연결되면 DNA 합성효소가 다음 번 뉴클레오티드를 연결시키지 못하는 생거(Sanger)

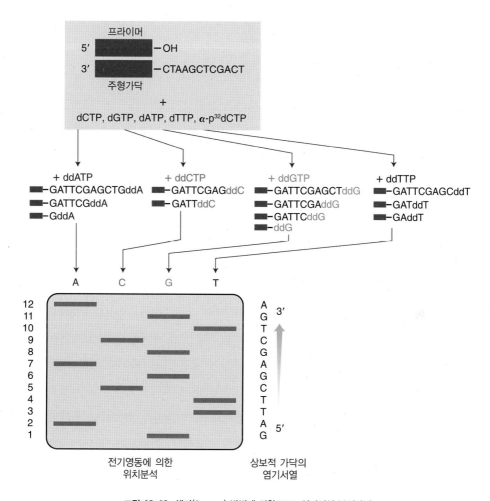

그림 13-12 생거(Sanger) 방법에 의한 DNA 염기서열 분석방법

방법 등으로 DNA상의 염기순서를 정하도록 하였다(그림 13-12). 최근에는 생거 방법이 발달하여 자동적으로 끝에 있는 A, T, G, C 염기들에 색깔이 다른 고유한 표식(tag)을 매달게 하여 이것들이 순서대로 레이저 탐지기로 식별되는 자동서열화 방법이 많이 사용되고 있다.

2. 유전자 구조

어느 생명체든 자신의 자손을 보존하기 위해서는 자신의 유전체를 정확히 복제해야 하며, 그렇다면 유전자는 어떠한 구조를 갖는 것일까? 그 유전체에서 유용한 유전자들이 전사되고 조절되어 발현되어야 한다.

핵산의 구조와 기능에 대한 이해를 기반으로 세포분열에 필요한 DNA 복제(replication), 복제 중 발생하는 잘못 복제된 DNA의 복구, DNA 상의 유전자를 발현시키는 RNA 전사(transcription), 단백질 합성(translation)기작, 유전자의 발현 및 조절기작 등을 이해하기 위해서는 유전자의 구조에 대한 이해가 필요하다.

원핵세포들은 유전체가 세포질에 노출되어 있고, 세대 기간이 짧아서 모든 일들이 거의 동시에 수행되지만, 핵 안에 유전물질을 갖고 있는 진핵세포들은 핵에서 전사된 RNA 분자들이 세포질로 나와야 단백질이 합성된다. 진핵세포의 유전물질 발현 및 조절과정은 원핵세포보다 더 복잡하여 진핵생물의 유전자 발현과 조절에 관한 기본을 이해하기 위해서는 원핵세포에서의 그 과정들을 먼저 이해하는 것이 필요하다. 한편, RNA를 유전체로 갖고 있는 레트로바이러스(retrovirus) 등은 역전사(reverse transcription)과정을 거친다(그림 13-13).

세균, 바이러스, 사람에 이르기까지 모든 생물체들은 각자의 유전체(genome) 분자를 갖는다. 사람의 세포핵에 있는 46개 염색체(chromosome) DNA를 그대로 꺼내어 길게 늘어놓으면 전체 길이가 약 2 m에 이른다. 이렇

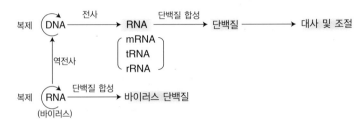

그림 13-13 일반적인 유전정보 물질의 흐름

게 가늘고 기다란 DNA들은 각각 사람 세포 내 좁은 핵 속에서 엄청나게 촘촘히 꼬여져 있다.

1) 유전자의 구성

유전자(gene)는 전사되어 하나의 폴리펩티드 또는 1차 RNA(hnRNA, pre-tRNA, pre-rRNA) 등을 만들어 낼 수 있는 길이의 DNA 부분이다. 원핵세포의 대부분 유전자는 mRNA 한 개에서 여러 개의 단백질을 만들어 내지만, 진핵세포의 대부분 유전자는 mRNA 한 개에서 단백질 한 개를 만들어 낸다. 그 밖의 tRNA, rRNA 들은 각각의 1차 전사체에서 필요 없는 부분을 제거한 후 성숙한 tRNA와 rRNA로 바뀐다. 진핵세포의 유전자는 엑손(exon)과 인트론(intron)으로 나누어져, 엑손은 단백질의 아미노산 서열을 지정하는 mRNA 부분을 구성하고, 인트론은 1차 전사체로는 전사되지만 세포질에 나온 mRNA에는 나타나지 않는 부분이다.

헤모글로빈의 β-단백질 유전자는 인트론 하나가 유전자의 반 이상을 차지하지만, 오브알부민(ovalbumin) 유전자의 경우에는 여러 개의 짧은 크기의 엑손들이 흩어져 있다(그림 13-14). 반면에 히스톤 유전자는 인트론이 없이 엑손 하나를 갖는다. 인트론 기능은 아직 정확히 알려져 있지 않다.

유전자 하나의 폴리펩티드 또는 RNA 분자를 만들어 내는 DNA 부위 전체를 말함

엑손 유전자가 전사가공된 후에도 최종 mRNA상에 남아 단백질로 합성되는 DNA 염기 서열 부분

인트론 DNA 유전자 서열 중에서 전사 후 가공과정에서 절단된 부분

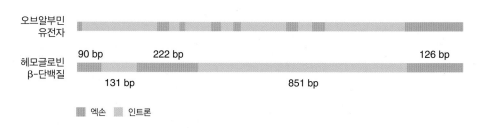

그림 **13-14** 진핵세포 유전자 중의 엑손과 인트론 위치

2) 염색체상의 유전자

대장균(*E. coli*)은 4,639,675개의 염기쌍을 가진 원형 DNA 구조이다. 여기에는 약 4,300개의 유전자가 단백질을 만드는 데 사용되고, 157개 정도의 유전자가 구조적 또는 촉매적 기능을 가진 RNA를 만들어 낸다.

　인간의 46개 염색체상에는 약 31억 쌍의 염기쌍이 있으며, 그들은 적어도 29,000 여개의 유전자를 갖는다고 알려졌으나, 실제로 생물학적 기능을 보이는 유전자는 조직세포에 따라 엑손과 인트론 부분이 달라져서 그보다 훨씬 많다. 그러므로 염색체상의 유전자 숫자는 중요하지 않으며, DNA의 길이가 길다고 더 많은 유전정보를 갖는 것이라고 볼 수는 없다.

3) 원핵세포의 염색체 DNA 특징

플라스미드　세균 염색체 DNA와 독립적으로 세포 내에 존재하며, 스스로 복제하는 작은 크기의 원형 DNA 물질로 고유한 유전자를 갖고 있음

대장균과 같은 전형적인 원핵생물의 유전체는 진핵세포의 그것과 비교해서 기본 DNA 구조는 같지만 특징적 차이가 있다.

- 하나의 커다란 원형 DNA 분자로 되어 있다.
- 이들은 염색체 DNA 이외에도 아주 작은 크기의 플라스미드(plasmid) DNA를 갖는 경우도 있다.
- 이들 DNA 분자들은 초나선형(superhelix) 구조로 상당히 꼬여 있으며, 특히 유전체 DNA는 루프 구조로 뭉쳐 있으며, 일부분이 세포막에 붙어 있기는 하지만 주로 세포질에 떠 있는 '핵양체(nucleoid)'로 되어 있다.
- 세포의 크기에 비해 길이가 상당히 긴 DNA는 세포질에 상당히 조밀하게 포장되어 있다. 그러므로 세포들은 DNA를 접어서(folding) 포장해야 하는 문제와 복제하거나 전사할 때 복제효소, 전사효소 등이 쉽게 접근하도록 DNA를 풀어놓아야 하는 문제를 동시에 해결해야 한다.
- 포장 해결방법으로는 DNA를 초나선형 감김(supercoil) 상태로 존재하게 한다.
- 초나선형 감김이란 말은 '감긴(coiled)' DNA가 또 감긴(coiling) 것을 표현

한 것이다. 원래 축을 중심으로 DNA 두 가닥이 이중나선형으로 감겨 있는데, 이것이 더 감겨진 것을 초나선형 DNA라 부른다(그림 13-15).

(a) 풀어진 상태

(b) 초나선형 상태

그림 13-15 원형 DNA의 형태

4) 진핵세포의 염색체 DNA 특징

진핵세포의 DNA는 핵 속에 있다. 세포분열이 끝난 세포의 DNA들은 히스톤 단백질 옥타머(8개 단백질)를 포장하듯이 감싼 뉴클레오좀 덩어리들이 염색질(chromatin)을 이루어 DNA 복제와 전사에 따라 역동적으로 그 모습이 바뀐다. 세포분열 시에는 이들이 더욱 뭉쳐서 염색체를 이룬다. 핵막은 핵공(nuclear pore)을 갖고 있어서 핵 내외로 분자들을 통과시킨다. 히스톤, DNA 복제효소, RNA 중합효소 등이 세포질에서 핵으로 들어가고, 핵에서 전사된 여러 크기의 RNA 분자들은 세포질로 나온다.

(1) 진핵세포의 염색체 DNA

- 진핵세포의 DNA는 대부분 여러 개의 DNA로 나뉘어져 있고, 그 각각은 서로 다른 길이의 긴 분자로서 염색약에 히스톤 단백질이 염색되므로 염색체라 부른다. 염색체 DNA의 크기와 갯수는 종에 따라 다르고, 같은 종 안에서도 각 염색체 DNA 크기가 서로 다르다. 이들 각 분자 길이는 보통 $10^7 \sim 10^9$ bp(염기쌍)에 달한다.

- 염색체 수는 종에 따라 완전히 다르다. 예를 들어, 호주 개미는 1개, 나비 종에서 어느 나비 종은 190개를 갖는 것도 있다. 원핵세포는 대부분 1개 염색체를 갖지만, 진핵세포는 암컷과 수컷에서 같은 염색체 하나씩을 받아서 두 개씩의 상동염색체로 존재한다. 예를 들어, 사람의 유전체는 22쌍의 서로 다른 상염색체(autosome)와 두 개의 성염색체(sex chromosome)로 구성되어 정상적인 사람의 염색체는 46개이다.

함께하기

세포에서 분리된 DNA 분자의 대부분은 음성적 초나선형으로 감겨 있다. 음성적 초나선형 감김이라는 것은 DNA의 이중나선이 풀리거나 또는 덜 감겨서(underwinding) 생겨난 것이다. 이러한 DNA는 복제하거나 전사될 때 DNA 가닥이 분리되려고 준비하고 있는 것 같다. 반면에 DNA가 양성적으로 초나선 감김을 하면, 즉 두 가닥의 DNA가 우선성으로 감긴 것이 같은 방향으로 더 감기면, DNA는 효과적으로 더 감기고 응축되어 DNA의 가닥분리가 어려워진다. DNA가 복제나 전사를 필요로 할 때 DNA의 초나선 감김을 풀어주는 것은 특정한 위상이성질화효소(topoisomerase)들이 해준다.

(2) 세포주기에 따른 DNA의 특징

진핵세포들은 세포주기에 따라 세포가 분열하고 성장한다.

- 체세포분열이 끝난 세포는 G1 단계로 들어가 핵막이 다시 생기면서 염색체 DNA는 대부분 덜 촘촘한 진정염색질(euchromatid)과 이질염색질(heterochromatid)로 바뀌면서 유전자 전사활동이 활발하다.

- 세포주기 S 단계에 오면 DNA 가닥들이 세로이 복제된다.

- 세포주기 G2 단계에 오면 복제가 끝난 DNA들이 히스톤 단백질에 포장되어 딸염색분체(sister chromatid)가 되어 분열 준비를 한다.

- 체세포 분열단계(Mitosis)에서 염색체들은 분리되어 두 개의 G1 단계 세포로 나누어진다. 분열된 G1 세포는 촘촘한 이질 염색질 구조, 덜 촘촘한 진정염색질, 완전히 DNA가 노출된 부분 등으로 시간에 따라 역동적으로 바뀐다(그림 13-16). 또한 염색사라 부르기도 하는 염색질은 핵에 분산되어 있어서 잘 보이지 않지만, 분열 시에는 촘촘한 뉴클레오좀들이 점차 염색체로 바뀌는 것이다.

세포주기 진핵세포는 한 세포분열에서 다음 세포분열까지 4단계의 세포주기를 갖는데, G1단계는 세포대사과정이 활성화되고 있는 단계이며, 다음 S단계는 DNA가 복제되는 단계이고, G2 세포분열 준비 단계를 지나 곧 체세포분열(M)단계로 염색체와 세포질이 나누어짐

뉴클레오좀 염색질의 기본 반복단위로서 4가지 히스톤 단백질이 두 개씩 모여서 8개의 옥타머(octamer)가 되어 약 146개 염기쌍의 DNA 길이가 그를 둘러싸면서 포장된 단위를 말함

염색질 체세포 분열 후 핵 내에 존재하는 느슨하게 풀어진 상태의 염색체 구조로서 현미경상에서 체세포분열 때의 염색체와 다른 구조를 보여 줌

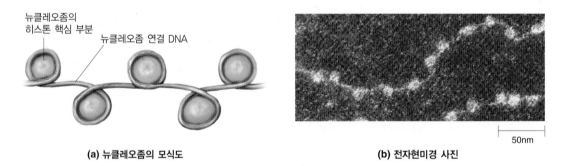

뉴클레오좀의
히스톤 핵심 부분   뉴클레오좀 연결 DNA

50nm

(a) 뉴클레오좀의 모식도   (b) 전자현미경 사진

그림 **13-16** 뉴클레오좀으로 구성된 염색질 구조

3. DNA 복제, 변이, 수선 및 재조합

DNA는 유전정보를 안정적으로 저장하고 있는 기구로서, 한 세대에서 다음 세대로 변함없이 전달되어야 한다. 그러므로 세포는 세포분열 전에 자신의 DNA를 두 배로 증가시키는 DNA 복제과정(replication)이 필요하고, 그 복제품은 서로 똑같아야 한다. 복제과정에는 많은 단백질과 효소 그리고 DNA 등이 참여해서 동일한 DNA 복사본을 만들어 낸다.

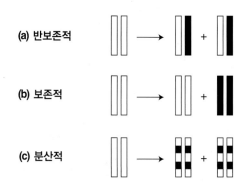

그림 **13-17** 세 가지 DNA의 복제가설(흰색은 원래 가닥, 검정색은 새로이 합성된 가닥을 표시)

1) DNA 복제

(1) DNA 복제 원리

① 반보존적 DNA 복제

'DNA 이중나선 모델'이 발표된 이후 복제기작에 대해 반보존적, 보존적, 무작위 분산 등의 복제 가설이 각각 제시되었다. 메셀슨(Messelson)과 스탈(Stahl) 등은 DNA 복제가 반보존적이어서 복제 전의 한 가닥이 새로이 합성된 가닥과 염기쌍을 이룬다고 하였다(그림 13-17).

② 복제시작점과 양방향성 복제

- 케언즈(Cairns)는 ^{3}H-티미딘이 들어 있는 배지에서 대장균을 배양하여 X-ray 필름에 노출시켜 DNA 분자의 이미지를 만들었다. 그 결과 DNA는 하나의 루프를 보였다. 즉, 한 곳의 복제시작점(origin of replication, ori)에서 복제가 시작되는 것을 알 수 있었다.

- ori 지점에서 복제가 어느 방향으로 시작하는가를 알아보려고 T2-파아지 DNA의 AT 염기쌍이 풍부한 지역을 선택적으로 변성시켜 복제시켰더니 양

복제시작점　대장균 같은 원핵세포의 DNA 복제 시작은 한 군데에서 양쪽 방향으로 복제가 시작됨

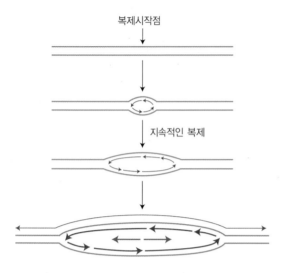

복제시작점

지속적인 복제

그림 **13-18** 복제시작점에서 양쪽 방향으로 복제되는 DNA

쪽으로 버블(bubble)이 커져가는 것을 확인하였다(그림 13-18). 즉, 두 DNA 가닥은 동시에 복제되고 있으며, 원형의 세균 DNA 복제는 양쪽 방향(bidirectional)으로 진행됨을 알았다.

• 원형의 DNA 분자는 하나의 복제시작점에서 양쪽 방향으로 복제하고, 진핵세포 DNA와 같이 일직선의 긴 DNA들은 시작점이 여러 개 있으며 각 시작점에서 양쪽 방향으로 복제를 시작한다.

(2) 원핵세포 DNA의 복제

세균의 DNA 복제는 원형 DNA상의 1개 복제시작점에서 시작되는데, 나선형 DNA 부분이 더욱 풀리면서 복제되는 신장과정을 거쳐 복제가 완성되고 종결된다.

① 개시단계: 복제시작점과 DNA 나선의 풀림

• 대장균의 복제 개시단백질(DnaA)이 복제시작점에 결합하여 약간의 DNA 부분이 풀리면 헬리케이즈(helicase) 효소가 수소결합을 끊어서 나선형을 조금 더 길게 풀어준다.

• 단일가닥 결합(single-strand binding, SSB) 단백질이 풀어진 단일가닥 DNA에 결합하여 복제되는 동안 풀린 상태를 일정기간 유지하게 한다.

• DNA가 계속 풀려나가게 하기 위해서는 DNA 자이레이즈(gyrase)도 관여하는데, 이는 복제분기점(replication fork) 앞에서 이중나선이 풀리는 것에 대항하는 회전압력을 감소시켜 나선형이 아무 무리 없이 풀려나가게 하는 것이다.

• DNA 복제효소 III(DNA polymerase III)은 새로운 뉴클레오티드를 주형 DNA 가닥의 염기들과 상보적으로 염기쌍이 이루어지도록 3′-OH 말단기를 가진 프라이머(primer)가 필요하다.

복제분기점 복제가 시작하면 두 가닥 DNA가 풀려나가면서 Y자 모양의 분기점이 복제 방향으로 나아감

주형 핵산의 상보적 가닥 합성에 필요한 정확한 정보를 보여 주는 DNA 또는 RNA 사슬. RNA 합성은 DNA 주형이 필요하고, DNA 복제에는 상보적인 양쪽 DNA 사슬이 주형으로 쓰임

프라이머 DNA 주형에 있는 짧은 길이의 RNA로서 복제개시점에서 DNA 뉴클레오티드가 부착할 수 있도록 3′-OH 기를 제공함. 짧은 RNA 조각이 프리마제(primase)효소에 의해 일시적으로 만들어진 것

표 13-2 주요 *E. coli* DNA 복제효소 활성 비교

특 성	DNA 복제효소		
	I	II	III
유전자 명칭	*polA*	*polB*	*polC*
소단위체 숫자	1	7	≥ 10
분자량	103,000	88,000	791,500
3′ → 5′ 핵산말단가수분해효소(교정)	있음	있음	있음
5′ → 3′ 핵산말단가수분해효소	있음	없음	없음
중합속도(뉴클레오티드/초)	16~20	40	250~1,000
진행도(processivity, nt/초)	3~200	1,500	> 500,000
DNA 합성의 활성	프라이머 제거	DNA 수선과정	DNA 합성 주 효소(신속함)

- 프리메이즈(primase) 효소가 일부 DNA 가닥을 주형(template)으로 삼아 약 10~12개 길이의 RNA 뉴클레오티드로 프라이머를 합성한다. 프라이머가 RNA로 만들어지는 이유는 프리메이즈 효소가 RNA 중합효소이므로 그 효소는 프라이머 없이 주형 DNA 염기서열과 염기쌍을 이루는 RNA 폴리뉴클레오티드를 형성하기 때문이다.

② 신장단계

RNA 프라이머가 만들어지면 주형 DNA 가닥의 염기와 염기쌍을 이루는 새로운 DNA 뉴클레오티드가 프라이머의 3′-OH에 연결되면서 DNA 복제가 계속되고 새로운 가닥이 신장되어 간다. DNA 복제효소에는 여러 종류가 있는데, DNA 복제효소 I과 III은 주로 DNA를 합성하고, II, IV, V 등의 복제효소는 잘못된 부분을 수선하는 데 사용된다(표 13-2).

DNA 복제효소 III(DNA pol III)은 DNA를 복제하는 주요 효소로서 10개의 단위 단백질체로 구성되어 있으며, 신장되고 있는 DNA 가닥의 3′-말단에 새로운 뉴클레오티드를 첨가시켜 5′-말단에서 3′-말단으로 DNA가 신속히 길어지게 한다(5′→3′ polymerization). 그러므로 속도가 느린 DNA 복제효소 I 보다 복제효소 III이 주 역할을 한다.

이때 잘못된 염기의 뉴클레오티드가 들어오면 DNA 복제효소 III의 복합체에서 핵산말단가수분해효소(3′→5′ exonuclease) 활성을 가진 효소가 이를 제거한다. DNA pol III가 갖고 있는 이 두 가지 서로 다른 효소 활성으로 DNA 분자는 정확하고 신속하게 효과적으로 복제될 수 있다.

3′→5′ 핵산말단가수분해
효소 잘못 들어간 염기들을
3′→5′ 방향으로 제거하여 다
시 복제가 계속되도록 함

5′→3′ 핵산말단가수분해
효소(5 → 3′ exonuclease)
지연가닥의 오카자키 조각의
RNA 프라이머를 제거하여
pol I이 다시 그 자리를 복제하
게 함. 또한 pol I에게 DNA 복
구 시에 틈 등이 생기면 5′→
3′ 방향으로 잘못된 부분을
제거하게 함

합성이 항상 5′→3′ 쪽으로 진행된다면, 어떻게 역방향성을 갖는 DNA 가닥들이 동시에 복제될 수 있는가? 만약 양쪽 가닥이 연속적으로 합성된다면 한쪽은 3′→5′으로 합성되어야 하는데 생화학적으로 그것은 이루어지지 않는다. 이러한 의문점을 1960년대 오카자키(Okazaki) 연구팀이 밝혀냈다. 한쪽 가닥이 짧게 합성된 후 이것들이 다시 이어지는 것을 발견하였다. 그는 RNA 프라이머와 연결되어 있는 약 1,000개 길이의 이 짧은 DNA 단편을 '오카자키(Okazaki) 조각'이라고 하였다. 결국 한쪽은 첫 번째 프라이머에서부터 연속적으로 합성되고, 다른 쪽은 불연속적으로 합성되는 것이다. 연속적인 가닥 또는 선도가닥(leading strand)은 복제가 5′→3′ 방향으로 계속 진행되어 가고, 불연속적 합성가닥 또는 지연가닥(lagging strand)은 복제분기점(replication fork)이 움직여 가는 방향과 반대방향으로 진행하는 것이다 (그림 13-19). 이때 복제분기점이 움직이는 방향은 지속적으로 두 가닥의 DNA 나선이 풀려가는 방향이 되며, 이 방향으로 선도가닥은 초기의 프라이머에서 DNA 합성이 계속 진행되고, 지연가닥 합성은 불연속적인 오카자키 조각의 DNA로 합성되어야 하므로 새롭게 풀린 지역에서 새로운 프라이머가 만들어져야 한다.

DNA pol III의 신속성은 복제효소의 베타(β) 단위체가 주형 DNA에 걸쇠(clamp) 역할을 하여 복제하는 동안 효소가 주형 DNA에서 떨어지지 않고 계속 붙어 있게 하기 때문이다. 이 걸쇠가 주형에서 풀려져 나오면 합성이 일시 정지된다. 복제분기점에서는 두 가닥의 합성이 동시에 일어나므로 지연가

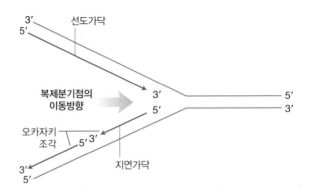

그림 **13-19** 복제분기점에서의 선도가닥과 지연가닥 복제

닥의 주형은 둥그런 고리를 형성하여 5′→3′ 방향으로 복제가 일어날 수 있는 위치에 놓인다. 이러한 방법으로 DNA 복제효소 III은 양쪽 주형이 서로 반대 방향인데도 불구하고 동시에 5′→3′ 방향으로 복제가 진행할 수 있게 한다. 약 1 Kb 길이의 새로운 DNA가 합성되면 효소가 지연가닥에서 떨어져 나오고 새로운 복제분기점 프라이머에서 새로운 DNA 조각을 복제한다.

먼저 발견된 DNA pol I(DNA polymerase I 또는 Kornberg 효소)은 DNA pol III처럼 중합효소(5′→3′ polymerase) 활성과 핵산말단가수분해효소(3′→5′ exonuclease) 활성을 동시에 갖고 있어서 잘못 삽입된 뉴클레오티드를 제거하여 교정하는(proofreading) 능력이 있으며, DNA pol III에는 없는 핵산말단분해효소(5′→3′ exonuclease) 활성으로 오카자키 조각에서 RNA 프라이머 부분을 제거한 후 비어 있는 부분을 pol III 효소가 계속 합성하게 한다.

③ 종결단계

두 가닥의 복제분기점이 서로 반대 방향에서 돌아오면서 만나면 복제가 종결된다. 앞쪽의 뉴클레오티드와 인산다이에스테르결합이 끊어진 틈(nick)을 DNA 연결효소(DNA ligase)가 연결시켜 DNA 복제를 사실상 완결시킨다. 일부 특정 종결서열이 복제를 종결시키는 경우도 있다.

틈(nick) 뉴클레오티드와 뉴클레오티드가 연결될 때 인산다이에스테르결합이 안 되어 서로 끊어져 있는 상태를 말함. DNA 리가아제(ligase, 연결효소)가 이를 연결해줌

④ 복제의 정확성

복제과정에서 오류가 생기는 비율은 10억 개 뉴클레오티드 당 1개 정도이다. 이렇게 정확한 복제가 가능한 이유는 교정(proofreading)과 수선(repair) 때문이다.

DNA 복제효소는 주형가닥에 있는 염기와 상보적인 뉴클레오티드만으로 염기쌍을 형성시켜 가는데, 이때 생기는 염기쌍의 잘못된 오류는 앞서 설명한 핵산말단가수분해효소 활성의 교정과정으로 복구한다. 또한 복제가 끝난 다음에 잘못 연결된 부정합 DNA는 또 다른 복제효소 분자가 잘못된 염기짝을 제거하고 교정시킨다(수선과정 mismatch repair). DNA의 2차 구조상에 변형이 생기면 효소가 이를 인식하여 잘못된 뉴클레오티드를 잘려나가게 하고 원

래의 주형과 상보적인 뉴클레오티드가 들어오도록 한다. 즉, 복제의 정확성은 뉴클레오티드의 선택과 교정 및 부정합 DNA 수선으로 얻어진다.

(3) 진핵세포의 DNA 복제

진핵세포의 복제는 전반적으로 세균 DNA 복제과정과 유사하다. 그러나 진핵세포 DNA는 원핵세포의 DNA보다 길고 복잡한 구조를 형성하고 있기 때문에,

- 여러 개의 복제시작점을 가진다.
- 선형의 DNA를 가지므로 끝부분의 말단소체(telomere) 구조의 복제 기작에는 텔로머레이즈(telomerase) 효소가 작용한다.
- 뉴클레오좀 구조를 가지므로 감겨있는 DNA를 풀어주어야 한다.

① 복제시작점

복제시작점은 여러 곳에 산재되어 있으며, 그 염기서열을 조사해 보면 100~120개의 염기쌍이 GC 염기쌍보다 수소결합이 적은 AT 염기쌍을 많이 갖고 있다. 이곳에 결합하는 단백질 복합체가 복제시작을 알려준다.

진핵세포는 세포주기 동안 단 한 번만의 복제가 이루어지도록 조절한다. 복제가 정확히 조절되는 것은 복제시작이 두 단계로 되어 있기 때문이다. 첫째는 복제시작점에서 복제가 일어나도록 준비하는 단계가 있으며, 두 번째는 복제가 준비된 복제시작점에서만 복제가 시작되게 한다. 그러므로 한 세포가 두 세포로 분열할 때 DNA는 한 번만 복제하므로 각 딸세포에 한 세트씩의 DNA를 갖게 하는 것이다.

② 이중나선 DNA의 풀림

진핵세포에서도 원핵세포와 비슷한 단백질들이 DNA를 풀어주고 단일가닥 결합단백질(SSB)들이 이를 유지시켜 주어 복제가 시작되도록 해준다.

③ 진핵세포 DNA 복제효소

복제효소들은 복제, 재조합, DNA 수선 등에 관여한다. 진핵세포에는 그 단백질의 분자량, 세포 내 작용 위치, 억제물질에 대한 감수성, 작용하는 주형 또는 기질에 따라 여러 종류의 DNA 복제효소가 존

재한다. 진핵세포는 5가지 서로 다른 복제효소 α, β, γ, δ, ε 등을 갖는다.

- 복제효소 α는 여러 단위체 단백질들의 복합체로서 프리메이즈(primase) 효소활성도 있고, 복제하는 활성도 갖고 있지만, $3' \rightarrow 5'$ 핵산말단가수분해효소(exonuclease)의 활성이 없어서 교정능력이 없다.
- 복제효소 δ는 원핵세포의 DNA pol III과 같은 역할을 한다. 오카자키 조각에 있는 RNA 프라이머는 RNA 분해효소(RNaseH)가 제거시킨다.
- 복제효소 β와 ε은 DNA 복구과정에 관여한다. 복제효소 γ는 미토콘드리아 DNA를 복제하는 데 쓰인다.

진핵세포 DNA의 복제기구는 원핵세포의 그것과 비슷하지만 다음과 같은 차이가 있다.

㉠ 유전체의 크기가 엄청나게 크다. 대장균은 460만 여개의 염기쌍을 복제하지만, 사람은 31억 개 이상의 염기쌍을 복제해야 한다.

㉡ 대장균은 염색체가 하나이지만, 사람의 그것은 46개로 나누어져 있는 것을 모두 복제해야 한다.

㉢ 대장균의 염색체는 원형이지만, 사람 염색체는 일직선의 선형이다. 선형의 DNA는 매번 복제 때마다 끝 부분이 조금씩 없어진다.

㉠과 ㉡은 여러 개의 복제시작점으로 해결한다. ㉢의 경우 또한 DNA 복제가 항상 $5' \rightarrow 3'$ 방향으로만 일어나므로 지연가닥의 맨 마지막 5'-말단 부분의 RNA 프라이머 부분이 제거되면 이를 DNA로 메꿔 줄 방법이 없다. 그러나 말단 부분이 말단소체(telomere)로서 특수한 염기서열이 수없이 반복되고 있고, 복제효소 텔로머레이즈(telomerase)가 DNA 끝 부분을 짧아지지 않도록 복제해주고 있다.

말단소체 진핵세포 염색체 DNA의 말단부분

텔로머레이즈 단백질과 RNA로 구성된 효소로, 말단소체를 복제시킴. 효소의 RNA는 말단소체의 반복 서열에 상보적임

2) DNA 변이와 수선

DNA는 환경으로부터 방사선, 화학적인 돌연변이원 그리고 자연발생적인 변화 등에 노출되어 손상을 입게 된다. 그러한 반응들이 자주 일어나지는 않지

만, 손상이 치명적일 수 있고, 그로 인한 변이가 세대에서 세대로 이어질 수도 있다. 이에 비해 단백질이나 RNA 분자들은 여러 개를 만들어 잘못된 것은 쓰지 않고 버리며 잘못이 없는 단백질이나 RNA를 선택해서 사용할 수 있으며, 한 세대에서만 일어나는 현상이다. 그러므로 세포에서 DNA만은 복제나 세포 생장이 일어나는 동안 손상이 발생하지 않도록 해야 하며, 손상이 발생했을 경우 이를 복구 또는 수선해야 하는 유일한 분자인 것이다.

(1) DNA 돌연변이와 돌연변이원

DNA 복제과정 중 실수로 서로 맞지 않는 염기쌍 결합이 일어나면 DNA 손상의 주된 원인이 될 수 있다. 이와 같이 염기서열에 변경이 일어나고, 그것이 복구되지 않으면 유전적인 돌연변이가 발생한

표 13-3 _E. coli_에서 DNA 복구 시스템의 종류

손상 결과	복구 관련 효소 및 단백질
잘못 이룬 염기짝	부정합 DNA 수선 • Dam 메틸화효소(Dam methylase) • MutH, MutL, MutS 단백질 • DNA 헬리케이즈 II • SSB • DNA 중합효소 III • 핵산말단가수분해효소 I • 핵산말단가수분해효소 VII • 핵산분해효소 • 핵산말단가수분해효소 X • DNA 연결효소(ligase)
비정상적 염기(Uracil 등), 알킬화된 염기, 피리미딘–이합체	염기–절제 복구 • DNA 글리코실레이즈(glycosylase) • AP 핵산내부가수분해효소(endonuclease) • DNA 중합효소 I • DNA 연결효소(ligase)
DNA 구조가 변경된 지역	뉴클레오티드–절제 복구 • ABC 핵산말단가수분해효소 • DNA 중합효소 I • DNA 연결효소(ligase)
피리미딘–이합체, O^6–메틸구아닌(O^6–methylguanine)	직접 복구 • DNA 광분해효소(photolyase) • O^6–메틸구아닌–DNA 메틸전이효소(methyl transferase)

다. 돌연변이가 일어난 유전자는 아미노산 서열이 바뀐 단백질을 생산하여 세포의 정상적인 기능을 손상시킬 수 있다. 그러므로 세포들은 여러 효소 및 단백질들이 관여하는 복구시스템을 작동시켜 원래의 DNA로 복구시킨다(표 13-3).

　복제가 끝난 후에도 다양한 화학물질들이 DNA 내 특정 염기를 변화시킬 수 있는데, 이들을 돌연변이원이라 한다. 여러 염기치환제, 알킬화 제제, 탈아미노기 제제, 그리고 자외선 및 방사선 등이 돌연변이원(mutagen)이 될 수 있다. 어떤 화학물질이 돌연변이를 일으킬 가능성이 있는가를 알아보는 방법에 에임즈 시험법(Ames test)이 있다.

(2) 돌연변이원에 의한 DNA 손상

① 염기의 알킬화

DNA에서 음전하를 띠는 인산과 부분적인 음전하를 띠는 염기에 주변의 전자친화물들이 공격하여 알킬기를 추가시켜 알킬화시킨다. 이런 알킬화된 염기들은 DNA 복제 시 잘못 복제되는 실수가 발생하고 돌연변이가 될 확률이 높아진다.

② 자외선

자외선은 DNA상의 연속된 피리미딘 염기를 연결시켜 피리미딘 이합체를 만든다(그림 13-20). 이러한 이합체들은 염기쌍 결합을 깨뜨려서 복제가 중단되거나 다음 세대에 부정확한 염기쌍이 형성되는 결과를 가져온다.

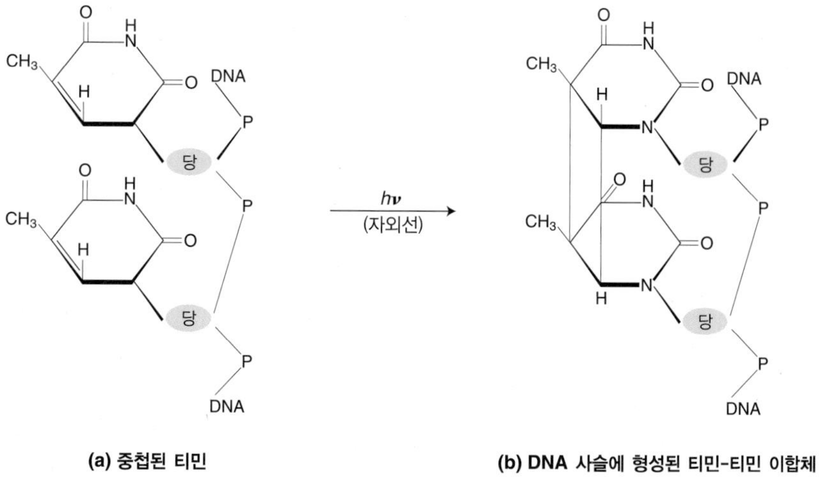

(a) 중첩된 티민　　　　　　**(b) DNA** 사슬에 형성된 **티민-티민** 이합체

그림 **13-20** 자외선에 의해 생성된 T-T 이합체

③ 감마선 및 X-선

에너지가 큰 감마선과 X-선은 DNA 주변의 물 분자를 이온화시켜 DNA에 손상을 가하게 한다. 특히, 산소 또는 질소 자유라디칼들을 만들어 DNA를 공격함으로써 DNA 가닥이 끊어지기도 한다.

(3) 일반적인 DNA 복구과정

대부분의 생물체들은 유전정보를 보호하기 위한 DNA 복구시스템을 갖고 있다. 손상된 부분이 유전될 수 있는 돌연변이로 나타나기 전에 DNA손상을 복구시키는 기구들을 갖고 있는 것이다. 이들은 대개 변경되지 않은 주형가닥의 염기 순서를 이용하여 변경된 가닥의 염기들을 아래와 같이 복구한다.

• 변경된 염기를 인식한다.
• 그 염기를 제거한다.
• 그 틈을 DNA 복제효소와 DNA 연결효소가 복구한다.

DNA 수선 기작에는 대부분 뉴클레오티드 두 가닥 모두 필요하다. DNA가 복구될 때에는 염기서열을 결정해 줄 주형가닥이 필요하기 때문이다. 또한 DNA 수선은 여러 수선 경로를 통해 교정될 수 있으므로 거의 모든 잘못들이 교정된다. 수선 교정기작에는 다음의 네 종류가 있다.

① 부정합 DNA 염기쌍의 수선

복제과정에서 잘못 맞추어진 부정합(mismatch) 염기 짝의 복구능력은 복제효소가 갖고 있다. 예를 들어, 대장균 DNA pol III의 $3' \rightarrow 5'$ 핵산말단가수분해효소 활성은 교정능력이 있어서 짝을 잘못 이루고 지나간 그곳을 바로 스스로 인식하여 일부를 제거한 후 다시 $5' \rightarrow 3'$ 방향으로 올바르게 복제해 나간다. 이 작용은 염기쌍 간의 수소결합이 잘못되면 복제효소의 합성 속도가 느려짐으로써 효소의 합성작용 활성 부위에서 핵산말단가수분해효소 활성부위로 효소작용이 바뀌게 한다.

부정합 DNA 수선 효소 즉, DNA pol I은 잘못 들어온 새로운 염기쌍의 비틀어진 부분을 잘라내고 본래의 DNA 가닥을 주형으로 내세워 새로운 뉴클레오티드로 빈 공간을 채워준다.

잘못된 염기 짝을 복구하는 또 다른 방법은 그 위치를 인식한 효소들이 잘못된 염기에서 좀 떨어진 부분을 핵산내부가수분해효소(endonuclease)에 의해 사슬을 끊어준 후 핵산말단가수분해효소(exonuclease)에 의해 잘못된 염기 짝까지 제거하고 이를 DNA pol III에 의해 복구시키는 과정이다.

② 직접 수선

손상된 지역을 복구효소가 직접 제거한 후 복구하는 경우도 있다. 자외선 등의 노출로 인하여 생긴 피리미딘 이합체의 경우 이를 광학적 힘으로 자르는 것이다. 모든 세포들은 빛에 의해 재활성화되는 DNA 광분해효소 (DNA photolyase)를 갖고 있다. 이 효소는 빛 에너지를 이용하여 피리미딘 이합체를 직접 분해하여 정상적인 피리미딘으로 복구해 낸다(그림 13-21).

③ 염기절제 수선

그 밖에 염기절제 수선(base excision repair)이 있는데, 손상된 염기들을 DNA글리코실 가수분해효소로 끊어낸 다음 AP(apurinic) 핵산내부가수분해효소가 이 부분을 인식하여 자르고 나면 디옥시리보오스 인산디에스테라아제(deoxyribose phosphodiesterase) 효소가 인산 단위를 자른 후 다시 DNA pol I이 이를 복구한다(그림 13-22).

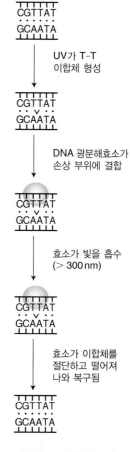

그림 **13-21** 광분해효소의 작용 모델

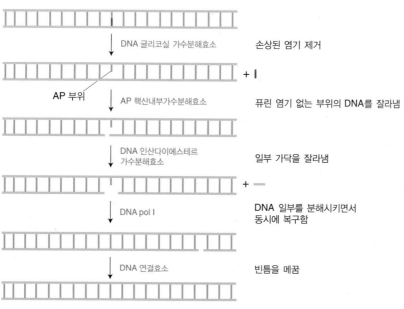

그림 **13-22** 대장균 DNA의 염기절제 수선

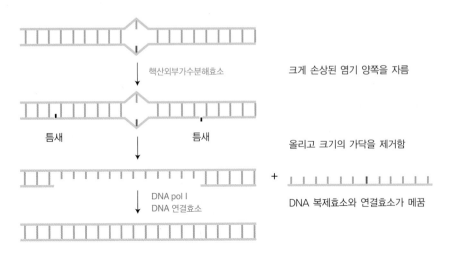

그림 **13-23** 대장균의 뉴클레오티드 절제 수선

④ 뉴클레오티드 절제 수선

피리미딘 이합체처럼 부피가 커진 DNA 손상을 제거하는 과정이다. 이 방법은 가장 중요한 수선과정의 하나이다. 관련되는 효소 복합체가 DNA를 살펴보고 구조적으로 비틀려 있는 지역을 찾아내어, 두 가닥을 서로 분리하여 단일가닥 결합단백질(SSB)을 결합시켜 이를 안정화시킨다. 그 다음 손상된 양 가닥의 당-인산 골격이 절단된다. 제거된 부분은 DNA pol I이 메우고 DNA 연결효소(ligase)가 봉합한다(그림 13-23).

3) 재조합

재조합은 DNA 분자 간의 물리적 교환이다. 이러한 교환이 유사한 DNA 분자 사이에서 일어날 때 상동성 재조합이라고 한다. 이 과정은 상동염색체 간의 교차과정에서도 일어난다. 재조합 방법은 DNA 분자들 간에 유전물질이 상호 교환되어 재배열되기 때문에 유전적 다양성이 증가된다. 이러한 재조합 과정은 대개 DNA 복제 또는 복구과정과 밀접히 관련되어 있다.

(1) 재조합 모델

재조합 기작에는 일반적 재조합이라 할 수 있는 상동성 재조합(homologous genetic recombination),

위치특이성 재조합(site-specific recombination) 그리고 유전체 전이과정(transposition) 등이 있다.

- **일반적 재조합 과정**   상동성 서열을 갖는 두 DNA 사이에서 유전물질이 교환되어, 유전적 다양성을 만들어 낸다. 또한 상동성 재조합 과정은 두 가닥에 모두 이상이 생겼을 때 DNA를 복구하는 기작이기도 하다. 먼저 한 염색체의 뉴클레오티드 가닥 하나가 상동염색체의 다른 가닥과 정확하게 정렬되고, 같은 자리에 DNA 가닥절단이 생기어 DNA 일부가 정확히 교환된 다음에 조각들이 다시 연결된다.

- **위치특이성 재조합**   재조합 효소가 특정 위치를 인식하고 끊어서 새로운 DNA 조각과 이어준다. 이것은 DNA 끼어들기(integration) 과정과 유전자 발현을 조절하는 기작을 이해하는 데 용이하다.

- **유전체 전이과정**   자유롭게 이동하는 전이인자(transposon)에 의해 염색체와 염색체 내부 또는 그 사이에 DNA 조각의 이동과 끼워 넣기를 주도하는 과정이다.

(2) DNA의 제한과 변형

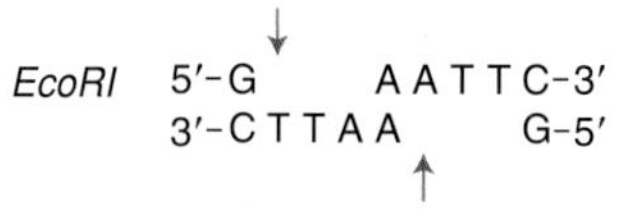

최근 생화학 역사에서 가장 중요한 발견 중의 하나가 대략 4~8개 정도의 특정 염기서열을 가진 DNA 내부를 절단하는 제한효소 (restriction enzyme) 또는 제한적 내부가수분해효소(restriction endonuclease)이다. 예를 들어, EcoRI 효소는 GAATTC와 같이

```
            ↓
EcoRI   5′-G        AATTC-3′
        3′-CTTAA        G-5′
                        ↑
```

그림 13-24 EcoRI 제한효소에 의한 DNA 절단

이중나선의 중앙축을 기준으로 G와 A 사이를 절단한다(그림 13-24). 일부 세균들은 이미 제한효소를 갖고 있으며, 이 때 세균은 자신의 DNA상에 있는 특정 염기를 메틸화하여 자신의 제한효소 공격으로부터 보호하려고 한다. 이러한 변화들을 DNA 변형(modification)이라 한다. 어떤 바이러스 DNA가 메틸화되는 변형이 일어나지 않으면 숙주세포의 제한효소가 이를 공격하여 절단해 버려 숙주세포에서 증식하지 못한다. 반대로 바이러스 DNA가 숙주세포의 변형효소에 의해 변형되면 숙주세포의 제한효소가 이를 절단하지 못하고, 바이러스 DNA는 성공적으로 복제되어 바이러스가 증식된다.

제한효소에는 특정 위치의 이중나선 DNA를 절단하는 EcoRI, BamHI 등 수십가지가 있으며(표 13-4), 변형효소에는 DNA의 특정 염기, 특히 시토신 또는 구아닌 등을 메틸화시키는 DNA 메틸화효소 등이 있다. 제한효소의 명명은 그 단백질을 만드는 균주의 속명의 첫 글자를 대문자로 쓰고, 다음에는 그 균주의 종명의 처음 두 개 글자를 붙여서 쓰고, 그 명칭 뒤에 쓰인 글자는 발견자가 정한 글자 등이 쓰인다. 예를 들어, EcoRI은 종명 Escherichia의 E와 종명 coli의 co를 붙여서 만든 것이다.

표 13-4 몇 가지 제한효소와 그 인지서열

제한효소	미생물원	인지서열	생성되는 말단		
AluI	Arthrobacter luteus	5′–AG·CT–3′	5′–AG 3′–TC	+	CT–3′ GA–5′
BamHI	Bacillus amyloliquefaciens	5′–G·GATCC–3′	5′–G 3′–CCTAG	+	GATCC–3′ G–5′
EcoRI	Escherichia coli	5′–G·AATTC–3′	5′–G 3′–CTTAA	+	AATTC–3′ G–5′
HindIII	Haemophilus influenzae b	5′–A·AGCTT–3′	5′–A 3′–TTCGA	+	AGCTT–3′ A–5′
PstI	Providencia stuartii	5′–CTGCA·G–3′	5′–CTGCA 3′–G	+	G–3′ ACGTC–5′

(3) 유전공학(Genetic Engineering 또는 재조합 DNA 기술)

유전공학 기술이 일반화되기 전에는 선택적 교배방법으로 생물체의 유전적 특징을 변형시켜 왔다. 그러나 최근 재조합 DNA 기술이 발달하여 생물체의 일부 유전정보를 인위적으로 바꿀 수 있는 방법이 개발되었다. 이 기술들은 특정 DNA를 확인·분리하여 다른 생물체에 삽입시키고 증폭시켜 발현시키려는 데 주요 목적이 있다. 주요 방법들을 소개하면 다음과 같다.

① 제한효소에 의한 특정 DNA 자르기

앞에서 설명한 여러 제한효소들은 특정한 염기서열을 인식하여 DNA가 끊어지게 한다. 보통 4~8개까지의 특정 염기서열을 인식하는 제한효소는 DNA를 뭉뚝하게(blunt) 자르거나 한쪽 가닥이 단일가닥이 되게(sticky-end) 자른다.

② DNA 연결효소(ligase)

서로 다른 두 DNA 단편을 단단하게 연결시키는 효소이다. 대개 단편으로 끊어진 인산다이에스테르 결합을 이어준다.

③ 플라스미드 벡터(plasmid vector)

대장균과 같은 세균들은 유전체 DNA와 별도로 작은 크기의 원형 DNA를 갖는다. 이들은 세균 복제효소를 이용하여 여러 번 복제할 수 있고, 항생제 내성 유전자와 같은 특정한 유전자를 갖는다. 자연적인 플라스미드를 인공적으로 재조합시켜 만든 플라스미드 벡터가 유전공학 기술에서 유전자를 형질전환시키는 데 쓰인다. 재조합된 플라스미드에는 스크리닝에 편리한 항생제 내성 유전자가 있고, 그 유전자 내부에 특정 제한효소 인식 DNA 서열을 넣거나, 외부 유전자를 발현시키는 데 좋은 프로모터 DNA를 연결시키게 한다. 플라스미드 벡터 DNA는 그 크기가 비교적 작고, 삽입되는 외부 유전자도 크기가 작다. 더욱 기다란 DNA를 삽입시킬 때는 viral DNA 벡터를 사용한다.

④ cDNA 합성

에이즈를 발병시키는 HIV-1 바이러스와 같은 레트로바이러스들은 역전사효소를 가지고 있어서 RNA 정보를 DNA로 만든다. 이를 이용하여 진핵세포의 mRNA를 cDNA(complementary DNA)로 바꿀 수 있다. cDNA는 인트론 부분이 빠져서 엑손 부분만의 정보를 가진 DNA를 제조하므로 이를 클로닝하여 유용 유전자를 발현시키는 데 좋다.

⑤ PCR(Polymerase Chain Reaction) 기술

특정 부위의 DNA를 반복적으로 복제시키는 방법으로서 아주 소량의 유전물질을 다량 합성할 수 있다. 특정 염기서열의 양쪽 프라이머 사이의 염기서열을 정확히 다량 복제하므로 질병의 진단 등에 유용하게 사용한다.

⑥ 클로닝(cloning)

플라스미드 벡터 또는 viral 벡터 등에 외부 DNA를 동일한 제한효소로 끊어서 삽입시켜 재조합 DNA를 만들고, 숙주세포에 물리적 힘으로 집어넣어 숙주세포를 형질전환시킨다. 형질전환된 세포만 찾아내어 배양시킨 세포를 클론(clone)이라 하고 이 클론을 얻는 과정을 클로닝이라 한다.

클론　전체 또는 일부 유전자를 공통으로 보유하고 발현하는 같은 종 또는 개체세포들을 말함

클로닝　클론세포 또는 개체를 얻는 과정을 의미하며, 유전공학 기술에서 외래 유전자를 함유한 클론 생물체를 얻는 과정이 중요함

형질전환 동물 또는 식물　외부 유전자 또는 재조합 DNA 방법에 의해 첨가된 유전자를 유전체에 갖게 된 동물이나 식물

4. 전사과정

전사과정은 DNA의 정보가 RNA 정보로 전환되는 과정으로서 DNA 복제와 유사하게 세 가지 구성요소가 필요하다.

- **DNA 주형가닥**   RNA 가닥을 만드는 데 DNA 가닥이 필요하다.
- **RNA 합성 기질**   ATP, GTP, CTP, UTP가 필요하다.
- **전사기구**   RNA 중합을 촉매하는 단백질들로 이루어진다.

전사단위(transcription unit)는 RNA로 암호화되는 부분의 DNA 조각으로서 전사에 필요한 염기서열을 말하는데, 프로모터, RNA 암호 부위 그리고 종결인자 등 세 가지로 구성된다(그림 13-25).

프로모터는 전사기구가 인식하여 결합하는 DNA 서열로서, DNA 두 가닥 중에서 어느 가닥이 주형가닥이 되고 어느 방향으로 전사가 일어날 것인가를 정한다. 또한 프로모터는 전사시작점의 위치를 정한다. RNA 암호 부위(RNA-coding region)는 RNA 분자가 만들어지는 DNA상의 염기서열을 말하고, 종결인자(terminator)는 전사가 끝나는 지역을 알려준다. 전사 결과, 세포들은 mRNA, tRNA 그리고 rRNA 등을 얻는다. 그 밖에도 조절 또는 촉매 역할을 하는 miRNA 등 작은 크기의 RNA들이 많이 알려져 있다.

RNA 합성은 DNA 합성과 달리 프라이머가 필요 없이 리보뉴클레오시드삼인산(NTP)으로부터 합성되기 시작한다. 그러므로 신장 중에는 RNA 분자의 3'-OH에 NTP가 하나씩 추가된다. 주형 DNA 가닥의 A 염기에 대해서 U 염기가, T 염기에 A, G 염기에 C, C 염기에 G 염기를 가진 리보뉴클레오티드가 하나씩 추가되는 것이다. 합성된 RNA의 5'-말단에는 첫 번째 RNA 뉴클레오티드는 삼인산이 그대로 붙어 있으며, 두 번째 결합하는 RNA 뉴클레오티드는 바로 앞 뉴클레오티드의 3'-OH에 인산다이에스테르 결합으로 연결되면서 pyrophosphate(PP_i)가 떨어져나간다. 이 PP_i는 인산가수분해효

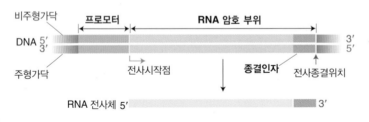

그림 13-25 전사단위의 세 가지 구성요소

소(pyrophos-phatase)에 의해 2P$_i$로 나뉘어져 RNA 합성반응이 계속 진행되도록 한다.

$$RNAn + rNTP \longrightarrow RNA_{n+1} + PP_i$$

$$PP_i + H_2O \longrightarrow 2P_i$$

이렇게 합성된 RNA 가닥은 DNA 두 가닥 중 주형가닥과 상보적이며 역평행 관계이다.

1) RNA 중합효소

(1) 세균의 RNA 중합효소

세균은 한 종류의 RNA 중합효소(RNA polymerase)로 모든 RNA를 합성한다. RNA 중합효소의 핵심효소(core enzyme)는 α-단위체 2개, β-단위체 및 β'-단위체 그리고 ω-단위체로 구성되어 RNA 분자의 신장을 촉매하고, σ(시그마) 단위체까지 결합된 완전효소(holoenzyme)는 프로모터를 찾아 결합시켜 전사를 시작하게 한다.

전사 개시 후 σ-단위체는 떨어져 나가고 핵심효소만이 RNA 합성을 계속한다. 세균들은 서로 다른 크기와 구조의 σ-단위체로 특정한 프로모터를 가진 유전자를 인식하여 전사시킨다.

> **핵심효소** 세균의 중합효소는 $\alpha\alpha\beta\beta'\omega$ 단위체들이 결합되어 RNA 합성의 신장단계를 담당
>
> **완전효소** 핵심효소에 α(시그마)-단위체가 결합되면 전사 시 프로모터를 인식

(2) 진핵세포의 RNA 중합효소

진핵세포들은 세 가지 서로 다른 RNA 중합효소들이 서로 다른 종류의 RNA를 합성한다. RNA 중합효소 I(RNA pol I)은 pre-rRNA를, RNA 중합효소 II(RNA pol II)는 mRNA 전구체, snRNA, miRNA, snoRNA 등을 전사하며, RNA 중합효소 III(RNA pol III)은 작은 크기의 RNA인 tRNA와 5S rRNA 및 약간의 miRNA, snRNA 등을 전사한다. 이들 중합효소 단백질들은 크기가 크고 여러 개의 단백질로 구성되어 있다.

2) 원핵세포의 mRNA 합성과정

mRNA 전사단계는 보통 개시단계, 신장단계 그리고 종결단계로 이루어진다.

(1) 개시단계

개시단계는 RNA 합성을 시작하는 데 필요한 ① 프로모터 인식, ② 전사버블 형성, ③ rNTP를 이용하여 첫 번째 뉴클레오티드 결합 그리고 ④ 프로모터에서 σ-단위체의 벗어남과 전사기구가 프로모터를 떠나는 단계까지를 말한다. 프로모터는 전사가 시작되는 곳으로서 DNA 두 가닥 중 어느 가닥이 읽혀지고 있으며, 어느 방향으로 중합효소가 움직이는 것인가 등을 알려준다.

세균의 프로모터들은 대부분 RNA 암호화지역 가까이 있으며, 세균들의 여러 유전자에는 공통적인 염기서열(consensus sequence)이 있다. 그 위치에 따라 지적되는 공통염기서열은 −10 위치의 5′-TATAAT-3′으로 표시되며 이를 보통 TATA 박스라 한다. 또 다른 위치의 공통염기서열로는 −35 위치에 TTGACA 서열이 있다(그림 13-26). 이들 공통서열 부분은 완전중합효소(holoenzyme)의 σ-단위체와 주로 결합하는 프로모터로 인식된다. 그밖에 제3의 공통염기서열도 있는데, 그것은 전사속도를 촉진한다.

프로모터에 완전중합효소가 결합하면, 이 RNA 중합효소는 전사시작점 근처에 위치하여 이중나선 DNA의 수소결합을 풀어서 단일가닥의 주형이 제공되도록 한다. 이때 RNA 완전중합효소는 리보뉴클레오티드삼인산(NTP)의 염기가 시작점 DNA에 있는 상보적 염기와 쌍을 이루게 하고, 프로모터에 결합된 채 9~12개 뉴클레오티드 길이의 전사체가 만들어지면 비로소 σ-단위체가 프로모터 지역에서 떨어져 나가면서 핵심효소만 남아 계속 신장단계로 들어간다.

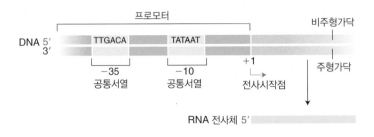

그림 **13-26** 세균 프로모터의 공통염기서열 구조

(2) 신장단계

시그마(σ) 단백질이 완전중합효소(holoenzyme)에서 떨어져 나오면, RNA 중합효소는 핵심효소(core)로 바뀌고 그로 인하여 강하게 결합했던 공통서열에서 약하게 결합되어 미끄러져 나온 핵심효소는 프로모터 지역을 떠나 아래쪽으로 내려가며 RNA를 신장시킨다.

이때 핵심효소는 전사버블 앞쪽 방향으로 DNA를 계속해서 풀어주어 단일가닥의 주형이 계속 제공되도록 한다. 핵심효소가 전사를 행하면서 앞쪽 방향으로 내려가면 뒤쪽에서는 일시적으로 주형가닥과 염기 짝을 형성하여 붙어 있던 RNA 전사체는 수소결합이 끊어지고, 대신 주형 DNA 가닥은 비주형 DNA 가닥과 다시 염기쌍을 이루어 원래 DNA 형태로 돌아간다(그림 13-27). 전사는 중간에 일시 중지되었다가 계속 진행하기도 한다.

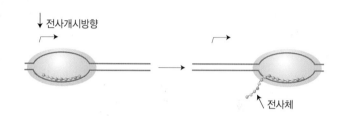

그림 **13-27** RNA 중합효소의 지속적인 전사체 합성 과정

(3) 종결단계

RNA 핵심효소는 종결인자 부분이 전사될 때까지 신장 중인 RNA 분자를 계속 합성해 간다. 종결인자는 실제로 종결되는 위치의 바로 뒤쪽에 있다. 그래서 종결인자부분까지 모두 전사되면 중합효소는 RNA 합성을 끝내고, 합성된 RNA 전사체가 방출되며 RNA 중합효소도 DNA 주형에서 떨어져 나옴으로써 전사는 종결된다.

세균의 종결인자에는 두 가지가 있는데, 로(rho, ρ) 비의존형 종결인자와 로(rho) 의존형 종결인자가 있다. 로 비의존형 인자에는 두 가지 특징이 있다. 그 하나는 DNA 서열이 역반복 서열로 되어 있어서 전

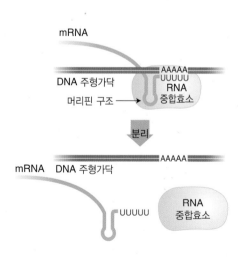

그림 **13-28** 전사의 ρ-비의존형 종결 모델

사될 경우 머리핀 모양의 RNA 부분이 만들어진다. 두 번째 특징은 대략 6개 정도의 아데닌 염기서열이 역반복 서열 뒤에 따라 나와 있어서 머리핀 다음에 poly(U) 사슬이 만들어진다. 이 구조는 핵심효소의 중합반응을 정지시키거나 종결되도록 유도한다(그림 13-28). 어떤 세균 유전자는 종결인자인로 (ρ) 단백질에 따라 전사가 종결되는 경우도 있다.

3) 진핵세포의 mRNA 전사와 가공

진핵세포의 전사도 세균의 전사과정과 유사하지만, 몇 가지 차이점이 있다. 진핵세포의 RNA 중합효소에는 서로 다른 RNA 중합효소 I, II, III 등이 있다.

진핵생물의 RNA중합효소에 의한 생성물
I: 28S, 18S, 5.8S rRNA
II: hnRNA, snRNA
III: 5S rRNA, tRNA

세균의 RNA 완전효소는 먼저 프로모터 서열을 인식하지만, 진핵세포의 경우 보조단백질(co-factor)들이 먼저 프로모터 지역을 인식한 후, 중합효소들이 각각 그 지역에 결합한다. 보조 단백질들은 대개 전사인자(transcription factor)들인데, RNA 중합효소와 함께 기본 전사기구를 이루어 최소 수준의 전사를 일으킨다. 그밖에 전사인자와 다른 전사활성화 단백질(transcription activator potein)들이 특정 DNA 서열에 결합하여 시작점에서 전사를 극대화한다. 따라서 진핵세포 RNA 중합효소들은 다른 여러 세포단백질들과 함께 결합하여 전사를 진행한다.

전사인자 RNA 중합효소와 함께 시작점에서 기본전사기구를 형성하여 최소 수준의 전사를 시작하게 함

전사활성화 단백질 이 단백질들은 특정 DNA서열에 결합하고, 시작점에서 기본 전사기구의 활성을 높이는 데 사용됨

진핵세포 DNA들은 히스톤 단백질들에 둘러싸여 있어서 전사에 필요한 단백질들이 접근하기가 매우 어렵다. 이에 대한 해결방법은 히스톤을 감싸고 있는 DNA가 풀어져 나와 RNA 중합효소가 접근가능하게 하는 것이다. 예를 들면, 아세틸전이효소(acetyl transferase)는 히스톤 단백질에 아세틸기를 붙여서 뉴클레오좀의 히스톤 단백질을 불안정하게 하여 DNA가 풀어지게 한다. 이러한 과정은 유전자의 RNA 전사조절과 밀접히 연관되어 있다.

(1) 프로모터

진핵세포 RNA 중합효소(I, II, III)는 구조들이 서로 달라서 서로 다른 종류

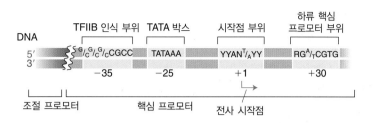

그림 13-29 진핵세포의 중합효소 II에 의해 전사되는 핵심 프로모터와 조절 프로모터(Y는 피리미딘, R은 퓨린, N은 둘 중 어느 것이든 해당되는 염기)

의 유전자를 전사하며, 각각 다른 프로모터를 인식하고, 여러 보조인자들이 특이하게 관여하여 전사가 이루어지도록 한다. RNA 중합효소 II가 인식하는 클래스 II 프로모터(class II promoter)가 있으며, 그것은 TATA 박스, 상부 핵심요소(GC 박스 또는 CCAT 박스), 시작점, 그리고 하부 핵심요소 등으로 구성되어 있다(그림 13-29). 클래스 I 프로모터는 RNA 중합효소 I이 인식하고, 공통적으로 보존된 염기서열이 부족하여 시작점과 상부 조절부위로 나뉘어져 있다. 클래스 III 프로모터는 RNA 중합효소 III이 인식하는 5S rRNA와 tRNA 유전자의 프로모터로서 독특하게 유전자 내부에 위치하고 있다.

그밖에 인핸서(enhancer)와 사이렌서(silencer) 등의 DNA 부위들이 유전자 가까이에서 전사를 조절한다.

(2) 전사 개시단계

진핵세포의 전사는 프로모터 위치에 전사기구 복합체를 형성하여 시작한다. 보통 이 복합체는 RNA 중합효소와 여러 전사인자들로 구성된다.

전사를 조절하는 단백질들이 먼저 핵심 프로모터 앞쪽에 결합하여 염색질 구조를 바꾸고 이에 따라 전사가 시작되도록 한다. TATA 박스에 TATA결합단백질(TBP)이 결합하면, 이에 TFIID 등 일반 전사인자들이 결합하고, 여기에 프로모터에 결합하는 여러 TF인자들이 결합하여 전사복합체를 형성한 결과 RNA 중합효소도 결합되어 비로소 전사개시 전 복합체가 이루어진다. 이 복합체는 비로소 전사를 개시하도록 DNA의 가닥분리를 일으키기 시작한다.

이와 같이 진핵세포의 프로모터에서 형성되는 각각의 선-개시복합체 형성은 특정한 TBP(TATA binding protein) 인자가 결합하여 전사개시가 일어나게 한다. 특히, TATA 결합단백질(TBP)은 DNA의 작은 홈에 결합하여 DNA를 구부려서 부분적으로 이중나선을 풀어주게 한다. 이렇게 전사 주형이

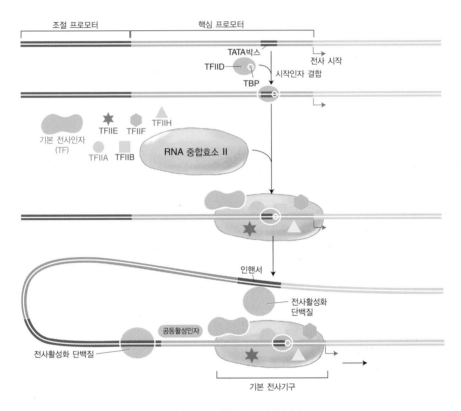

그림 13-30 진핵세포 전사개시단계

단일가닥이 되면 열린 복합체가 RNA를 합성하기 시작하는 것이다(그림 13-30).

(3) 신장단계

약 30여 개의 DNA-RNA 염기쌍이 먼저 만
들어진 후 RNA 중합효소는 프로모터를 떠
나면서 계속 RNA를 중합시킨다. 프로모터에
는 전사인자들이 남아서 다른 중합효소와
함께 다시 RNA를 전사시킨다. 신장되는 동
안 RNA 중합효소는 전사 버블을 유지시켜
약 8개의 RNA 뉴클레오티드들이 한 번에 합
성되도록 한다(그림 13-31).

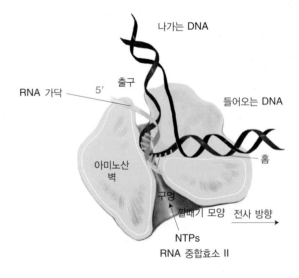

그림 13-31 진핵세포의 전사 신장단계

(4) 종결단계

세 종류의 중합효소들은 종결단계에서 각각 서로 다른 기작을 사용한다.

- RNA 중합효소 I은 세균에서와 같이 로(ρ) 단백질과 유사한 인자를 필요로 한다.
- RNA 중합효소 III는 로(ρ) 비의존형 종결인자와 유사하게 RNA 2차 구조 형성에 따라 종결된다.
- RNA 중합효소 II에서의 종결은 Rat I 단백질의 도움으로 일어난다.

(5) 전사 후 mRNA 가공

진핵생물의 RNA는 전사 후 가공되고 변형된다. mRNA는 단백질 합성을 위한 주형으로 사용되는데, 진핵생물 mRNA는 전사된 전구체 RNA(heterogeneous nuclear RNA, hnRNA)로부터 만들어지고 가공되어 mRNA로 전환된다.

　세균에서는 전사와 단백질 합성이 동시에 리보좀에서 일어나는 반면, 진핵세포에서는 전사와 단백질 합성이 일어나는 장소가 핵내와 세포질로 각각 나누어져 있다. 또한 모든 진핵세포 RNA들은 전사 후 가공되고 변형되어 그 기능을 발휘하며, 진핵세포의 RNA 분자들은 단백질이 합성되는 동안 오랫동안 파괴되지 않고 보호되도록 다음과 같이 변형되고 가공되어진다.

① 5'-캡 구조의 첨가

mRNA 합성 시 캡 구조의 형성(capping)은 전사가 일어나면서 바로 시작한다. 캡 구조가 만들어진 mRNA는 리보좀에 인식되고, 핵산분해효소(nuclease)들의 작용으로부터 보호되어 mRNA를 안전하게 유지시키는 데 필요하다.

　일차 전사체인 hnRNA(heteronuclear RNA)의 5'-말단은 5'-pppNpNp···로 되어 있다. 전사가 시작된 후 인산기 하나가 떨어진 hnRNA의 첫 뉴클레오티드에 GTP에서 PPi가 떨어진 GMP가 마주보고 결합한다. 그 뒤 메틸기 한 개가 구아닌 염기에 붙어서 메틸화된다. 이것이 기본 캡 구조 형성과정이다(그림 13-32).

② 폴리-(A) 꼬리 첨가

mRNA의 3'-OH 말단에는 50~200개의 아데닌 뉴클레오티드가 첨가되는 경우가 많은데, 이를 poly-(A) 꼬리(poly-A tail)라 한다. 이것은 전사 후 hnRNA에 첨가된다. 이 과정은 3'-말단에서 앞쪽으로

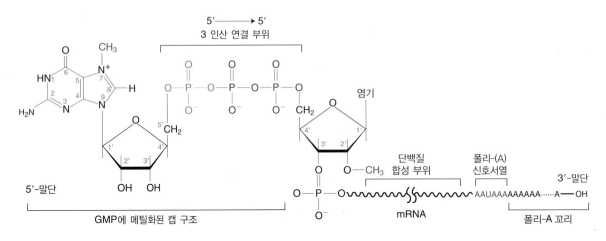

그림 13-32 전사 후 가공된 mRNA 구조

11~30개 염기서열 위치에 AAUAAA라는 특수한 서열이 있을 경우 3′-말단에 poly(A) polymerase 효소에 의해 poly(A) 꼬리가 붙는 것으로 확인되고 있다(그림 13-32). 이 구조도 mRNA를 안정화시켜 오랫동안 분해되지 않고 남아 있게 한다.

③ RNA 스플라이싱(splicing)

전구체 RNA(hnRNA)가 핵에서 전사된 후 세포질로 이동하기 전 인트론 부분의 RNA 조각들을 절개하여 제외시키고 엑손 부분만이 연결되는 것을 스플라이싱 과정이라 한다.

스플라이싱은 인트론에서 세 부분의 서열이 필요한데, 5′-스플라이스 위치와 3′-스플라이스 위치 그리고 인트론 하류 쪽에서 분지점으로 사용되는 아데닌(A) 염기 등이다(그림 13-33). 대부분의 인트론은 GU로 시작하고 AG로 끝난다. 그래서 이 서열들이 스플라이싱 과정에서 중요한 역할을 하고 있다. 스플라이싱은 snRNP 단백질과 snRNA의 복합체 스플라이세오좀(spliceosome)에서 일어난다. 이들은 5개의 U1, U2, U4, U5, U6 snRNP(이들을 스넙스(snurps)라 발음)와 여러 다른 단백질 그리고 snRNA들로 구성된다.

그림 13-33 RNA 스플라이싱의 주요 서열

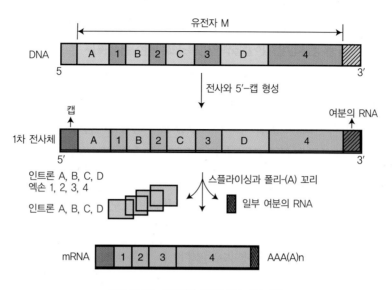

그림 **13-34** 일반적인 스플라이싱 가공 과정

스플라이싱은 인트론의 5′-위치가 절단되고 나서 그 말단 G의 인산기가 분지점 A의 2′-OH에 결합하여 올가미 형태의 고리(lariat)를 만들며, 이것으로 3′-스플라이스 위치(인트론의 G와 엑손의 G 사이)에서 또 한 번의 절단이 일어나 올가미 형태가 떨어져나가고 결국은 인트론 앞에 있던 엑손과 뒤에 있던 엑손이 두 차례로 연결되는 것이다(그림 13-34). 1차 전사체의 전사가 끝나면 5′-말단에서는 cap 구조가 형성되고, 3′-말단에서는 마지막 엑손 끝에 여분의 RNA 조각이 남아서 폴리-(A)꼬리가 형성됨으로써 1차 전사체가 완성되어 스플라이싱이 일어날 준비가 갖추어진다. 어떤 유전자가 다른 조직세포에서 발현되는 경우 다른 스플라이싱으로 서로 다른 엑손과 인트론이 연결되어 mRNA를 만들고 결과적으로 다른 단백질이 합성되기도 한다.

4) 원핵세포와 진핵세포의 tRNA와 rRNA의 전사와 가공

원핵세포와 진핵세포의 tRNA와 rRNA들은 1차 전사체(primary transcript)가 특정 리보핵산분해효소(ribonuclease)에 의해 일부 절개되어 변형된다.

tRNA는 보통 30~40 종류의 서로 다른 tRNA 유전자에서 전사된다. 이들은 각각 아미노산과 결합하여 단백질 합성 장소인 리보좀으로 그 아미노산을 옮겨주는 역할을 한다. tRNA 유전자들은 pre-tRNA로 전사된 후 RNA를 변형시키는 여러 효소들에 의해 몇몇 염기가 변형되면서 기다란 전구체가 일부 절단되거나 스플라이싱 과정으로 인트론 부분이 제거되며, 3′-말단 부위에 −CCA$_{OH}$가 첨가된
다. 이로써 각 tRNA들은 고유의 안티코돈 부위를 가지며, 3′-말단에 아미노산을 결합시킬 수 있는 부
위가 마련된 것이다. 아미노산의 −COOH기가 바로 tRNA의 3′-말단에 있는 −CCA$_{OH}$의 마지막 아데노
신 뉴클레오티드 3′-OH와 결합하여 아미노아실-tRNA(aminoacyl-tRNA)가 된다.

　tRNA와 마찬가지로 rRNA 유전자들도 rRNA 전구체(pre-rRNA)로 전사된 후 메틸화와 절단에 의
해 기능을 갖는 rRNA들이 만들어진다. 원핵세포의 rRNA(23S, 16S, 5S)들은 크기와 종류에서 진핵세
포의 rRNA(28S, 18S, 5.8S, 그리고 5S)들과 차이가 있다.

5) RNA로부터 DNA 합성의 역전사과정

DNA 복제와 RNA 합성은 DNA를 그 주형으로 사용한다. 그러나 RNA를 유전체로 갖고 있는 일부
RNA 바이러스(예: HIV-1 인체면역결핍바이러스)는 숙주세포의 핵 속에서 자신의 RNA를 주형으로
사용해서 DNA를 중합효소(RNA-DNA polymerase)를 갖고 있다. 특히, RNA-DNA 중합효소는 RNA
에서 DNA를 만들기 때문에 전사과정을 반대방향으로 일으킨다는 의미의 역전사과정이라고 하며,
그 효소를 역전사효소(reverse transcriptase)라 한다.

　이렇게 만들어진 DNA는 바이러스가 갖고 있던 삽입효소(integrase)를 사용하여 숙주세포의 염색
체 DNA에 끼어들어간다. 바이러스 유전체가 숙주 DNA에 들어간 이러한 상태를 프로바이러스
(provirus)라 한다. 끼어들어간 바이러스 DNA 부분은 어느 시기에 숙주세포의 RNA 중합효소
II(RNA pol II)에 의해 전사되어 바이러스 단백질들이 합성되고 바이러스 유전체인 RNA가 만들어져
새로운 바이러스가 생성된다.

5. 유전암호와 단백질 합성

DNA 분자에 유전정보로 내장된 A, T, G, C 암호들은 전사과정에서 각각 U, A, C, G 등의 RNA 암호
로 바뀌고, 이는 다시 폴리펩티드 암호인 아미노산으로 읽힌다. 이것을 DNA에서 RNA로, RNA에서

단백질로 흘러가는 정보의 흐름 또는 암호해독 시스템 (coding system)이라 표현한다. 이러한 일련의 유전정보 흐름으로 생명체들은 유전자 발현을 지속적으로 수행하여 생명현상을 나타내는 것이다. 결국 DNA에 있는 유전정보는 단백질 합성이 질서 있게 이루어지도록 그 정보가 내장되어 있는 프로그램인 것이다. 합성된 단백질들은 합성 후 변형과정을 거쳐 그들의 고유한 생물학적 기능을 발휘하면서 생명현상이 발현되는 것이다.

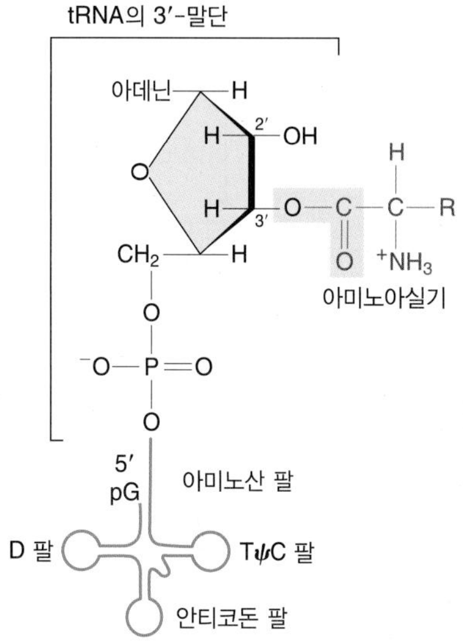

그림 **13-35** 아미노아실-tRNA 구조

1) 단백질 합성 준비과정

단백질 합성은 세포질에 있는 리보좀에서 일어난다. 리보좀은 리보좀 단백질과 리보좀 RNA(rRNA)들이 결합된 복합체로서 크고 작은 두 가지 단위체로 구성되어 있다.

원핵세포의 리보좀은 30S(21개 단백질과 16S rRNA로 구성됨) 크기의 작은 단위체와 50S(34개 단백질과 5S와 23S rRNA로 구성됨) 크기의 큰 단위체로 구성되어 있다가 단백질 합성이 일어나면 두 단위체가 결합하여 70S 리보좀을 형성한다. 진핵세포는 40S(33개 단백질과 18S rRNA) 크기의 작은 단위체와 60S(49개 단백질과 5S, 5.8S, 그리고 28S rRNA들로 구성) 크기의 큰 단위체가 단백질 합성이 일어날 때는 80S 크기의 리보좀을 구성한다.

단백질 합성은 첫 번째 아미노산의 카르복실 말단이 두 번째 아미노산의 아미노기 말단과 빠르게 펩티드결합으로 연결되어 이루어진다. 이 때 세포질 속에서 자유롭게 떠다니던 아미노산은 특정 tRNA의 3′-말단 부위 CCA_{OH}-3′의 마지막 아데노신 오탄당의 2′-OH 또는 3′-OH에 아미노아실 그룹으로 결합하여 아미노아실-tRNA(aminoacyl-tRNA)가 형성된다(그림 13-35).

20개 아미노산은 각각의 아미노아실-tRNA 합성효소(aminoacyl-tRNA synthetase)에 의해 각 해당 tRNA에 결합된다. 이 효소는 tRNA의 안티코돈

아미노아실-tRNA tRNA의 3′-말단에 있는 CCA_{OH}에 안티코돈에 맞는 아미노산의 카르복실기(-COOH)가 결합된 것

과 그에 해당하는 아미노산의 R-그룹들을 식별하여 특정 아미노산을 3′-OH에 결합시킨다. 아미노아실-tRNA 합성효소가 아미노산을 tRNA에 결합시키는 단계는 다음과 같이 일어난다:

$$\text{아미노산 + tRNA + ATP} \longrightarrow \text{아미노아실-tRNA + AMP + PP}_i$$

$$\text{PP}_i + \text{H}_2\text{O} \longrightarrow 2\text{P}_i$$

피로인산(pyrophosphate, PP_i)이 가수분해되어 생성되는 에너지는 아미노아실-tRNA가 계속 합성되는 방향으로 반응이 일어나게 한다.

2) 코돈과 안티코돈

(1) 코돈(codon)

인위적으로 합성시킨 mRNA, 리보좀, tRNA, 아미노산, 아미노아실-tRNA 합성효소 등을 섞어서 반응

표 13-5 공통적인 유전암호

첫 번째 위치 (5′-말단)	두 번째 위치				세 번째 위치 (3′-말단)
	U	C	A	G	
U	Phe	Ser	Tyr	Cys	U
	Phe	Ser	Tyr	Cys	C
	Leu	Ser	정지	정지	A
	Leu	Ser	정지	Trp	G
C	Leu	Pro	His	Arg	U
	Leu	Pro	His	Arg	C
	Leu	Pro	Gln	Arg	A
	Leu	Pro	Gln	Arg	G
A	Ile	Thr	Asn	Ser	U
	Ile	Thr	Asn	Ser	C
	Ile	Thr	Lys	Arg	A
	Met	Thr	Lys	Arg	G
G	Val	Ala	Asp	Gly	U
	Val	Ala	Asp	Gly	C
	Val	Ala	Glu	Gly	A
	Val	Ala	Glu	Gly	G

시킨 후 얻어진 단백질 산물을 분석하여, '한 아미노산은 실제로 3개의 염기 그룹, 즉 코돈(codon)이라는 3중 암호(triplet code) 마다 특정 아미노산으로 읽힌다'는 것을 알아냈으며, 대부분의 생물체들은 '공통 유전암호(universal genetic code)'를 갖고 있다고 알려졌다(표 13-5).

코돈의 각 뉴클레오티드는 4개 염기(A, G, C, U) 중 하나를 가질 수 있어 3개 코돈에 맞는 $4 \times 4 \times 4 = 64$개의 코돈이 가능해진다. 이 중에서 종결코돈 3개를 제외하면 61개의 전사코돈(sense codon)이 20가지 아미노산을 암호화한다.

(2) 안티코돈(anti-codon)

tRNA 유전자는 전사 후 몇몇 기본 염기구조가 변형된 염기로 나타난다. 모든 tRNA의 구조는 매우 유사하고, 일부 내부에 상보적 수소결합으로 클로버 잎 모양을 한다(그림 13-35). 안티코돈에는 mRNA의 코돈과 상보적으로 결합하는 3개 염기의 안티코돈이 있다.

(3) 와블 현상

두 개 이상의 코돈이 동일한 한 개의 아미노산을 암호화할 수 있어서, 이러한 코돈의 성질을 중첩성 또는 퇴행성 유전암호(degenerate code)라 한다. 예를 들어, ACU, ACC, ACA, ACG 4개의 코돈이 트레오닌 아미노산으로 읽힌다. 이렇게 서로 다른 코돈이 같은 아미노산으로 읽히는 것을 '같은 의미로 읽힌다'는 뜻으로 동의코돈(synonymous)이라고 한다.

코돈의 첫 번째와 두 번째 염기는 트레오닌을 결정하는 데 중요하지만, 세 번째 염기는 중요하지 않다는 것을 알 수 있다. 이같이 코돈 세 번째 염기와 tRNA상에 있는 안티코돈 첫 번째 염기 사이의 상호결합은 약한 것으로 추정되어 이 현상을 와블(wobble; 흔들림) 현상이라고 한다. 예로 UUU와 UUC 코돈에서 마지막 염기인 U와 C는 모두 피리미딘 염기로서 페닐알라닌(phenylalanine) 아미노산으로 읽힌다. UUG와 UUA 코돈에서 마지막 G와 A 염기는 모두 퓨린 염기들로서 루신(leucine) 아미노산으로 읽힌다. 크릭(Crick)은 와블가설을 제시하면서, 코돈의 세 번째 염기와 안티코돈의 첫 번째 염기 사이에 상보적으로 결합하지 않고 약하게 결합이 일어난다고 하였다. 그래서 어떤 안티코돈들은 1개 이상의 mRNA 코돈과 짝을 이루게 된다(표 13-6).

이러한 퇴행성 코돈의 성질은 ① 유전암호에 유연성을 가져다주고, ② 그만큼 mRNA상의 코돈과 tRNA상의 안티코돈 사이의 결합이 약해서 단백질 합성이 일어나고 있을 때 tRNA를 재빨리 mRNA로

표 13-6 안티코돈의 첫 번째 염기와 코돈의 세 번째 염기와의 와블 현상

안티코돈의 첫 번째 염기	코돈의 세 번째 염기	짝을 이룸	
C	G	안티코돈	3'-X-Y-C-5'
		5'-Y-X-G-3' 코돈	
G	U 또는 C	안티코돈	3'-X-Y-G-5'
		5'-Y-X-U-3' 코돈	
		C	
A	U	안티코돈	3'-X-Y-A-5'
		5'-Y-X-U-3' 코돈	
U	A 또는 G	안티코돈	3'-X-Y-U-5'
		5'-Y-X-A-3' 코돈	
		G	
I (이노신)	A, U 또는 C	안티코돈	3'-X-Y-I-5'
		5'-Y-X-A-3' 코돈	
		U	
		C	

부터 분리시켜 단백질 합성 속도를 빨라지게 하며, ③ 코돈의 세 번째 염기에 해당하는 DNA상의 염기에 돌연변이가 오더라도 단백질이 변경되어 만들어질 위험을 줄인다.

(4) 개시코돈과 정지코돈

mRNA상에서 개시코돈은 AUG인데, 그것은 포르밀화된 메티오닌(formyl-Met)으로 읽히고, 중간에 나온 AUG 코돈은 일반적인 아미노산 메티오닌으로 읽힌다. 한편 64가지 가능한 코돈들 중에서 UAG, UGA, UAA 코돈은 그에 맞는 아미노아실-tRNA가 없어서 리보좀으로 아미노산이 들어오지 못하여 종결코돈(stop codon)이 된다. 그래서 mRNA 서열에서 볼 때 처음 AUG로부터 종결코돈 바로 앞까지의 중복되지 않는 코돈서열을 ORF(open reading frame)라 하여 하나의 폴리펩티드가 만들어질 수 있는 배열을 의미한다.

3) 단백질 합성

원핵세포의 단백질 합성과 변형에는 100개 이상의 단백질과 여러 종류의 RNA들이 관여하고, 진핵세포의 경우 수백 개가 넘는 것으로 추정된다. 원핵세포의 단백질 합성과정은 세 단계로 나눌 수 있으며, 진핵세포들의 단백질 합성과정도 원핵세포와 유사하다. 원핵세포의 단백질 합성과정을 아래와 같이 세 단계로 나누어 볼 수 있다.

(1) 개시단계

원핵세포의 개시단계는 mRNA와 개시인자(IF) 그리고 30S 리보좀 단위체들이 GTP, N-formylmethionine-tRNA$_f^{Met}$ 등과 함께 30S-개시복합체를 형성한다. 바로 전에는 mRNA상의 5′-말단 쪽에 있는 SD(Shine-Dalgarno) 염기서열과 30S 리보좀의 16S rRNA 사이에 일시적인 염기쌍 결합으로 복합체가 형성되어 30S 리보솜과 mRNA를 결합시켜준다. mRNA상의 개시코돈인 AUG 코돈과 안티코돈 UAC 사이에서의 결합이 리보좀 P-위치에서 일어나고 (리보좀에는 코돈이 들어올 자리가 두 군데 있는데, 앞쪽은 AUG 코돈과 아미노아실-tRNA가 결합하는 P-위치와 바로 두 번째 연속된 코돈이 차지한 A-위치가 있다), GTP의 가수분해로 개시인자(IF)들이 떨어져 나가면서 50S 단위체가 결합되어 새로운 70S 개시복합체가 형성되면 두 번째 aminoacyl-tRNAaa가 A-위치에 들어오면서 신장단계로 들어간다(그림 13-36).

　진핵세포의 개시단계도 원핵세포에서의 개시단계와 매우 유사하게 일어나지만, 개시코돈의 인식은 mRNA의 5′-말단부위에서부터 40S 리보솜이 결합하여 읽어나가다가 개시코돈 신호를 보여 주는 Kozak 염기서열 ACCAUGG에서의 AUG에서부터 단백질 합성이 시작된다.

(2) 신장단계

신장단계는 70S 개시복합체가 형성되고 나서 두 번째 코돈에 맞는 아미노산

단백질 합성 개시단계
(1) IF3가 소단위체에 결합하여 대단위체가 결합되지 않게 하고,
(2) 소단위체에 mRNA가 달라 붙는다.
(3) N-포밀메티오닌으로 충전된 tRNA는 IF-2 및 GTP와 복합체를 이루고,
(4) 개시코돈에 결합하며 IF-1이 소단위체에 연결된다.
(5) 모든 개시인자들이 복합체에서 떨어지고, GTP는 GDP로 가수분해하며,
(6) 대단위체가 결합하여 70S 복합체를 이룬다.

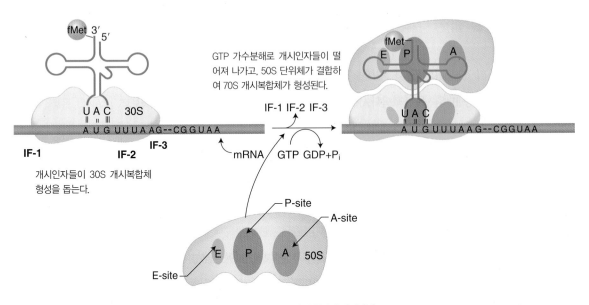

그림 **13-36** 세균 단백질 합성의 개시단계
(IF-1, IF-2, IF-3는 개시인자)

을 갖고 있는 아미노아실-tRNA, 그리고 신장인자들이 참여한다.

① EF-Tu가 리보좀의 A-위치에 아미노아실-tRNA를 위치시킨다. P 자리에는 이미 fMet-tRNA가 채워져 있다.

② 첫 아미노산인 fMet의 카르복실기(-COOH)와 두 번째 아미노산의 아미노기(-NH₂) 사이에 펩티드 결합이 펩티드전이효소(peptidyl transferase)에 의해 생성되어 2개 아미노산을 가진 디펩티딜-tRNA가 리보좀의 A-위치에 생성된다.

③ 아미노산 fMet을 잃은 P-위치에 남아있던 tRNA는 리보좀에서 떨어져나가고, 70S 리보좀은 mRNA의 3'-쪽으로 한 코돈만큼 이동한다(그림 13-37).

④ 신장인자 EF-G가 mRNA와 디펩티딜-tRNA를 좌측으로 한 코돈 간격만큼 이동시킨다. 그래서 디펩티딜-tRNA가 P 자리로 이동되고 탈아실화된 첫 번째 tRNA를 밖으로 내보낸다.

⑤ A 자리는 비어 있게 되므로 세 번째 새로운 아미노아실-tRNA가 들어와 펩티드 결합이 반복된다. GTP가 가수분해되어 에너지로 쓰인다. 즉, 아미노산 하나가 연결될 때마다 GTP 두 개가 하나는 아미노산 운반, 즉 아미노아실-tRNA 형성에 쓰이고, 다른 하나는 A 위치에서 P 위치의 자리 옮김에 쓰인다.

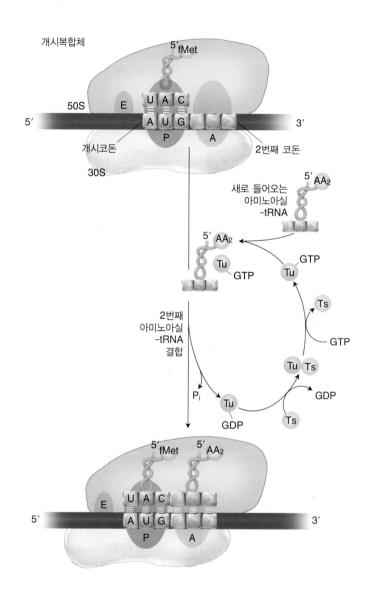

단백질 합성의 신장단계

(1) fMet-tRNA은 리보좀의 P-위치에 차지함

(2) EF-Tu, GTP 그리고 아미노산 충전된 tRNA들이 복합체 형성. 리보좀의 A-위치에 들어감

(3) A-위치에 아미노산 충전된 tRNA가 들어가면, GTP는 GDP로 되고 EF-Tu-GDP 복합체는 떨어져 나옴

(4) EF-Ts가 EF-GTP 복합체를 재생하게 하고 또 다른 아미노산 충전된 tRNA와 결합하려함

(5) P-위치에 있던 아미노산이 A-위치에 있는 아미노산으로 전이효소에 의해 옮겨가 펩티드 결합이 일어남

(6) A-위치에 있던 디펩티딜-tRNA는 P-위치로 옮겨오고 다시 A-위치에 새로운 tRNA가 아미노산을 가지고 들어옴

(7) 이러한 반응이 반복됨

그림 **13-37** 단백질 합성의 신장단계

(3) 종결과정

신장과정이 계속되어 리보좀 A-위치에 종결코돈인 UAG, UGA, UAA 중하나가 들어오면, 상보적 안티코돈을 가진 아미노아실-tRNA가 존재하지 않아서 아미노산을 가진 tRNA가 들어오지 않게 된다. 대신 그 자리에 방출인

자(RF$_1$)가 자리하여 펩티드전이효소를 활성화시켜서 tRNA와 단백질 간에 생긴 에스테르결합이 가수분해되어 서로 떨어지게 한다. RF$_3$-GTP, IF$_3$, RRF(리보좀재생인자) 등이 관여하여 결국 단백질 합성은 종결된다(그림 13-38).

4) 단백질 번역 후 변형

단백질이 합성된 후 그 기능을 정확히 나타내기 위해서 단백질들은 독특한 접힘(folding)과정이나 생화학적 변형과정 등을 거친다.

　접힘 과정을 통하여 단백질은 안정된 3차 구조를 형성하는데, 샤프론이라 부르는 단백질 분자로부터 도움을 받아 단백질이 접혀지는 구조변경을 하기도 한다. 또한 생물학적·생화학적 기능을 갖는 단백질들은 단백질 사슬의 일부를 절단하거나 아미노산 잔기의 변형, 그리고 탄수화물과 같은 다른 분자단이 첨가되는 과정을 거치기도 한다. 인산화(phosphorylation), 수산기(-OH)가 첨가되는 하이드록실화(hydroxylation), 당 분자가 결합하는 당화(glycosylation) 등이 단백질들의 기능을 활성화하는 데 도움이 되고 있다.

　진핵세포에서의 단백질 합성 후 변형(post-translational modification)도 원핵세포의 그것과 유사한 과정을 보이지만, 세포 밖으로 분비되는 단백질의 경우 그들의 mRNA상에는 5′-말단 쪽에 분비신호서열이 있으며, 이 mRNA는 조면소포체의 리보좀에서 단백질을 합성하고, 합성된 분비신호서열 부분부터 소포체 내부에 들어가 당화과정 등의 변형과정을 거쳐서 세포 밖으로 분비되거나, 일부 단백질은 소포체로 완전히 들어가 있거나 나머지 C-말단 부분이 세포질 쪽에 남아 소포체 막에 끼어 있는 형태의 단백질이 되어있다가 결국 세포막이나 세포소기관의 막에 끼어 있는 단백질이 된다. 이러한 단백질들은 세포와 환경 사이의 신호전달이나 물질의 이동 등에 주로 쓰인다.

6. 유전자 발현 조절과정

세포는 언제든지 유전자 발현을 변경시켜야 하고, 생리적인 조건을 알아내기 위하여 서로 다른 두 개

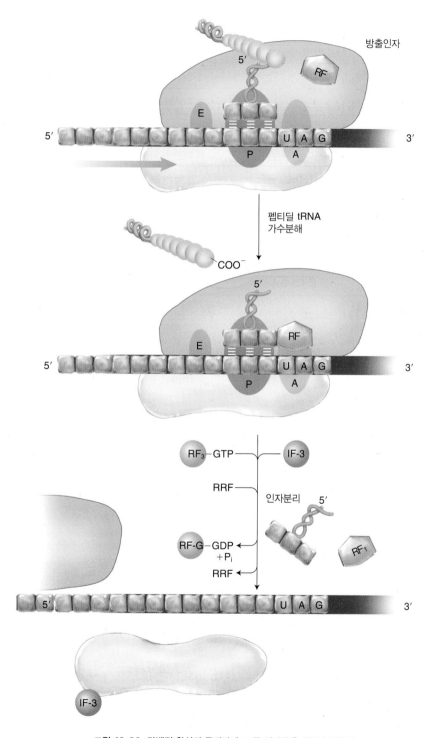

그림 13-38 단백질 합성의 종결단계: 모든 인자들은 각각 분리된다

구역인 세포질과 세포 밖 환경을 살펴야 한다.

세포 안에서는 아미노산, 비타민, 뉴클레오티드 등이 충분해야 하고, 생합성과 에너지 요구를 충족시키기 위해 균형이 잡혀야 한다. 균형을 잡기 위해서 세포는 이러한 모든 화합물의 합성을 조절해야 하며, 적절한 분해과정을 이루기 위해서 어떠한 탄소원과 에너지원이 있는가를 알아야 한다.

즉, 세포는 세포 안과 밖의 현재 상황을 감지하고 그것에 반응하는 여러 기작들을 사용하여 유전자 발현을 조절한다. 그러한 조절 과정에는 ① DNA 염기서열 변경 ② 전사단계 조절 ③ mRNA의 안정성 조절 그리고 ④ 단백질 합성과 합성 후 단백질을 변경하는 단계 등이 있다.

1) 전사과정에서의 조절

(1) 세균에서의 전사단계 조절기작

세포질에 DNA가 있으므로 세균은 비교적 간단히 세포 내의 상황을 감지한다. 유전자 발현을 조절하는 조절단백질을 만드는 유전자는 대개 표적유전자와 별도로 항상 전사된다(그림 13-39a). 이때 합성된 조절단백질은 억제자(repressor) 또는 활성자(activator) 역할을 한다.

억제자 역할을 하는 조절단백질은 표적유전자의 조절부위 DNA에 결합하여 RNA 중합효소의 전사를 못하게 한다. 이를 억제과정(repression)이라 한다. 그런데 이 억제과정은 억제자에 따라 결과가 다르게 나타난다.

① 어떤 억제자는 스스로 조절부위에 결합하여 표적유전자가 전사되지 않게 하고, 만약 유도물질(inducer)이 억제자에 결합하면, 조절부위 DNA에 결합되어 있던 억제자가 떨어져 나와 다시 표적유전자가 전사된다. 이 현상을 유도과정(induction)이라 한다. *lac* 오페론(*lac* operon)이 좋은 예이다(그림 13-39b).

② 다른 억제자는 작은 리간드 물질인 보조억제자(corepressor)와 우선 결합해야 조절부위 DNA에 결합해서 전사를 억제하는데, 보조억제자가 세

오페론 하나 이상의 구조유전자와 그 유전자들의 발현을 조절하는 작동유전자가 포함되는 DNA 염기서열

lac **오페론** 유당 오페론으로서 유당 대사를 조절하는 제어 시스템으로 억제자, 조절부위(프로모터 포함), 그리고 유당 분해 관련 구조 유전자 부위 등으로 나뉨

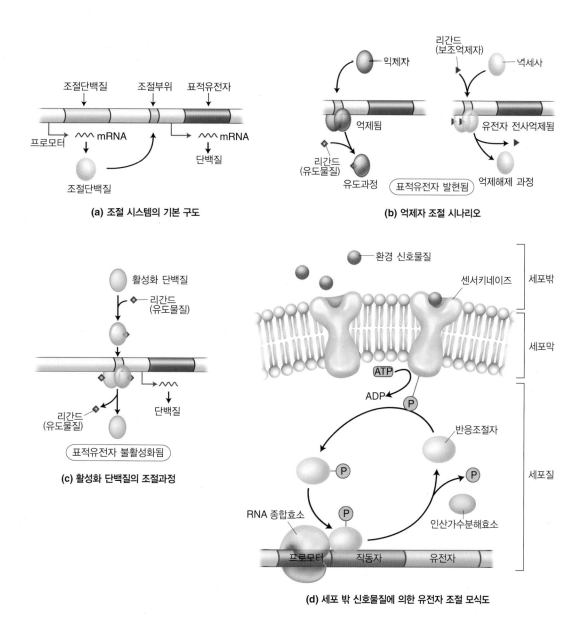

그림 13-39 일반적인 세균의 전사조절 과정

포에서 없어지면 비로소 억제자가 조절부위 DNA 결합에서 떨어져 나와 전사가 이루어지게 한다. 이것을 억제해제(derepression)라 한다. 트립토판 아미노산 유무에 따라 조절되는 *trp* 오페론이 그 한 예이다(그림 13-39b).

한편, 활성자는 유도자(inducer) 리간드가 있으면 같이 조절부위 DNA에 잘 결합하여 RNA 중합효소가 표적유전자를 전사시키게 한다. 세포 내에 유도자 물질이 적어지면 활성자는 DNA에서 떨어지거나 RNA 중합효소와 만날 수 없는 주변 DNA로 떨어져 나간다. 그러면 표적유전자 전사가 중지된다(그림 13-39c).

지금까지 세포 내 신호에 반응하는 과정을 살펴보았으나, 세포 밖 환경으로부터 신호물질을 감지하고 반응하는 일은 신호물질이 세포 내 조절단백질에 직접 닿지 않기 때문에 좀 더 어려운 조절과정이 펼쳐진다. 우선 세포 밖 신호물질을 감지해서 세포 내로 옮겨주는 과정이 필요한데, 두 가지 서로 다른 단백질들의 인산화 릴레이가 이를 담당한다. 즉, 외부 신호물질이 세포막에 붙어 있는 센서키나아제(sensor kinase) 단백질의 바깥쪽에 결합하면 그 단백질 구조가 바뀌면서 세포질쪽 부위의 단백질에 ATP에서 인산기 하나를 결합시킨다. 그러면 세포질에 있던 반응조절자(response regulator) 단백질이 릴레이식 바통을 이어받듯이 인산기를 받아 결합하고, 인산화된 반응조절자 단백질이 표적유전자 앞쪽에 있는 조절 DNA(작동자)에 결합하여 유전자를 활성화시키거나 발현시킨다. 이러한 기작을 신호전달시스템(signal transduction system)이라 한다(그림 13-39d). 이 과정은 진핵세포에서도 더 복잡하게 일어난다.

(2) 진핵세포에서의 전사 조절기작

원핵세포와 진핵세포에서의 유전자 조절과정에는 많은 차이가 있다. 진핵세포 유전자의 전사는 원핵세포의 프로모터를 찾아주는 시그마 인자와 유사한 TATA-결합단백질(TBP) 등의 일반 전사인자들과 세균의 억제자 단백질이나 활성자 단백질과 비교되는 특이 전사인자들에 의해 조절된다. 이 모든 전사인자들은 조절 DNA 부위, 인핸서(enhancer) DNA, 사일렌서(silencer) DNA 등에 결합한 후 RNA 중합효소가 결합하여 전사를 촉진하거나 억제한다(그림 13-40).

외부 환경으로부터 전달되어 오는 신호물질을 감지하고 반응하는 신호전달 시스템이 원핵세포보다 더 복잡하게 작동되고 있다.

2) 단백질 합성단계에서의 조절

세포의 유전자 발현은 전사단계에서 가장 많이 조절되고 있으나, 단백질 합성과정에서의 조절도 중요하다. 예를 들어, 헴(heme)은 진핵세포에서의 단백질 합성 개시인자인 eIF-2의 인산화를 억제하여 전반적인 단백질 합성을 촉진한다. 이는 인산화가 되어 있지 않을 때 eIF-2 인자의 활성이 높기 때문이

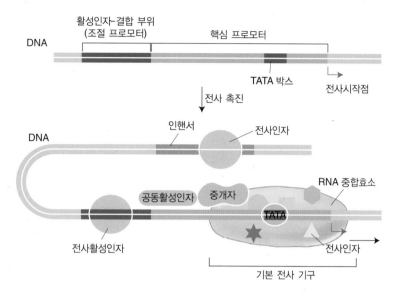

그림 13-40 전사를 촉진하는 전사인자들의 활동

다. 그 밖에도 mRNA상에 조절단백질들이 결합하여 단백질 합성 정도를 조절하고 있다.

3) 폴리펩티드 사슬의 변형에 의한 단백질 발현 조절

많은 단백질들은 합성되고 있거나 합성이 끝난 후 화학적인 변형이 일어날 수 있다. 이러한 변형에는 일부 아미노산이 제거되거나 또는 단백질 활성에 필요한 화학적인 그룹들이 결합되기도 한다.

(1) 다듬어내기(trimming)

여러 분비형 단백질의 경우 처음 만들어진 단백질은 활성이 없이 크게 만들어진 다음 특정한 세포 내 단백질 가수분해효소에 의해 또는 세포 밖에서 일부 절단되면 활성을 갖는 단백질 분자가 나오게 된다. 그러한 절단과정은 분비형 단백질이 분비되어 가는 과정에 따라 달라질 수 있다. 어떤 것은 소포체에서 절단되기도 하고 다른 것은 골지체 내에서 절단되기도 한다. 그러한 예를 들면, 프로-인슐린이 인슐린으로, 소화효소인 펩시노겐이 펩신으로 활성화된다.

(2) 화학적 변화과정

효소적 역할 또는 구조적 역할을 하는 단백질들은 합성된 후 다양한 화학적 그룹들의 결합으로 활성을 갖거나 활성을 잃어버리게 된다.

- **인산화(phosphorylation)**　　Ser, Thr, Tyr 아미노산 등의 잔기에 있는 –OH 그룹에 인산그룹이 결합하는 경우이다. 이 반응은 대개 단백질 키나아제(protein kinase) 효소에 의해 일어나고, 인산분해효소(phosphatase) 효소에 의해 인산이 떨어지기도 한다. 인산화된 단백질은 그 기능이 활성화되기도 하고 비활성화되기도 한다.

- **당화(glycosylation)**　　세포질막이나 리소좀 같은 막 성분에 끼어 있는 단백질이나 또는 분비된 단백질들의 세린(serine), 트레오닌(threonine) 아미노산의 –OH 그룹(O–linked라 하고) 또는 아스파르산 아미노산의 $-NH_2$에(N–linked라 함) 탄수화물이 결합되는 경우이다. 당화과정은 소포체와 골지체에서 일어난다. 이렇게 당화된 단백질을 당단백질(glycoprotein)이라 한다.

- **수산화(hydroxylation)**　　콜라겐의 프롤린, 리신 등의 아미노산에 –OH 그룹이 결합되는 것이다.

- **그 외의 변화**　　–COOH 그룹이 붙는다거나 지방질이 붙는 경우를 말하는데, 이들은 단백질 기능이 나타나는 데 필요하다. 또한 단백질이 분해될 경우 유비퀴틴(ubiquitin) 등이 결합되어 분해를 촉진하는 경우도 있다. 또한 세포질에는 프로테아좀(proteasome)이라는 단백질 가수분해복합체가 있어서 단백질을 분해시키기도 한다.

참고문헌

● 단행본 ●

곽한식 외 역. 생화학 제 5판, 라이프사이언스, 2007.

박상대 외. 분자세포생물학, 아카데미서적, 2006.

박인국 역. 생화학길라잡이 제 3판. 라이프사이언스, 2009. 이연숙 외. 이해하기 쉬운 인체 생리학, 파워북, 2009. 최
        헤미 외. 영양과 유전. 21세기 영양학, 2006.

Berdanier CD, Moustaid-Moussa N. eds. Genomics and proteomics in nutrition. Marcel Dekker. 2004. Berg
        JM. Biochemistry, 6th ed., Freeman, 2007.

Boyer R. Concepts in biochemistry, 3rd ed., John Willey & Sons Inc., 2005. Campbell MK, Farrell SO.
        Biochemistry. 6th ed., Thomson Brooks/Cole, 2009.

Campbell NA. Biology concepts & connections. 3rd ed., The Benjamin/Cumings Publishing company, 2000.

Champe PC, Harvey RA, Ferrier DR. Lippincott's illustrated reviews biochemistry. 4th ed., Lippincott
        Williams & Wilkins, 2008.

Conn EE, Stumpf PK, Bruening G, Doi RH. Outlines of biochemistry, 5th ed., John Wiley & Sons Inc., 1987.

Cousins RJ.: Nutritional regulation of gene expression and nutritional genomics. In: Shills ME, Shike M, Ross
        AC, Caballero B, Cousins RJ. eds. Modern nutrition in health and disease, 10th ed., pp615-626 Lippincott
        Williams & Wilkins. 2006.

Fox SI. Human Physiology, 10th ed., McGraw Hill, 2008.

Garrett RH, Grisham CM. Biochemistry. 3rd ed., Thomson Brooks/Cole, 2005.

Garrett RH, Grisham CM. Principles of biochemistry with human focus, Thompson Learning, 2002. Groff
        SW. Biochemistry of human nutrition, 2nd ed., Wadsworth/Thomson Learning, 2000.

Gropper SS, Smith JL, Groff JL. Advanced nutrition and human metabolism. 5th ed., Wadsworth Cenage
        Learning, 2009.

Hill JO, Catenacci VA, Wyatt HR.: Obesity etiology. In: Shills ME, Shike M, Ross AC, Caballero B, Cousins RJ.
        eds. Modern nutrition in health and disease, 10th ed., pp1013-1028, Lippincott Williams & Wilkins, 2006.

Horton HR. Principle of Biochemistry, 4th ed., Pearson International, 2006.

Murry RK. Harper's illustrated biochemistry, 4th ed., McGraw-Hill Medical, 2009.

참고문헌

Nelson DL, Cox MM. Leninger principles of biochemistry 5th ed. Freeman, 2008. Pelly JW. Biochemistry, 2nd ed., Mosby Elsevier, 2007.

Pratt CW, Cornely K. Essential Biochemistry, John Wiley & Sons, Inc., 2004.

Regina B, Hans-Georg J. Nutritional Genomics (ed.) Wiley-VCH, 2006.

Schuster GU.: Nutrients and gene expression. In: Kaput J, Rodriguez RL. eds. Nutritional genomics: discovering the path to personalized nutrition. pp153-176 Wiley & Sons, 2006.

Silverthorn DU. Human Physiology, An integrated approach, 4th ed., Pearson Benjamin Cummings, 2007.

Smith C, Marks AD, Lieberman M. Regulation of gene expression. Marks'basic medical biochemistry, 2nd ed., pp 274-296 Lippincott Williams & Wilkins, 2006.

Stover PJ, Garza C. Polymorphism: effect of nutrient utilization and metabolism. In: Shills ME, Shike M, Ross AC, Caballero B, Cousins RJ. eds. Modern Nutrition in health and disease, pp627-635, 10th ed. Lippincott Williams & Wilkins, 2006.

Vance DE, Vance JE ed. Biochemistry of Lipids, Lipoproteins and Membranes, 5th ed., Elsevier, 2008. Voet D, Voet JG. Biochemistry, 3rd ed., John Wiley & Sons Inc., 2004.

● 논문 ●

채선주·정자용. 한국여성노인에서 a-adducin, angiotensinogen, ACE 유전자다형성 및 나트륨 섭취수준에 따른 혈압의 비교. 한국식품영양과학회지. 2006;35(10): 1372-1377.

Badman MK, Flier JS. The gut and energy balance: Visceral allies in the obesity wars. Science 307:1909- 1914, 2005.

Benett AM, Angelantonio ED, Ye Z, Wensley F, Dahlin A, Ahlbom A, Keavney B, Collins R, Faire U, Danesh J. Association of apolipoprotein E genotypes with lipid levels and coronary risk. JAMA 2007;298(11):1300- 1311.

Bouchard C, Petrusse L. Genetics of obesity. Ann Rev Nutr 1993; 13: 337-54.

Cashman KD, Seamans K. Bone health, genetics, and personalized nutrition. Gen Nutr 2007;2:47-51. Cooney

CA, Dave AA, Wolf GL. Maternal methyl supplements in mice affect epigenetic variation and DNA methylation of offspring. J Nutr 2002;132(s8): S2393-2400.

de Graaf C, Blom W, Smeets P, Stafleu A, Hendriks H. Biomarkers of satiation and satiety. Am J Clin Nutr 79:946-961, 2004.

DeBusk R. Genetic related diseas, nutritional genomics, and food and nutrition professionals. JADA 2005: 530-531.

Ferguson L. Philpott M. Nutrition and mutagenesis. Ann Rev Nutr 2008; 28:313-329.

Gloeckner CJ, mayerhofer Pu, Landgraq P, Muntau AC, Hoizinger A et al. Human adrenoleukodystrophy protein and related peroxisomal aBC transporters interact with the peroxisomal assembly protein PEXl19p. Biochem Biophys Res Commun. 2000; 271: 144-150.

Hegele RA, Jugenberg M, Conelly PW, Jenkins DJA. Evidence for gene-diet interaction in the response of blood pressure to dietary fiber. Nutr Res 1997; 17:1229-1238.

Hoag H, Gene therapy rising? Nature 2005, 435: 530-531.

Hu YJ, Diamond AM. Role of glutathione peroxidase 1 in breast cancer: Loss of heterozygosity and allelic differences in the response to selenium. Cancer Res. 2003;63:3347-3351.

Ichifara S, Yamada Y. Genetic factors for human obesity. Cell Mol Life Sci 2008; 65:1086- 98.

Jemaa R, Tuzet S, Betoulle D, Apfelbaum M, Fumeron F. Hind III polymorphism of the lipoprotein lipase gene and plasma lipid response to low calorie diet. Int J Obe Relat Metab Disord. 1997; 21:280-3.

Kawaguchi T, Takenoshita M, Kabashima T, Uyeda K. Glucose and cAMP regulate the L- pyruvate kinase gene by phosphorylation/dephosphorylation of the carbohydrate response element binding protein. Proc Natl Acad Sci USA 2001; 98:13710-5.

Lovegrove JA, Gitau R. Personalized nutrition for the prevention of cardiovascular disease: a future perspective. J Hum Nutr Diet 2008;21:30-316.

Luan J, Browne PO, Harding AH, Halsall DJ, O'rahilly S, Chatterjee VK, Wareham NJ, Evidence for gene-nutrient interaction at the PPAR gamma locus. Diabetes. 2001;50(3):686-689.

Miyaki K, Hara A, Araki J, Zhang L, Kimura T, Omae, Muramatsu K. C3123A Polymorphism of the

참고문헌

angiotensin II type 2 receptor gene and salt sensitivity in healthy Japanese men. J Human Hypertension 2006;20:467-469.

Mutch DM, Wahli W, Willliamson. Nutrigenomics and nutrigenetics. the emerging faces of nutrition. FASEB J. 2005;19:1602-1616.

Nagan N and Zoeller RA. Plasmalogens: biosynthesis and functions. Prog Lipid Res. 2001; 40: 199-229.

Ross SA. Diet and DNA methylation interactions in cancer prevention. Ann NY Acad Sci. 2003;983:198-207.

Sagoo GS, Tatt I, Salanti G, Butterworth AS, Sarwar N, van Maarle M, Jukema W, Wiman B, Kastelein JP. bennet AM, de Faire U, Danesh J, Higgins JPT. Seven lipoprotein lipase gene polymorphism, lipid fractions, and coronary disease: A HuGE association review and meta-analysis. Am J Epidemiology 2008; 168(11):1233-1246.

Salati AM, Szeszei-Fedorowicz W, Tao H, Gibson MA, Amir-Ahamady B, Stabile LP, Hodge DL. Nutritional regulation of mRNA processing. J Nutr 2004;134: 2473S-2443S.

Saltiel AR and Kahn R. Insulin signaling and the regulation aq glucose and lipid metabolism. Nature. 2001; 414: 799-806.

Trujillo E, Davis C, Milner J. Nutrigenomics, proteomics, metabolomics, and the practice of dietetics. JADA 2006;103:403-413.

Woods SC, D'Alession DA. Central control of body weight and appetite. J Clin Endocrinol Metab. 2008;93:S37-S50.

Wren AM, Bloom SR. Gut hormones and appetite control. Gastroenterology. 2007;132:2116-2130.

Wynne K, Stanley S, McGowan B, Bloom S. Appetite control. J Endocrinol. 2005;184: 291- 318.

Xu J, Chrstian B, Jump DB. Regulation of rat hepatic L-pyruvate kinase promoter composition and activity by glucose, n-3 polyunsaturated fatty acids, and peroxisomal proliferator-activated receptor-alpha agonist. J Biol Chem 2006; 281:18351-62.

찾아보기

찾아보기

찾아보기

찾아보기

찾아보기

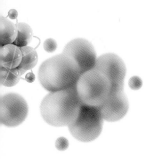

저자소개

이주희
미국 미네소타주립대학교 이학박사
현재 경상대학교 식품영양학과 교수

이홍미
미국 노스캐롤라이나주립대학교 이학박사
현재 대진대학교 식품영양학과 교수

한성림
미국 Tufts 대학교 이학박사
현재 서울대학교 식품영양학과 교수

김혜경
서울대학교 이학박사
현재 가톨릭대학교 식품영양학과 교수

박경애
서울대학교 이학박사
현재 가야대학교 호텔조리영양학과 교수

김영호
미국 인디아나주립대학교 이학박사
현재 수원대학교 생명과학과 교수

2판 알아야 할 생화학

2012년 2월 10일 초판 발행 | 2017년 8월 30일 2판 발행 | 2021년 7월 16일 2판 4쇄 발행

지은이 이주희·이홍미·한성림·김혜경·박경애·김영호 | **펴낸이** 류원식 | **펴낸곳** 교문사

편집팀장 김경수 | **책임진행** 신가영 | **디자인** 신나리 | **본문편집** 벽호미디어

주소 (10881) 경기도 파주시 문발로 116 | **전화** 031-955-6111 | **팩스** 031-955-0955
홈페이지 www.gyomoon.com | **E-mail** genie@gyomoon.com
등록 1960. 10. 28. 제406-2006-000035호
ISBN 978-89-363-1690-7(93470) | 값 24,800원

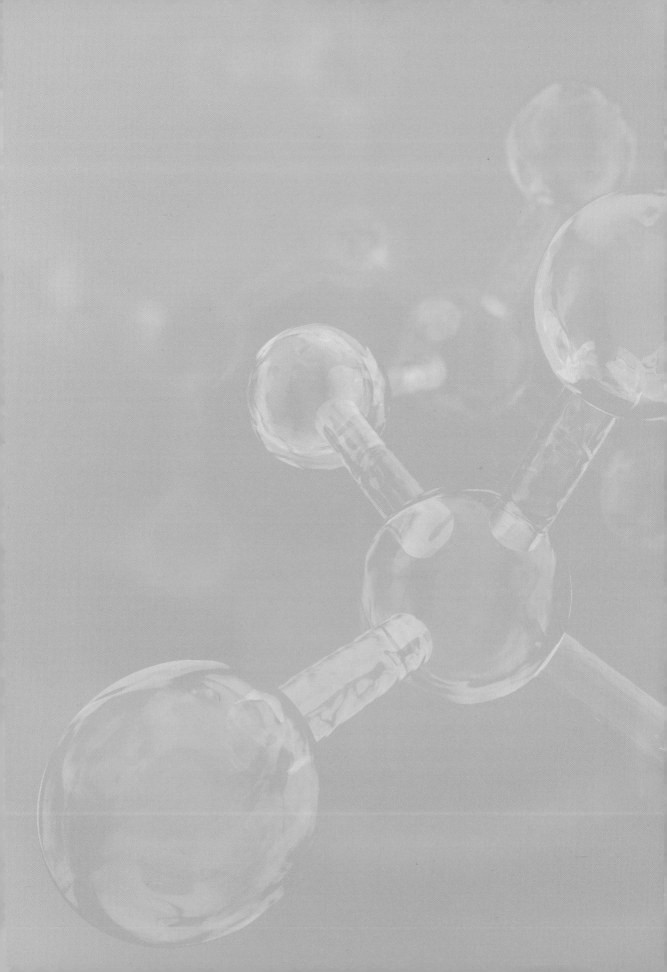